あて材の科学
樹木の重力応答と生存戦略

吉澤 伸夫 監修

日本木材学会 組織と材質研究会 編

編集代表／石栗　太・髙部圭司・藤井智之・
船田　良・山本浩之・横田信三

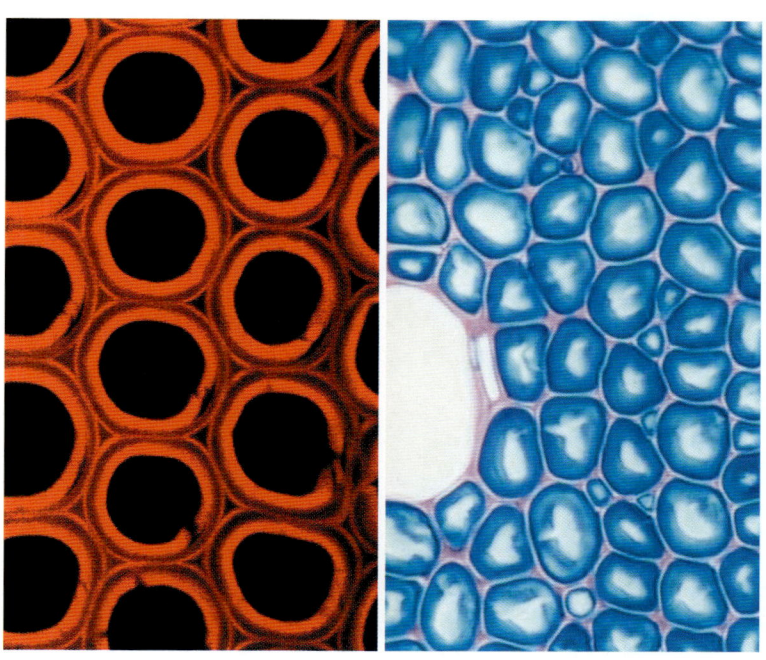

左：針葉樹の圧縮あて材（トドマツ）、右：広葉樹の引張あて材（ハリギリ）（船田 良提供）

❶ 針葉樹圧縮あて材における巨視的および組織学的特徴 (1章参照)　　　　　(石栗　太・相蘇春菜)

1. 針葉樹では、傾斜した幹や枝の下側に圧縮あて材が形成される。写真は、積雪量の多い地域で生育したスギ (*Cryptomeria japonica*) で、地上高約1mの高さまでで曲がりが生じている。この曲がりが生じている部分の矢印で示した側に圧縮あて材が形成されている。(相蘇良能氏提供)

2. ヒメコマツ (*Pinus parviforia*) の枝の実体顕微鏡写真。圧縮あて材は、傾斜した幹や枝の下側に偏心成長を伴って形成される。圧縮あて材は、暗褐色をしており、そのため、晩材との区別がつきにくい。

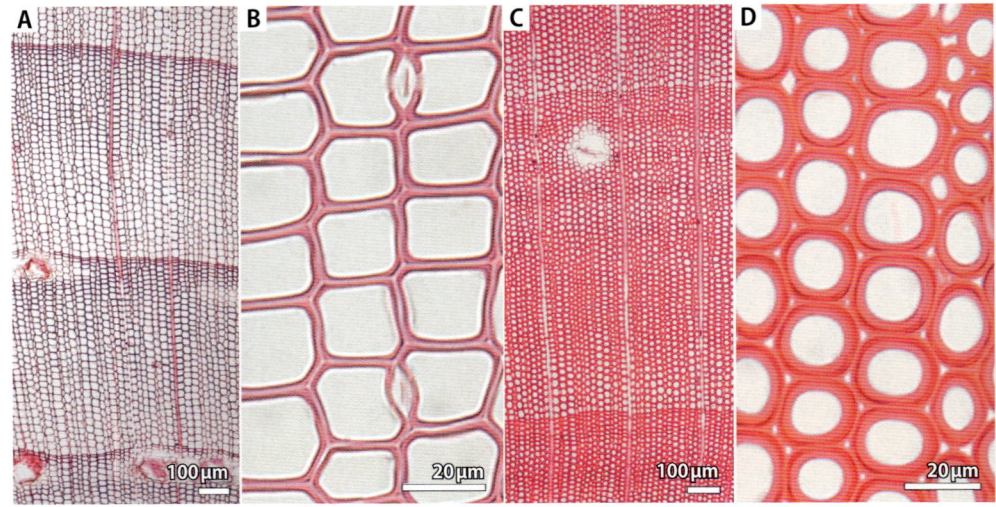

3. ヒメコマツ (*Pinus parviforia*) の枝のオポジット材 (AおよびB) と圧縮あて材 (CおよびD) の横断面光学顕微鏡写真。圧縮あて材が形成されると、横断面でみた場合、仮道管壁が厚くなり、円形化する。そのため、圧縮あて材では、早材と晩材との区別がつきにくく、また、細胞間隙が目立つようになる。

❷ 針葉樹圧縮あて材形成によるリグニン濃度の変化と壁層構造の変化（1章参照） （石栗　太・相蘇春菜）

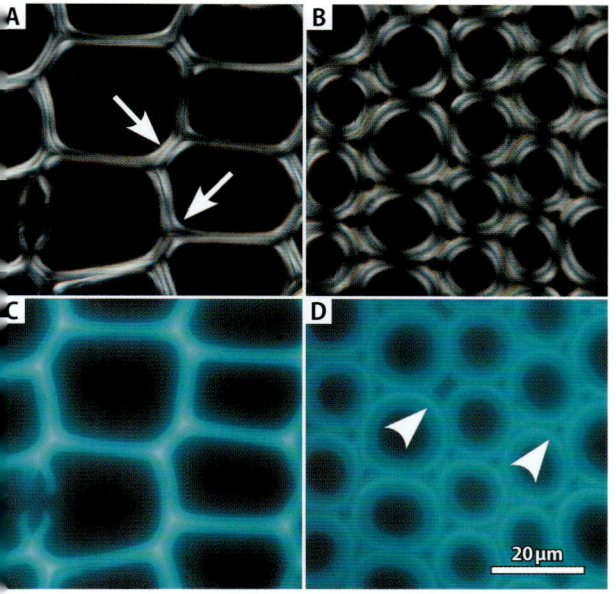

1. ヒメコマツ（*Pinus parviforia*）のオポジット材（AおよびC）とあて材（BおよびD）の偏光顕微鏡写真（AおよびB）および蛍光顕微鏡写真（CおよびD）。圧縮あて材が形成されると、仮道管のS₃層（A矢印）が欠落し（B）、S₂層にはリグニン濃度の高いS₂(L)層が形成される（D矢頭）。

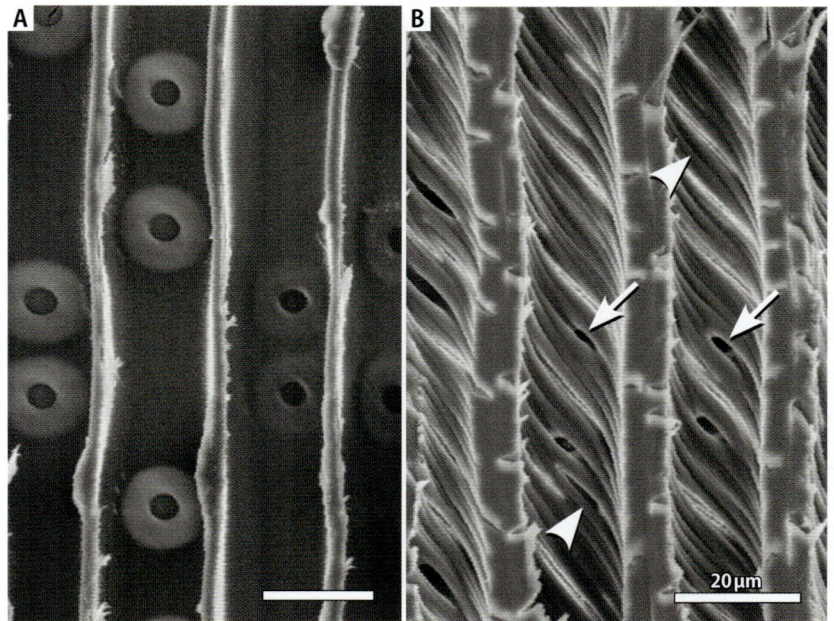

2. ヒメコマツ（*Pinus parviforia*）のオポジット材（A）とあて材（B）の放射断面の走査電子顕微鏡写真。オポジット材では、仮道管壁に円形の有縁壁孔が観察される。あて材仮道管壁では、らせん状の裂目が形成されるとともに（矢頭）、壁孔孔口がスリット状を呈する（矢印）。

❸ 広葉樹引張あて材におけるG繊維の組織学的特徴（1章参照） （石栗　太・相蘇春菜）

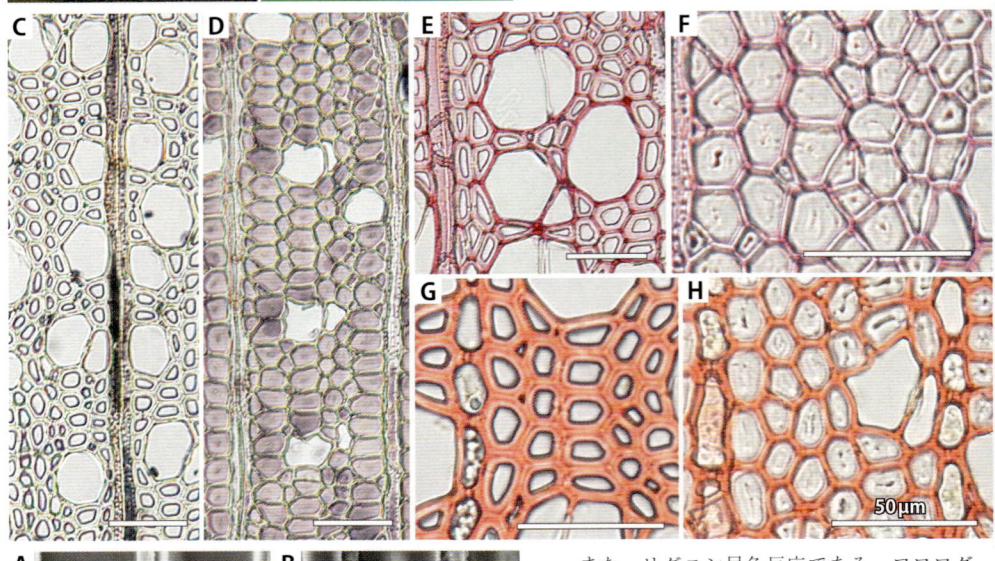

1. カツラ（*Cercidiphyllum japonicum*）の樹型（A）、枝材円盤写真（B）、オポジット材（C、EおよびG）および引張あて材（D、FおよびH）の横断面光学顕微鏡写真。広葉樹では、傾斜した幹や枝の上側（Aの矢印）に偏心成長が生じて、引張あて材が形成される。円盤を観察すると、樹種によっては、あて材部が褐色となり肉眼でも確認できる場合もあるが（B）、多くの樹種では、肉眼では確認することが難しい。セルロース呈色試薬である塩化亜鉛ヨウ素により染色した場合（CおよびD）、引張あて材部では、木繊維の最内層に紫色に染色される層が観察される（D）。

また、リグニン呈色反応である、フロログルシン－塩酸反応（EおよびF）およびモイレ反応（GおよびH）後、オポジット材では木繊維二次壁全体が染色されるが（EおよびG）、引張あて材部では、木繊維最内層が染色されない。この層が、引張あて材の最大の特徴である、G層であり、ほぼセルロースから構成されている。

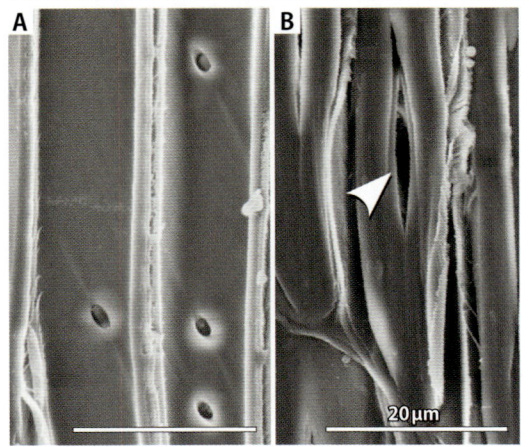

2. カツラ（*Cercidiphyllum japonicum*）のオポジット材（A）とあて材（B）の放射断面の走査電子顕微鏡写真。オポジット材では、木繊維壁にレンズ状の壁孔孔口が観察される。あて材木繊維壁では、G層の形成に伴い、壁孔孔口が、細胞長軸に対してほぼ平行になる（矢頭）。

❹ 広葉樹におけるG層を形成しない特異的なあて材の組織学的特徴（1章参照）　　（石栗　太・相蘇春菜）

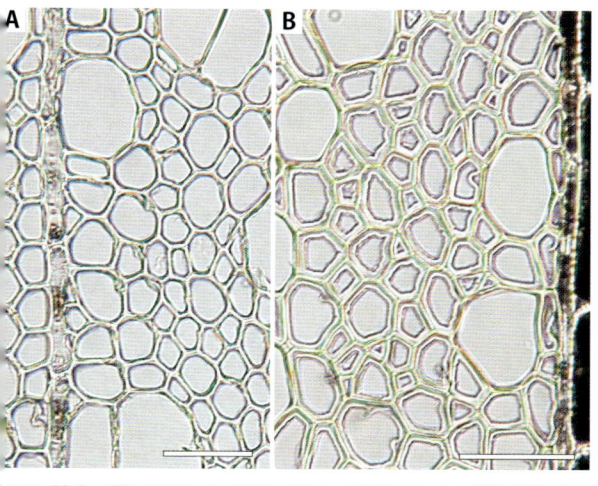

1. ユリノキ（*Liriodendron tulipifera*）のオポジット材（A）およびあて材（B、CおよびD）の横断面光学顕微鏡写真。一部の広葉樹では、傾斜した幹や枝の上側の木繊維において、塩化亜鉛ヨウ素試薬による呈色を示さず（B）、G層の形成が認められない。しかしながら、リグニン呈色反応において木繊維二次壁の染色性は低下する（CおよびD）。本書では、このようなあて材を形成する種を、"G層を形成しないが傾斜上側にあて材を形成する種"と分類している。

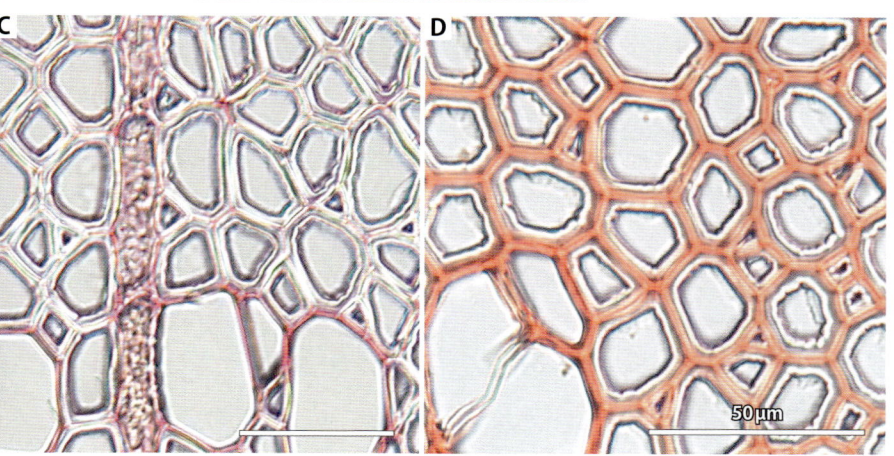

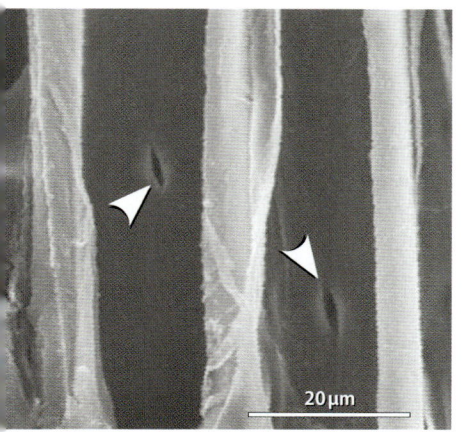

2. ユリノキ（*Liriodendron tulipifera*）のあて材の放射断面の走査電子顕微鏡写真。"G層を形成しないが傾斜上側にあて材を形成する種"においても、あて材木繊維壁では、S_2層のミクロフィブリル傾角が小さくなることに由来して、壁孔孔口が、細胞長軸に対して約10度以下となる（矢頭）。

❺ ツゲ属（*Buxus*）における"圧縮あて材様あて材"の形成（1章参照）　　（吉澤伸夫・石栗　太・相蘇春菜）

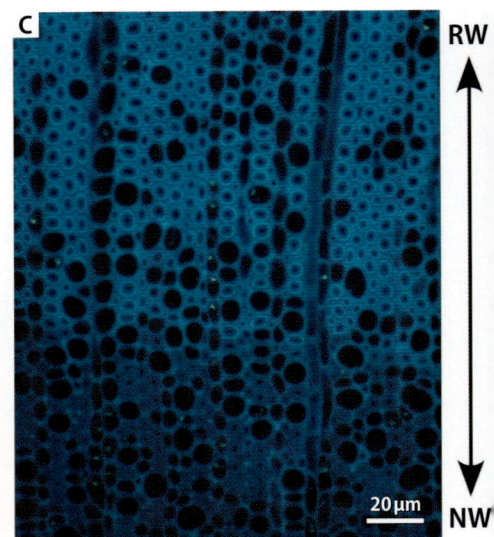
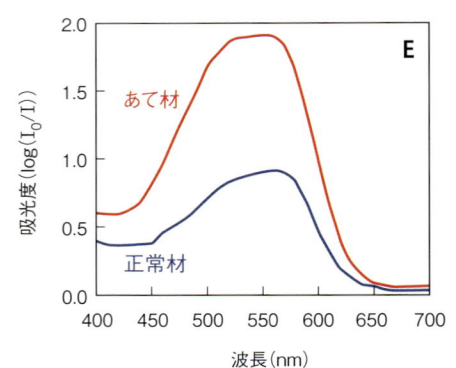

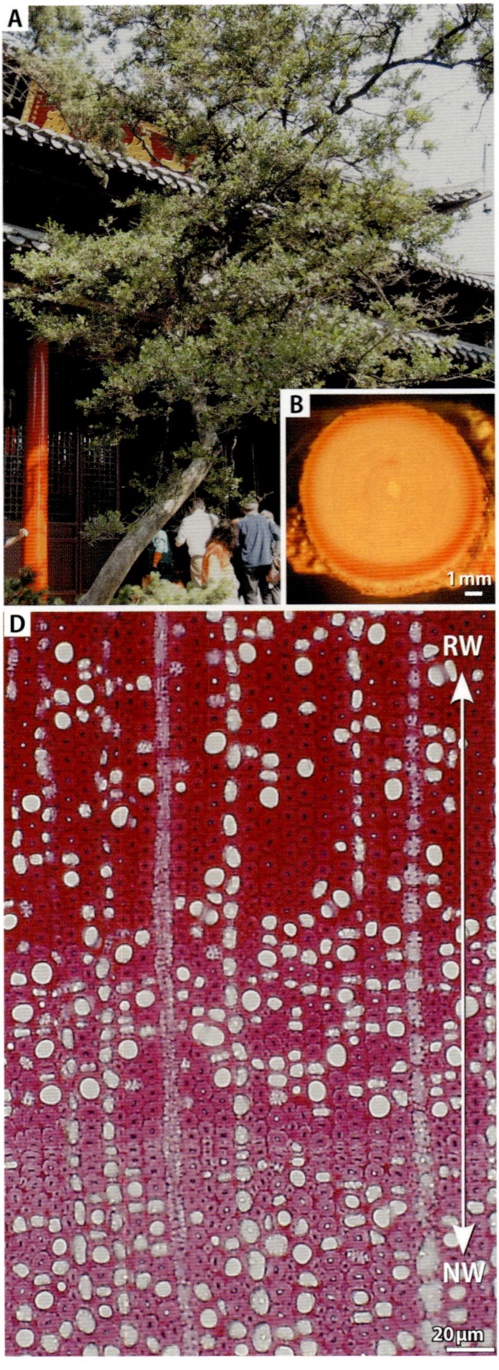

ツゲ属（*Buxus*）の樹型（A）とあて材（B〜E）。ツゲ属は、広葉樹であるにもかかわらず、針葉樹あて材と同様に、傾斜下側にあて材を形成する種である［B、Yoshizawa *et al.*（1993a）より引用］写真CおよびDは、チョウセンヒメツゲ（*B. microphylla* var. *insularis*）における、正常材（NW）からあて材（RW）への移行部の蛍光顕微鏡写真およびフロログルシン－塩酸反応後の光学顕微鏡写真である。正常材と比較して、あて材では、S₂層にリグニン濃度の高いS₂(L)層が形成される（C）。また、正常材からあて材への移行に伴い、木繊維壁のリグニン濃度が増加する（D）。このことは、フロログルシン－塩酸反応後の吸光度の測定によっても確認できる（E）。

❻ 無道管被子植物におけるあて材の特徴（1章参照）　　　　　　　　　　（石栗　太・相蘇春菜）

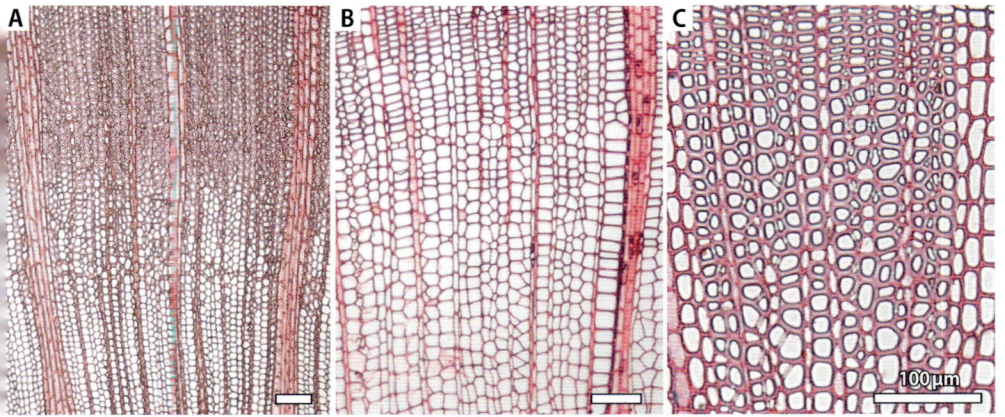

1. 無道管被子植物3種（A：ヤマグルマ（*Trochodendron aralioides*）、B：スイセイジュ（*Tetracentron sinense*）およびC：センリョウ（*Sarcandra glabra*））の正常材における横断面光学顕微鏡写真。木本性の被子植物では、通常、二次木部に道管が存在するが、一部の樹種では、二次木部に道管が存在せず、仮道管で構成される。

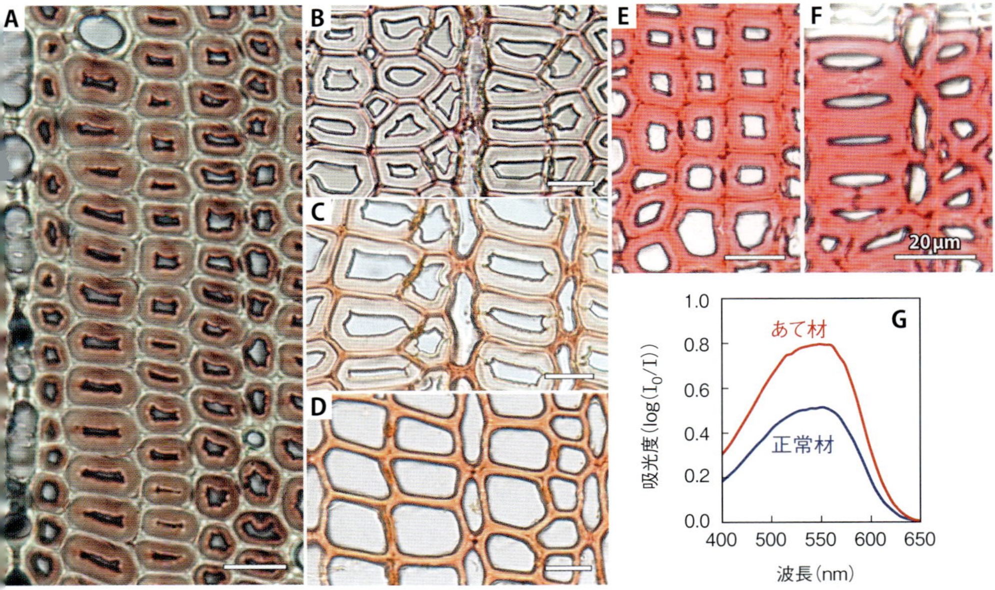

2. 無道管被子植物のあて材。ヤマグルマ（*Trochodendron aralioides*）では、傾斜した幹や枝の上側にあて材が形成される。あて材横断面を塩化亜鉛ヨウ素試薬で染色すると、G層の存在が確認できる（A）。スイセイジュ（*Tetracentron sinense*）では、リグニン呈色反応後において、傾斜上側（BおよびC）の仮道管二次壁が、オポジット側（D）のそれよりも弱い染色性を示す。センリョウ（*Sarcandra glabra*）では、あて材は、針葉樹のあて材と同様に下側に形成される。フロログルシン−塩酸反応後の横断面切片を観察すると、正常材（E）および傾斜下側（F）では、仮道管二次壁全体が赤紫色に染色されるが、吸光度を測定すると、傾斜下側でリグニン濃度が増加していると考えられる（G）。このように、同じ無道管被子植物であっても、形成されるあて材の組織構造や化学的性質は異なる。

❼ シンクロトロンX線回折を利用したポプラのG繊維の解析例（2章参照） （杉山淳司）

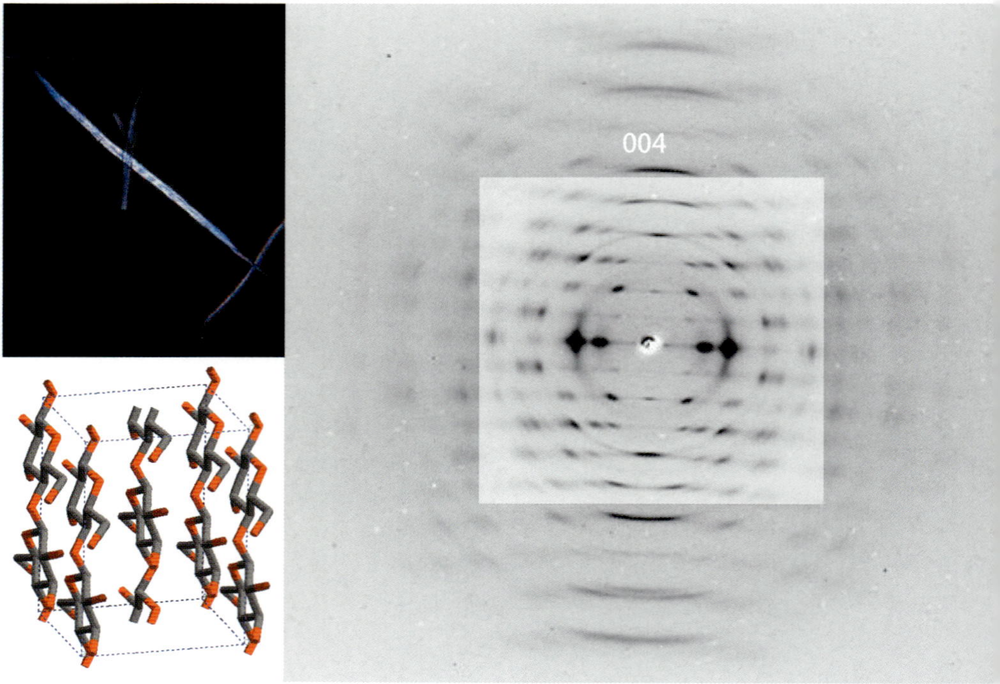

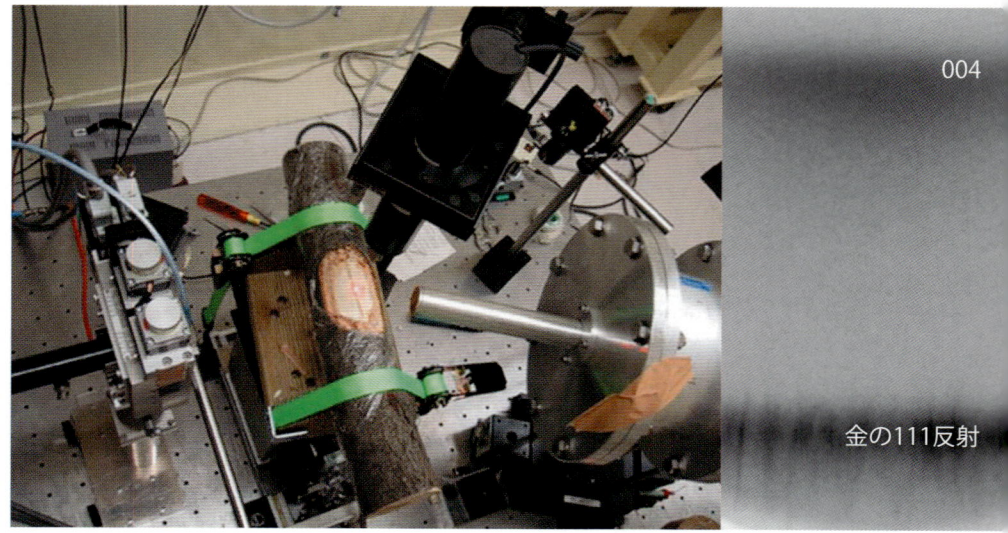

1. ドロノキ（*Populus maximowiczii*）のゼラチン繊維の偏光顕微鏡写真とその1本から得た放射光X線回折像およびI_β結晶モデル

2. ポプラ（*Populus euramericana*）のあて材の放射光X線実験（BL-40XU）。応力解放前後での結晶面(004)のひずみを実測（Clair *et al.* 2006）

8 広葉樹引張あて材におけるG層の形成と成分分布（2章参照） （吉永 新）

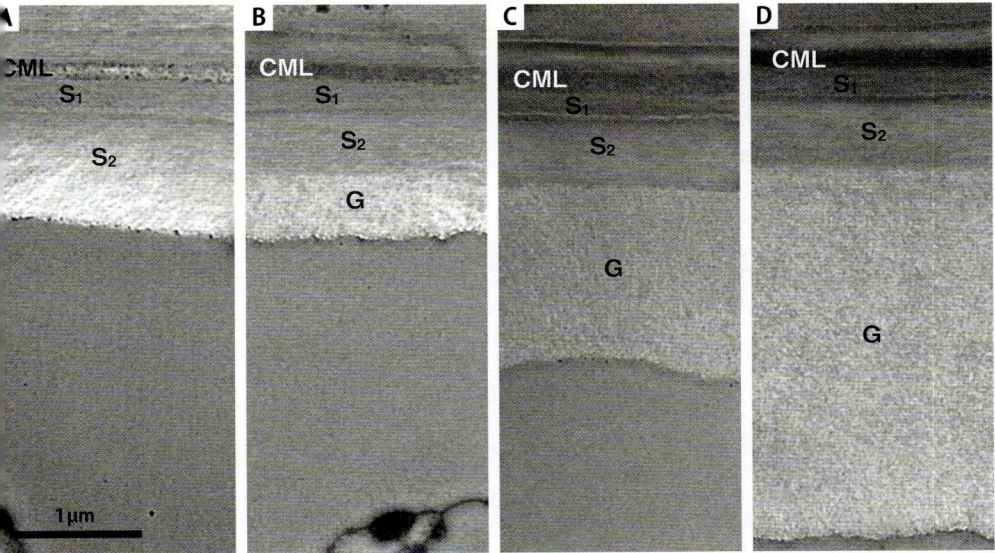

1. 交雑ポプラ（*Populus deltoides* × *P. nigra*）引張あて材分化中木部におけるG層の形成過程。過マンガン酸カリウム染色した横断面切片の透過電子顕微鏡写真。A：S$_2$層形成中、B：G層形成初期、C：G層形成中期、D：G層形成後期、CML：複合細胞間層。ポプラの引張あて材ではS$_1$層、S$_2$層の内側にG層が形成される。

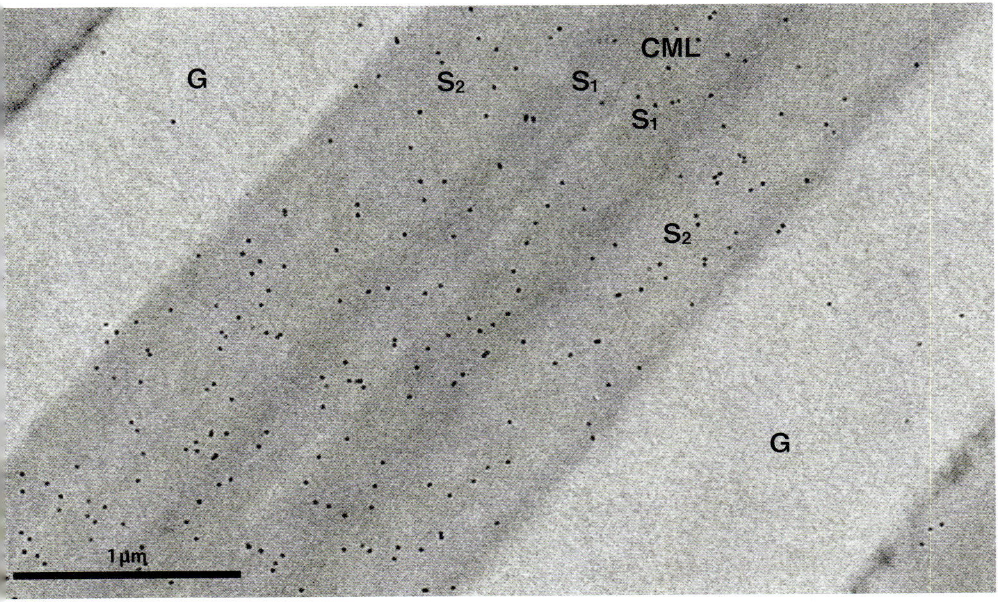

2. G層形成中のアカメガシワ（*Mallotus japonicus*）引張あて材木部繊維におけるキシランの分布。抗キシラン抗体（LM11）で免疫金標識した横断面の透過電子顕微鏡写真（檜垣綾乃氏提供）。CML：複合細胞間層。金粒子はキシランの分布を示す。S$_1$層、S$_2$層に多数の金標識が観察されるが、G層にはほとんど見られない。

❾ 遺伝子組換えによる引張あて材の応力発生に寄与する糖鎖の研究(3章参照) 　　　　馬場啓一

1. 糖鎖分解酵素の遺伝子を導入した組換えポプラ(*Populus* spp.)の姿勢制御能実験。横倒しで育成して起き上がり形態を観察した。XEG組換えポプラで顕著に姿勢制御能力が阻害されている。XEG: キシログルカンエンドグルコシラーゼ、Xyl: キシラナーゼ、Cel: セルラーゼ、AG: アラビノガラクタナーゼ。

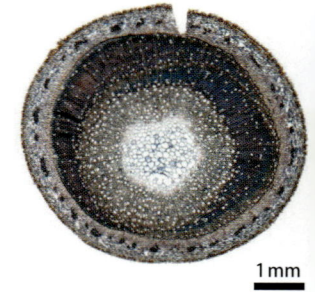

2. 姿勢制御能実験後の幹の断面。正常に起き上がれなかったXEG組換えポプラ(*Populus alba*)も倒された上側に野生型と同様、引張あて材が形成されていた。引張あて材は塩化亜鉛ヨウ素反応で検出しており、あて材形成部が青紫色を呈している。

野性型　　　　　　　　　　XEG

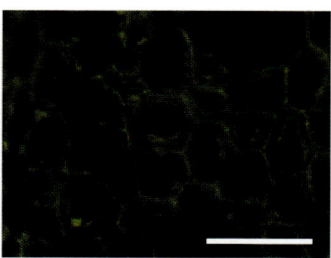
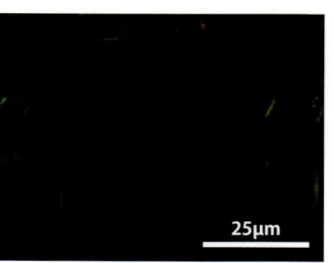

野性型　　　　　　　　　　XEG

3. 抗キシログルカン抗体(CCRC M1)を用いた蛍光抗体顕微鏡写真。引張あて材分化中の木部繊維横断切片に対してキシログルカンを標識した。黄緑色の蛍光としてキシログルカンが観察される。野生株では一次壁とG層に強く標識が見られ、XEG組換えポプラでは一次壁のみで、かつ非常に弱くしか標識されなかった。

⑩ あて材の発達程度と遺伝子発現量(4章参照)

(佐藤彩織)

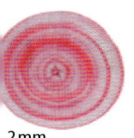

2mm

1. 様々な傾斜角度で生育させたスギ(*Cryptomeria japonica*)の苗木から、樹幹の横断面切片を作製し、サフラニンで染色した。各写真の下側が樹幹の傾斜下側にあたる。左から順に鉛直方向からの傾斜角度が0、10、20、30、40、50°の苗木についてのものである(Yamashita *et al.* 2007)。

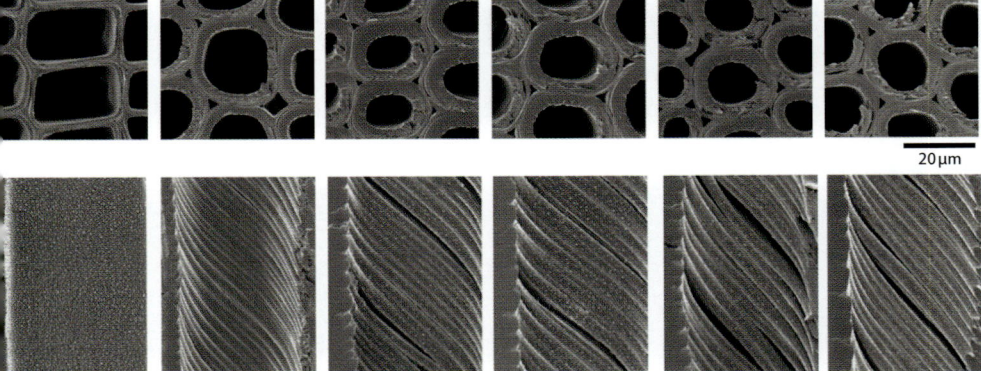

20μm

10μm

2. 鉛直または傾斜生育させたヒノキ(*Chamaecyparis obtusa*)の樹幹傾斜下側から木部試料を採取し、仮道管横断面(上段)と内腔面(接線壁、下段)を走査電子顕微鏡で観察した。左から順に鉛直からの傾斜角度が0、10、20、30、40、50°の苗木についてのものである(Yamashita *et al.* 2009)。

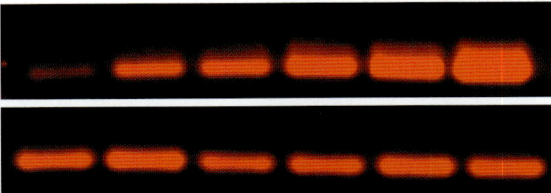

3. 木部分化帯の活動が活発な時期に、ヒノキ(*Chamaecyparis obtusa*)成木の樹皮をはいだときの様子。分化中の木部細胞を削り取り、RNAを抽出することで、その細胞で働いていた遺伝子について知ることができる(撮影 吉田正人)。

4. 鉛直または傾斜生育させたヒノキ(*Chamaecyparis obtusa*)の樹幹傾斜下側から分化中木部試料を採取し、遺伝子発現量の比較を行った(Yamashita *et al.* 2009)。上段はラッカーゼ、下段はサイクロフィリンの転写産物量を逆転写PCR法によって調べた結果である。左から順に鉛直からの傾斜角度が0、10、20、30、40、50°の苗木。ラッカーゼはペルオキシダーゼと同様、モノリグノールの脱水素重合に関わると考えられている遺伝子である。サイクロフィリンはハウスキーピング遺伝子のひとつであり、コントロールとして用いられている。サイクロフィリンでは、苗木の傾斜角度によらず発現量がほぼ一定であったのに対し、ラッカーゼでは傾斜角度が大きくなるにつれて発現量が増加していた。

⓫ 樹木と成長応力（4章参照） （山本浩之）

1. ひずみゲージ法による表面成長応力解放ひずみの測定（写真A）。長さ10mmほどの電気抵抗線式ひずみゲージを木部表面に接着し、鋸等を用いて周囲に切溝を入れる。これによって表面成長応力を解放し、その際に生じる解放ひずみを検出する。繊維方向解放ひずみは、繊維方向成長応力の精度高い指標である。引張の表面成長応力に対しては収縮の解放ひずみ（符号は負）が、一方、圧縮の成長応力に対しては伸びの解放ひずみ（符号は正）が得られる。この方法によって、鉛直な樹幹の木部表面には、繊維方向に沿って引張の成長応力が発生していることが確かめられる。

2. 樹幹の傾斜部位や枝では、表面応力の分布パターンは複雑となる。左図Bは、樹幹に傾斜部分を有する樹木のイラストである。裸子植物では圧縮あて材が形成され、そこには強い圧縮の繊維方向成長応力が発生する。一方、被子植物（広葉樹）では引張あて材が形成され、そこには特に強い引張の繊維方向成長応力が発生する。

3. ユリノキ（*Liriodendron tulipifera*, モクレン科）は、引張あて材相当部位に、明確なG繊維を持たないタイプのあて材繊維を形成する。紫外線吸光度を顕微測定すると、収縮（負の値）の繊維方向解放ひずみの値（ε_L）が大きくなる部位ほど、二次壁におけるリグニン濃度が小さくなることがわかる（写真C）。

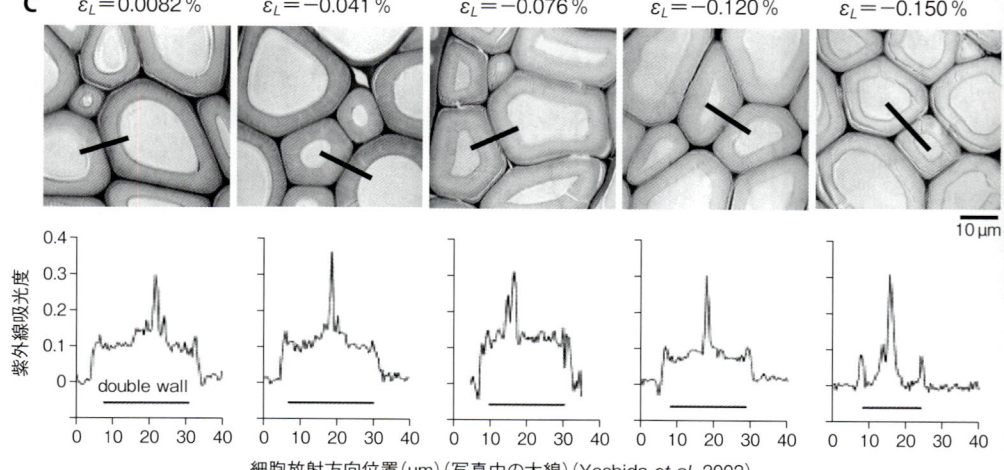

(Yoshida et al. 2002)

⑫ 成長応力と製材障害（4章参照） （山本浩之）

1. ユーカリ（*Eucalyptus grandis*）植林地における伐採と集材の様子（ヒオグランジスゥ州、ブラジル）（写真A）。天然林が枯渇しつつある中で、工業用丸太の需要は年々増加し続けている。そのような背景にあって、人工林の造成と資源利用が果たす役割は大きい。熱帯・亜熱帯地域では、ユーカリ類やアカシア類などの早生樹の人工林造成が盛んとなっている。用途の多くはパルプや薪炭原料であるが、家具・建築部材など付加価値の高い用材としての利用技術が確立すれば、植林事業の経済価値は一層向上することになる。

2. ユーカリ（*Eucalyptus grandis*）伐採丸太の端部に生じた心割れ（写真B）。心割れは、広葉樹丸太ではしばしば心裂けへと発展する。これは、丸太の樹皮側には大きな引張応力が、髄付近には圧縮応力が発生しているためである。商業的に植林される早生広葉樹は、若齢でもあることから、しばしば樹幹の通直性に劣る。そのために、局所的にあて材が生じ、このことが強い引張の成長応力を誘発する。ひいては、伐採によって、写真Bに示すような大きな心割れ（心裂け）が発生する（児嶋美穂氏提供）。

3. 帯鋸による挽材が引き起こすユーカリ（*Eucalyptus grandis*）の製材の反り。写真C、Dは、水平方向に心割れを生じている丸太を、帯鋸を用いて挽材する様子である。写真Cが鋸断前、Dが鋸断後である。得られる製材が、心割れを中心に開いてしまい、樹皮側へと大きく反ってしまう（写真D、E）（児嶋美穂氏提供）。

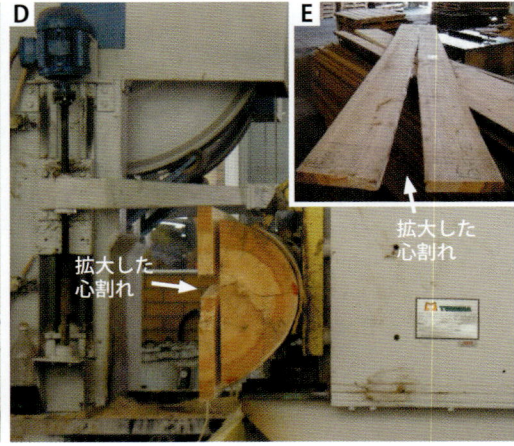

⓭ 植物ホルモンとあて材形成（5章参照） （船田 良）

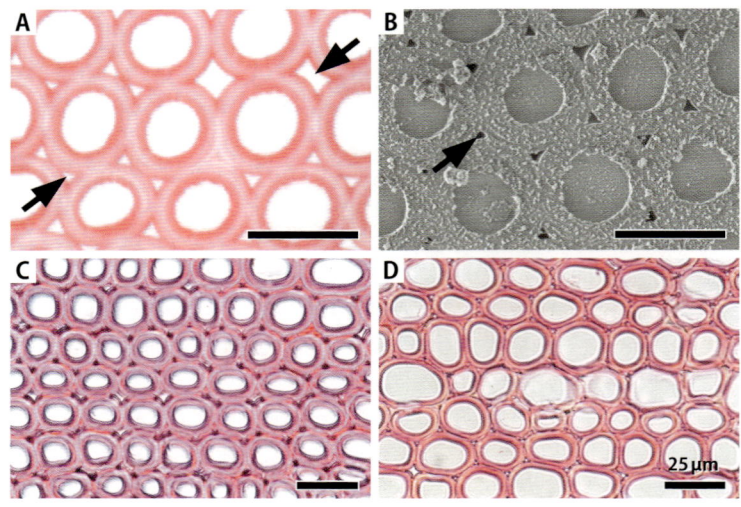

1. 圧縮あて材形成とオーキシン A：ヒノキ（*Chamaecyparis obtusa*）の苗木を傾斜させると、樹幹傾斜下側に丸みをおび、細胞間隙（矢印）が多い圧縮あて材仮道管が形成される。B：Aと同じ試料のcryo-SEM（低温走査電子顕微鏡）像。分化終了後の圧縮あて材仮道管の内腔には水分が存在するが、いくつかの細胞間隙（矢印）は水分を消失している（Nakaba *et al.* (2016) *Ann. Bot.* 参照）。C：傾斜していないトドマツ（*Abies sachalinensis*）の苗木の樹幹にオーキシンであるインドール酢酸（IAA）を1%塗布すると、塗布部に圧縮あて材仮道管が形成される。D：傾斜していないトドマツ苗木の樹幹にオーキシン移動阻害剤であるN-1-naphthylphthalamic acid（NPA）を1%塗布すると、塗布部上側に圧縮あて材仮道管が形成される（写真は、半 智史氏、平井阿佐美氏、加藤文敏氏提供）。

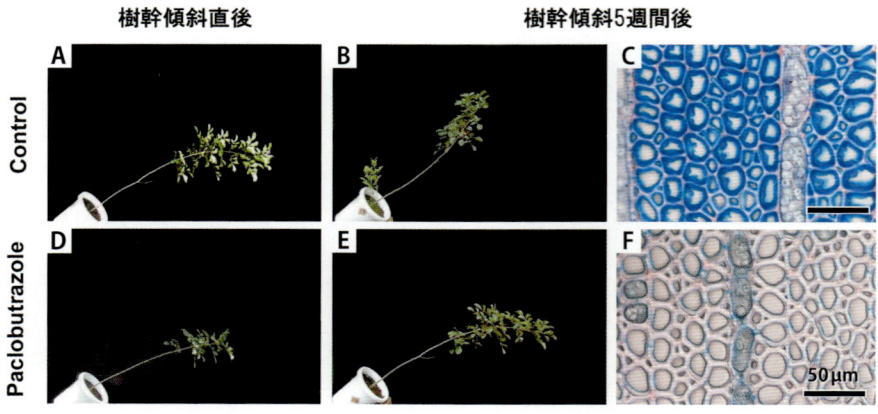

2. 引張あて材形成とジベレリン A-C：ヤチダモ（*Fraxinus mandshurica*）の苗木を傾斜させると、樹幹傾斜上側にアストラブルーで染色されるゼラチン繊維が形成され、樹幹の負の重力屈性（傾斜から直立への回復）が起こる。D-F：土壌中にジベレリン生合成阻害剤であるパクロブトラゾール（paclobutrazole）を供与した後、ヤチダモの苗木を傾斜させると、樹幹傾斜上側におけるゼラチン繊維の形成が阻害され、樹幹の負の屈性が起こらない。アカシア（*Acacia mangium*）においても、パクロブトラゾールやウニコナゾールP（uniconazol-P）などのジベレリン生合成阻害剤はゼラチン繊維の形成と樹幹の負の重力屈性を阻害する（本文の5.2.2参照）（写真は、木名瀬隆規氏、Widyanto Dwi Nugroho氏提供）。

⑭ 傾斜の反転にともなう圧縮あて材と引張あて材形成部位の変化（5章参照） （山本福壽）

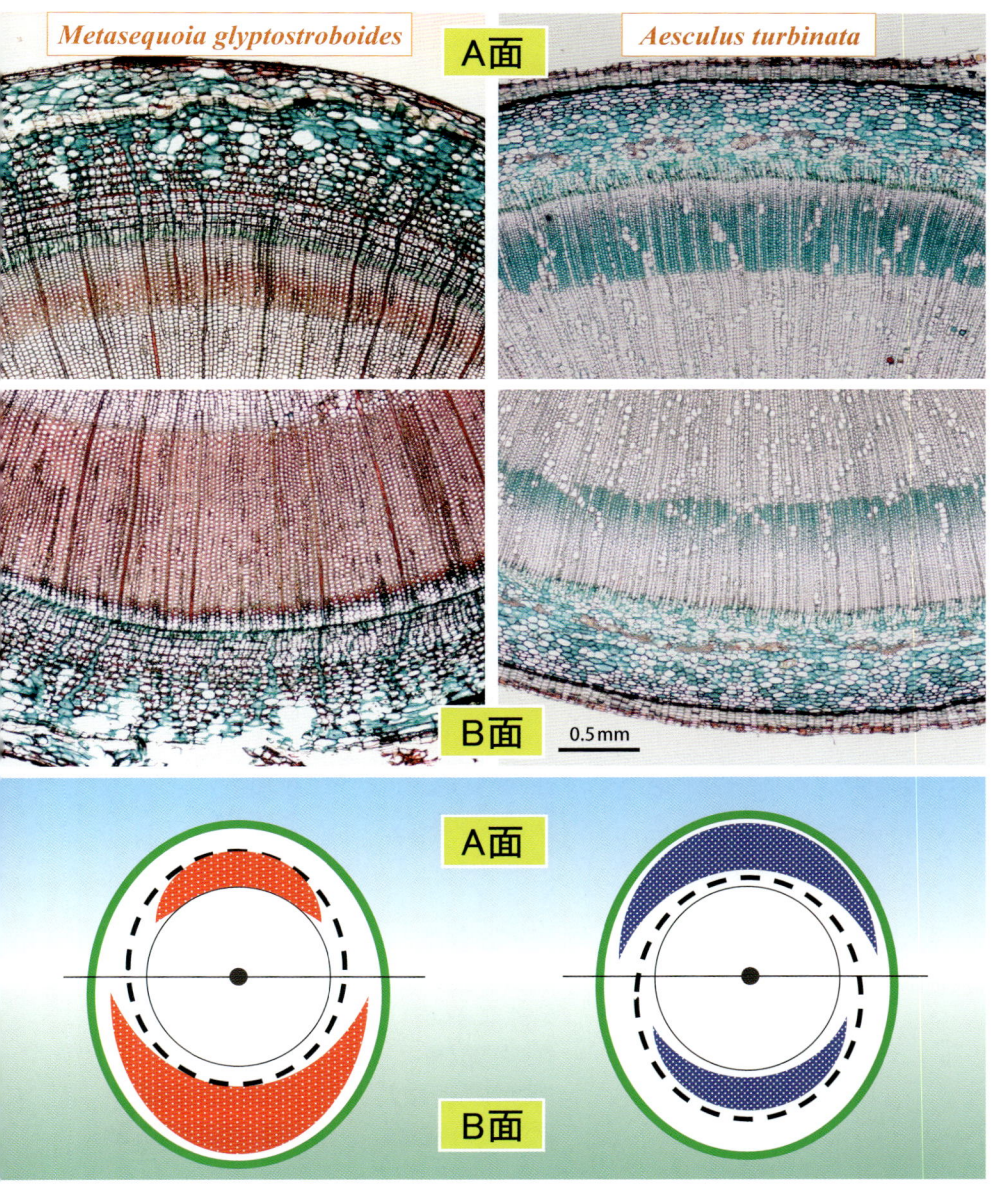

まず45度に傾斜させ、2週間後に反転して逆に45度に傾斜させたメタセコイア（*Metasequoia glyptostroboides*）とトチノキ（*Aesculus turbinata*）のあて材形成状況の横断面。A面は当初の傾斜した幹の下側で、B面は反転後の下側。メタセコイアの圧縮あて材とトチノキの引張あて材の形成は幹の反転とともに位置が逆になる。このときメタセコイアでは常に幹の下側、トチノキでは上側でエチレン生成が活発になる。またメタセコイアでは幹の下側での内生オーキシン（IAA）濃度も上昇する（Du & Yamamoto 2003; Du *et al.* 2004）。

⓯ あて材の材質特性（6章参照） （石栗　太・相蘇春菜）

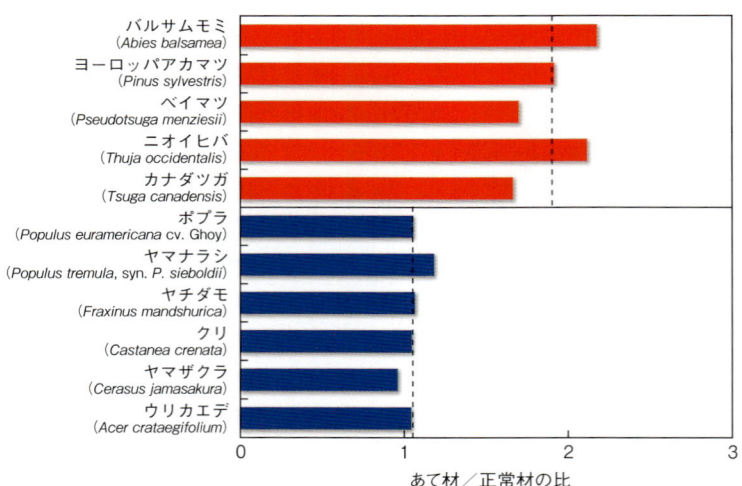

1. 容積密度におけるあて材と正常材の比。圧縮あて材（赤棒）では、容積密度は正常材と比較して大きい値を示す。一方、G層を形成する引張あて材（青棒）においては、容積密度は、圧縮あて材の場合と同様に、正常材と比較して大きい値を示す事が多いが、必ずしもそうとは限らない。点線は図に示した樹種の針葉樹材、広葉樹材別の平均値を示す（データは、上田 1973; Timell 1986; Jourez et al. 2001; Ishiguri et al. 2012 より得た）。

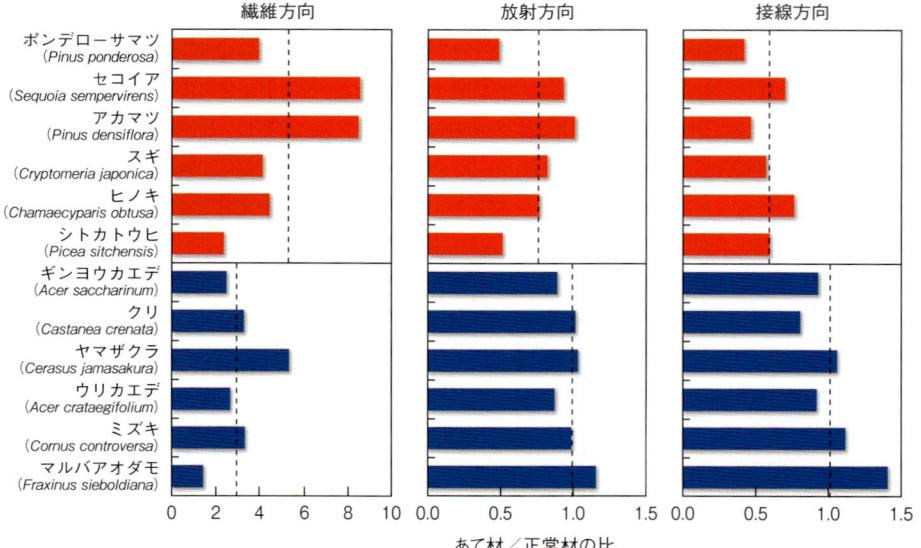

2. 収縮率におけるあて材と正常材の比。圧縮あて材（赤棒）では、正常材と比較した場合、繊維方向収縮率は著しく増加するが、放射方向および接線方向収縮率は小さい値を示す。また、引張あて材（青棒）でも、繊維方向収縮率は圧縮あて材と同様に増加する傾向を示す。点線は図に示した樹種の針葉樹材、広葉樹材別の平均値を示す（データは、Panshin & de Zeeuw 1980; Watanabe & Norimoto 1980; 森林総合研究所 2004; Ishiguri et al. 2012 より得た）。

はじめに

　あて材（reaction wood）とは何か。その組織・構造、形成、機能を中心に最新の研究成果を加え、わかりやすくまとめたのが本書である。あて材が木材に含まれると製材した場合に狂いや強度の低下などの重大な影響をもたらすので、木材利用上の大きな支障となるが、あて材の形成は樹木の成育過程では生理的に避けられないため、樹木が元来もっている欠点といえる。

　あて材とは、「幹や枝を元来の正しい位置に保持しようとするために、その正しい位置が乱された場合に、傾斜あるいはわん曲した幹および枝の部分にできる多少とも特異な解剖学的性質を示す木部」と定義されている（国際木材解剖用語集 1975、木材学会誌 21(9): A16)。傾斜した幹あるいは枝の上側と下側では維管束形成層の活動に差が生じ、肥大成長に偏りが起こる。このような偏心成長が促進された部分に、あて材が形成されている。針葉樹と広葉樹とを比較すると、針葉樹のあて材は傾斜の下側に、広葉樹のあて材は傾斜の上側に形成され、あて材の現れる側が正反対ばかりでなく、その物理的・化学的性質も対照的である。

　あて材の形成は、重力刺激の変化に対する樹木の応答の結果として樹木自体の自己制御によって生じる植物ホルモンの分布のバランスのくずれに起因すると考えられている。しかし、あて材の形成にとって重力の影響はむしろ間接的であって、直接的には植物ホルモンの偏りが主要な原因とされている。では、針葉樹と広葉樹であて材形成の特徴がなぜ異なるのか、あて材形成は進化した形質なのかなど、まだ不明な点も数多く残されている。

　本書は7章から構成されており、序章「木材性質とあて材」では、この本を読むにあたって必要な木材の性質に関する基礎的事項を解説した。第1章「あて材の組織と構造」において、一般的なあて材と特異的なあて材について概説したのち、傾斜刺激に対する樹木の応答としての正常材からあて材の移行における組織・構造の変化について解説している。第2章では、「あて材の形成と化学成分」について、針葉樹では、セルロースミクロフィブリルとヘミセル

ロースの堆積とその分布およびリグニンの沈着とその分布、広葉樹では、ゼラチン層(G層)の形成について詳細に解説している。第3章では、「あて材形成の分子生物学」について、植物の系統進化と化学成分の特徴を分子生物学的に最新の知見を織り込んで記述している。第4章「あて材形成と成長応力」では、あて材の組織と成長応力、あて材形成に関わる遺伝子、熱帯樹木の成長応力について解説している。第5章「あて材形成と植物ホルモン」では、あて材形成に関与する各種ホルモンの生理活性及びホルモン合成阻害に触れている。最後に、第6章「あて材の材質特性」においては、木質資源の有効利用の見地から、物理・機械的性質と化学的性質について利用上の諸問題を取りまとめている。

　本書は、森林科学や木材科学を学ぶ学部学生・大学院生を対象に書かれているが、植物学及び植物生理学を学ぶ学生にも十分理解できるようにわかりやすく記述されている。本書の出版にあたっては、日本木材学会・組織と材質研究会に所属する、あて材研究の最先端に位置する研究者が参画し執筆している。本書には、あて材形成による特異的ともいえる樹木の生き様、化学成分合成を理解するうえで重要な最新の知見が多く盛り込まれており、この分野に関心を持つ研究者にも有用であると確信している。

　最後に、本書の出版に多大なるご支援を頂いた海青社の宮内　久氏に厚く御礼申し上げる。

2012年12月
監修者　吉澤伸夫

在りし日の吉澤先生
(2009年3月長野県安曇野市にて)

用語について

1. 樹種名

本書では、国内外の多くの樹種におけるあて材が紹介されている。樹種名の表記については、以下のように記載した。

1) 和名および学名は、YList [http://ylist.info/index.html（2015年7月現在）] に基づき記載した。但し、ヤマナラシ属（*Populus*）種に関しては、日本産および外国産が混在し、その混同を避けるために、日本産樹種に関してはYList記載の和名を使用し、外国産樹種に関しては、和名をポプラとし、続いて括弧内に学名を記載した。
2) YListに記載のない海外樹種については、ユーカリ属（*Eucalyptus*）、アカシア属（*Acacia*）など、一般的に広く知られている属に関しては、属名を和名で記載し、続いて括弧内に学名を記載した（例えば、*Eucalyptus camaldulensis* については、「ユーカリ（*E. camaldulensis*）」と表記した）。その他の一般的な和名が見当たらない海外樹種については、学名をそのまま記載し、続いて括弧内に科名を和文で記した。
3) 引用文献中に用いられている樹種のうち、学名が明らかにされているが、現在その学名が変更されているものに関しては、YListに記載されている新たな学名を採用し、引用文献中に記載されている学名は、シノニム（synonym）として括弧内に新たな学名に続いて記載した。また、引用文献において、学名表記のないものはそのまま表記した。
4) 交雑種については、和名の前に「交雑」と記載し、続いて括弧内に学名を記載した（例えば、ヤマナラシ属の *P. deltoides* と *P. trichocarpa* の交雑種の場合は、「交雑ポプラ（*P. deltoids* × *P. trichocarpa*）」とした）。
5) サクラ属（*Cerasus*）などに多い園芸品種にあっては、YListにおける原種の標準和名および学名を使用し、続いて括弧内に引用文献中に記載されている品種名および学名を記載した（例えば、文献中にシダレザクラ（*Prunus spaciana* cv. Plenarosea）とあり、これを本文に引用した場合には、エドヒガン（*Cerasus spachiana*）の枝垂性品種（シダレザクラ、*Prunus spaciana* cv. Plenarosea）と表記した）。

2. ゼラチン層とゼラチン繊維

広葉樹においては、木部繊維細胞壁の最内層に木化していないか、あるいは木化の程度の低い壁層をもつ木部繊維が現れる場合がある。これは、ゼラチン繊維と呼ばれ、広葉樹の引張あて材によく出現する。このゼラチン繊維壁を構成する特異な層は、セルロースに富んでおり、「ゼラチン層」と呼ばれる。「ゼラチン層」は、引張あて材の最

大の特徴であり、これまで多くの専門書で用いられてきた用語である。英文表記では、gelatinous layerであり、正確に翻訳すれば「ゼラチン状層」となる。これまでの研究によって、この層がゼラチンから構成されているわけではないことが明らかにされている。そのため、本書では、「ゼラチン層」を「G層」と表記した。また、G層を有する木部繊維（繊維状仮道管を含む）を「G繊維」と表記した。

3. 細胞壁の層構造

本書では、細胞壁の層構造に関して、一次壁（primary wall）をP層、二次壁（secondary wall）を細胞の外側から順に、二次壁外層、二次壁中層および二次壁内層とし、それぞれをS_1層、S_2層およびS_3層と表記した。また、S_2層に関しては、その層をさらに外側と内側に分け、外側をS_2層外側（もしくはS_2層外縁）としoS_2層と表記し、内側をS_2層内側（もしくはS_2層内縁）としiS_2層と表記した。oS_2層において、あて材形成時に特にリグニン濃度が高い（木化度の高い）場合には、$S_2(L)$層と表記した。

4. コーナー部細胞間層

細胞の角と細胞の角に存在するリグニン濃度の高い部位のことを、本書では、「コーナー部細胞間層」と表記した。

5. 試料の採取位置

本書では、試料を採取した位置によって、「あて材」、「オポジット材」および「ラテラル材」と表記した。「オポジット材」は、「あて材」の髄を挟んだ180°反対側の部位を示し、「ラテラル材」は髄を中心として「あて材」から90°の位置の部位を示している。

あて材の科学

樹木の重力応答と生存戦略

目　次

―――――――――――― 口　絵 ――――――――――――

❶針葉樹圧縮あて材における巨視的および組織学的特徴
❷針葉樹圧縮あて材形成によるリグニン濃度の変化と壁層構造の変化
❸広葉樹引張あて材におけるG繊維の組織学的特徴
❹広葉樹におけるG層を形成しない特異的なあて材の組織学的特徴
❺ツゲ属（*Buxus*）における"圧縮あて材様あて材"の形成
❻無道管被子植物におけるあて材の特徴
❼シンクロトロンX線回折を利用したポプラのG繊維の解析例
❽広葉樹引張あて材におけるG層の形成と成分分布
❾遺伝子組換えによる引張あて材の応力発生に寄与する糖鎖の研究
❿あて材の発達程度と遺伝子発現量
⓫樹木と成長応力
⓬成長応力と製材障害
⓭植物ホルモンとあて材形成
⓮傾斜の反転にともなう圧縮あて材と引張あて材形成部位の変化
⓯あて材の材質特性

はじめに ....（吉澤伸夫）1

序章　木材性質とあて材 ....（石栗　太編集）13

0.1　木材の形成と構造 ....（石栗　太・相蘇春菜）13
 0.1.1　針葉樹材の組織 19
 0.1.2　広葉樹材の組織 21
 0.1.3　師部の構造 26
0.2　木材の化学的性質 ....（石栗　太・相蘇春菜）27
 0.2.1　セルロース 28
 0.2.2　ヘミセルロース 29
 0.2.3　リグニン 30
 0.2.4　抽出成分と無機成分 31
 0.2.5　細胞壁における化学成分の分布 31
0.3　木材の物理的性質 ....（石栗　太・相蘇春菜）35
 0.3.1　水分特性 35
 0.3.2　密　度 36
 0.3.3　収縮・膨潤 36
 0.3.4　力学的性質 39
0.4　あて材 ....（石栗　太・相蘇春菜）41

第1章　あて材の組織と構造 ....（吉澤伸夫編集）49

1.1　圧縮あて材 ....（林　徳子）49
 1.1.1　一般的な圧縮あて材 ....（林　徳子）50
 1.1.2　特異的なあて材 ....（吉澤伸夫・平岩季子・石栗　太）53
  1.1.2.1　針葉樹 53
  1.1.2.2　広葉樹 55
 1.1.3　熱帯樹木のあて材 ....（野渕　正）58
  1.1.3.1　針葉樹のあて材 58
  1.1.3.2　ダンマルジュのあて材の特徴 59
 1.1.4　師部における組織・構造の変化 ....（吉永　新）62

- 1.2 広葉樹のあて材 63
  - 1.2.1 一般的な引張あて材 ....（林　徳子）64
  - 1.2.2 特異的なあて材 ....（平岩季子・相蘇春菜・吉澤伸夫・石栗　太）67
    - 1.2.2.1 G層を形成しないが組織・構造が引張あて材に類似したあて材を形成する樹種 68
    - 1.2.2.2 G層を形成せず、組織・構造が引張あて材に類似しないあて材を形成する樹種 70
    - 1.2.2.3 傾斜部の下側にあて材を形成する樹種 71
    - 1.2.2.4 無道管材のあて材 74
  - 1.2.3 熱帯樹木のあて材 ....（野渕　正）78
    - 1.2.3.1 枝におけるあて材の形成 78
    - 1.2.3.2 樹幹の人為的傾斜に伴うあて材の形成 79
    - 1.2.3.3 パラゴムノキにおけるあて材形成の特徴 81
  - 1.2.4 師部における組織・構造の変化 ....（吉永　新）83
- 1.3 正常材とあて材との間の移行に伴う構造変化 88
  - 1.3.1 圧縮あて材 ....（吉澤伸夫・平岩季子・林　徳子・船田　良）88
    - 1.3.1.1 新生仮道管の形成と分化・成熟時間 88
    - 1.3.1.2 圧縮あて材仮道管の細胞壁構造変化 91
    - 1.3.1.3 木部分化帯における仮道管の傾斜刺激に対する反応と壁構造の変化 96
    - 1.3.1.4 らせん肥厚を持つ樹種の木部分化帯における仮道管の傾斜刺激に対する反応と壁構造の変化 98
  - 1.3.2 引張あて材 ....（林　徳子）105
    - 1.3.2.1 S_1+S_2+G型における移行域の細胞壁構造 106
    - 1.3.2.2 $S_1+S_2+S_3+G$型における移行領域の微細構造 110
    - 1.3.2.3 S_1+G型における移行領域の微細構造 112
    - 1.3.2.4 従来の3つのタイプのG繊維の出現過程の比較 115

第2章　あて材の形成と成分分布 ....（髙部圭司編集）125

- 2.1 あて材の化学成分 125
  - 2.1.1 あて材の化学成分量 ....（石栗　太・横田信三）125

目　次

2.1.2　セルロース ....(杉山淳司) 127
　　2.1.2.1　一般的な特徴 127
　　2.1.2.2　G層のミクロフィブリル 128
　　2.1.2.3　結晶構造 128
2.1.3　ヘミセルロース ....(髙部圭司・吉永　新) 131
　　2.1.3.1　圧縮あて材 131
　　2.1.3.2　引張あて材 134
2.1.4　リグニン ....(福島和彦・吉永　新) 138
　　2.1.4.1　圧縮あて材のリグニン（裸子植物） 138
　　2.1.4.2　引張あて材のリグニン（被子植物） 140
　　2.1.4.3　傾斜下側に偏心成長する広葉樹におけるリグニン分布と
　　　　　　沈着過程 144
2.1.5　抽出成分 ....(梅澤俊明) 145
2.2　圧縮あて材の形成と成分分布 ....(髙部圭司) 148
　2.2.1　細胞壁の形成過程 148
　2.2.2　ヘミセルロースの堆積と分布 157
　2.2.3　リグニンの沈着と分布 162
　　2.2.3.1　リグニンの沈着過程 162
　　2.2.3.2　木化のメカニズム 164
　　2.2.3.3　リグニンの分布 165
2.3　引張あて材の形成と成分分布 ....(吉永　新) 166
　2.3.1　G層を形成する広葉樹 166
　　2.3.1.1　木化する壁層の成分分布 166
　　2.3.1.2　G層の成分分布 169
　　2.3.1.3　細胞壁の形成過程 178
　2.3.2　G層を形成しない広葉樹の傾斜上側に偏心成長する場合 180

第3章　あて材形成の分子生物学 ....(横田信三編集) 193

3.1　植物の進化と化学成分 ....(横田信三) 193
　3.1.1　セルロースの進化 193
　3.1.2　ヘミセルロースの進化 193

     3.1.3　リグニンの進化...198
  3.2　あて材細胞分化の分子生物学..202
     3.2.1　マイクロアレイとプロテオミクス........................（林　隆久）202
        3.2.1.1　セルロースの生合成...203
        3.2.1.2　キシログルカンの生合成...206
        3.2.1.3　キシログルカンエンドトランスグルコシラーゼ(XET)による
                  セルロースの架橋...207
        3.2.1.4　キシランの生合成とリグニンの生合成.................................208
        3.2.1.5　セルラーゼ...208
        3.2.1.6　アラビノガラクタンプロテイン...209
     3.2.2　遺伝子組換え体を用いた引張あて材における糖鎖の機能解析
                                                             ....（馬場啓一）209

第4章　あて材形成と成長応力..（山本浩之編集）217

  4.1　成長応力と残留応力..（山本浩之）217
     4.1.1　成長応力(残留応力)に起因する諸問題...217
     4.1.2　成長応力とは...219
        4.1.2.1　応力とひずみ...219
        4.1.2.2　弾性法則と弾性係数...220
        4.1.2.3　残留応力と残留応力解放ひずみ...222
        4.1.2.4　表面成長応力...222
     4.1.3　成長応力の測定方法...223
        4.1.3.1　ひずみゲージ法...223
        4.1.3.2　実測例...226
  4.2　圧縮あて材と成長応力...（佐藤彩織・吉田正人）227
     4.2.1　圧縮あて材の組織的特徴と成長応力...227
     4.2.2　圧縮あて材の発達程度と遺伝子発現量の対応.........................232
  4.3　引張あて材と成長応力..（山本浩之）235
     4.3.1　広葉樹の系統分類とあて材の多様性...235
     4.3.2　引張あて材部の成長応力...237
        4.3.2.1　G繊維を形成する樹種...237

4.3.2.2　モクレン科の樹種 240
　　　4.3.2.3　"原始的な"真正双子葉類 242
4.4　あて材形成による樹形のコントロール ....（吉田正人）243
　4.4.1　重力環境と高等植物の成長 243
　　　4.4.1.1　一次成長と二次成長 243
　　　4.4.1.2　植物の成長と屈性 244
　　　4.4.1.3　植物の茎が負の重力屈性を発現する仕組み 244
　4.4.2　あて材の形成と成長応力による樹形のコントロール 246
　　　4.4.2.1　樹幹における傾斜の回復の力学 246
　　　4.4.2.2　枝における形状パターンの制御 247
　　　4.4.2.3　樹形制御に関するトピックス 250
4.5　植林早生樹木の成長応力 ....（児嶋美穂・山本浩之）253
　4.5.1　早生樹植林とその意義 253
　4.5.2　早生樹の成長応力 255
　　　4.5.2.1　肥大成長が成長応力に及ぼす影響 255
　　　4.5.2.2　同属内での種による違い——*Acacia* 属、*Eucalyptus* 属を例
　　　　　　　として 258
　　　4.5.2.3　同一種内での植林地による違い
　　　　　　　——ユーカリ（*Eucalyptus grandis*）を例として 259
　　　4.5.2.4　樹齢による解放ひずみの違い 259

第5章　あて材形成と植物ホルモン ....（船田　良編集）267

5.1　植物ホルモンと木部形成 ....（船田　良）267
5.2　オーキシン ....（船田　良・山本福壽）276
　5.2.1　針葉樹の圧縮あて材 276
　5.2.2　広葉樹の引張あて材 281
5.3　ジベレリン ....（馬場啓一）284
5.4　エチレン ....（山本福壽）289
　5.4.1　針葉樹の圧縮あて材 292
　5.4.2　広葉樹の引張あて材 295

第6章　あて材の材質特性　　　　　　　　　　　　　　（石栗　太編集）309

6.1　物理的性質 ....（松村順司）309
 6.1.1　圧縮あて材 309
  6.1.1.1　材の密度 309
  6.1.1.2　収縮率 310
  6.1.1.3　透過性 313
 6.1.2　引張あて材 313
  6.1.2.1　材の密度 313
  6.1.2.2　収縮率 314
  6.1.2.3　透過性 315
6.2　あて材の力学的性質 ....（石栗　太）315
 6.2.1　圧縮あて材 317
 6.2.2　引張あて材 319
6.3　あて材の加工上の問題点 ....（石栗　太・飯塚和也）323
6.4　化学的利用上の問題点 ....（岡山隆之）325
 6.4.1　木材の化学的利用 325
 6.4.2　圧縮あて材 330
 6.4.3　引張あて材 331

索　　引 337
あとがき ....（石栗　太）350

────── コラム ──────

あて材観察時の染色法 47
広葉樹あて材の分類 124
裸子植物グネモンノキの傾斜樹幹にできる"あて材"は"圧縮あて材"か？ 265
あて材形成による材密度の変化 336

序章　木材性質とあて材

0.1　木材の形成と構造

　我々が、"木材(wood)"として利用する樹木(tree)は、そのほとんどが、裸子植物(gymnosperm)の針葉樹類(conniferopsida)と被子植物(angiosperm)の双子葉類(dicotyledon)として分類されている(図0-1-1)。裸子植物の針葉樹類の樹木から得られる材を針葉樹材(softwood)と呼び、被子植物の双子葉類の樹木から得られる材を広葉樹材(hardwood)と呼んでいる。針葉樹材と広葉樹材では、組織・構造が大きく異なる。また、裸子植物のイチョウ類(Ginkgopsida)のイチョウ(*Ginkgo biloba*)は、便宜的に針葉樹材に含む場合が

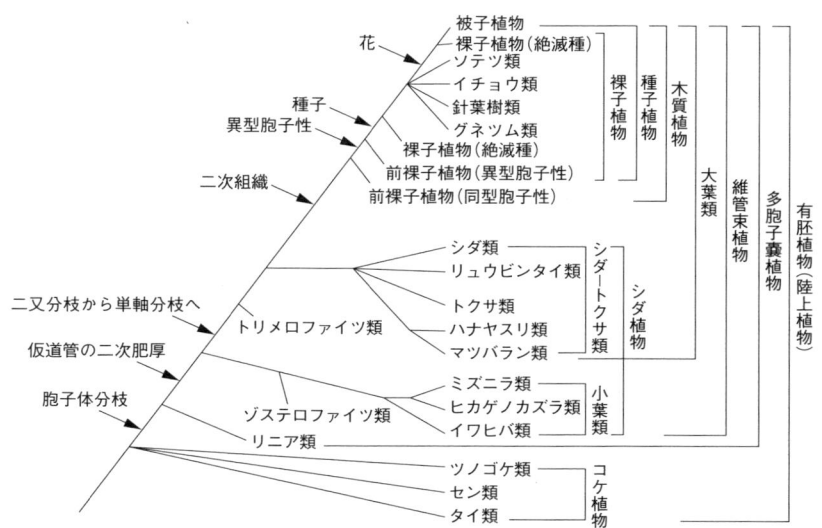

図0-1-1　有胚植物の概略系統樹(長谷部 2007)
絶滅した植物した植物の枝は現生種よりも短くしてある。代表的な派生形質が示してある。

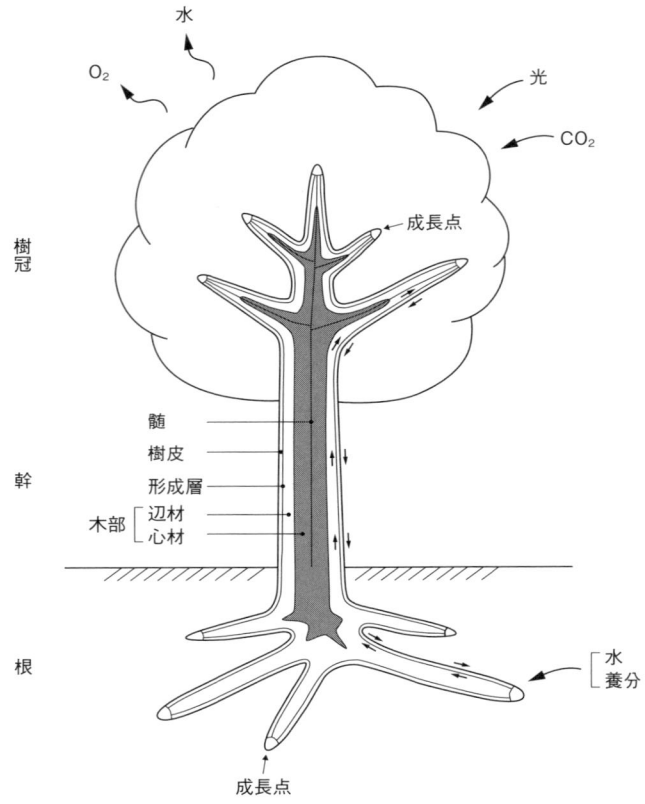

図 0-1-2　樹木の構造

ある。

　樹木は、根(root)、幹(stem)および樹冠(crown)の 3 つに大きく区分することができる(**図 0-1-2**)。根から吸収された水分や無機元素は、幹の木部(xylem)を経て樹冠に運ばれる。このとき、水分や無機元素は、すべての樹幹を通過できるわけでなく、幹の中心部に存在する心材(heartwood)ではなく、その外周部に存在する辺材(sapwood)を通過する(**図 0-1-3**)。辺材を通過して運ばれた水分や無機元素は、樹冠における葉(leaf)で光合成(photosynthesis)に利用され、光合成により得られた物質は幹の師部(phloem)を通じて、樹体全体へ分配される。

草本植物 (herbal plant) と木本植物 (woody plant) の大きな違いは、肥大成長 (radial growth) である。この肥大成長は、二次分裂組織である維管束形成層 (vascular cambium あるいは形成層 cambium) の存在により可能となる。形成層は、幹の内側に向かって分裂して、二次木部 (secondary xylem) を作り、自分自身は外側へ押し出されながら、かつ外側には二次師部 (secondary phloem) を作り出す (**図 0-1-3**)。我々が、木材 (wood) として日常利用しているのは、主として幹の部分に存在する二次木部である。

形成層は、紡錘形始原細胞 (fusiform initial) と放射組織始原細胞 (ray initial) の形の異な

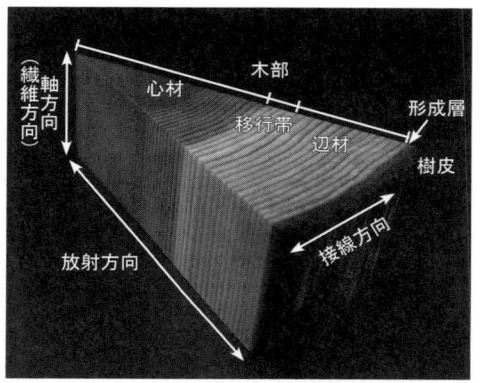
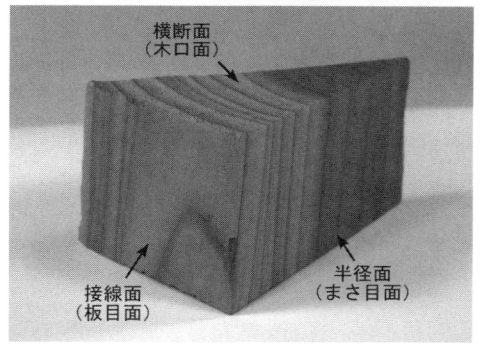

図 0-1-3 樹幹の構造 (スギ (*Cryptomeria japonica*))

る、2種の形成層始原細胞 (cambial initial) により構成される (**図 0-1-4**)。これらの始原細胞は、分裂すると1つは形成層に始原細胞としてとどまり、外側へ派生した場合には、師部母細胞 (phloem mother cell) となり、内側へ派生した場合には、木部母細胞 (xylem mother cell) となる。母細胞はしばらくの間分裂機能を有し、娘細胞 (daughter cell) を作り、師部または木部の要素に分化する。紡錘形始原細胞からは、針葉樹 (conifer) であれば仮道管 (tracheid) や軸方向柔細胞 (axial parenchyma cell)、広葉樹 (broad-leaf tree) であれば道管要素 (vessel element)、木部繊維 (wood fiber)、軸方向柔細胞などが派生し、一方、放射組織始原細胞からは、針葉樹、広葉樹ともに放射柔細胞 (ray parenchyma cell) が派生し、針葉樹の一部の樹種では放射仮道管が派生する。形成層で派生

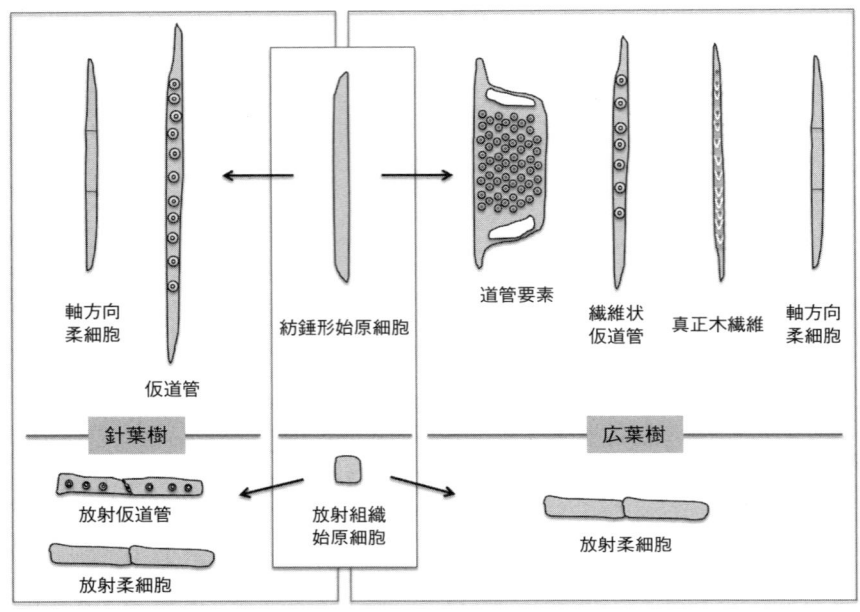

図0-1-4　形成層始原細胞の形と派生細胞

した細胞は、始めに直径の増大が生じ、続いて軸方向に伸長成長する(図0-1-5)。細胞の拡大がほぼ終了した段階で、次の段階として、細胞壁の肥厚(cell wall thcikening)が始まる。この段階では、付加成長(apposition growth)として、すでにある一次壁(primary wall, P)の内側にフィブリル傾角の異なる3層から成る二次壁(secondary wall, S)を形成する(図0-1-6)。二次壁の3層のうち、中層は、最も厚い層であり、木材の性質に大きく関与している。二次壁の肥厚が進行すると、次いでリグニン(lignin)の沈着、いわゆる木化(lignification)が起こる。木化は、隣接する細胞の角の細胞間層(intercellular layer)から始まり、次いで細胞間層全体に広がり、一次壁、二次壁と順に進行し、二次壁の肥厚が終了後に活発化する。このような過程を経て、形成層から派生した細胞は木部細胞への分化を完了する。

　一般に、形成層の活動は、樹種、環境条件によって異なるが、一定の周期性が存在するとともに、木部細胞の増加速度は一様ではない。例えば、栃木県

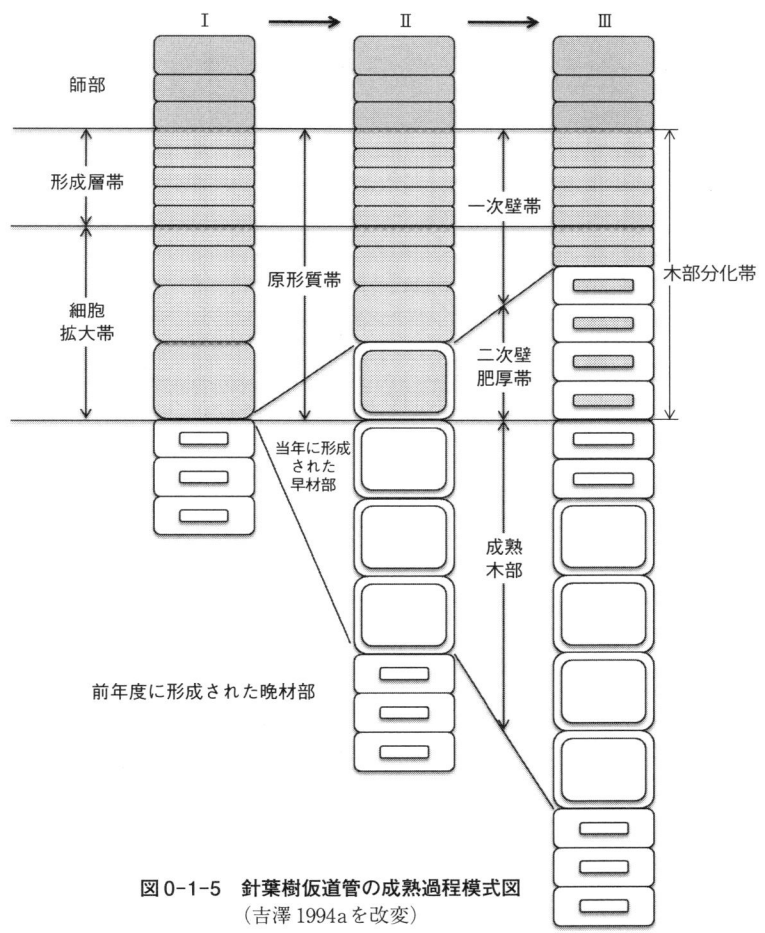

図0-1-5　針葉樹仮道管の成熟過程模式図
（吉澤1994aを改変）

宇都宮地方のカラマツ（*Larix kaempferi*, syn. *L. leptolepis*）では、形成層活動は4月に開始し、10月に終了し、この間に形成された木部細胞の約半数は6月下旬までに作られている（**図0-1-7**）。我が国における針葉樹の場合、春から夏の終わりにかけてまでは、比較的半径方向の径の大きい薄壁の仮道管を形成する。一方、夏の終わりから秋にかけては、比較的半径方向の径が小さく厚壁の仮道管を形成する。前者を早材（earlywood）、後者を晩材（latewood）と呼ぶ（**図

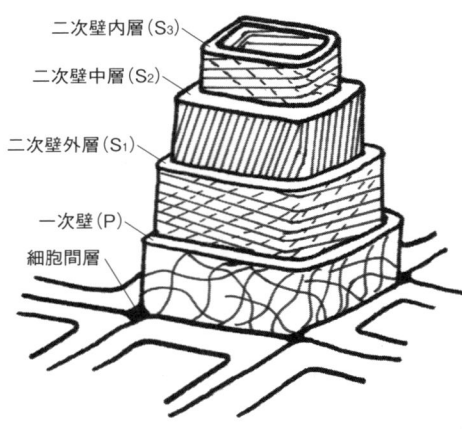

図 0-1-6　仮道管細胞壁微細構造モデル
注）実線はセルロースミクロフィブリルを示す。細胞壁は外側から一次壁（P）、二次壁（S）から成る。一次壁はミクロフィブリルがランダムに配向する。二次壁は、ミクロフィブリルの細胞長軸との成す角、ミクロフィブリル傾角の違いにより、外側より外層（S_1）、中層（S_2）および内層（S_3）に分けることができる。S_2層は最も厚い層であり、この層のミクロフィブリル傾角が木材の物理的性質や機械的性質に大きく影響する。また、細胞同士の間にはリグニンに富む細胞間層（もしくは中間層）が存在し、特に本書では、細胞の角と細胞の角に存在するリグニン濃度の高い部位のことをコーナー部細胞間層と表記した。

0-1-8）。この形成層活動の季節的変動は、植物ホルモン（plant hormone）の一種であるインドール酢酸（indole-3-acetic acid, IAA）の濃度の増減と一致していることが知られている（船田 2011、**5章**参照）。また、形成層活動の周期性の結果、成長輪（growth ring）が形成され、特に、我が国のような暖温帯地域においては、1年に一度形成層活動の休止期が存在するため、このような成長輪を年輪（annual ring）と呼んでいる。

　このように形成された木部は3つの基本的な断面を持つ（**図 0-1-3**）。横断面（transverse section）は、樹幹軸に対して垂直な断面であり、放射断面（radial

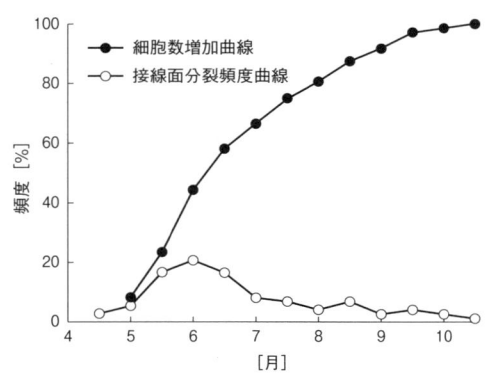

図 0-1-7
カラマツ（*Larix kaempferi*, syn. *L. leptolepis*）の形成層活動の季節変化（吉澤ら 1987）

0.1 木材の形成と構造

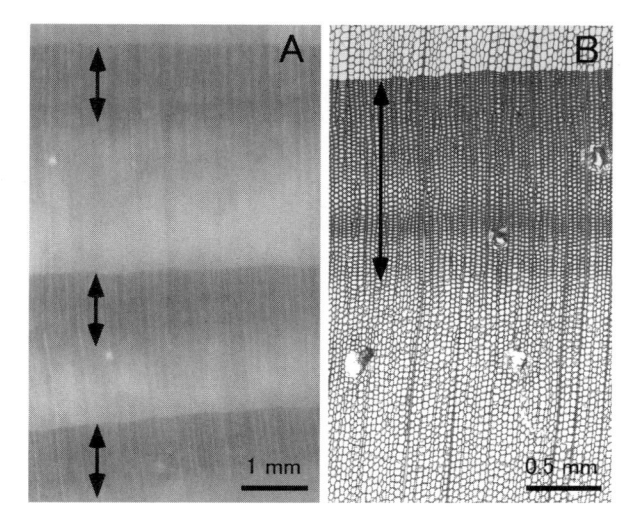

図0-1-8 アカマツ（*Pinus densiflora*）の早材と晩材
A：実体顕微鏡写真、B：光学顕微鏡写真。矢印の部分が晩材

section）は、樹幹軸に対して平行で髄を通る放射方向の断面であり、接線断面（tangential section）は、樹幹軸に対して平行で樹幹の円周もしくは肥大成長の同心円に対して接線方向の断面である。これらの面はそれぞれ、木口面、まさ目面および板目面とも呼ばれる。

0.1.1 針葉樹材の組織

表0-1-1に針葉樹材を構成する細胞の種類を示す。また、エゾマツ（*Picea jezoensis*）の光学顕微鏡写真を示す（**図0-1-9**）。針葉樹材は、仮道管（tracheid）、

表0-1-1　針葉樹材の構成細胞(IAWA Commitiee 2004; 古野 1994a; 粟野 2011)

軸　方　向	放　射　方　向
仮道管	放射組織
ストランド仮道管*	放射仮道管*
軸方向柔細胞*	放射柔細胞
エピセリウム細胞*	エピセリウム細胞*
（軸方向樹脂道）	（放射(水平)樹脂道）

注）*：樹種により見られない場合がある。（　）内はエピセリウム細胞で囲まれた樹脂道を示す。

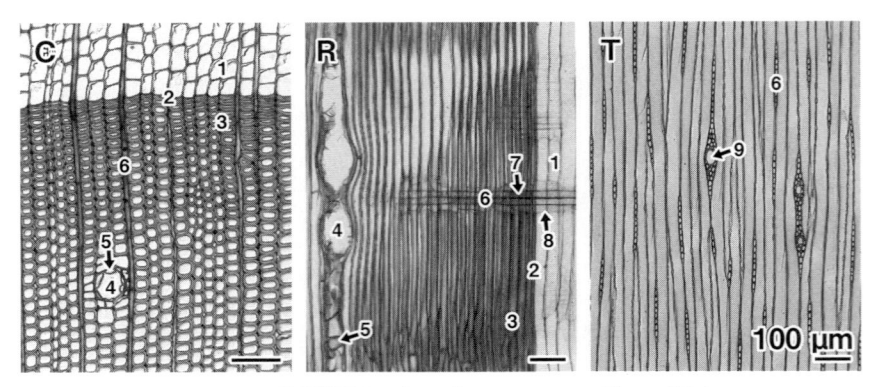

図0-1-9 針葉樹材［エゾマツ（*Picea jezoensis*）］の3断面
C：横断面、R：まさ目面、T：板目面、1：早材仮道管、2：年輪界、3：晩材仮道管、4：軸方向樹脂道、5：エピセリウム細胞、6：放射組織、7：放射柔細胞、8：放射仮道管、9：放射（水平）樹脂道

ストランド仮道管（strand tracheid）、軸方向柔細胞（axial parenchyma cell）、放射柔細胞（ray parenchyma cell）、放射仮道管（ray tracheid）およびエピセリウム細胞（epithelial cell）から成る（**表0-1-1**）。

　針葉樹材は、その95％以上が軸方向の要素であり、仮道管と呼ばれる長さ1～5mm程度の紡錘形の細胞から構成されている。この仮道管は水分通道機能を有すると同時に、樹体を支持する機械的機能も果たしている。仮道管壁には、仮道管相互の水分を通道させるための有縁壁孔（borderd pit）が多数存在している。また、日本産材では、イチイ属（*Taxus*）、カヤ属（*Torreya*）、イヌガヤ属（*Cephalotaxus*）、トガサワラ属（*Pseudotsuga*）において、仮道管の内腔面にらせん肥厚（spiral thickning, helical thickning）が存在する。

　軸方向柔組織は、栄養貯蔵や分配が行われる組織であり、いずれも単壁孔（simple pit）を持つ樹脂細胞（resin cell）と異形細胞（idioblast）がある。また、軸方向柔細胞には、垂直樹脂道（axial resin canal）に関連するエピセリウム細胞もある。樹脂細胞は、樹脂様内容物を含む柔細胞であり、樹種により存在するもの、存在が稀なもの、存在しないものがあり、存在する場合においても、横断面における年輪内の配列様式が接線状、散在状、点在などがある。また、異形細胞は、イチョウに認められる。

　放射組織（ray）は、単壁孔を持つ放射柔細胞と一部の樹種では有縁壁孔を持

つ放射仮道管から構成される。放射柔細胞は、形成層から派生し細胞壁が完成した後も辺材部においては、原形質(plotoplast)を有している。放射仮道管は、ツガ属(*Tsuga*)を除けば、正常な樹脂道を有するすべてのマツ科に常に、また、ヒノキ科(Cupressaceae)の一部で稀に認められ、通常、放射組織の上下端に1からときに2、3列存在している(IAWA Committee 2004)。放射仮道管の細胞壁には、一部のマツ属(*Pinus*)において鋸歯状突起(dentations)や、トガサワラ属(*Pseudotsuga*)において、らせん肥厚が存在している。

エピセリウム細胞に取り囲まれた細胞間道(intercellular canals)を針葉樹では、樹脂道(resin canal)と呼ぶ。樹脂道には、軸方向樹脂道(垂直樹脂道、axial resin canal)および放射樹脂道(水平樹脂道、radial resin canal)があり、軸方向樹脂道は、マツ科のアブラスギ属(*Keteleeria*)、カラマツ属(*Larix*)、トウヒ属(*Picea*)、マツ属、トガサワラ属に存在する(IAWA Committee 2004)。また、放射樹脂道は、上述したマツ科の5属のうち、アブラスギ属を除く4属に存在する(IAWA Committee 2004)。また、樹木が外的なかく乱を受けた場合、軸方向および放射方向に傷害樹脂道(traumatic resin canal)が形成される場合があり、正常な樹脂道を形成するマツ科の5属(アブラスギ属は傷害放射方向樹脂道を形成しない)において認められる。また、正常には樹脂道を形成しないが、ヒマラヤスギ属(*Cedrus*)、モミ属(*Abies*)、ツガ属などでは、傷害樹脂道を形成することが指摘されている。

0.1.2 広葉樹材の組織

広葉樹材の構成細胞を表0-1-2に示す。広葉樹材は、針葉樹材と比較して、構成する細胞の種類が多く、複雑であり、道管要素(vessel element)、木部繊維[wood fiber、周囲仮道管(vasicentric tracheid)、

表0-1-2 広葉樹材の構成細胞(IAWA Commitiee 1989; 古野 1994b; 杉山・吉永 2011)

軸　方　向	放　射　方　向
道管要素	放射柔細胞
木部繊維	平伏細胞[*1]
周囲仮道管	直立細胞[*1]
道管状仮道管	方形細胞[*1]
繊維状仮道管	鞘細胞[*1]
真正木繊維	タイル細胞[*1]
軸方向柔細胞	エピセリウム細胞
エピセリウム細胞	(放射(水平)細胞間道)
(軸方向細胞間道)	

注) 樹種により認められない構成細胞もある。[*1]: 細胞形態による分類。(　)内はエピセリウム細胞で囲まれた細胞間道を示す。木部繊維は、簡単に木繊維と呼ばれることがある。

道管状仮道管（vascular tracheid）、真正木繊維（libriform wood fiber）、繊維状仮道管（fiber tracheid）］、軸方向柔細胞、放射柔細胞［平伏細胞（procumbent ray cell）、直立細胞（upright ray cell）、方形細胞（square ray cell）］があり、その他にも、エピセリウム細胞、異形細胞、さや細胞（sheath cell）、乳管（latex tube）、タンニン管（tanniferous tube）タイル細胞（tile cell）などの特殊な形態や機能を持つ細胞が存在している（IAWA Committee 1989）。裸子植物においては、仮道管が水分通道の役割と樹体の支持機能の2つを担っているが、被子植物においては、水分通道機能は道管が担い、樹体の支持機能は木部繊維が担うようにそれぞれの機能が分化したと考えられてきている（Bailey 1954、図0-1-10）。図0-1-11に、シラカンバ（*Betula platyphylla* var. *japonica*）の光学顕微鏡写真を示す。

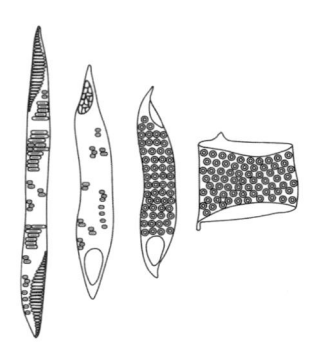

図0-1-10　道管要素の進化仮説Baileyan trendの模式図
（Evert 2006を改変）
左側に仮道管、右側に環孔材の孔圏道管の模式図であり、左側から右側へ向かって通道要素としての機能が進化したと考える。

広葉樹材は、管孔性（porosity）により、環孔性（ring porous）、半環孔性（semi-ring porous）および散孔性（diffuse porous）に区別することができる（IAWA Committee 1989）。また、道管の配列（vessel arrangement）には、接線状（vessels in tangential bands）、斜線状あるいは放射状（vessels in diagonal and/or radial pattern）、火炎状（vessels in dendritic pattern）がある（IAWA Committee 1989）。この管孔性と道管の配

0.1 木材の形成と構造

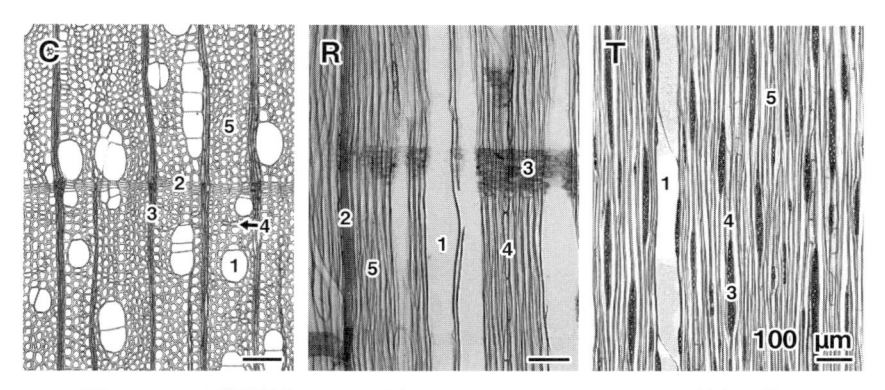

図0-1-11 広葉樹材［シラカンバ(*Betula platyphylla* var. *japonica*)］の3断面
C：横断面、R：まさ目面、T：板目面、1：道管、2：年輪界、3：放射組織、4：軸方向柔細胞、5：木繊維

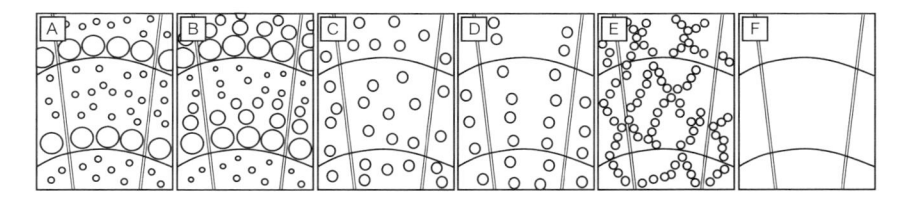

図0-1-12 広葉樹材の横断面における道管配列様式
A：環孔材、B：半環孔材、C：散孔材、D：放射孔材、E：紋様孔材、F：無孔材

列から、広葉樹材は、環孔材(ring-porous wood)、半環孔材(semi-ring-porous wood)、散孔材(diffuse-porous wood)、放射孔材(radial-porous wood)、紋様孔材(figured-porous wood)およびその他に分類される(図0-1-12)。環孔材は、成長輪の始めの部分に、他の部分と比べて直径の大きい道管が成長輪界に沿って配列している。大径の道管は肉眼でもはっきりと確認することができ、この大径の道管がある部分を孔圏部(pore zone)と呼ぶ。また、環孔材では、孔圏外の小径道管の配列が、散在状、放射、火炎状、波状などとなる。半環孔材は、環孔材と同じく、成長輪の始めに他の部分と比べて大きい直径が成長輪界に沿って配列しているが、同じ成長輪内の中間部から次の年輪との成長輪界にかけてより小径の道管に徐々に変化する材である。散孔材は、道管径が同一成長輪内でほぼ均一な材で、広葉樹材の横断面における道管の配列様式としては

図 0-1-13　広葉樹材の独立柔組織の横断面における分布
A：ターミナル柔組織、B：イニシャル柔組織、C：単接線柔組織、D：独立帯状柔組織、E：網状柔組織、F：階段状柔組織

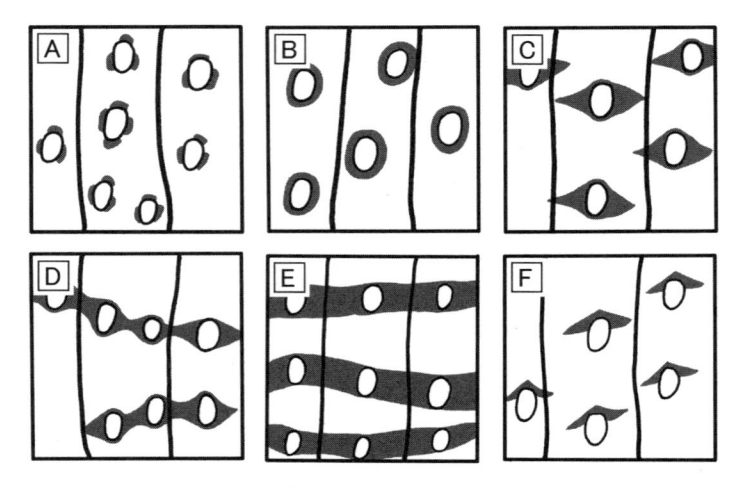

図 0-1-14　広葉樹材の随伴柔組織の横断面における分布
A：随伴散在柔組織、B：周囲柔組織、C：翼状柔組織、D：連合翼状柔組織、E：随伴帯状柔組織、F：外側帽状柔組織

一般的である。放射孔材は、シラカシ(*Quercus myrsinifolia*)などに認められ、道管が放射状に配列している。紋様孔材は、成長輪内に小道管が火炎状、X字

やY字状のように分布して、肉眼で観察したときに紋様状となる。その他として、アブラツツジ(*Enkianthus subsessilis*)などで観察されるように、道管が接線状に配列するものや、ヤマグルマ(*Trochodendron aralioides*)などのように、被子植物であるが、道管を持たず軸方向要素は主に仮道管から構成され、無孔材もしくは無道管材(non-porous wood)と呼ばれるものも存在する。

　広葉樹材では、軸方向柔細胞の配列様式も、針葉樹材と比較すると、非常に複雑である。横断面における配列様式により分類することができる。軸方向柔細胞の配列は、独立柔組織(apotracheal parenchyma)と随伴柔組織(paratracheal parenchyma)に分類することができ、前者は、道管の存在とは関係なく柔細胞が配列し、後者は、道管の周囲に配列する。独立柔組織には、図0-1-13に示すような6種類があり、また、随伴柔組織には図0-1-14に示すような6種がある。

　軸方向柔細胞と同じく、放射柔細胞も非常に複雑に発達している。放射柔細胞の分類はいくつかあり、放射組織の幅や高さによる分類や、構成している細胞の種類による分類などがある。広葉樹材では、針葉樹と同様の単列放射組織(uniseriate ray)の樹種もあるが、一方、2細胞幅以上の複列放射組織(biseriate ray)や3細胞幅以上の多列放射組織(multiseriate ray)と呼ぶ。また、個々の放射組織が多数互いに密集し、肉眼では単一の大きな放射組織に見えるような放射組織を集合放射組織(aggregate ray)と呼び、個々の放射組織は道管以外の軸方向要素により隔てられている。さらに、小放射組織が散在して分布している中で、極めて幅の広い大きな放射組織が存在するとき、小放射組織が集合し癒合が進んだものを複合放射組織(compound ray)と呼ぶ(杉山・吉永 2011)。

　この他、樹種によっては、異形細胞として、油細胞(oil cell)、結晶細胞、粘液細胞(mucilage cell)などがある。エピセリウム細胞に取り囲まれた細胞間道は、日本産材では、チャンチンモドキ(*Choerospondias axillaris*)、カクレミノ(*Dendropanax trifidus*)、フカノキ(*Schefflera heptaphylla*)などに放射(水平)細胞間道が認められるのみであるが、南洋材では軸方向細胞間道、放射細胞間道ともに存在する樹種がある。また、針葉樹の場合と同様に、傷害に応じて形成する傷害細胞間道(intercellular canals of traumatic origin)も存在する場合があ

表 0-1-3　師部の構成細胞および要素とその機能（吉永 2011）

針葉樹	広葉樹	機　　能
師細胞	師管要素（伴細胞を伴う）	同化物質の運搬
師部柔細胞	師部柔細胞	同化物質の貯蔵および移動
師部放射柔細胞	師部放射柔細胞	
師部繊維*	師部繊維*	強じん性を保つ
スクレレイド*	スクレレイド*	

注）*：樹種により認められない場合がある。

る（IAWA Committee 1989；杉山・吉永 2011）。

0.1.3　師部の構造

　師部は、形成層を挟んで木部の反対側の樹皮側に存在しており、形成層側から、二次師部（secondary phloem）、一次師部（primary phloem）と存在している。形成層において木部と師部側の両側に細胞が派生するが、通常、師部側に作り出される細胞数は、木部側のそれの1/6程度と少ない（吉永 2011）。**表 0-1-3**に師部を構成する細胞の種類を示す。針葉樹材における師細胞（sieve cell）および広葉樹材における師管要素（sieve tube member）は、葉で合成された物質を通道するために利用される。師管要素には、通常、伴細胞（companion cell）を伴っている。師細胞や師管要素は、木部における仮道管や道管と異なり、一次壁のみを持ち、木化せずに栄養物質の通道を行う。

　師部柔細胞（phloem parenchyma cell）および師部放射柔細胞（phloem ray parenchyma cell）は、栄養物質の貯蔵および移動の役割を果たしている。これらの細胞の細胞壁も、師細胞や師管要素と同じく、一次壁のみから成り、木化はしていない。

　師部繊維（phloem fiber）は、樹皮における繊維の一般的な総称であり（吉永 2011）、針葉樹、広葉樹を問わず多くの樹種で認められるが、樹種によっては存在しない。この師部繊維は、強靱性を保つために存在していると考えられている。また、広葉樹では、コウゾ（*Broussonetia×kazinoki*）、ミツマタ（*Edgeworthia chrysantha*）などの師部繊維が、和紙の原料として利用されている（吉永 2011）。その形状は、通常、軸方向に長く、先端が鋭く尖り、横断面はほぼ円形から方形である。また、細胞壁が非常に厚いものが多く、木部にお

ける仮道管や木部繊維の二次壁の壁層構造が通常3層構造($S_1+S_2+S_3$)であるのに対して、針葉樹材ではS_1+S_2、広葉樹材では、S_1+S_2に加えて木化していないG層と木化したG_L層の2種の壁層が存在する場合がある。また、木部の仮道管や木部繊維の細胞は、一般的に木化が終了すると死細胞となるのに対して、師部繊維は、何年にも亘って生きていて肥厚、木化を行う場合がある(吉永 2011)。

　この他、スクレレイド(sclereid)と呼ばれる、師部柔細胞、師部放射柔細胞が再分化して厚壁化した細胞も存在する場合がある。

0.2　木材の化学的性質

　木材は、セルロース(cellulose)、ヘミセルロース(hemicellulose)およびリグニン(lignin)の3成分を主成分として、これらで約90％以上を占め、残りの約10％以下を抽出成分(extractive)などの副成分で構成されている(**図0-2-1**)。木材の化学成分量を**表0-2-1**に示す。一般に、針葉樹材と広葉樹材を比較す

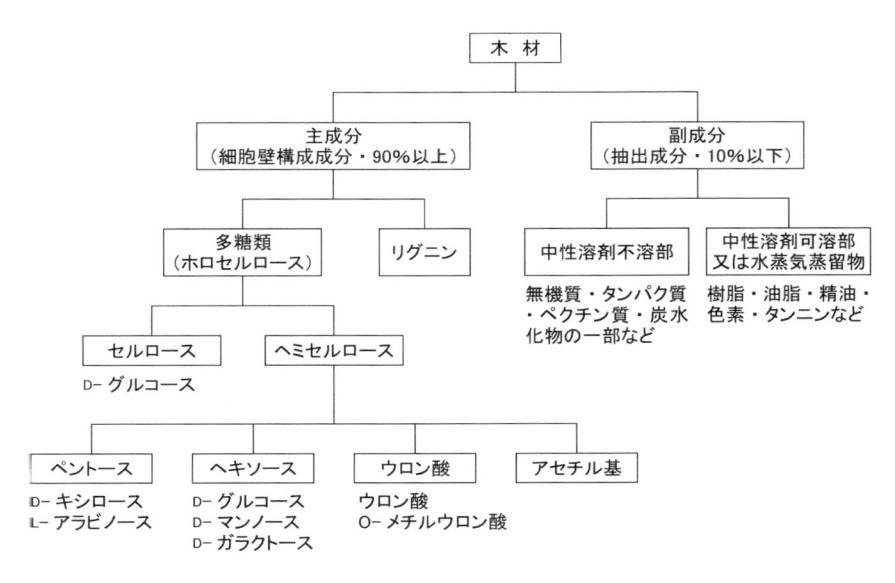

図0-2-1　木材化学成分の構成(出井 1993)

表 0-2-1 日本産樹種の化学成分量(%)(米沢ら 1973 より抜粋)

樹種	灰分	可溶分 熱水	可溶分 アルコール・ベンゼン	ペントサン	ホロセルロース	α-セルロース	リグニン
モミ (*Abies firma*)	0.97	3.6	2.3	5.2	69.8	49.0	33.5
カラマツ (*Larix kaempferi*, syn. *L. leptolepis*)	0.34	9.5	3.2	5.6	68.5	47.8	28.0
エゾマツ (*Picea jezoensis*)	0.20	3.6	1.3	6.1	71.0	47.3	28.4
アカマツ (*Pinus densiflora*)	0.22	3.9	4.1	7.0	65.8	43.6	26.1
トガサワラ (*Pseudotsuga japonica*)	0.14	4.4	3.5	5.1	68.1	47.1	33.1
ツガ (*Tsuga sieboldii*)	0.24	4.1	3.0	4.3	71.0	51.0	31.1
ヒノキ (*Chamaecyparis obtusa*)	0.48	4.2	5.1	5.0	69.3	47.3	29.6
スギ (*Cryptomeria japonica*)	0.72	3.1	2.6	7.3	73.3	48.6	32.3
ホオノキ (*Magnolia obovata*)	0.35	3.2	1.8	14.9	77.0	46.5	29.6
カツラ (*Cercidiphyllum japonicum*)	0.32	4.7	2.6	15.7	77.7	50.6	25.6
ケヤキ (*Zelkova serrata*)	0.79	8.0	0.9	15.5	75.1	43.9	27.1
ブナ (*Fagus crenata*)	0.43	2.6	1.0	19.4	84.0	53.8	23.5
アカガシ (*Quercus acuta*, syn. *Cyclobalanopsis acuta*)	0.70	8.6	3.6	17.2	71.3	46.5	24.9
マカンバ(ウダイカンバ) (*Betula maximowicziana*)	0.43	1.9	0.9	17.6	77.2	46.9	22.9
イタヤカエデ (*Acer pictum*, syn. *A. mono*)	0.46	3.7	1.6	17.8	77.5	48.6	24.1
ヤチダモ (*Fraxinus mandshurica*)	1.02	3.5	1.6	16.1	80.1	51.2	21.9

(針葉樹: モミ～スギ、広葉樹: ホオノキ～ヤチダモ)

ると、セルロース量に差異はほとんど認められないが、ヘミセルロース量は広葉樹材の方が多く、反対にリグニン量は針葉樹材の方が一般的には多い。

0.2.1 セルロース

セルロースは、グルコースがβ-1,4結合した直鎖状の高分子化合物であり(図0-2-2)、地球上で最大の有機物であると考えられている。セルロースの重合度(degree of polimeraization)は、セルロースを構成している繰返しの部

図0-2-2 セルロースの一次構造

分のグルコースの残基数をnとしたとき、非還元末端と還元末端のグルコース2残基を加えて、$n+2$として表される。一般に、天然セルロースの重合度は1000〜10000であることが知られている（和田・杉山 2011）。また、セルロースは、X線回折により、結晶構造が解析されており、I〜IVの結晶多形が存在することが知られている（奥田 2013）。天然に存在するセルロースのほとんどは、セルロースIの結晶構造を持ち、このセルロースIは、$I_α$型セルロースと$I_β$型セルロースの2つの異なる結晶成分から成る（奥田 2013）。植物の細胞壁では、電子顕微鏡で観察した場合、幅数nmの糸状の構造物を観察することができ、これをセルロースミクロフィブリル（cellulose microfibril）と呼び、このセルロースミクロフィブリルは、セルロース分子が何本かの束となり形成されていると考えられている（和田・杉山 2011）。また、前述したように、セルロースは、結晶領域と非晶領域に大きく分けることができ、この非晶領域において水分子の吸脱着が可能であり、この水分変化は木材の物理的性質に大きく影響する。

0.2.2 ヘミセルロース

ヘミセルロースは、グルコース、キシロース、マンノース、ガラクトースな

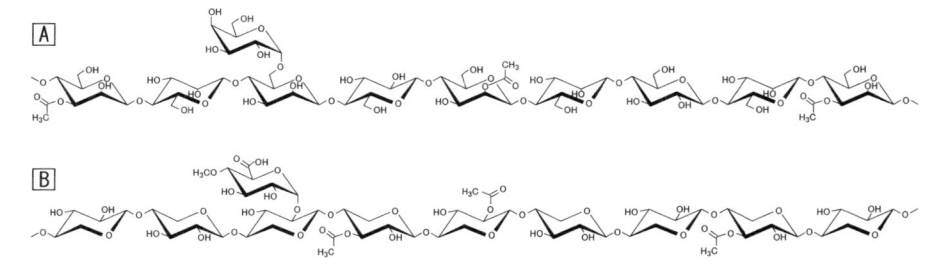

図0-2-3 ヘミセルロースの化学構造
A：グルコマンナンの部分化学構造、B：グルクロノキシランの部分化学構造

どの糖類から構成される多糖類であり、親水性のセルロースと疎水性のリグニンの間で会合面を形成していると考えられている。また、ヘミセルロースは、アルカリによって簡単に分解が生じる。針葉樹材と広葉樹材において、組成が異なる。針葉樹ではマンノースとグルコースを主鎖とするグルコマンナンが主体であり、その他にアラビノグルコマンナン、ガラクトグルコマンナンなどがある（図0-2-3）。一方、広葉樹材では、キシランを主鎖とするグルクロノキシランが主体であり、その他に、グルコマンナンなどがある（図0-2-3）。

0.2.3 リグニン

リグニンは、フェニルプロパノイド（C_6-C_3）骨格を基本単位として、複雑に結合した網状の高分子の総称である（図0-2-4）。疎水性であり、細胞間層に多く接着剤的な役割を果たしていると考えられている。広葉樹材と針葉樹

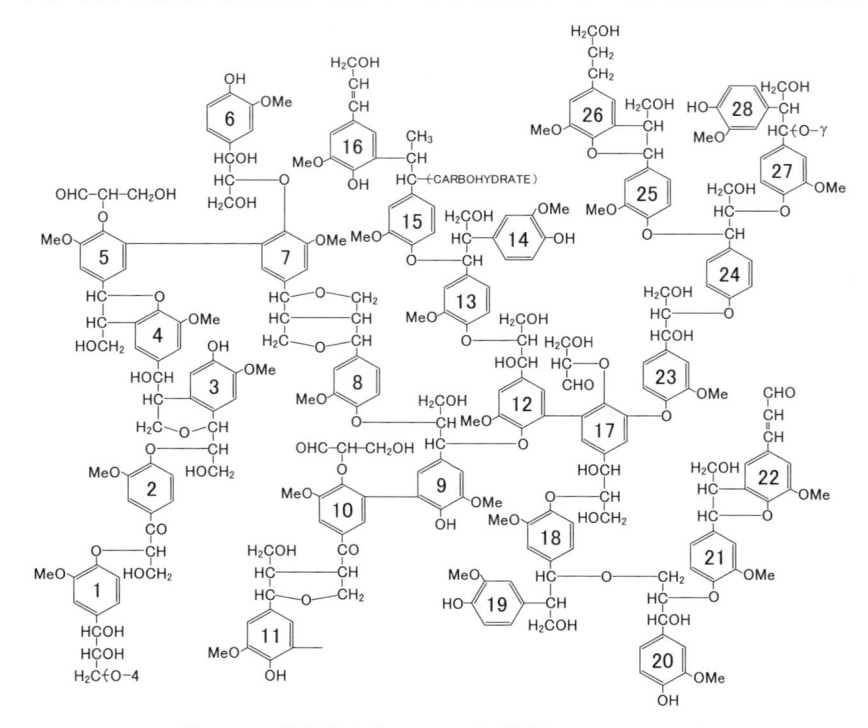

図0-2-4 針葉樹リグニンのモデル構造（Sakakibara 1980）

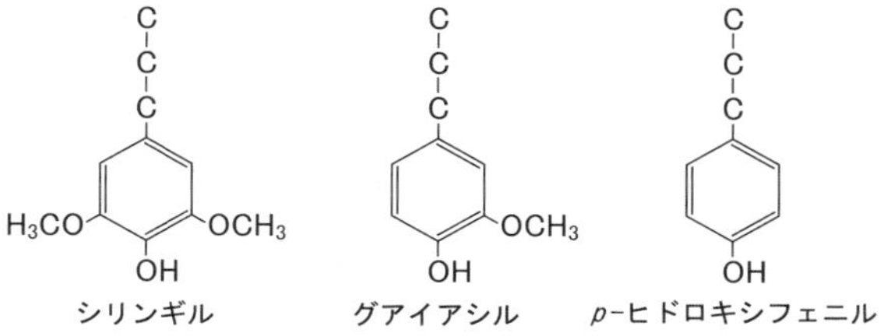

図0-2-5 リグニンの構成単位

材でリグニンの性質は異なる。針葉樹リグニンは、主にグアイアシルリグニン（guaiacyl lignin）から成り、広葉樹リグニンは、グアイアシルリグニンに加えて、シリンギルリグニン（syringyl lignin）を構成要素としている（図0-2-5）。一方、草本植物においては、グアイアシルリグニン、シリンギルリグニンに加えて、p-ヒドロキシリグニン（p-hydroxy lignin）も構成要素としている（図0-2-5）。通常、針葉樹における仮道管や広葉樹における道管などの通道要素の細胞壁や複合細胞間層はグアイアシルリグニンに富んでいる（Fukushima & Terashima 1991; Wu et al. 1992; 寺島 2013）。また、広葉樹において機械的支持機能を持つ木部繊維の細胞壁は、シリンギルリグニンが富む樹種が多いが、樹種によっては、グアイアシルリグニンに富むものも存在している。

0.2.4 抽出成分と無機成分

抽出成分と無機成分は、微量であり、副成分として取り扱われる。しかしながら、その種類は多数ある。抽出成分は、材色に関与する成分や防腐や防虫効果のある成分など様々である。また、無機成分は、カリウムやマグネシウム、カルシウムなどの無機金属元素であり、木材の乾燥重量に対しておよそ0.1〜1％程度で含まれており、これらは燃焼した際には、木灰として見る事ができる。

0.2.5 細胞壁における化学成分の分布

0.1で述べたように、針葉樹材の仮道管や広葉樹材の木繊維は、細胞間層（I）、一次壁（P）、二次壁（S）で構成されており、さらに、二次壁は、セルロースミクロフィブリルの配向により、S_1、S_2およびS_3層の3層に区分される。細胞

間層と一次壁では、リグニン濃度が高く、一方、二次壁では、S_2層で最もセルロース濃度が高くなる(図0-2-6)。

セルロースやヘミセルロースの細胞壁における分布は、各層を分離し、糖組成を調べることにより明らかにされてきた(Meier & Wilkie 1959)。また、分化中の木部にトリチウム標識したグルコースを投与し、これらが壁成分にどのように取り込まれるかを光顕オートラジオグラフィーにより観察することによっても明らかにされてきた(高部ら 1981)。図0-2-7に、スギ仮道管における多糖類の分布を示す。スギにおいては、セルロースやヘミセルロースを構成する多糖類の組成は、S_1層、S_2層ならびにS_{12}層(S_1からS_2層への移行層)では、ガラクトグルコマンナンやアラビノグルクロノキシランに富み、S_2層では、セルロース濃度が高いことが知られている(高部 1994)。

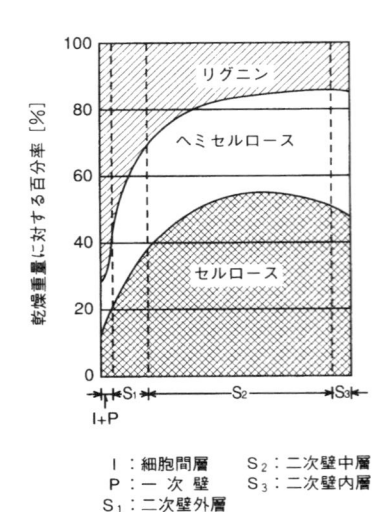

I：細胞間層　　S_2：二次壁中層
P：一次壁　　S_3：二次壁内層
S_1：二次壁外層

図0-2-6　針葉樹材仮道管壁中の主成分分布(Meier & Wilkie 1959)

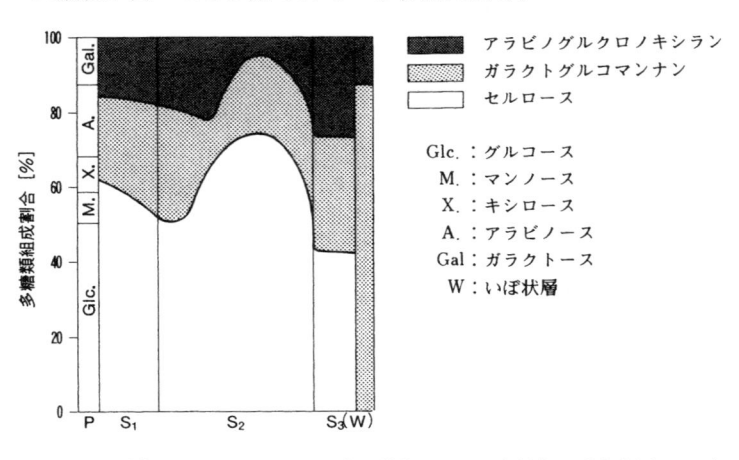

Glc.：グルコース
M.：マンノース
X.：キシロース
A.：アラビノース
Gal：ガラクトース
W：いぼ状層

図0-2-7　スギ(*Cryptomeria japonica*)仮道管における多糖類の分布(高部 1994)

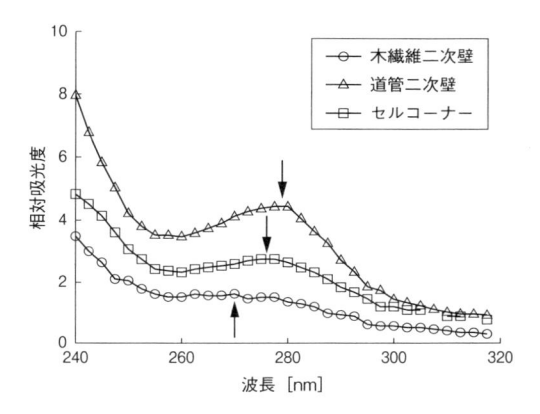

図0-2-8 アメリカシラカンバ(*Betula papyrifera*)の木繊維二次壁、道管二次壁、および セルコーナーの紫外線顕微鏡により得られた吸収スペクトル
注）矢印は、吸収ピークを示す。道管二次壁およびセルコーナーはグアイアシルリグニンに富むことから、吸収ピークが280 nm付近に存在している。一方、木繊維二次壁は、シリンギルリグニンに富むことから、その吸収ピークは270 nm付近である。(Fergus & Goring 1970aより改変)

リグニンの細胞壁における分布は、主に紫外線顕微鏡法(Fergus & Goring 1970a, b; Fukazawa 1992; Takabe et al. 1992)、臭素化あるいは水銀化したリグニンの電子顕微鏡観察(Saka et al. 1982; Saka 1992)、フッ素化水素により脱多糖類を行うリグニンスケルトン法(Côté et al. 1967; Fujii et al. 1981; Takabe et al. 1986)などにより明らかにされてきた。Fergus & Goring(1970a, b)は、紫外線顕微鏡法によりリグニンモデル化合物を分析した結果、グアイアシルリグニンおよびシリンギルリグニンでは、それぞれ、280 nmおよび270 nm付近に吸収ピークを持つ事を明らかにした。これらの結果から、細胞間層や複合細胞間層(compound middle lamella, P+I+P)は、リグニン濃度が極めて高く、特にグアイアシルリグニンに富んでいることが明らかにされてきた(図0-2-8)。また、針葉樹における仮道管および広葉樹における道管のS_2層は、グアイアシルリグニンに富んでいる。一方、広葉樹における木繊維S_2層は、一般に、シリンギルリグニンに富んでいるが、樹種によっては、グアイアシルリグニンが多いものも存在している。リグニンの細胞壁における分布は、モイレ反応(Mäule reaction)やフロログルシン・塩酸反応(phloroglucinol-HCl reaction, Wiesner

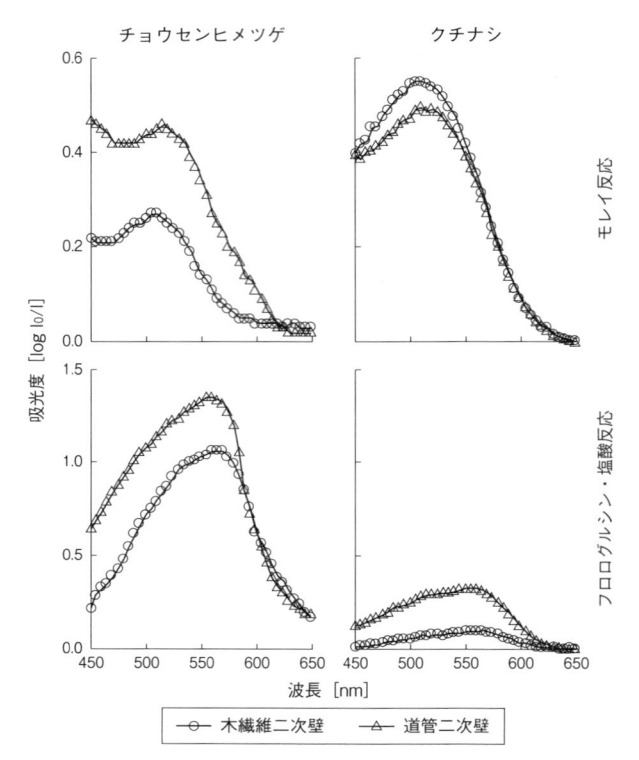

図0-2-9 チョウセンヒメツゲ(*Buxus microphylla* var. *insularis*)およびクチナシ(*Gardenia jasminoides*)における木繊維二次壁および道管二次壁のモイレ反応およびフロログルシン・塩酸反応後の可視域吸収スペクトル

注)リグニンモデル化合物を用いた実験により、モイレ反応では、シリンギルリグニンのピークが520 nm付近に、フロログルシン・塩酸反応では、コニフェニルアルデヒド型構造のピークが550 nm付近に認められることが知られている。広葉樹材の木繊維二次壁は、シリンギルリグニンとグアイアシルリグニンの両方から成るが、その割合は樹種により異なり、例えば、クチナシでは、主にシリンギルリグニンから構成されている。(Yoshizawa *et al.* 1999; Aiso *et al.* 2013)

reaction)などのリグニン呈色反応によっても調査されてきている(**図0-2-9**)。モイレ反応では、シリンギルリグニンが反応することにより、赤紫色(最大吸収波長約520 nm)を呈し、一方、フロログルシン・塩酸反応では、コニフェニルアルデヒド型構造と反応し、赤紫色(最大吸収波長約550 nm)を呈する(中野1990)。

0.3 木材の物理的性質

木材の物理的性質(physical property of wood)として、主に4つの項目、水分特性(moisture property)、密度(density)、収縮・膨潤(shrinkage & swelling)および力学的性質(strength property)が挙げられる。木材を加工・利用するにあたって、これらの物理的性質を理解することは重要である。

0.3.1 水分特性

樹木は、成育時に水分が必要不可欠であり、水分は根から吸収され、樹幹を経て葉へ送られて利用される。このため、樹木を伐採した直後では、木部には多くの水分が含まれている。この水分量を含水率(moisture content)として表す。伐採直後の含水率である生材含水率(moisture content in green condition)を**表0-3-1**に示す。木材は、ある温度と相対湿度下に長時間放置されると、

表0-3-1　日本産材の生材含水率(%)(森林総合研究所2004より抜粋)

	樹　種	辺　材	心　材
針葉樹	モミ (*Abies firma*)	163	89
	カラマツ (*Larix kaempferi*) (1) 造林木	151	43
	カラマツ (2)	83	41
	エゾマツ (*Picea jezoensis*)	169	41
	アカマツ (*Pinus densiflora*)	145	37
	ヒノキ (*Chamaecyparis obtusa*)	153	34
	スギ (*Cryptomeria japonica*) (1)	159	55
	スギ (2)	130	53
	スギ (3)	230	137
	スギ (4)	277	228
広葉樹	ホオノキ (*Magnolia obovata*)	93	52
	カツラ (*Cercidiphyllum japonicum*)	123	76
	ケヤキ (*Zelkova serrata*)	87	78
	ブナ (*Fagus crenata*)	89	96
	ミズナラ (*Quercus crispula*)	79	72
	シラカンバ (*Betula platyphylla* var. *japonica*)	95	90
	ドロノキ (*Populus suaveolens*)	84	165
	シナノキ (*Tilia japonica*)	92	108
	ヤチダモ (*Fraxinus mandshurica*) (1)	53	101
	ヤチダモ (2)	51	83

一定の含水率となる。このときの含水率を平衡含水率(equibrium moisture content)と呼ぶ。特に、通常の大気中における平衡含水率は、気乾含水率(moisture content in air-drying condition)と呼ばれ、我が国では、12～15％程度の含水率である。木材中に含まれる水分は、細胞壁中の非晶領域に結合している結合水(bound water)と、細胞内腔や間隙などに存在している自由水(free water)に分類できる。木材を飽和蒸気圧下に長期間放置すると、繊維飽和点(fiber saturation point)に到達するが、この状態では、自由水は存在せず、細胞壁中に含まれる水分が最大となっている。一般に、繊維飽和点の含水率はおよそ28％である。結合水は、細胞壁中に含まれているために、結合水の増減は、細胞壁の寸法や物性に大きく影響し、後述するような、収縮・膨潤現象を引き起こすのみでなく、力学的性質も大きく変化させる。

0.3.2 密度

木材は、0.1で述べたように、無数の細胞から構成されており、空隙と細胞壁実質とに区分することができる。従って、この空隙が単位容積あたりに多ければ密度は小さくなり、反対に小さければ密度は大きくなる。一般に、木材の密度(wood density)を表す場合には、みかけの密度を使用する。すなわち、空隙を含んだ単位容積あたりの重量で計算される密度を利用する。この密度の値は、樹種によって異なり、最も軽いもので約0.1 g/cm³［バルサ(*Ochroma lagopus*)］であり、最も重いもので約1.3 g/cm³［ユソウボク(*Guaiacum* spp.)］である。かなり広範囲であるが、一般には、密度は、針葉樹材が0.3～0.5 g/cm³程度であり、広葉樹材はそれよりも平均値は大きい値を示す(**表0-3-2**)。しかしながら、空隙を除外して、木材の細胞壁実質を考えた場合、いずれの樹種もほぼ1.5 g/cm³(真比重)であることが知られている。また、細胞壁実質の増減は、木材の物理的、力学的性質に大きく関与している。例えば、木材の密度は、収縮率や力学的性質と正の相関関係がある(**図0-3-1**)。

0.3.3 収縮・膨潤

木材は、含水率が繊維飽和点以下となると結合水の減少が生じ、その結果、寸法変化、すなわち収縮・膨潤現象が生じる(**図0-3-2**)。この特性は、木材の

表 0-3-2 日本産材の密度(木材部・木材利用部 1982 より抜粋)

	樹　種	容積密度数 (kg/m³)	全乾密度 (g/cm³)	気乾密度 (g/cm³)
針葉樹	モミ (*Abies firma*)	326	0.36	0.39
	カラマツ (*Larix kaempferi*, syn. *L. leptolepis*)	413	0.48	0.52
	エゾマツ (*Picea jezoensis*)	350	0.40	0.43
	アカマツ (*Pinus densiflora*)	417	0.48	0.52
	トガサワラ (*Pseudotsuga japonica*)	356	0.39	0.43
	ツガ (*Tsuga sieboldii*)	393	0.44	0.48
	ヒノキ (*Chamaecyparis obtusa*)	303	0.34	0.37
	スギ (*Cryptomeria japonica*)	280	0.32	0.35
広葉樹	ホオノキ (*Magnolia obovata*)	397	0.45	0.49
	カツラ (*Cercidiphyllum japonicum*)	395	0.45	0.49
	ケヤキ (*Zelkova serrata*)	490	0.57	0.61
	ブナ (*Fagus crenata*)	465	0.41	0.18
	アカガシ (*Quercus acuta*)	727	0.86	0.91
	ウダイカンバ (*Betula maximowicziana*)	588	0.69	0.73
	イタヤカエデ (*Acer pictum*, syn. *A. mono*)	542	0.63	0.67
	ヤチダモ (*Fraxinus mandshurica*)	551	0.66	0.70

注) 容積密度数(bulk density)は、全乾重量(kg)と生材容積(m³)の比である。容積密度(basic density)は、単位が異なるだけで、全乾重量(g)と生材容積(cm³)の比である。全乾密度および気乾密度は、重量と容積を測定した時の試験片に含まれる水分状態が、それぞれ、全乾状態(含水率0%)および気乾状態(含水率約12〜15%)である。

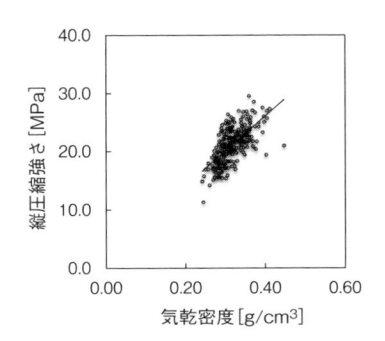

図 0-3-1 木材の密度と縦圧縮強さの関係
(Ishiguri *et al.* 2009)
注)気乾状態(平均含水率14%)の55年生スギ(*Cryptomeria japonica*)材。試験片数 = 258、相関係数 r = 0.664。

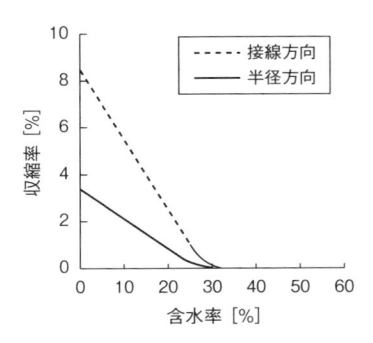

図 0-3-2 アカマツ(*Pinus densiflora*)における含水率と収縮率の関係
(寺沢・筒本 1992 より改変)
注) 試験片の初期含水率は136%であり、全乾状態までの収縮率の変化が示されている。木材の収縮現象は、結合水の現象により生じる。そのため、繊維飽和点付近の含水率(28〜30%)付近より収縮が始まっている。

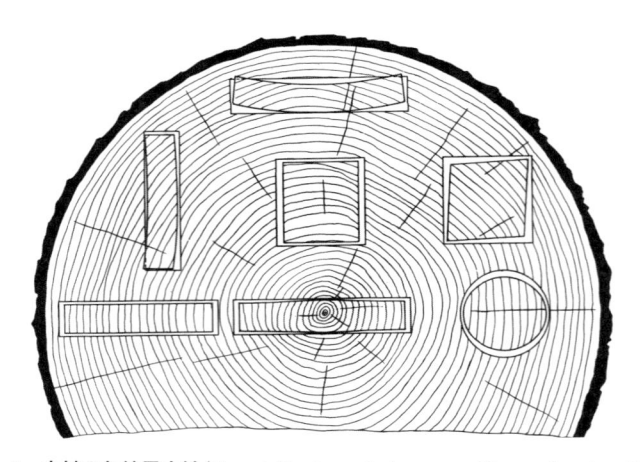

図 0-3-3　木材の収縮異方性(Forest Products Laboratory, Forest Service, United States Department of Agriculture 1987; 高橋・中山 1992)
注) 生材を乾燥させた場合、収縮の異方性が存在するために、木材の断面は変形する。

表 0-3-3　日本産材の全収縮率(木材部・木材利用部 1982 より抜粋)

樹種		全収縮率(%)		
		接線方向	放射方向	軸方向
針葉樹	モミ (*Abies firma*)	6.33	2.90	0.33
	カラマツ (*Larix kaempferi*, syn. *L. leptolepis*)	8.54	—	0.19
	エゾマツ (*Picea jezoensis*)	9.02	3.87	0.18
	アカマツ (*Pinus densiflora*)	8.66	4.55	0.16
	トガサワラ (*Pseudotsuga japonica*)	5.18	3.02	0.36
	ツガ (*Tsuga sieboldii*)	7.44	3.97	0.14
	ヒノキ (*Chamaecyparis obtusa*)	6.59	3.24	0.25
	スギ (*Cryptomeria japonica*)	7.25	2.90	0.25
広葉樹	ホオノキ (*Magnolia obovata*)	7.73	3.77	0.45
	カツラ (*Cercidiphyllum japonicum*)	8.12	4.52	0.56
	ケヤキ (*Zelkova serrata*)	8.74	4.17	0.96
	ブナ (*Fagus crenata*)	10.08	4.38	0.42
	アカガシ (*Quercus acuta*)	10.93	4.89	0.22
	ウダイカンバ (*Betula maximowicziana*)	8.85	5.63	0.56
	イタヤカエデ (*Acer pictum*, syn. *A. mono*)	9.66	4.58	0.46
	ヤチダモ (*Fraxinus mandshurica*)	11.68	4.50	0.35

3軸方向(軸方向、半径方向および接線方向)で挙動が異なり、その比率は、0.5～1：5：10であり、この違いを異方性(anisotropy)と呼んでいる(**図 0-3-3**、**表 0-3-3**)。

0.3　木材の物理的性質

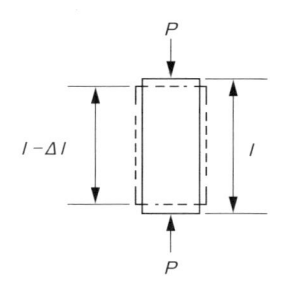

図 0-3-4　応力とひずみの関係
注）長さ l、断面積 A (mm^2) の物体に P (N) の圧縮力が加えられたとき、長さ l は Δl 分だけ縮む。

0.3.4　力学的性質

ここでは、力学的性質を考える上で重要となる、応力 (stress) とひずみ (strain) の関係について簡単に述べる。なお、詳細は、**4章**（**4.1.2.1** および **4.1.2.2**）を参照されたい。

ある物体に力が加えられたとき、その物体は変形を受ける。力が取り除かれたときに、変形が完全に取り除かれる性質を弾性 (elasticity) と呼び、反対に力が取り除かれても、変形が取り除かれずに残留したままとなる性質を塑性 (plasticity) と呼ぶ。

ここで、断面が四角で面積 A (mm^2) の物体を P (N) で引張りもしくは圧縮の力を加えたとする（**図 0-3-4**）。このとき単位面積あたりの内力、すなわち応力 σ (N/mm^2, MPa) は、

$$\sigma = P/A \tag{0-3-1}$$

と表現できる。

一方、物体に力が加えられれば、必ず変形が生じる。このときの、もとの長さ (l) に対する伸び (Δl) の割合をひずみ ε と呼ぶ。ひずみは無名数となる。

$$\varepsilon = \Delta l/l \tag{0-3-2}$$

ところで、17世紀のイギリスの物理学者 Robert Hook は、スプリングを用いた実験によって、有名なフックの法則 (Hook's low) を見いだした。すなわち、"ある物体に外力が加わったとき、その外力の大きさと変形量とが比例する"である。フックの法則を用いると応力とひずみは以下のように表現できる。

$$\sigma = E\varepsilon \tag{0-3-3}$$

このとき、物体固有の定数となる "E" をヤング率 (Young's modulus) もしくは弾性率 (modulus of elasticity) と呼ぶ。

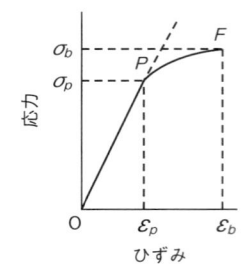

図0-3-5 応力－ひずみ線図
注）木材を圧縮すると、始めは、応力(σ)とひずみ(ε)は比例関係にあるが、比例限度(P)に到達すると、ひずみの増加が著しくなり、最終的に破壊(F)に至る。

木材を圧縮したとき、応力－ひずみ曲線（stress-strain curve）が得られる（**図0-3-5**）。図中のOPでは、応力とひずみは比例関係、すなわちフックの法則における $\sigma = E\varepsilon$ が成立し、このときの直線の傾きがヤング率となる。P点（比例限度 Proportional limit と呼ぶ）を越えて応力を与え続けると、応力の上昇に比べてひずみの増加が著しくなり、応力を取り除いても、ひずみは完全に回復しなくなる。さらに応力を与え続けると、最終的には応力の最大到達点(F)に至り、破壊が生じる。この破壊したときの応力を破壊応力とし、"強度"や"強さ"と呼んでいる。

木材の力学的性質には、圧縮（compression）、引張（tension）、曲げ（bending）、せん断（shering）などがある。**表0-3-4**に日本産樹種の力学的性質の一覧を示

表0-3-4 日本産材の力学的性質（森林総合研究所 2004 より抜粋）

	樹　種	曲げヤング率(GPa)	縦圧縮強さ(MPa)	縦引張強さ(MPa)	曲げ強さ(MPa)
針葉樹	モミ（*Abies firma*）	9.0	40	100	65
	カラマツ（*Larix kaempferi*）	10.0	45	85	80
	エゾマツ（*Picea jezoensis*）	9.0	35	120	70
	アカマツ（*Pinus densiflora*）	11.5	45	135	90
	ツガ（*Tsuga sieboldii*）	8.0	45	110	75
	ヒノキ（*Chamaecyparis obtusa*）	9.0	40	120	75
	スギ（*Cryptomeria japonica*）	7.5	35	90	65
広葉樹	ホオノキ（*Magnolia obovata*）	7.5	35	115	65
	カツラ（*Cercidiphyllum japonicum*）	8.5	40	100	75
	ケヤキ（*Zelkova serrata*）	12.0	50	125	100
	ブナ（*Fagus crenata*）	12.0	45	130	100
	アカガシ（*Quercus acuta*）	13.5	55	145	120
	ウダイカンバ（*Betula maximowicziana*）	12.5	40	135	105
	イタヤカエデ（*Acer pictum*）	12.0	45	130	95
	ヤチダモ（*Fraxinus mandshurica*）	9.5	45	120	95

表0-3-5 材料の引張強さと比強度(高橋・中山 2008)

材　料	密度(g/cm^3)	引張強さ(MPa)	比強度
スギ(*Cryptomeria japonica*)	0.32*	57**	178
ケヤキ(*Zelkova serrata*)	0.69*	121**	176
鋳鉄	7.1	140〜280	19〜39
高張力鋼	7.7	800〜1,000	104〜130
アルミニウム	2.7	90〜150	33〜56
メラミン樹脂	1.5	35〜93	23〜62
ポリエチレン	0.9	21〜35	23〜38
ガラス	2.8	30〜90	10〜32

注)*:気乾密度、**:縦引張強さ

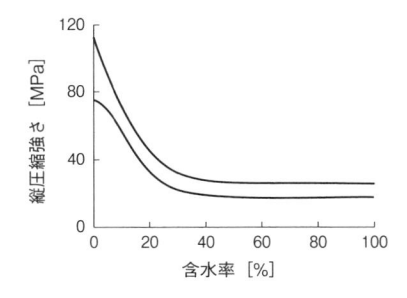

図0-3-6 圧縮強さにおよぼす含水率の影響
(高橋・中山 2008より改変)
注) 木材の強度特性は、繊維飽和点以上の含水率の場合、ほぼ一定の値を示すが、含水率が繊維飽和点以下となると、増加する。

す。一般に、木材の強度は、他の金属などの材料と比較して、比強度(強度を密度で除した値)が著しく高い(**表0-3-5**)。このことは、木材が多材料と比較して、"軽くて丈夫"ということを裏付けている。また、一般に、木材の力学的性質は、含水率に関連している。木材の含水率が繊維飽和点以下の値となると、含水率の減少に伴い、力学的性質の値は増加する(**図0-3-6**)。

0.4　あて材

植物は成長の過程において、様々なストレスに曝される。樹木は、木本植物が成長する過程において、幹や枝が風や雪などの様々な理由で曲げられた時に、それらを元の位置に戻そうとする。この、元の位置に戻そうとする際に作り出された木部が「あて材(reaction wood)」である。従って、木本植物が成育するにあたって、必要な生理学的反応であると言える。

木本植物は、一般に、草本植物と比較して非常に長い生活史を持つばかりでなく、そのサイズも非常に大きい。そのため、木本植物では、「あて材」といった、草本植物では認められない特別なシステムを作り出したのだと考えられる。しかしながら、木本植物におけるあて材の形成は、植物の中でそれほど特殊な生理学的反応の結果生じたとは言えない。植物生理学や植物形態学の書籍を見れば、草本植物における光屈性(phototropismus)や重力屈性(geotropism)などの生理学的反応について詳細なメカニズムに関する記述を見る事ができる。例えば、草本植物における光屈性や重力屈性には、多くの遺伝子や植物ホルモンの関与が明らかにされてきている。木本植物のあて材形成においても、多くのタンパク質や遺伝子(**3**および**4章**参照)および植物ホルモン(**5章**参照)が関与していることが明らかになってきている。このように、木本植物におけるあて材の形成は、草本植物のこれらの生理学的反応と同じく、植物の生存を賭けた、様々なストレスに対する植物体の力学的な抵抗のための戦略であると言える。

　我々人間は、太古の昔から、生活を支える身近な材料として、「木材」を使用してきた。そのため、木材は、人間の利用の形態にとって、扱いやすいか、扱いにくいのか、という観点から評価がなされてきた。あて材は、木本植物が生育するにあたって、生理学的に必要なものであることは、すでに述べたが、木本植物が生育するために形成されたあて材は、後述するように、正常な状態で形成された木部とは、異なる組織・構造(**1**および**2章**参照)、化学的性質(**2**および**3章**参照)および物理的性質(**4**および**6章**参照)を持つ。つまり、正常な状態で形成された木材とは、極めて異なった性質を持つと言える。そのため、我々人間が、木材を「材料」としてとらえ、利用するという観点から考えれば、あて材は、扱いづらい材であることが多く、結果として、林学(Forestry)や木材学(Wood science)では、あて材は、いわゆる「異常材」として取り扱われてきた(**6章**参照)。

　木材組織学(Wood anatomy)において、あて材は、「幹や枝を正しい位置に保持しようとするために、その正しい位置が乱された場合に、傾斜あるいは湾曲した幹および枝の部分にできる特異的な解剖学的性質を示す木部」として定義されている(国際木材解剖学者連合用語委員会1975)。一般に、裸子植物である針葉樹においては、傾斜した幹や枝の下側、すなわち圧縮側

表 0-4-1　あて材の一般的な特徴(Côté 1965; 吉澤 1994b; 馬場 2001)

種類	特徴
圧縮あて材	(巨視的特徴) ・傾斜した幹や枝の下側に形成される。しばしば下側への偏心成長が認められる。 ・肉眼で観察した場合、濃暗褐色を呈するため、早材と晩材の区別が明瞭でない。 (物理的特徴) ・正常材と比較して、圧縮強さ大きく、引張強さが小さい。 ・軸方向収縮率が正常材と比較して著しく大きい値を示す。このため、材の寸法安定性が劣る。 (組織学的特徴) ・仮道管の横断面は丸みを持ち、細胞間隙が多い。 ・正常材の仮道管の二次壁の構造は$S_1+S_2+S_3$の三層構造だが、圧縮あて材仮道管では、二次壁は厚いがS_3層を欠く。また、S_2層の外縁部にリグニン濃度が高い層($S_2(L)$層)が存在する。 ・S_2層ミクロフィブリル傾角は約45°となり、正常材と比較して大きい値を示す。 ・仮道管内壁にらせん状のさけ目が生じる。 ・正常材と比較して、仮道管長は短く、先端が屈曲、分岐するものが多く存在する。 ・仮道管の壁孔はレンズ状ないしスリット状の輸出孔口となる。 (化学的特徴) ・正常材と比較してリグニンが多く、セルロースが少ない。ヘミセルロースでは、マンノースが減少し、ガラクトースおよびアラビノースが増加する。
引張あて材	(巨視的特徴) ・傾斜した幹や枝の上側に形成される。しばしば上側への偏心成長が認められる。 (物理的特徴) ・正常材と比較して、引張強さが大きく、圧縮強さが小さい値を示す。 ・生材状態の製材表面において毛羽立ちが認められる場合がある。 (組織学的特徴) ・木繊維最内腔にほぼセルロースから成り、ミクロフィブリルがほぼ細胞長軸に配向する、いわゆるゼラチン(G)層を形成する。 ・G層の形成に伴い、木繊維壁厚が増加し、壁孔の数が少なくなる。 ・道管の径および数が減少する。 ・木繊維において、正常材では$S_1+S_2+S_3$の三層構造となるが、あて材の形成にともない、S_1+G、S_1+S_2+G、$S_1+S_2+S_3+G$など樹種により多様な構造となる。 (化学的特徴) ・正常材と比較してリグニンが少なく、セルロースが多い。ヘミセルロースでは、ガラクトースが増加し、キシロースが減少する。

注) 上記の記述は一般的なあて材の特徴であり、これらと異なる特徴を示す樹種も存在する。詳細は本文を参照されたい。

にあて材が生じるため(1および4章参照)、圧縮あて材(compression wood)と呼ばれる。圧縮あて材は、仮道管の横断面が丸みを持ち、壁厚が厚いがS_3層を欠き、S_2層の外縁部にリグニン濃度の高い$S_2(L)$層を形成しS_2層のミクロフィブリル傾角が約45°となるなど、正常材とは大きく異なり(1および2章参照)、また、リグニン含有量の増加とそれに伴うセルロース含有量の減少が特徴的である(2章参照)。これらの圧縮あて材形成に伴う組織学

的および化学的特徴の変化が、圧縮あて材における圧縮強さおよび軸方向における収縮率の増加をもたらしている(**6章**参照)。一方、被子植物である広葉樹で形成されるあて材は、典型的には針葉樹における圧縮あて材と反対に、引張側の傾斜した幹や枝の上側に形成されるため(**1**および**4章**参照)、引張あて材(tension wood)と呼ばれている。圧縮あて材および引張あて材の特徴を**表0-4-1**に示す。被子植物の引張あて材では、木繊維の最内層にゼラチン層(gelatinous layer：G層)と呼ばれる、リグニンをほとんど含まず、ほぼセルロースやヘミセルロースから成る層が発達する場合が多い(**1.2.1**参照)。しかしながら、モクレン科(Magnoliaceae)のホオノキ(*Magnolia obovata*)やユリノキ(*Liriodendron tulipifera*)のような一部の被子植物では、G層を形成しないが、他の組織学的および化学的特徴が典型的な引張あて材に類似するものや、チョウセンヒメツゲ(*Buxus microphylla* var. *insularis*)やクチナシ(*Gardenia jasminoides*)のように傾斜した幹や枝の上側ではなく下側に、裸子植物の圧縮あて材に類似して、あて材を形成するものなどがあり、あて材の様式が多様である(**1.2.2**参照)。また、被子植物で二次木部に道管を欠く、ヤマグルマ(*Trochodendron aralioides*)とセンリョウ(*Sarcandra glabra*)は、同じ無道管材でありながら形成するあて材の様式は全く異なっており、すなわち、前者は傾斜した幹の上側にG層を伴ってあて材を形成するが、後者は、傾斜した幹の下側に圧縮あて材に類似したあて材を形成する(**1.2.2.4**参照)。このような多様性は、木本植物の進化と深く関わりがあると考えられており、すなわち、被子植物のあて材の様式の多様性は、木本植物の二次木部における重力応答の様式の進化であるとも言える。

● 文　献

粟野達也(2011)：「針葉樹材の細胞の種類と特徴」、高部圭司(編)、『木質の構造』所収、32-53頁、文英堂出版。

出井利長(1993)：「主成分と副成分」、城代　進・鮫島一彦(編)、『木材科学講座4 化学』所収、15-19頁、海青社。

奥田一雄(2013)：「セルロースの基本構造」、西谷和彦・梅澤俊明(編著)、『植物細胞壁』所収、18-19頁、講談社。

国際木材解剖学者連合用語委員会(1975)：「国際木材解剖用語集」、木材学会誌21(9)、

A1-A21頁。

森林総合研究所(2004):『木材工業ハンドブック(改訂4版)』、1-1221頁、丸善。

杉山淳司・吉永　新(2011):「広葉樹材の細胞と組織」、高部圭司(編)、『木質の構造』所収、54-93頁、文英堂出版。

高橋　徹・中山義雄(2008):『木材科学講座3 物理』、1-174頁、海青社。

高部圭司(1994):「化学成分分布」、古野　毅・澤辺　攻(編)、『木材科学講座2 組織と材質』所収、99-102頁、海青社。

高部圭司・藤田　稔・原田　浩・佐伯　浩(1981):「スギの分化中の仮道管壁における壁成分の堆積」、木材学会誌27、249-255頁。

寺沢　真・筒本卓造(1992):『木材の人工乾燥(改訂版)』、1-203頁、日本木材加工技術協会。

寺島典二(2013):「植物の進化に伴うリグニン超分子構造の多様化」、木材学会誌59、65-80頁。

中野準三(1990):「植物中のリグニン」、中野準三(編)、『リグニンの化学 基礎と応用(増補改訂版)』所収、20-36頁、ユニ出版。

長谷部光泰(2007):「植物の系統」、清水健太郎、長谷部光泰(監)、『植物の進化 基本概念からモデル生物を活用した比較・進化ゲノム学まで』所収、66-76頁、秀潤社。

馬場啓一(2001):「力学ストレスと組織」、寺島一郎(編)、『朝倉植物生理学講座5 環境応答』所収、153-160頁、朝倉書店。

船田　良(2011):「形成層細胞の分裂」、福島和彦・船田　良・杉山淳司・高部圭司・梅澤俊明・山本浩之(編)、『木質の形成 バイオマス科学への招待(第2版)』所収、38-45頁、海青社。

古野　毅(1994a):「針葉樹材の細胞の種類と特徴」、古野　毅・澤辺　攻(編)『木材科学講座2 組織と材質』所収、41-44頁、海青社。

古野　毅(1994b):「広葉樹材の細胞の種類と特徴」、古野　毅・澤辺　攻(編)、『木材科学講座2 組織と材質』所収、57-60頁、海青社。

木材部・木材利用部(1982):「日本産主要樹種の性質 木材の性質一覧表」、林試研報319、85-126頁。

吉澤伸夫(1994a):「形成層」、古野　毅・澤辺　攻(編)、『木材科学講座2 組織と材質』所収、21-26頁、海青社。

吉澤伸夫(1994b):「あて材」、古野　毅・澤辺　攻(編)、『木材科学講座2 組織と材質』所収、139-142頁、海青社。

吉澤伸夫・出井利長・高野寿映(1987):「カラマツの年輪形成」、日本林学会関東支部大会発表論文集39、303-306頁。

吉永　新(2011):「樹皮と師部の組織構造」、高部圭司(編)、『木質の構造』所収、249-261頁、文英堂出版。

米沢保正・香山　彊・菊池文彦・宇佐見国典・高野　勲・荻野健彦・本田　収(1973):「日

本産主要樹種の性質 材の化学組成およびパルプ化試験」、林試研報 253、55-99 頁。
和田昌久・杉山淳司 (2011)：「セルロースミクロフィブリルの構造」、福島和彦・船田 良・杉山淳司・高部圭司・梅澤俊明・山本浩之(編)、『木質の形成 バイオマス科学への招待(第2版)』所収、145-158 頁、海青社。
Aiso, H., Hiraiwa, T., Ishiguri, F., Iizuka, K., Yokota, S. and Yoshizawa, N. (2013)："Anatomy and lignin distribution of 'compression-wood-like-reaction wood' in *Gardenia jasminoides*", *IAWA J.* 34, 263-272.
Bailey, I. W. (1954)：*Contributions to Plant Anatomy*, pp. 1-259, Chronica Botanica, Waltham Mass.
Côté, W. A. Jr. (1965)：*Cellular Ultrastructure of Woody Plants*, pp. 1-603, Syracuse University Press, New York.
Côté, W. A. Jr., Pickard, P. A. and Timell, T. E. (1967)："Studies on compression wood. IV. Fractional extraction and preliminary characterization of polysaccharides in normal and compression wood of balsam fir", *Tappi* 50, 350-356.
Evert, R. F. (2006)：*Esau's Plant Anatomy: Meristems, Cells, and Tissues of the Plant Body - Their Structure, Function, and Development*, pp. 1-601, John Wiley & Sons, New Jersey.
Fergus, B. J. and Goring, D. A. I. (1970a)："The location of guaiacyl and syringyl lignins in birch xylem tissue", *Holzforschung* 24, 113-117.
Fergus, B. J. and Goring, D. A. I. (1970b)："The distribution of lignin in birch wood as determined by ultraviolet microscopy", *Holzforschung* 24, 118-124.
Forest Products Laboratory, Forest Service, United States Department of Agriculture (1987)：*Wood Handbook:Wood as an Engineering Material*, pp. 1-466.
Fujii, T., Harada, H. and Saiki, H. (1981)："Ultrastructure of "amorphous layer" in xylem parenchyma cell wall of angiosperm species", *Mokuzai Gakkaishi* 27, 149-156.
Fukazawa, K. (1992)："Ultraviolet Microscopy", in *Methods in Lignin Chemistry*, Lin, S. Y. and Dence, C. W. (eds.), pp. 110-121, Springer-Verlag, Berlin.
Fukushima, K. and Terashima, N. (1991)："Heterogeneity in formation of lignin, Part XV, Formation and structure of lignin in compression wood of *Pinus thunbergii* studied by microautoradiography", *Wood Sci. Technol.* 25, 371-381.
IAWA Committee (1989)："IAWA list of microscopic features for hardwood identification with an appendix on non-anatomical infomation", *IAWA Bull. n.s.* 10, 219-332 [邦訳版：伊東隆夫、藤井智之、佐伯 浩(監修) (1998)：『広葉樹材の識別 IAWAによる光学顕微鏡的特徴リスト 附属資料：解剖学以外の情報』、1-122 頁、海青社]。
IAWA Committee (2004)："IAWA list of microscopic features for softwood

identification", *IAWA J.* 25, 1-70 [邦訳版：伊東隆夫、藤井智之、佐野雄三、安部 久、内海泰弘(監修)(2006)：『針葉樹材の識別 IAWAによる光学顕微鏡的特徴リスト』、1-70頁、海青社]。

Ishiguri, F., Terazawa, E., Matsumoto, K., Sanpe, H., Ishido, M., Ohno, H., Iizuka, K., Yokota, S. and Yoshizawa, N. (2009): "Difference between juvenile wood and mature wood in compressive and shear strength of 55-year-old sugi (*Cryptomeria japonica* D. Don) trees originated from seedlings", *Bull. Utsunomiya Univ. For.* 45, 1-4.

Meier, H. and Wilkie, K. C. B. (1959): "The distribution of polysaccharides in the cell-wall of tracheids of pine (*Pinus silvestris* L.)", *Holzforschung* 13: 177-182.

Saka, S. (1992): "Electron Microscopy", in *Methods in Lignin Chemistry*, Lin, S. Y. and Dence, C. W. (eds.), pp. 133-145, Springer-Verlag, Berlin.

Saka, S., Whiting, P., Fukazawa, K. and Goring, D. A. I. (1982): "Comparative studies on lignin distribution by UV microscopy and bromination combined with EDXA", *Wood Sci. Technol.* 16, 269-277.

Sakakibara, A. (1980): "A structural model of softwood lignin", *Wood Sci. Technol.* 14, 89-100.

Takabe, K., Fujita, M., Harada, M. and Saiki, H. (1986): "Lignification process in Cryptomeria (*Cryptomeria japonica* D. Don) tracheid: Electron microscopic observation of lignin skeleton of differentiating xylem", *Bull. Coll. Exp. For. Hokkaido Univ.* 43, 783-788.

Takabe, K., Miyauchi, S., Tsunoda, R. and Fukazawa, K. (1992): "Distribution of guaiacyl and syringyl lignins in Japanese beech (*Fagus crenata*): Variation within an annual ring", *IAWA Bull. n.s.* 13, 105-112.

Wu, J., Fukazawa, K. and Ohtani, J. (1992): "Distribution of syringyl and guaiacyl lignins in hardwoods in relation to habitat and prosity form in wood", *Holzforschung* 46, 181-185.

Yoshizawa, N., Ohba, H., Uchiyama, J. and Yokota, S. (1999): "Deposition of lignin in differentiating xylem cell walls of normal and compression wood of *Buxus microphylla* var. *insularis* Nakai", *Holzforschung* 53, 156-160.

コラム

あて材観察時の染色法

(吉澤伸夫・石栗 太・相蘇春菜)

あて材が形成されると細胞壁の化学成分組成が変化する。あて材研究では，これらの壁中の化学成分変化を様々な染色法によって切片を染色することで可視化している。本書でもよく使われている染色法を以下に示す。

モイレ反応(Mäule reaction)　このリグニン呈色反応は、1％過マンガン酸カリウム、3％塩酸、濃アンモニア水による三段階の処理からなっている。時計皿に少量の木粉または木片をとり、1％過マンガン酸カリウムに5分浸漬する。皿を傾斜して上澄み液を捨てたのち、水を加えて洗浄する操作を2回繰り返し、次いで3％塩酸を加え、試料が黒色または暗褐色から淡褐色になるまで静置する。もし、試料の脱色が十分でないときは、塩酸を追加する必要がある。塩酸を捨て、上と同様に水を加えて2回洗浄したのち、濃アンモニア水を加えると、シリンギル構成単位が赤紫色に、グアイアシル構成単位が黄褐色に呈色されるため、広葉樹材では主に赤紫色に、針葉樹材では黄褐色に呈色される。切片を用いる場合、1％過マンガン酸カリウムに切片を5分間浸漬、水洗後、3％塩酸に1分間浸漬、水洗、さらに、濃アンモニア水に1分間浸漬、水洗して、切片をスライドグラス上で封入する。

フロログルシン・塩酸反応(Phloroglucinol-HCl reaction)　Wiesner reactionとも呼ばれるリグニン呈色反応である。呈色試薬は95％エタノール中に2％のフロログルシンを溶解させたのち、その50mLに25mLの濃塩酸を加えて調整するが、この試薬は不安定であるため、フロログルシンは密閉した容器で冷暗所に保存し、使用直前に濃塩酸と混合する。この試薬を木片あるいは木粉に滴化すると、リグニン中のコニフェニルアルデヒド構造と反応して、直ちに赤紫色に呈色する。切片を用いる場合、スライドグラス上の横断面切片に1％フロログルシン・エタノール液を数滴滴下し、アルコールが蒸発して周囲にフロログルシンが再結晶し始めたときに濃塩酸を1滴落とし、カバーグラスで封じる。リグニン中のコニフェニルアルデヒド構造が存在する細胞壁は鮮紅色を示す。

塩化亜鉛ヨウ素反応(Zinc chloride-iodine reaction)　G層の検出に用いられる。スライドグラス上の横断面切片に塩化亜鉛ヨウ素試薬を滴下、カバーグラスで封入する。木化していないセルロース壁は紫色に、木化した細胞壁は黄褐色に染色される。デンプンの染色にも用いられる。

　この他にも、本書では、様々な染色法や細胞壁成分の可視化法によってあて材が観察されている。これらの染色法および可視化法に関しては、本文または以下の専門書を参考にして欲しい。

文　献

中野準三・飯塚堯介(1994):『リグニン化学研究法』、1-405頁、ユニ出版。
西谷和彦・梅澤俊明(2013):『植物細胞壁』、1-349頁、講談社。
日本木材学会・物理・工学編編集委員会(1985):『木材科学実験書』、1-346頁、中外産業調査会。
Chaffey, N. J. (2002): *Wood Formation in Trees*, pp. 1-364, Taylor & Francis, London, New York.

第1章　あて材の組織と構造

1.1　圧縮あて材

　我が国では、「あて(陽疾または檜)」とは、もともと、樵夫、木工業者などが用いた俗語であったとされる(尾中 1935, 1949)。民俗学者として有名な柳田國男は、「アテは向こう側、裏側、……樹にあっては成長の悪かった部分の事で、従って職人は今でも広く『悪い』の意味に用いており……」と記し(柳田 1932)、古くから生活に密着した言葉であることを伝えている。一方、尾中(1949)は、その総説において、「アテは樹木の肥大成長が一側的に偏る、所謂偏心成長に際し、成長の偏る側に生ずる異常の材である。この材は種々の点で正常の材と異なる性質を有し、木材不均一の原因をなすから、利用上重大な欠点の一に数えられている。」と述べている。現在では、国際木材解剖学者連合(International Association of Wood Anatomists, IAWA)用語委員会(1975)によって、あて材(reaction wood)は「幹や枝を元来の正しい位置に保持しようとするために、その正しい位置が乱された場合に、傾斜あるいは彎曲した幹および枝の部分にできる特異な解剖学的性質を示す木部」と定義されている。

　針葉樹の場合、幹や枝の下側に偏心成長して濃暗色の材が形成される(Timell 1986)。横断面では、この濃色の部分がアーク状に観察される(図1-1-1)。1800年代

図1-1-1　傾斜した幹の下側に形成されたイチイ(*Taxus cuspidata*)の圧縮あて材(CW)

において、その呼称は、ドイツトウヒ(*Picea abies*)の枝の下側に形成された「differenziertes Holz(分化した木材)」(Sanio 1860)、ヨーロッパモミ(*Abies alba*)やドイツトウヒ(*Picea abies*)の枝や幹における「bois rouge(赤い木)」(Mer 1887)、あるいは、ヨーロッパアカマツ(*Pinus sylvestris*)では、「Rotholz (red wood、赤い木材)」(Hartig 1896)など様々であったが、次第にRotholzが主流となった。しかしながら、アメリカに自生しているセコイヤ(*Sequoia* spp.)を英語で「Redwood」と呼び、混同が生じた事から、多くの場合英語では「compression wood」と呼ぶようになった(尾中 1949)。「compression wood」は、針葉樹では、形成される位置が圧縮を受ける側にあり、ドイツ語でDruckholzと呼ばれたことに由来しており、この「compression wood」が「圧縮あて材」として針葉樹において形成されるあて材の用語として一般化した。

あて材の形成は、一般に、樹木の重力刺激に対する反応の結果生じる植物ホルモンの偏りが直接的原因と考えられている(**5章**参照)。傾斜により植物ホルモンが傾斜した幹あるいは枝の上側より下側に偏って分布することにより、形成層の活動に差が生じ、偏心した材が形成される。従って針葉樹の場合は、傾斜した幹や枝の下側、すなわち圧縮応力が発生した部位において形成層を含む分化帯のオーキシン濃度が高くなり、細胞分裂頻度が増加する(**5章**参照)。その結果、一方に肥大成長して反対側の部分よりも伸びようとすることであて材が形成され、軸に屈曲をおこさせ、幹や枝の位置を制御しようとしている(**4章**参照)。

1.1.1 一般的な圧縮あて材

圧縮あて材は、針葉樹をはじめとする裸子植物に見られる特異な組織であり、これまで多くの樹種で観察されている(**表1-1-1**)。

圧縮あて材の肉眼的・組織学的な特徴としては次のようなものがあげられる。
1) あて材は肉眼的には濃暗褐色を呈し(**図1-1-1**)、早材と晩材の区別が明瞭でないことが多い(**図1-1-2**)。
2) 仮道管は厚壁で横断面は丸味を帯び、細胞間隙の出現頻度が多い(**図1-1-3**)。
3) 仮道管の二次壁は、S_3層を欠き、S_2層のミクロフィブリル傾角は約45°

1.1 圧縮あて材

表1-1-1　圧縮あて材の形成が確認された裸子植物
(Westing 1968; Yoshizawa *et al.* 1982; Timell 1986)

CONIFERALES	*Thujopsis*(アスナロ属)	TAXODIACEAE
ARAUCARIACEAE	*Widdringtonia*	*Athrotaxis*
Agathis(ナンヨウナギ属)		*Cryptomeria*(スギ属)
Araucaria(ナンヨウスギ属)	PINACEAE	*Cunninghamia*(コウヨウザン属)
	Abies(モミ属)	*Glyptostrobus*(スイショウ属)
CEPHALOTAXACEAE	*Cedrus*(ヒマラヤスギ属)	*Metasequoia*(メタセコイヤ属)
Cephalotaxus(イヌガヤ属)	*Keteleeria*(アブラスギ属)	*Sciadopitys*(コウヤマキ属)
	Larix(カラマツ属)	*Sequoia*(セコイヤ属)
CUPRESSACEAE	*Picea*(トウヒ属)	*Sequiadendron*
Actinostrobus	*Pinus*(マツ属)	*Taiwania*(タイワンスギ属)
Callitris	*Pseudolarix*(イヌカラマツ属)	*Taxodium*(ヌマスギ属)
Chamaecyparis(ヒノキ属)	*Pseudotsuga*(トガサワラ属)	
Cupressus(イトスギ属)	*Tsuga*(ツガ属)	GINKGOALES
Diselma		GINKGOACEAE
Fitzroya	PODOCARPACEAE	*Ginkgo*(イチョウ属)
Fokienia(フッケンヒバ属)	*Acmopyle*	
Juniperus(ネズミサシ属)	*Dacrydium*(リムノキ属)	TAXALES
Libocedrus	*Microcachrys*	TAXACEAE
Tetraclinis	*Pherosphaera*	*Taxus*(イチイ属)
Thuja(クロベ属)	*Phyllocladus*	*Torreya*(カヤ属)
	Podocarpus(イヌマキ属)	
	Saxegothaea	

注：最新の分類ではCONIFERALESはPINALESに、また、本表のTAXODIACEAEに含まれる属は、*Sciadopitys*(コウヤマキ属)は、SCIADOPITYACEAEに、それ以外はCUPRESSACEAEへ分類が変更されている。

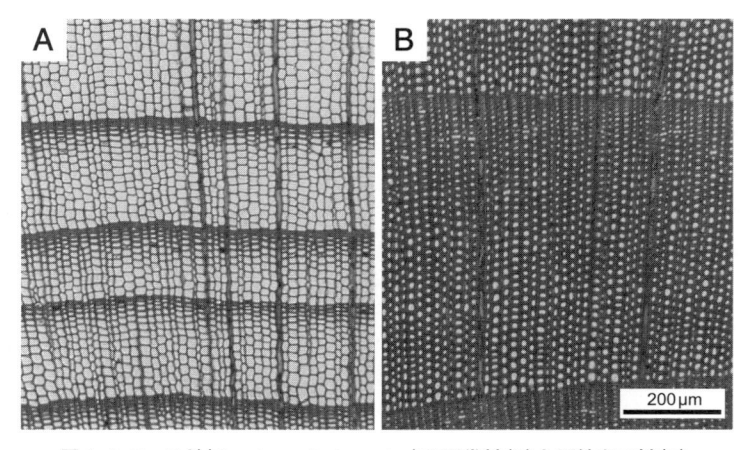

図1-1-2　スギ(*Cryptomeria japonica*)の正常材(A)と圧縮あて材(B)

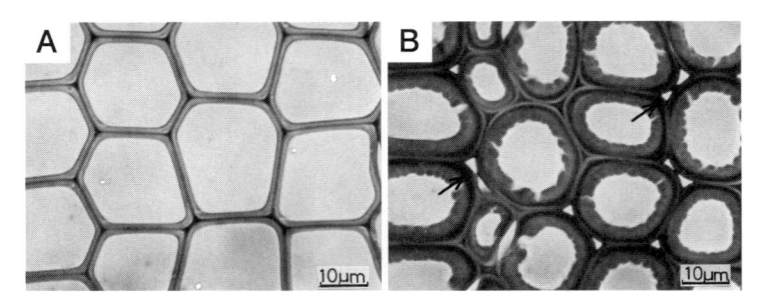

図1-1-3 正常材(A)と典型的な圧縮あて材(B)の横断面の紫外線顕微鏡写真
圧縮あて材仮道管のS₂層外縁部(S₂(L)層：→)と細胞間層にリグニンが多く沈着する。

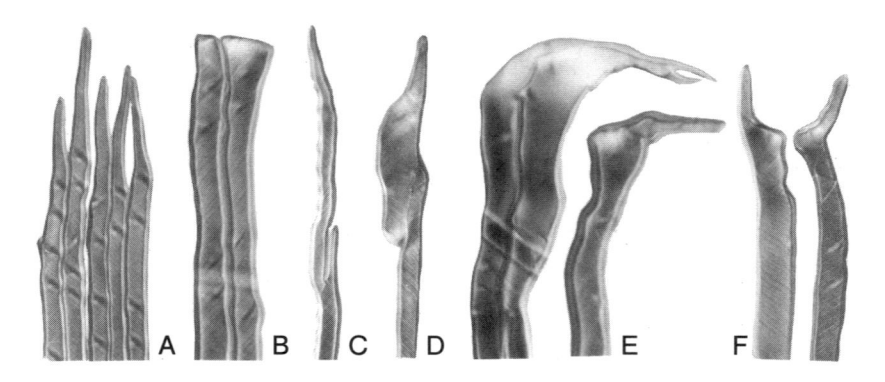

図1-1-4 異常な形態を有する仮道管の先端部
先細り型(A)、T字型(B)、分岐型(C)、肥大型(D)、L字型(E、F)。(Yoshizawa 1987)

と正常材よりも大きく、ミクロフィブリルの配向方向に沿ってらせん状の裂け目(helical cavity)を形成する樹種が多い。また、S₂層の外縁部にリグニン濃度の高い層、いわゆるS₂(L)層(lignin-rich layer in S₂)が形成される。(**図1-1-3B**)(**2章**参照)。

4) 仮道管の長さは正常材に比べて短く、その先端部は屈曲、または分岐するものが多い(**図1-1-4**および**5**)。

5) 仮道管の壁孔はレンズ状またはスリット状の輪出孔口を持つ(**図1-1-6**)。

このように、あて材は、正常材に比べて組織および細胞壁構造の相違が著しいばかりでなく、化学的性質や物理的性質も非常に異なっている(**2章**および**6章**参照)。そのような特徴が木材の利用上大きな欠点となる材の曲がり、

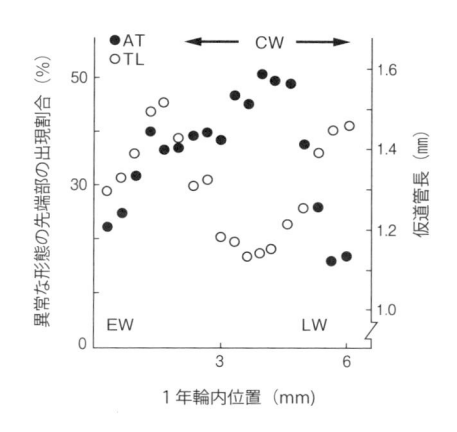

図1-1-5 カラマツ(*Larix kaempferi*, syn. *L. leptofepis*)の圧縮あて材形成による異常な先端部形態を有する仮道管の出現割合と仮道管長の変化
AT：異常な形態の先端部をもつ仮道管、TL：仮道管長。CW：圧縮あて材。(Yoshizawa 1987)

図1-1-6 スギ(*Cryptomeria japonica*)圧縮あて材仮道管
放射断面。壁孔の孔口(矢印)がスリット状になっている。

ねじれ、割れ等を引き起こす(6章参照)。しかし、製材品としては欠陥が多く、嫌われる材であったあて材を積極的に利用しようとする流れもある。例えば、「あて」の濃色部分や曲がりを利用した食器、「あて」を含むカヤ(*Torreya nucifera*)、イチョウ(*Ginkgo biloba*)材などで作製した碁盤や将棋盤など、天然の素材が持つ工芸的な美しさが好まれる場合もある。

1.1.2 特異的なあて材
1.1.2.1 針葉樹

一般的な圧縮あて材仮道管に共通して見られる特徴は、1.1.1で述べたように、細胞壁が厚くなり、輪郭が丸味を帯びること、二次壁からS$_3$層が欠落し、S$_2$層外縁部にリグニン濃度の高いS$_2$(L)層が出現することおよびS$_2$層にらせん状裂け目が発達することである(1.3および2章参照)。しかしながら、裸子植物の樹木には、らせん状裂け目を発達させない分類群が存在することが報告されている。これらは、裸子植物における圧縮あて材の起源と進化を追跡する上

図1-1-7 イチョウ(*Ginkgo biloba*)の圧縮あて材

　で非常に興味深い分類群と言える。
　イチョウ(*Ginkgo biloba*)は、地球上に現存する最も古い樹種の一つである。針葉樹類と同様に、イチョウでは、圧縮あて材が傾斜した幹あるいは枝の下側に発達し、形成されたあて材の木部は暗褐色を示す(図1-1-7)。図1-1-8は、イチョウの正常材と圧縮あて材の横断面を観察して、比較したものである。圧縮あて材仮道管の横断面は、細胞外形が丸味を帯びており、$S_2(L)$層が明らかに発達し、S_3層の存在を欠いている。S_2層のセルロースミクロフィブリルは約45°に傾斜して配向しており、そこには、らせん状裂け目は発達していない(図1-1-9)。イチョウの圧縮あて材に見られるのと同様の組織学的特徴は、ナンヨウスギ科(Araucariaceae)のナンヨウスギ属(*Araucaria*)のパラナマツ(*A. angustifolia*)、チリマツ(*A. araucana*)など数種でも観察されている(図1-1-10および11)。

　また、イチイ科(Taxaceae)のイチイ属(*Taxus*)、カヤ属(*Torreya*)、イヌガヤ属(*Cephalotaxus*)などのらせん肥厚を有する数種の樹種では、圧縮あて材仮道管のS_2層にらせん状裂け目が形成されないことが観察されている(Timell 1986; Yoshizawa 1987)。これらの樹種では、正常材から圧縮あて材に移行するとき、らせん状裂け目を発達させないが、らせん肥厚は保持されていて、らせん肥厚の方向をSらせん(S-helix)からZらせん(Z-helix)に変える(図1-1-12)。カヤ属ではらせん肥厚が対になっているのが特徴の一つであるが、圧縮あて材仮道管においてもらせん肥厚の対が保持されたままZらせんに変わっている(図1-1-13)。一方、マツ科(Pinaceae)のトガサワラ属(*Pseudotsuga*)の圧縮あて材仮道管では、らせん肥厚を消失し、らせん状裂け目をS_2層に発達させる特異的な壁構造変化を示す(図1-1-14)。これらの樹種では、放射仮道管にもらせん肥厚が存在するが、圧縮あて材に移行しても放射仮道管のらせん肥厚は消失することなく、らせん状裂け目は形成されない。なお、らせん肥厚を

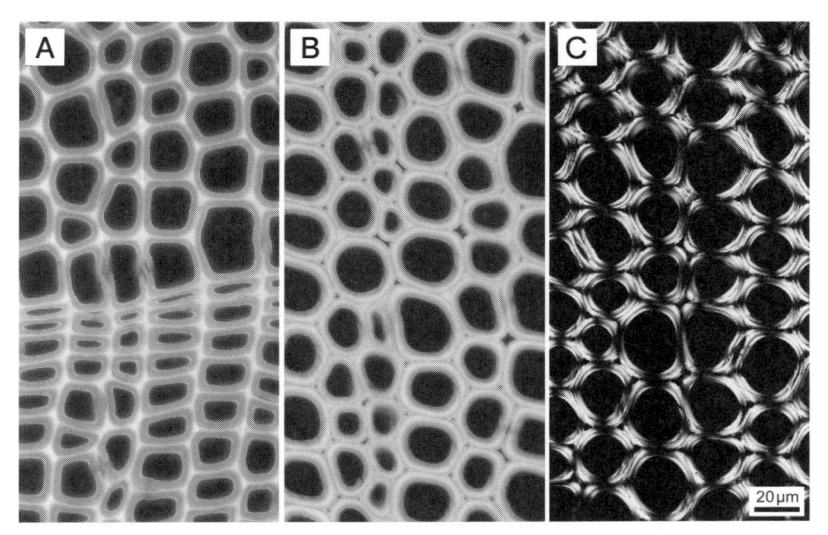

図1-1-8 イチョウ(*Ginkgo biloba*)の正常材と圧縮あて材の横断面写真
圧縮あて材仮道管は、丸味を帯び、$S_2(L)$層の出現とS_3層の欠落が認められる。
A：正常材の蛍光顕微鏡写真、B：圧縮あて材の蛍光顕微鏡写真、C：圧縮あて材の偏光顕微鏡写真。

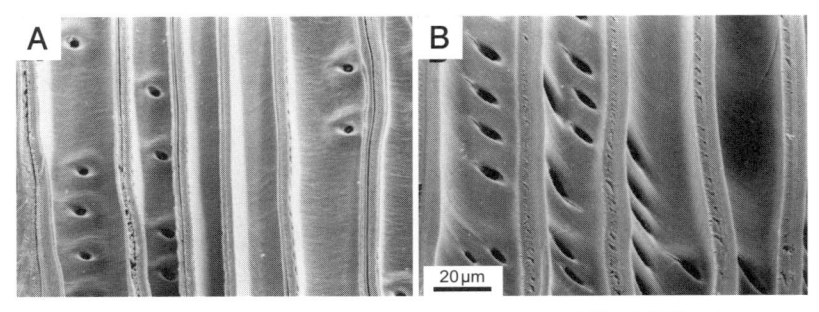

図1-1-9 イチョウ(*Ginkgo biloba*)の放射断面の走査電子顕微鏡写真
A：正常材、B：圧縮あて材。

持つ樹種の仮道管の傾斜刺激に対する反応と壁構造の変化については、**1.3.1.4**を参照されたい。

1.1.2.2 広葉樹

広葉樹は、一般的には傾斜した幹や枝の上側に偏心成長し、引張あて材を形成する(**1.2**参照)。しかしながら、ツゲ属(*Buxus*)、*Pseudowintera*

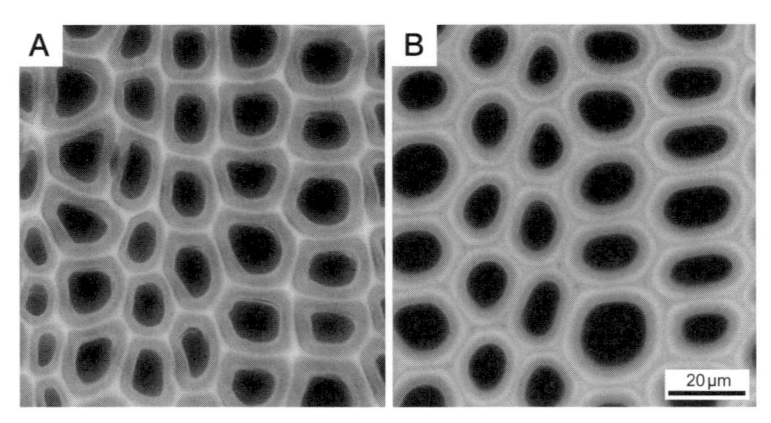

図1-1-10 チリマツ(*Araucaria araucana*)の圧縮あて材(横断面の蛍光顕微鏡写真)
A：正常材、B：圧縮あて材。

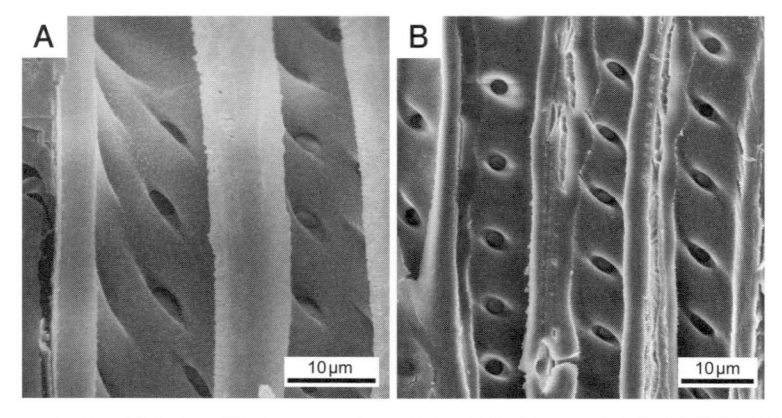

図1-1-11 ナンヨウスギ属(*Araucaria*)の圧縮あて材(放射断面の走査電子顕微鏡写真)
A：パラナマツ(*A. angustifolia*)、B：チリマツ(*A. araucana*)。

colorata(シキミモドキ科)、*Hebe salicifolia*(オオバコ科)、クチナシ(*Gardenia jasminoides*)のように、針葉樹と同様に傾斜した幹や枝の下側に偏心成長する樹種があることが報告されている(尾中 1949; Höster & Liese 1966; Kucera & Philipson 1978; Meylan 1981; Timell 1986; Yoshizawa *et al.* 1993a, b, 1999; Kojima *et al.* 2012; Aiso *et al.* 2013)。これらのあて材を圧縮あて材とする場合がある(Höster & Liese 1966)。例えば、ツゲ属では、偏心成長の部位のみで

1.1 圧縮あて材

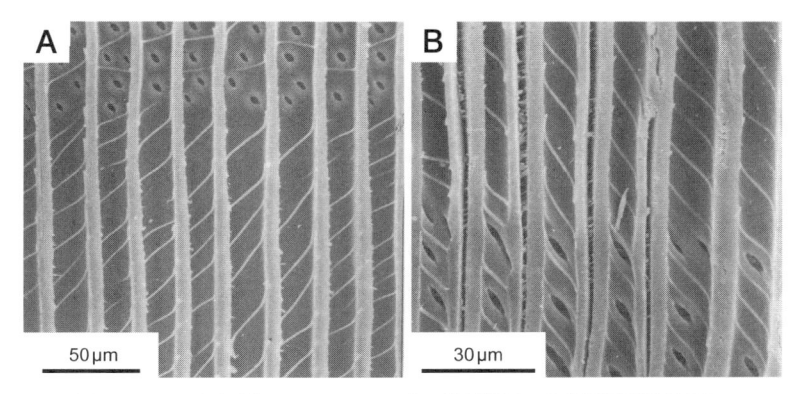

図1-1-12　イチイ（*Taxus cuspidata*）の放射断面の走査電子顕微鏡写真
　　　　A：正常材、B：圧縮あて材（Yoshizawa 1987）。

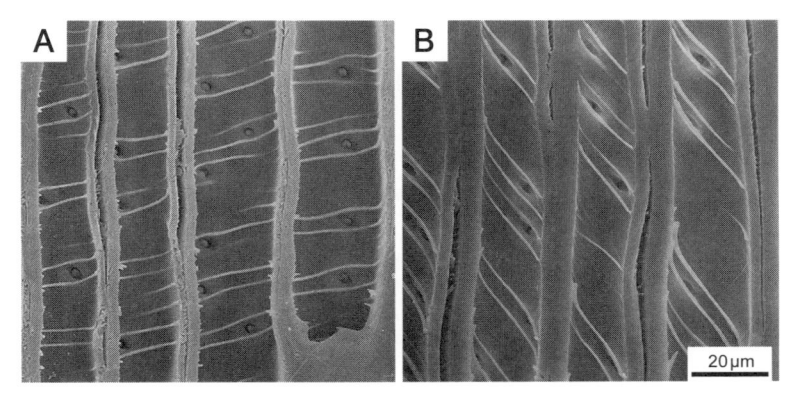

図1-1-13　カヤ（*Torreya nucifera*）の放射断面の走査電子顕微鏡写真
　　　　A：正常材、B：圧縮あて材。

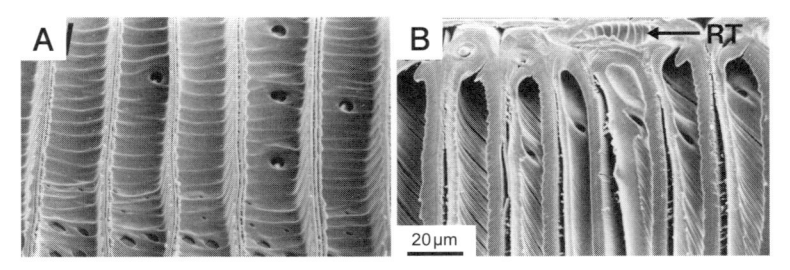

図1-1-14　トガサワラ（*Pseudotsuga japonica*）の放射断面の走査電子顕微鏡写真
　　　　A：正常材、B：圧縮あて材。矢印：放射仮道管（RT）

なく、リグニン濃度の増加や組織・構造の変化についても、針葉樹のあて材形成により認められる特徴に類似している(Yoshizawa *et al.* 1993a, b, 1999)。広葉樹で下側に偏心成長する樹種のあて材の詳細については、**1.2.2.3**を参照されたい。

1.1.3 熱帯樹木のあて材

熱帯樹木のあて材を考える前に、熱帯樹木と温帯樹木を簡単に比較してみる。例えば、北半球における暖かさの指数(吉良 1949)は、熱帯では240(℃・月)以上、温帯では180(℃・月)以下の地域となる。また、同じ熱帯でも、乾燥から湿潤へと植生は多様であり、1年中高温多湿な熱帯多雨林から、乾季・雨季を伴う地域に分布する熱帯季節林まで、森林型もさまざまなタイプが存在する。しかし、熱帯樹木も温帯樹木も植物界におけるグループ分けでは樹木であり、基本的には共通した成長のメカニズムを持っている。

形態学的に見ると、熱帯樹木には板根を持つもの、気根が発達するもの、また、幹生花をつけるものなど、温帯樹木とは異なった特色を持つ樹木も存在する。また、熱帯多雨林の場合、多層な森林構造の中で、とくに小高木層の樹木は形状比(樹高/胸高直径)が極めて大きくなる傾向が見られる。

一般に、熱帯は生物多様性に富んだ地域であり、樹木においても種類が多い。ただし、熱帯樹木の大半は広葉樹であり、針葉樹の種類は限られている。

熱帯樹木のあて材を考えるとき、上記のことをまず念頭に置きたい。

1.1.3.1 針葉樹のあて材

熱帯においては針葉樹の種類が極めて限られている。針葉樹のあて材研究は、これまで主に温帯樹木を中心に行われてきた。熱帯樹木の圧縮あて材については、Wardrop & Dadswell(1950)のナンヨウスギ属(*Araucaria*)の圧縮あて材の特徴についての報告が特筆される程度で、熱帯樹木におけるあて材の情報は少ない。ここでは、熱帯針葉樹のあて材に目を向けるために、マレーシアの大学(Universiti Putra Malaysia)構内に成育する針葉樹の枝について観察したあて材の特徴について述べる。

表1-1-2は、光学顕微鏡による横断面のみの観察結果であるが、観察した試料の樹種名と傾斜した幹もしくは枝の下側の仮道管について、横断面が丸味

表1-1-2　仮道管の構造的特徴

樹　種	横断面の丸味	らせん状裂け目
マツ(*Pinus caribaea*)	+	+
コノテガシワ(*Platycladus orientalis*)	+	+
ダンマルジュ(*Agathis dammara*)	+	±
ナンヨウスギ(*Araucaria cunninghamii*)	+	±
カクバマキ(*Podocarpus macrophyllus*)	+	±
リュウキュウイヌマキ(*Podocarpus fasciculatus*)	+	±

±：極めて弱いまたは観察されない

を持ち、細胞間隙が多いのかどうか、また、細胞壁にらせん状裂け目が存在するかどうかを示した。これらの結果から、観察した全ての樹種で仮道管の横断面形状は丸味を帯びており、圧縮あて材の典型的な特徴の一つを備えていることがわかる。しかし、細胞壁のらせん状裂け目についてはマツ(*Pinus caribaea*)やコノテガシワ(*Platycladus orientalis*)のように明らかに存在する樹種と、裂け目が存在しない、あるいは軽微である樹種とが観察された。今後は、らせん状裂け目の詳細な観察、S_3層が欠如するのかどうかなどの、あて材の組織学的特徴を詳細に観察する必要がある。以下に、その一例として、ダンマルジュ(*Agathis dammara*)のあて材の特徴(Nobuchi & Matsuda 2008)を示す。

1.1.3.2　ダンマルジュのあて材の特徴

　試料として、マレーシア・サラワク州の天然林から得られた円盤(直径約40 cm、樹齢不明)を用いた。図1-1-15に示すように、明らかに下側に偏心成長を示し、偏心成長側に褐色の帯が認められた。これらは広義の圧縮あて材と考えられる。そこで、圧縮あて材、ラテラル(lateral)材およびオポジット(opposite)材のそれぞれから試料を採取し、普通光学顕微鏡および偏光顕微鏡を用いて観察した。3部位における横断面光学顕微鏡写真を図1-1-16に

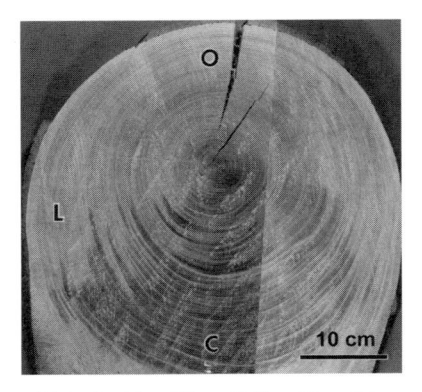

図1-1-15　ダンマルジュ(*Agathis dammara*)の円盤
C：圧縮あて材、L：ラテラル材、O：オポジット材。

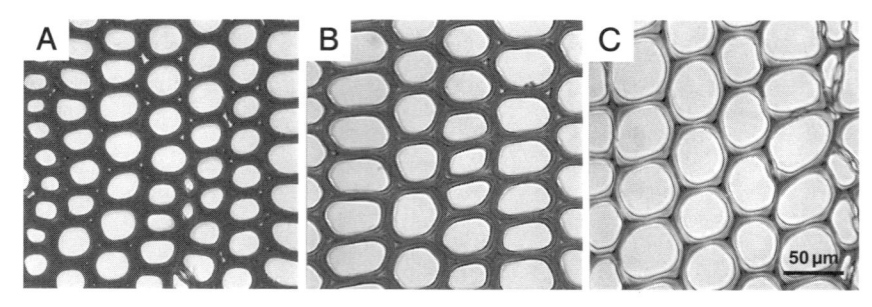

図1-1-16 ダンマルジュ(*Agathis dammara*)の横断面切片の光学顕微鏡写真
A：圧縮あて材、B：ラテラル材、C：オポジット材。

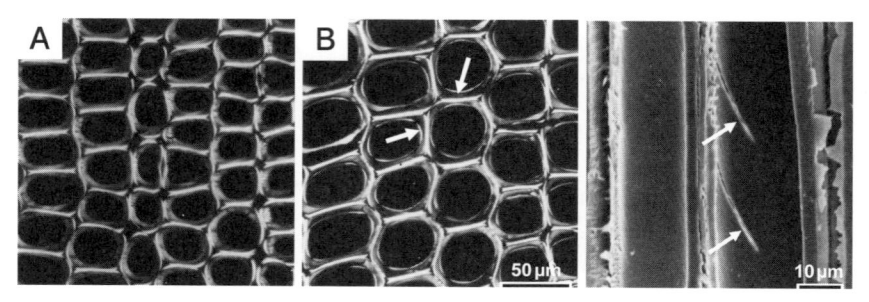

図1-1-17 ダンマルジュ(*Agathis dammara*)の横断面切片の偏光顕微鏡写真
A：圧縮あて材、B：オポジット材。矢印はS₃層を示す。

図1-1-18 ダンマルジュ(*Agathis dammara*)の圧縮あて材の放射断面の走査電子顕微鏡写真
矢印は乾燥による細胞壁の割れを示す。

示す。これらの写真から、圧縮あて材の仮道管の横断面は丸味を示し、多くの細胞間隙を伴っていることがわかる。一方、ラテラル材とオポジット材では、このような特徴は観察されなかった。ラテラル材の仮道管の特徴は、正常材と類似していた。偏光顕微鏡観察で明らかなように、仮道管のS₃層は圧縮あて材では欠落しているが、オポジット材では存在している(**図1-1-17**)。ダンマルジュの圧縮あて材の仮道管は横断面が丸味を持ち、S₃層を欠いており、圧縮あて材の典型的な特徴を持っている。

一方、仮道管細胞壁のらせん状裂け目については、横断面ではその存在が観察されない。走査電子顕微鏡(SEM)による観察では、圧縮あて材仮道管の最

表 1-1-3　仮道管の特徴の圧縮あて材、ラテラル材、オポジット材間での比較

特　徴	圧縮あて材	ラテラル材	オポジット材
仮道管長(mm)	5.53	7.41	8.50
放射径(μm)	30.30	40.00	49.30
接線径(μm)	34.80	45.90	40.10
細胞壁厚(μm)	4.60	4.30	3.90
S_2層ミクロフィブリル傾角(°)	34.20	23.80	9.50
気乾密度(g/cm^3)	0.67	0.56	0.41
リグニン含有率(%)	36.80	34.20	32.00

内層に軽微な裂け目が存在するのが認められるが(**図 1-1-18**)、Timell(1983)が*Agathis robusta*(ナンヨウスギ科)について報告しているように、この構造は圧縮あて材の典型的ならせん状裂け目ではなく、材の乾燥に伴う裂け目と判断される。ダンマルジュは、圧縮あて材の典型的な特徴であるらせん状裂け目が発達しない樹種の一つと思われる。

次に、圧縮あて材とオポジット材の仮道管の特徴を比較する。**図 1-1-16**に示すように、オポジット材の仮道管は圧縮あて材のそれよりも大径であること、また、仮道管壁の横断面の外形は丸みを帯びていないが、内腔の横断面が丸みを帯び、その結果、細胞コーナーで壁が肥厚している点で、ラテラル材または正常材とも異なっている。また、サフラニン染色による細胞壁の染色性は、圧縮あて材・ラテラル材よりも弱く、ダンマルジュのオポジット材は正常材とは異なった細胞壁構造を持っていることが示唆された。

圧縮あて材・ラテラル材・オポジット材について、仮道管長・S_2層ミクロフィブリル傾角・リグニン含有率などを比較した結果を**表 1-1-3**に示す。オポジット材はラテラル材より仮道管が長く、S_2層ミクロフィブリル傾角が小さい。また、リグニン量も少ない。これらの特徴は、傾向として広葉樹の引張あて材のG繊維の特徴に類似している(**1.2.1**参照)。

以上の結果から、本樹種は、圧縮あて材の特徴が、**1.1.1**で述べたような典型的なあて材とは完全に一致しないこと、一方、オポジット材がラテラル材あるいは正常材とは異なった特徴を持っている、と結論付けられる。

このように、熱帯の針葉樹は、典型的な圧縮あて材を持つと推定される樹種に加え、圧縮あて材の特徴が軽微である樹種が存在することが示唆される。今

後、熱帯針葉樹について、詳細な研究を通して更なる情報を得る必要がある。

1.1.4 師部における組織・構造の変化

樹木の幹において、維管束形成層は細胞分裂により、外側に師部を、内側に木部を派生する。その分裂頻度は木部側への方が師部側へよりも高いのが一般的である。傾斜刺激等に伴い木部側にはあて材が形成されるが、その際の師部側における組織・構造の変化についての研究例は木部側に比べて少ない。木部におけるあて材（reaction wood）に対応して、本節では傾斜刺激等を受けて形成された師部をScurfield & Wardrop（1962）にならって"reaction phloem"と呼ぶ。

針葉樹の師部組織は、基本的には師細胞・師部柔細胞・師部放射柔細胞で構成され、木化した厚い二次壁を持つ師部繊維を含む樹種と含まない樹種が存在する。また、幹の成熟に伴い柔細胞から二次的に分化した木化した厚い二次壁を持つスクレレイドが含まれることがある。

尾中（1949）は、クロマツ（Pinus thunbergii）の若いシュートを水平に保つと下側の皮層が著しく厚くなり、細胞径が増加し、樹脂道が著しく大きくなること、また、ヒノキ（Chamaecyparis obtusa）およびスギ（Cryptomeria japonica）の傾斜下側の圧縮あて材側の樹皮において、放射方向の成長が傾斜上側よりも大きいこと、下側に形成される師部繊維は短くなることを見いだした。さらに、ヒノキおよびスギでは、厚壁の師部繊維と薄壁の師部繊維が接線方向に配列するが、傾斜下側の師部では傾斜上側に比べて厚壁の師部繊維が連続する列の数が減少し、厚壁の師部繊維が断続する列の数が増加し、薄壁の師部繊維が連続する列の数が増加することを報告している。

一方、Timell（1986）は、トウヒ属種（Picea rubens）の光学顕微鏡観察で、傾斜上側と下側で樹皮の組織的構造に差が見られないことを指摘している。Côté et al.（1966）は、バルサムモミ（Abies balsamea）・アメリカカラマツ（Larix laricina）・トウヒ属種（P. marianaおよびP. rubens）・ヨーロッパアカマツ（Pinus sylvestris）の5樹種について、傾斜した幹の樹皮の化学成分を分析し、上側と下側でほとんど同じ化学組成であることを報告している。また、Kutscha et al.（1975）は、バルサムモミ（A. balsamea）のreaction phloemを観察

し、タンニンを含んだ柔細胞の帯が正常材側では連続しているのに対して、圧縮あて材側では不連続であることを見いだしている。これに対して、Höster (1974)は、ドイツトウヒ(*P. abies*)のreaction phloemでは、タンニンを含んだ柔細胞の接線方向の帯が圧縮あて材でも連続していることを観察している。このように、針葉樹において、木部側の圧縮あて材形成時に起こる師部の組織の変化に関する観察結果は樹種による変異も大きく、統一した見解が得られていない。

1.2　広葉樹のあて材

　広葉樹では、多くの樹種において、幹や枝の上側にあて材が形成される。横断面を見ると、形成されるあて材は、熱帯産・オーストラリア産の樹種の中には濃色になるものもあるが、多くの樹種において引張あて材の部分は、白っぽく絹糸状の光沢が見られるため、ドイツ語で「Weissholz(英語でwhite woodの意味)」と呼ばれた(Dadswell & Wardrop 1949; Barnett *et al.* 2014)。しかしながら、1.1でも述べたように、1900年代初頭までの針葉樹の圧縮あて材の研究において、あて材をRotholzとし、オポジット材をWeissholzとした場合が多数あり、その用語に混乱が生じた(Dadswell & Wardrop 1949; Barnett *et al.* 2014)。一方、形成される位置が引張を受ける側にあるため、広葉樹のあて材は、ドイツ語で「Zugholz」とも呼ばれ、英語で「tension wood」とされた。1900年代の中盤には、この「tension wood」が広葉樹のあて材を示す言葉として一般化し、「引張あて材」として広く認識されることとなった。

　引張あて材の最大の特徴は、ゼラチン層(gelatinous layer：G層)の存在である。光学顕微鏡下で白っぽくゼラチンのように見えたことからゼラチン層と呼ばれ、これを含む木繊維をゼラチン繊維(gelatinous fiber：G繊維)と呼ぶ。G層は、一般にリグニンをほとんど含まない層で、現在ではその成分がセルロースとヘミセルロースであることが明らかにされているので(**2.3.1**参照)、ゼラチン層とせずに「G層」と呼ぶほうが適切であり、本書においても「G層」と呼ぶ。1800年代には、G層の存在は、引張あて材の形成とは別に、その形成過程や部位、化学的組成など議論されてきた(Potter 1904)。一方、引張あて材

とG繊維の関係については、尾中(1937)は、Metzgerが広葉樹の幹が傾斜した場合、上側に偏心成長をし、その部分にG繊維が形成されていることを1908年に報告したのが始めての記述であろうと述べている。Jaccard(1917)は、ポプラ(*Populus alba*)の幹の上側のZugholz(tension wood)において、塩化亜鉛ヨウ素液(セルロースの呈色反応)により染色されるG繊維を見出し、これをZugfaser(tension fiber)とした。また、尾中(1937)は、様々な広葉樹の偏心成長部位とG繊維の有無を調査し、G繊維の形態を詳細に分類している。このような1900年代前半の引張あて材とG繊維の関係に関する研究により、1900年代の中盤に公表された総説などには、G繊維の存在が引張あて材の最大の特徴であるとされた(Wardrop & Dadswell 1948; Dadswell & Wardrop 1949)。しかしながら、研究が進むにつれて、傾斜した幹や枝の上側にあて材が形成されるが、G繊維が形成されない樹種(**1.2.2.2**参照)、傾斜した幹や枝の下側に針葉樹における圧縮あて材に類似したあて材を形成する樹種(**1.2.2.3**参照)が存在するなど、広葉樹におけるあて材形成は複雑で多様であることが明らかとなってきた。

1.2.1　一般的な引張あて材

典型的な引張あて材の肉眼的・組織学的特徴は、以下のようにまとめられる(Côté & Day 1965; 原田ら 1976)。

1) 木繊維最内腔にほぼセルロースから成り、ミクロフィブリルがほぼ細胞長軸に配向する、いわゆるG層を形成する。
2) G層の発達とともに木繊維の細胞壁が厚くなり、壁孔も少なくなる。
3) 道管の径および数が減少する。
4) 木繊維において正常材では$S_1+S_2+S_3$の三層構造であるが、あて材形成に伴いG層が形成され、樹種毎にS_1+G、S_1+S_2+G、$S_1+S_2+S_3+G$などに多様な構造をとる。

直立した幹を傾斜させて典型的な引張あて材を形成させ、その後直立に戻した時に上側に形成されていた木部を**図1-2-1**に示す。引張あて材の組織・構造の一般的な特徴として、木繊維二次壁におけるG層の形成、道管の数および径の減少、木繊維G層における「揉め」(slip planeやcompression failure)の発現

1.2 広葉樹のあて材

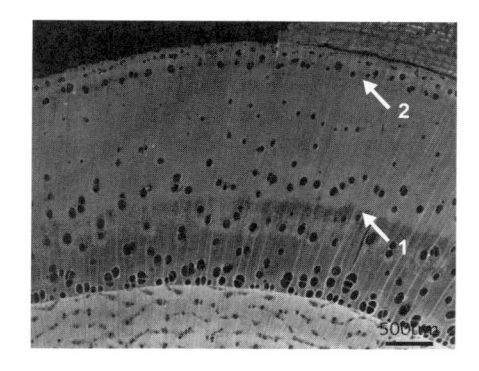

図1-2-1 傾斜した後、直立に戻したハリエンジュ(*Robinia pseudoacacia*)の幹の上側の当年輪(ネガ)
白矢印1から白矢印2までが傾斜中に形成された引張あて材、矢印2が形成層側は直立に戻ってから形成された木部。引張あて材では、道管は数が減少するとともに小径である。

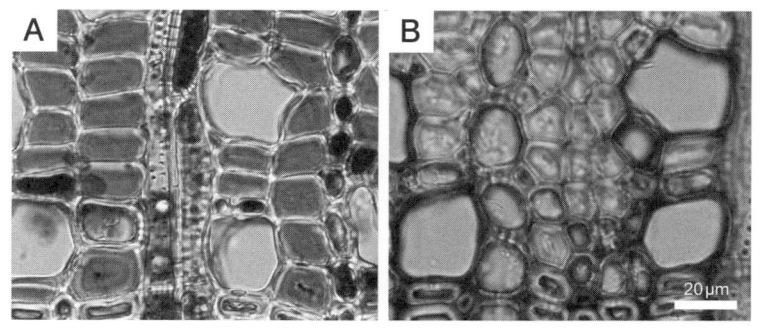

図1-2-2 カツラ(*Cercidiphyllum japonicum*)の引張あて材の塩化亜鉛ヨウ素染色(A)およびフロログルシン・塩酸反応(B)後の横断面写真
カツラ引張あて材の塩化亜鉛ヨウ素染色およびフロログルシン・塩酸反応後の横断面写真。G層が発達し、木繊維内腔をほぼうずめている。

がある。また、G繊維二次壁におけるG層の堆積には、1) $S_1+S_2+S_3+G$ あるいはSG、2) S_1+S_2+G および3) S_1+G の3タイプが観察されている(**表1-2-1**)(尾中 1949; Dadswell & Wardrop 1956; 佐伯・小野 1971; Araki *et al.* 1982; 荒木ら 1983; Yoshizawa *et al.* 2000; Hiraiwa *et al.* 2007; Sultana *et al.* 2010)。壁厚については、G繊維の一次壁は正常材と変わらないが、S_1 層はやや薄い場合も観察されている。また、G層において、セルロースミクロフィブリルの配向は特徴的であり、軸方向に対してほぼ平行に配列している(**2.1.2参照**)。G層は、ほとんどセルロースとヘミセルロースからなるので塩化亜鉛ヨウ素液で青紫色に呈色する(**図1-2-2**)。木化していないため、引張あて材のG繊維の化学組成は、セルロース含有率が高く、リグニン含有率が低い。また、正常材と比べてガラ

表1-2-1 引張あて材のG繊維二次壁の壁層構成

樹　種		二次壁の層構成	道管の分布
ブナ科(Fagaceae)	ブナ(*Fagus crenata*)	S_1+S_2+G	散孔材
	コナラ(*Quercus serrata*)	S_1+S_2+G	環孔材
	クリ(*Castanea crenata*)	S_1+S_2+G	環孔材
ニレ科(Ulmaceae)	アキニレ(*Ulmus parvifolia*)	S_1+S_2+G	環孔材
	ケヤキ(*Zelkova serrata*)	S_1+S_2+G	環孔材
アサ科(Cannabaceae)	エノキ(*Celtis sinensis*)	$S_1+S_2+S_3+G$ および S_1+S_2+G	散孔材
	ムクノキ(*Aphananthe aspera*)	S_1+S_2+G	散孔材
カツラ科(Cercidiphyllaceae)	カツラ(*Cercidiphyllum japonicum*)	S_1+G	散孔材
ミズキ科(Cornaceae)	ミズキ(*Cornus controversa*)	S_1+G	散孔材
マメ科(Fabaceae)	ハリエンジュ(*Robinia pseudoacacia*)	S_1+S_2+G	環孔材
ヤナギ科(Salicacea)	ポプラ(*Populus* spp.)	S_1+S_2+G	散孔材
カバノキ科(Betulaceae)	ヒメヤシャブシ(*Alnus pendula*)	S_1+G および S_1+S_2+G	散孔材
ムクロジ科(Sapindaceae)	トチノキ(*Aesculus turbinata*)	S_1+S_2+G	散孔材
モクセイ科(Oleaceae)	トネリコ(*Fraxinus japonica*)	S_1+G	環孔材
G層を形成しない樹種			
モクレン科(Magnoliaceae)	ホオノキ(*Magnolia obovata*)	S_1+S_2	散孔材
	コブシ(*Magnolia kobus*)	S_1+S_2	散孔材
	ユリノキ(*Liriodendron tulipifera*)	S_1+S_2	散孔材
ニシキギ科(Celastraceae)	ニシキギ(*Euonymus alatus*)	$S_1+S_2+S_3$	散孔材
ミツバウツギ科(Staphyleaceae)	ゴンズイ(*Euscaphis japonica*)	$S_1+S_2+S_3$	散孔材
ジンチョウゲ科(Thymelaeaceae)	ジンチョウゲ(*Daphne odora*)	$S_1+S_2+S_3$	紋様孔材
ツツジ科(Ericaceae)	トウゴクミツバツツジ(*Rhododendron wadanum*)	$S_1+S_2+S_3$	散孔材
	アブラツツジ(*Enkianthus subsessilis*)	$S_1+S_2+S_3$	接線状孔材
モクセイ科(Oleaceae)	キンモクセイ(*Osmanthus fragrans* var. *aurantiacus*)	$S_1+S_2+S_3$	紋様孔材
シソ科(Lamiaceae)	クサギ(*Clerodendrum trichotomum*)	$S_1+S_2+S_3$	環孔材
モチノキ科(Aquifoliaceae)	アオハダ(*Ilex macropoda*)	$S_1+S_2+S_3$	散孔材
	イヌツゲ(*Ilex crenata* var. *crenata*)	$S_1+S_2+S_3$	散孔材
レンプクソウ科(Adoxaceae)	ガマズミ(*Viburnum dilatatum*)	$S_1+S_2+S_3$	散孔材

注) この表には、傾斜した幹や枝の上側に偏心成長を示した樹種を挙げている。その他の樹種については、尾中(1949)を参照(尾中 1949; 佐伯・小野 1971; Araki *et al.* 1982; 荒木ら 1983; Yoshizawa *et al.* 2000; Hiraiwa *et al.* 2007; Sultana *et al.* 2010)

クタンに富み、キシランに乏しい(Côté *et al.* 1969)。このような特殊なG繊維の存在が、**4章**および**6章**で述べる引張あて材の材質特性の要因になっているといっても過言ではない。

　G層内には同心円状に木化した薄い層が認められることがあるため、ラメ

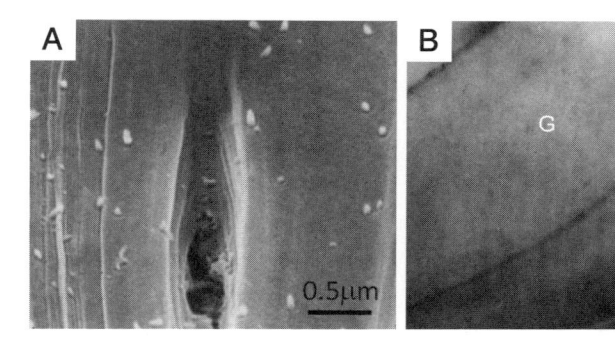

図1-2-3 典型的なG層（S₁+S₂+G）の形成されたハリエンジュ（*Robinia pseudoacacia*）木繊維の壁孔部の走査電子顕微鏡（SEM）写真（A）および横断面の透過電子顕微鏡（TEM）写真（B）
壁孔部では軸方向に配向したミクロフィブリルが何層にも重なってラメラ構造を示しているように観察されるが、TEMによる横断面の観察（B）ではラメラ構造は不明瞭である。

ラ構造をとるとする説も提唱されている。図1-2-3に示したのは典型的なG層を形成したハリエンジュ（*Robinia pseudoacacia*）の木繊維であるが、横断面では一様な層に見えるが（図1-2-3B）、壁孔部ではラメラ構造にも見える（図1-2-3A）ことから、形成段階ではセルロースミクロフィブリルがラメラ状に堆積すると考えられる。

1.2.2 特異的なあて材

一般に、広葉樹においては、傾斜した幹や枝の上側、すなわち引張の成長応力が発生する側に引張あて材が形成されることが知られている（4.3参照）。この引張あて材の最大の特徴として、1.2.1で述べたように、木繊維二次壁最内層にG層と呼ばれる、主にセルロースからなる層を形成することが挙げられる（尾中 1949; Dadswell & Wardrop 1955; Côté & Day 1965）。しかしながら、組織・構造は引張あて材に類似するがG層を形成しない樹種や（尾中 1949; Kucera & Philipson 1977a, b, 1978; Yoshizawa et al. 2000; Hiraiwa et al. 2007, 2014; Sultana et al. 2010）、1.1.2.2で述べたような、傾斜した幹や枝の下側、すなわち圧縮の成長応力が発生する側に典型的な広葉樹材で認められるようなあて材とは異なる組織・構造を持つあて材を形成する種が存在する（Kucera &

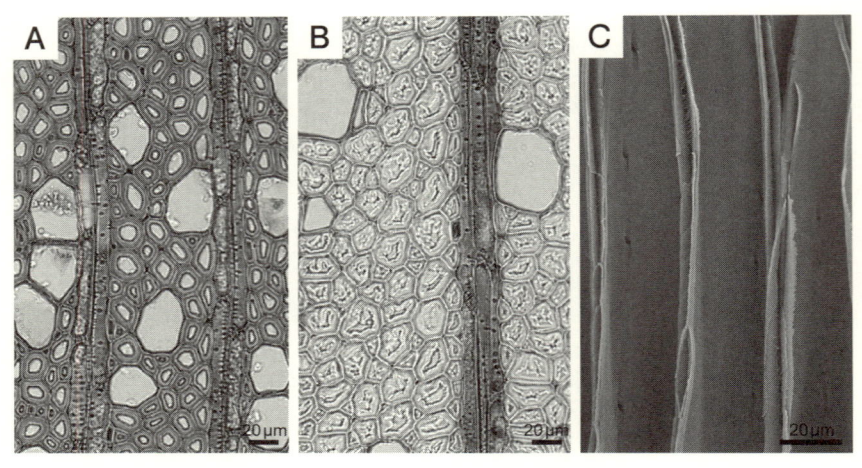

図1-2-4 ユリノキ(*Liriodendron tulipifera*)のあて材のリグニン分布および走査電子顕微鏡写真
　　　　A：正常材横断面(モイレ染色)、B：あて材横断面(モイレ染色)、
　　　　C：あて材放射断面の走査電子顕微鏡写真。

Philipson 1978; Timell 1986; Yoshizawa *et al.* 1993a, b; Kojima *et al.* 2012; Aiso *et al.* 2013, 2014)。本節では、G層を形成しない広葉樹あて材について、1) G層を形成しないが組織・構造が引張あて材に類似したあて材を形成する樹種、2) G層を形成せず、組織・構造が引張あて材に類似しないあて材を形成する樹種、3) 傾斜部の下側にあて材を形成する樹種、4) 無道管材であて材を形成する樹種の4タイプに便宜的に分類して、その組織・構造の特徴を述べる。

1.2.2.1　G層を形成しないが組織・構造が引張あて材に類似したあて材を形成する樹種

　系統分類学上、基部被子植物(basal angiosperms)として考えられているモクレン科(Magnoliaceae)のホオノキ(*Magnolia obovata*)、コブシ(*Magnolia kobus*)およびユリノキ(*Liriodendron tulipifera*)では、傾斜した幹や枝の上側での偏心成長、著しい引張応力の発生(**4章**参照)、道管の数および径の減少など、G層を形成する類型的な引張あて材と同様の特徴を示すが、木繊維二次壁にG層は形成されない(Okuyama *et al.* 1994; Yoshizawa *et al.* 2000; Yoshida *et al.* 2002; Hiraiwa *et al.* 2014)。また、ユリノキのあて材における木繊維二次壁

1.2 広葉樹のあて材　69

は、S_3層が欠落したS_1+S_2の2層構造を示すが、そのS_2層のミクロフィブリルの配列が細胞長軸に対しほぼ平行であり、リグニンをほとんど含まないという特徴は、G層の特徴と類似している（**図1-2-4**）。Yoshida et al.(2002)は、ユリノキあて材において、引張の表面解放ひずみが増加するほど、セルロースの結晶化度およびα-セルロース含有率が増加し、クラーソンリグニン含有率が減少することを報告している。

モクセイ科(Oleaceae)のキンモクセイ(*Osmanthus fragrans* var. *aurantiacus*)は、傾斜した幹の上

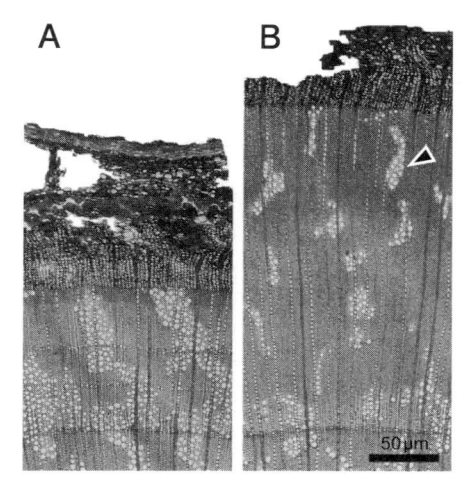

図1-2-5 キンモクセイ(*Osmanthus fragrans* var. *aurantiacus*)のあて材における道管配列の変化
A：正常材、B：あて材。矢頭は、あて材における道管の紋様配列の変化を示す。
(Hiraiwa et al. 2007を改変)

側に偏心成長するが、G層は形成しない(Hiraiwa et al. 2007)（**図1-2-5**）。そのあて材は、組織学的特徴において引張あて材と同様の傾向を示すが、あて材形成に伴い道管分布密度および径が減少するため、道管の紋様配列が途切れる

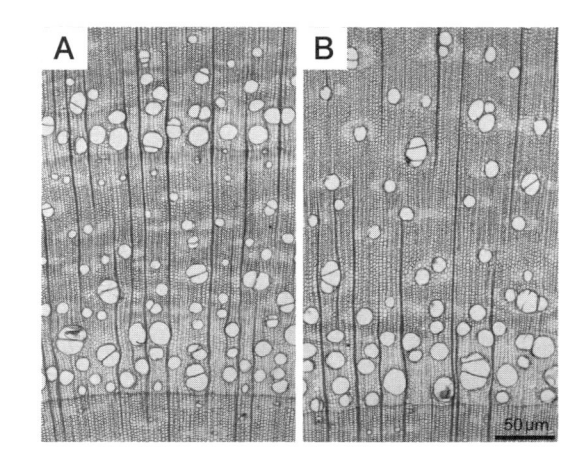

図1-2-6 キリ(*Paulownia tomentosa*)正常材およびあて材の横断面写真
A：正常材、B：あて材。

という特徴が認められる。

G層を形成しない広葉樹あて材の組織・構造および化学成分分布は多様である。図1-2-6は、ゴマノハグサ科（Scrophulariaceae）のキリ（*Paulownia tomentosa*）の正常材およびあて材の横断面を比較したものである。一般に、広葉樹あて材は、道管径が減少することが知られているが、キリにおいては、傾斜部の上側に形成されたあて材で、正常材と比較して道管径が大径化する。同様の傾向は、アオイ科（Malvaceae）のシナノキ（*Tilia japonica*）においても確認されている（尾中 1949）。

図1-2-7 サンゴジュ（*Viburnum odoratissimum* var. *awabuki*）の枝の横断面
写真上部が枝の上側。枝の下側に偏心成長する（Wang *et al.* 2009）。

1.2.2.2 G層を形成せず、組織・構造が引張あて材に類似しないあて材を形成する樹種

レンプクソウ科（Adoxaceae）のサンゴジュ（*Viburnum odoratissimum* var. *awabuki*）におけるあて材の特徴は、非常に特異的である。図1-2-7に示したように、枝の下側で成長量の増加が認められ、一方、上側において過剰な引張応力を発生させることが確認されている（Wang *et al.* 2009）。しかしながら、枝の上側・下側ともにG層の形成は認められない（図1-2-8）。また、道管の分布密度および細胞壁面積に変化は認められず、木繊維二次壁の壁層構造においても、上側および下側ともに$S_1+S_2+S_3$の3層構造であり（図1-2-9）、引張あて材も圧縮あて材も形成されない。

Sultana *et al.* (2010) は、G層を形成しない日本産広葉樹種の、ゴンズイ（*Euscaphis japonica*）、ガマズミ（*Viburnum dilatatum*）、トウゴクミツバツツジ（*Rhododendron wadanum*）、アブラツツジ（*Enkianthus subsessilis*）、ニシキギ（*Euonymus alatus*）、アオハダ（*Ilex macropoda*）、イヌツゲ（*Ilex crenata*）、クサギ（*Clerodendrum trichotomum*）およびジンチョウゲ（*Daphne odora*）におけるあて材の特徴を調査し、あて材木繊維の二次壁の壁層構造は、サンゴジュ

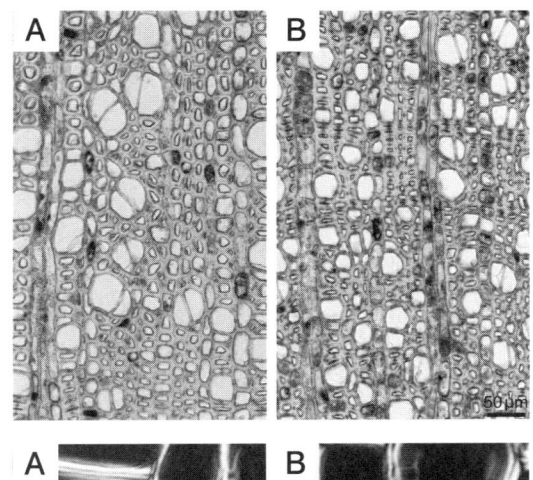

図1-2-8 サンゴジュ（*Viburnum odoratissimum* var. *awabuki*）の枝の横断面における塩化亜鉛ヨウ素染色写真
上側・下側ともに塩化亜鉛ヨウ素で染色されず、G層の形成は認められない。A：下側、B：上側。(Wang *et al.* 2009)

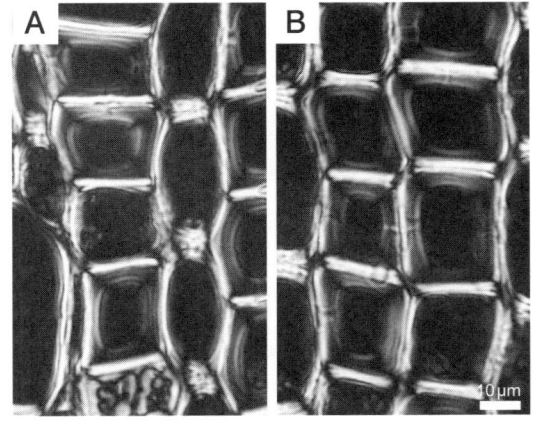

図1-2-9 サンゴジュ（*Viburnum odoratissimum* var. *awabuki*）枝の横断面の偏光顕微鏡写真
枝の上側・下側ともに、木繊維二次壁の壁層構造は、$S_1+S_2+S_3$を示す。A：下側、B：上側。(Wang *et al.* 2009)

と同様に$S_1+S_2+S_3$の3層構造であることを報告している。しかしながら、これらの樹種において、細胞壁の化学成分は引張あて材と類似して、木繊維二次壁のリグニン含有率が減少する傾向が認められている。

1.2.2.3 傾斜部の下側にあて材を形成する樹種

ツゲ科（Buxaceae）のチョウセンヒメツゲ（*Buxus microphylla* var. *insularis*）は、道管を有しているにもかかわらず、傾斜した幹あるいは枝の下側に偏心成長し、暗褐色の木部を形成する（**図1-2-10**）(Yoshizawa *et al.* 1993a)。しかしながら、この部位には、G繊維は形成されない。下側に形成さ

れた木部の木部繊維は、正常材に比べて、壁が厚く、丸味を帯びて放射径がやや小さい。道管は、出現頻度・大きさともに下側の木部で減少する。この樹種のあて材の最大の特徴は、正常材では、木部繊維、道管ともに二次壁の層構成は$S_1+S_2+S_3$であるが、あて材では、木部繊維と道管の両者の二次壁からS_3層が欠落し、木部繊維ばかりでなく、道管にも圧縮あて材仮道管の$S_2(L)$層に類似した壁層を外縁部に発達させることである(図1-2-11)。また、この$S_2(L)$層のリグニンは、木部繊維と道管はともに、グアイアシル核のリグニンに富んでいることが観察されている(Yoshizawa *et al.* 1993b)。木部繊維と道管のS_2層のセルロースミクロフブリル傾角は約45°に配向するが、圧縮あて材仮道管とは異なり、らせん状裂け目を形成しない(図1-2-12および13)。これらの特徴は、1.1.2.1で述べた原始

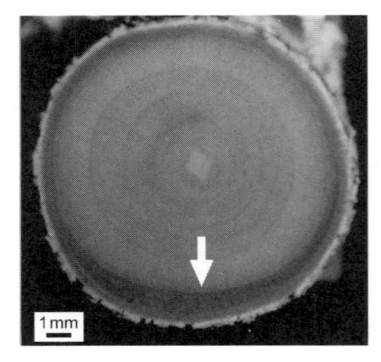

図1-2-10 チョウセンヒメツゲ(*Buxus microphylla* var. *insularis*)の傾斜した幹の下側に形成されたあて材(矢印、Yoshizawa *et al.* 1993a)

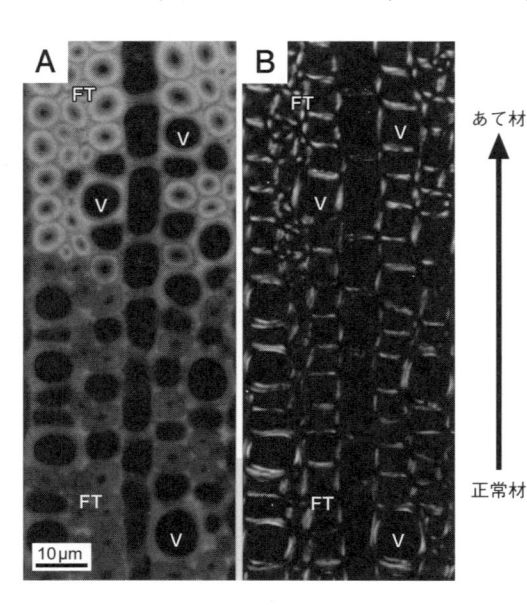

図1-2-11 チョウセンヒメツゲ(*Buxus microphylla* var. *insularis*)の傾斜した幹の下側に形成されたあて材の横断面写真
A：蛍光顕微鏡写真、B：偏光顕微鏡写真。あて材では、繊維状仮道管と道管はともに、二次壁からS_3層が消失し、$S_2(L)$層が出現する。V：道管、FT：繊維状仮道管。(Yoshizawa *et al.* 1993a)

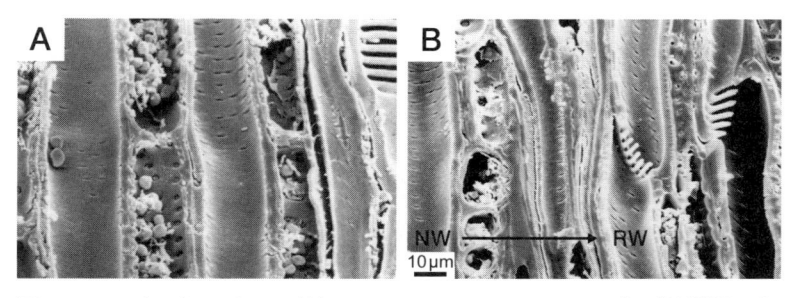

図1-2-12 チョウセンヒメツゲ(*Buxus microphylla* var. *insularis*)の放射断面の走査電子顕微鏡写真
A:正常材(上側)の道管(V)、B:あて材(下側)の道管。NW:正常材、RW:あて材。(Yoshizawa *et al.* 1993a)

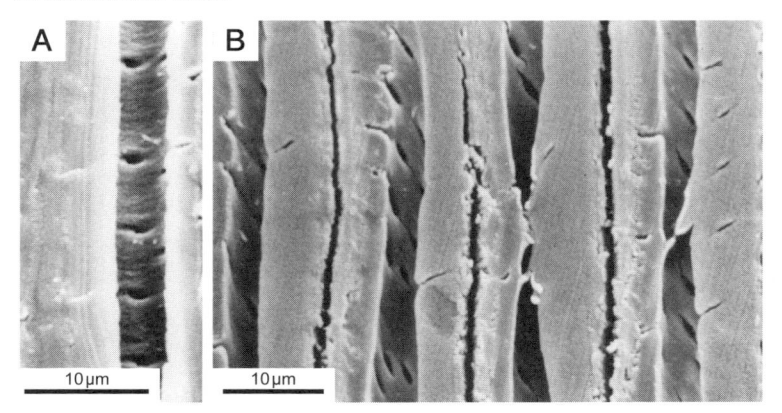

図1-2-13 チョウセンヒメツゲ(*Buxus microphylla* var. *insularis*)の放射断面の走査電子顕微鏡写真
A:正常材(上側)の繊維状仮道管、B:あて材(下側)の繊維状仮道管。(Yoshizawa *et al.* 1993a)

的な裸子植物に形成される圧縮あて材仮道管の特徴に類似している。これまで、圧縮あて材形成による$S_2(L)$層の出現は、針葉樹の支持機能を有する通道組織(仮道管)においてのみ観察されてきた。広葉樹であるツゲは、木部繊維S_2層にらせん状裂け目が形成されないことを除いて、針葉樹に見られる圧縮あて材仮道管と同様な細胞壁構造的特徴を示し、系統発生的なあて材形成の進化を追跡する上で貴重な樹種と言える。

オオバコ科(Plantaginaceae)の*Hebe salicifolia*とアカネ科(Rubiaceae)のク

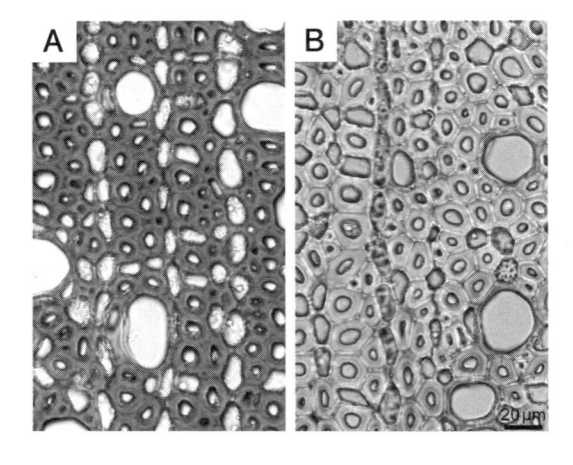

図1-2-14 クチナシ (*Gardenia jasminoides*) の傾斜した幹の下側および上側の横断面
フロログルシン・塩酸反応。A：傾斜部下側、B：傾斜部上側（写真提供：豊泉竜也氏）

チナシ(*Gardenia jasminoides*)は、ツゲ属と同様に、傾斜部の下側に偏心成長を示すことが確認されている(Kojima *et al.* 2012; Aiso *et al.* 2013)。これらの樹種では、傾斜下側の木繊維におけるS$_2$層セルロースミクロフィブリル傾角が増加するという特徴が共通して認められる。また、クチナシのあて材は、道管直径の減少、木繊維の二次壁におけるS$_3$層の欠落、さらに、**図1-2-14**に示すように、フロログルシン・塩酸反応の結果、傾斜下側において強い染色性が認められ、リグニン濃度が増加していることが確認できる(Aiso *et al.* 2013)。しかしながら、*H. salicifolia*およびクチナシで形成されるあて材は、ツゲ属で認められるような細胞横断面形状の円形化およびS$_2$(L)層は観察されない。このように、*H. salicifolia*とクチナシは、傾斜下側にあて材を形成するが、一部の組織学的・化学的特徴のみが圧縮あて材で認められる特徴と一致する。これら2樹種の他にも、広葉樹でありながら傾斜下側にあて材を形成する樹種には、無道管材であるセンリョウ科(Chloranthaceae)のセンリョウ(*Sarcandra glabra*)とシキミモドキ科(Winteraceae)の*Pseudowintera colorata*が該当するが、詳細な組織学的・化学的特徴は1.2.2.4で述べる。

1.2.2.4 無道管材のあて材

広葉樹の中には、道管を持たず、木部のほとんどが軸方向仮道管で構成されている樹種がアンボレラ科(Amborellaceae)、センリョウ科(Chloranthaceae)、スイセイシジュ科(Tetracentraceae)、ヤマグルマ科(Trochodendraceae)、シ

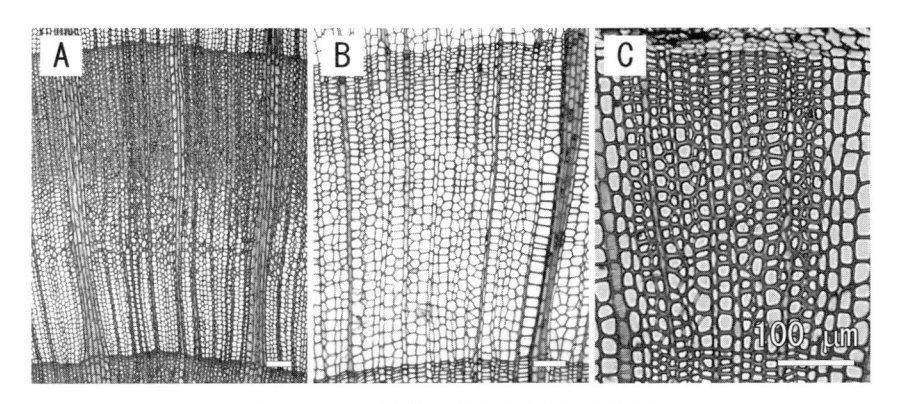

図 1-2-15 無道管材の横断面光学顕微鏡写真
いずれの樹種においても、二次木部は、道管が存在せず、主に仮道管から構成されている。
A：ヤマグルマ（*Trochodendron aralioides*）、B：スイセイジュ（*Tetracentron sinense*）、
C：センリョウ（*Sarcandra glabra*）。

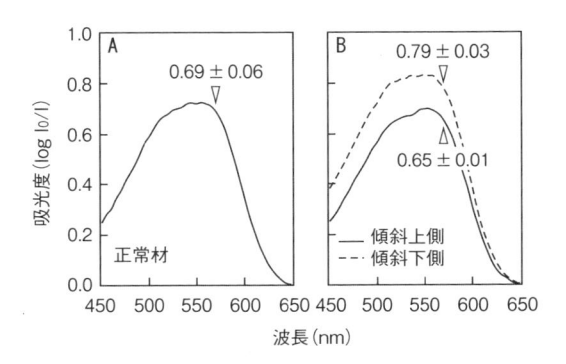

図 1-2-16 センリョウ（*Sarcandra glabra*）におけるフロログルシン・塩酸反応後の仮道管壁の可視域スペクトル
正常材（A）および傾斜上側（Bの実線）と比較して、傾斜下側（Bの破線）において、波長570 nm付近における吸光度の最大値は大きい値を示しており、あて材が形成されている傾斜下側でリグニン量の増加が示唆される。傾斜下側でのリグニン量の増加は、針葉樹における圧縮あて材の特徴と類似している。Aiso *et al.*(2014)を改変。

キミモドキ科（Winteraceae）などに存在する（**図1-2-15**）。これらの分類群の中には、針葉樹と同様に傾斜した幹や枝の下側に偏心成長する樹種があることが報告されている（Timell 1986）。

傾斜して成育したセンリョウ（*Sarcandra glabra*）の幹において、正常材・オ

ポジット材と比較したとき、傾斜下側の軸方向仮道管は、その二次壁におけるS_2層のセルロースミクロフィブリル傾角が大きい（Aiso *et al.* 2014）。また、フロログルシン・塩酸反応の結果、傾斜下側においてリグニン濃度が高いことが観察されている（図1-2-16）。このことから、センリョウは傾斜下側にあて材を形成する種に分類される。しかしながら、あて材の特徴は、1.2.2.3で述べた *H. salicifolia* とクチナシ（*Gardenia jasminoides*）と同様に、すべての組織学的・化学的特徴が圧縮あて材で認められる特徴と一致するわけではない。

　スイセイジュ科のスイセイジュ（*Tetracentron sinense*）では、軸方向要素には仮道管と"unusual tracheid"が存在し、道管は存在しない（図1-2-17）（Suzuki *et al.* 1991）。早材仮道管には階段状の壁孔が形成され、晩材仮道管には、小型の壁孔が存在する。"unusual tracheid"には、広葉樹の道管に見られるような小型で密な交互壁孔が接線壁の全面に多数形成されている。この樹種では、枝の上側に偏心成長を示すが、G繊維は形成されない（Yoshizawa *et al.* 1996）。上側では、仮道管および"unusual tracheid"共に二次壁のリグニン濃度は減少し、S_2層にらせん状裂け目は形成されない（図1-2-18および19）。スイセイジュは、典型的な引張あて材も圧縮あて材も形成しない樹種に分類される。

　ヤマグルマ科のヤマグルマ（*Trochodendron aralioides*）は、傾斜した幹や枝の上側に偏心成長を示す。傾斜上側の繊維状仮道管内腔にG繊維を形成し、典型的な引張あて材を発達させる（図1-2-20）（Kuo-Huang *et al.* 2007; Hiraiwa *et al.* 2013）。

　シキミモドキ科の *Pseudowintera colorata*（Kučera & Philipson 1978; Meylan 1981）の枝では、下側に顕著な偏心成長を引き起こすが、被子植物の引張あて材に特徴的なG繊維は形成されない。下側に形成された繊維状仮道管は、上側と比較して、長く、接線壁が厚くなり、S_2層のミクロフィブリル傾角も大きくなるが、裸子植物に見られるような二次壁におけるリグニン濃度の増加は観察されていない。

　無道管材は、木部の大部分を構成する細胞は針葉樹と同じ仮道管であるが、これらの樹種で形成されるあて材の特徴は、一定の傾向が認められず、必ずしも針葉樹材で認められるあて材の特徴と一致しない。無道管材のあて材形成の多

1.2 広葉樹のあて材

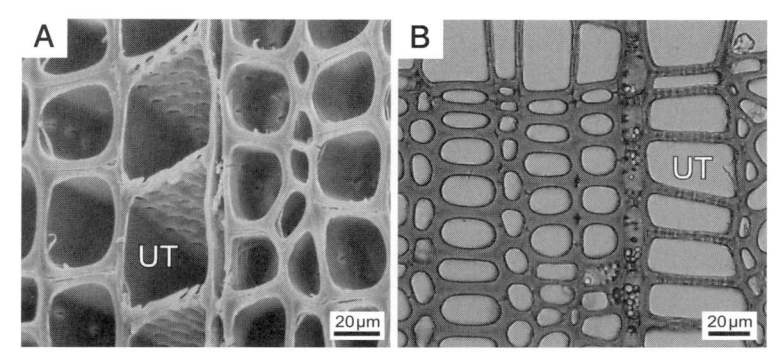

図1-2-17 スイセイジュ(*Tetracentron sinense*)の正常材の横断面写真
A：走査電子顕微鏡写真、B：光学顕微鏡写真(モイレ染色)、UT：unusual tracheid。

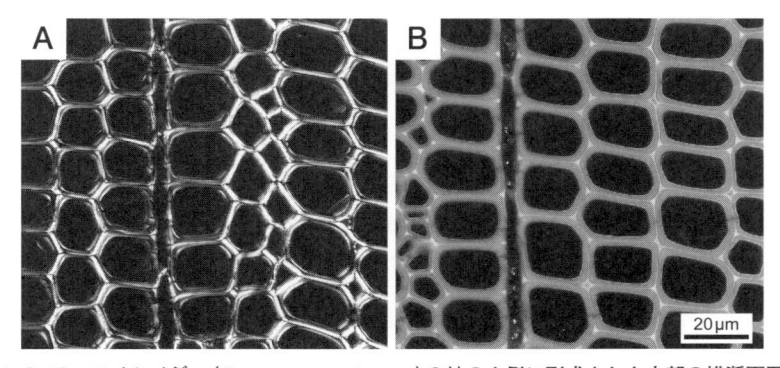

図1-2-18 スイセイジュ(*Tetracentron sinense*)の枝の上側に形成された木部の横断面写真
A：偏光顕微鏡写真、B：蛍光顕微鏡写真。

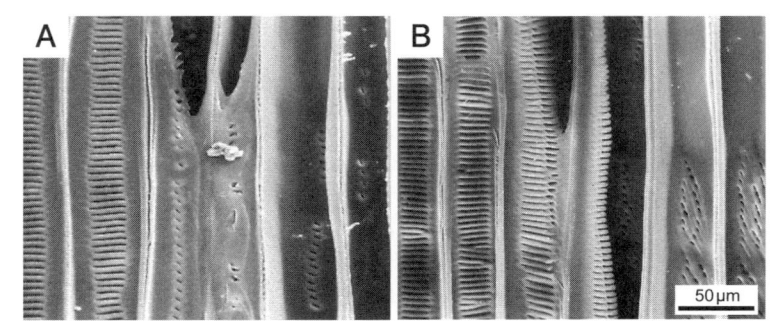

図1-2-19 スイセイジュ(*Tetracentron sinense*)の放射断面の走査電子顕微鏡写真
A：枝の下側、B：枝の上側。

様性は、リグニン構成単位の割合（シリンギルリグニン・グアイアシルリグニン含有率の割合）と関係する可能性が指摘されているが（Aiso *et al.* 2014）、今後、より詳細な調査が必要である。

1.2.3 熱帯樹木のあて材

熱帯地域は、生物多様性に富み、温帯に比べ広葉樹の種類も多様であるにも関わらず、熱帯広葉樹のあて材の研究は、温帯のものに比べ極めて少ない。Clair *et al.*（2006）は、熱帯多雨林（南米）に成育する21種の広葉樹について、あて材の特徴を調べ、傾斜した幹の上側にG層が出現した樹種は、約39％強であったことを報告している。この結果は、温帯の樹木を中心に調べた尾中（1949）の研究結果と類似している。また、Fisher（1982）は、板根・気根とあて材との関係について、板根を持つ48樹種と気根を持つ18樹種を調べた。その結果、各々において、限られた樹種にG繊維が出現したことを報告しているが、熱帯の広葉樹のあて材の調査は少なく、今後の研究に待たねばならない状況にある。ここでは筆者らの行ったいくつかの観察結果を紹介する。

1.2.3.1 枝におけるあて材の形成

マレーシアの大学（Universiti Putra Malaysia、以下UPM）構内に植栽されている樹木の枝を用い、引張あて材の一つの特徴である木繊維二次壁におけるG層の存在に焦点をあてて観察した。引張側横断面切片を、①サフラニン-ファストグリーン2重染色、②塩化亜鉛ヨウ素染色し、G層の有無を調べた。観察した樹種とその結果を**表1-2-2**に示す。モクマオウ属（*Casuarina*）やイチジク属（*Ficus*）、またマメ科（Fabaceae）の樹種では、その染色性によりG層の存在が確認された。しかし、*Hopea odorata*（フタバガキ科）、リュウノウジュ

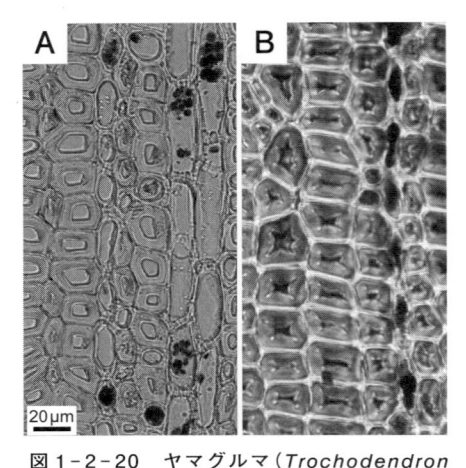

図1-2-20 ヤマグルマ（*Trochodendron aralioides*）の引張あて材
横断面。塩化亜鉛ヨウ素染色。A：枝の下側、B：枝の上側。

表1-2-2 熱帯広葉樹の枝の木繊維におけるG層の存在

樹　種(科)	染色性	
	サフラニン・ファストグリーン	塩化亜鉛ヨウ素
マストツリー *Monoon longifolium*(バンレイシ科)	+	−
アカシア *Acacia mangium*(マメ科)	+	+
アメリカネム *Samanea saman*(マメ科)	+	+
Sindora coriacea(マメ科)	+	+
パラミツ *Artocarpus heterophyllus*(クワ科)	+	+
シダレガジュマル *Ficus benjamina*(クワ科)	+	+
ガジュマル *Ficus microcarpa*(クワ科)	+	+
Casuarina junghuhniana(モクマオウ科)	+	+
Casuarina rumphiana(モクマオウ科)	+	+
マンゴー *Mangifera indica*(ウルシ科)	+	+
リュウノウジュ *Dryobalanops aromatica*(フタバガキ科)	+	−
Hopea odorata(フタバガキ科)	+	−
Neobalanocarpus heimii(フタバガキ科)	+	−
Alstonia angustiloba(キョウチクトウ科)	+	−
Dyera costulata(キョウチクトウ科)	+	−
チーク *Tectona grandis*(クマツヅラ科)	+	−

(*Dryobalanops aromatica*)等の樹種では、典型的なG層の発達は認められなかった。

　温帯樹木のG層の特徴について、尾中(1949)はタイプを3つに分けている(**1.2.1**参照)。また、Wardrop & Dadswell (1955)は、二次壁中でのS$_1$層・S$_2$層・S$_3$層・G層の関係について、3つの基本的なタイプを示している。また、Clair *et al.*(2006)は、熱帯の樹木 *Casearia javitensis*(ヤナギ科)において、G層が多層構造を示すことを報告している。

　今後の検討課題として、壁層の構成、各層のリグニン含有率(たとえば、典型的なG層とは判断できないが、木化度の低い壁層)、ミクロフィブリル傾角などが挙げられ、これらを総合的に、また詳細に研究する必要がある。

1.2.3.2　樹幹の人為的傾斜に伴うあて材の形成

　熱帯樹木における引張あて材の形成について検討するための一つの試みとして、樹幹の人為的傾斜後の引張あて材形成が調べられている(Mukogawa *et al.* 2004)。

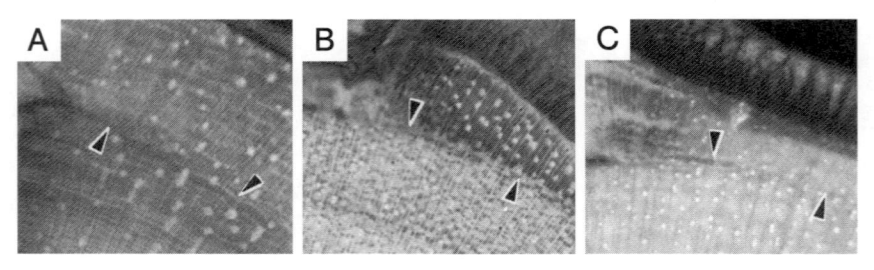

図1-2-21 熱帯広葉樹の若木幹における傾斜処理後の偏心成長
A：パラゴムノキ(*Hevea brasiliensis*)、B：*Hopea odorata*(フタバガキ科)、C：*Shorea leprosula*(フタバガキ科)。矢頭より樹皮側が、傾斜処理後に形成された木部。

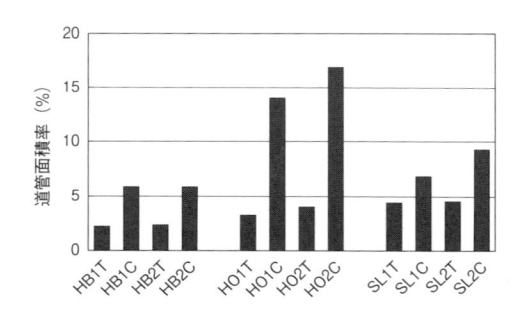

図1-2-22 道管面積率の樹種間および樹幹傾斜の強弱間での比較
HB：パラゴムノキ(*Hevea brasiliensis*)、HO：*Hopea odorata*(フタバガキ科)、SL：*Shorea leprosula*(フタバガキ科)
T：引張あて材、C：コントロール。
1：傾斜弱、2：傾斜強。

　マレーシアUPMの演習林に植栽されていた3年生の若木(3樹種)を用い、幹を人為的に傾斜強(約30°)、弱(約10°)で傾斜し、3カ月間成育させた。樹種は、パラゴムノキ(*Hevea brasiliensis*, トウダイグサ科)・*Hopea odorata*(フタバガキ科)・*Shorea leprosula*(フタバガキ科)である。試料木の樹高は5～8m、胸高直径は4～6cmであった。

　傾斜処理を行った日に、胸高部位に針による形成層のマーキング(Wolter 1968)を行い、傾斜前の木部をコントロールとして、傾斜後に形成された木部の構造を観察した。その結果、すべての試料木において、傾斜の上側に偏心成長が見られた(**図1-2-21**)。しかし、その程度は樹種により異なり、他の2樹種に比べてパラゴムノキでは大きな成長割合を示した。

　横断面における道管の径・分布密度についても、傾斜後に変化が見られたが、変化の内容は樹種により異なり、パラゴムノキでは分布密度はあまり変化せず、道管径が減少、*H. odorata*では道管径は変化せず、分布密度が低下した。ま

た、S. leprosulaでは分布密度が変わらず、道管径がやや減少した。一例として、横断面における道管面積の占める割合を**図1-2-22**に示す。傾斜前に比べ、3樹種とも道管面積の占める割合は減少する傾向を示した。

　G層の特徴を調べるために、サフラニン-ファストグリーン染色および塩化亜鉛ヨウ素染色をして観察した。パラゴムノキでは、傾斜後木繊維に厚いG層の形成が観察されたが、傾斜の強弱で比較した時、両者間に大きな差は認められず、傾斜の弱い樹幹にも典型的なG層が出現した。H. odorataにおいては、傾斜後に木繊維二次壁に大きな肥厚は見られなかったが、二次壁の内層部にサフラニン-ファストグリーン染色で緑色を呈し、塩化亜鉛ヨウ素染色で紫色を示す壁層が観察された。これらは、非常に軽微なG層の存在を示唆している。S. leprosulaもH. odorataに類似のパターンを示したが、二次壁内層のG層と思われる層は非常に薄く、痕跡程度であった。

　以上の結果から3樹種を比較すると、パラゴムノキでは弱い傾斜にも反応して、典型的な引張あて材が形成されたこと、他の2樹種については、典型的な引張あて材は形成されず、引張あて材の特徴がごく軽微にあらわれたものと考えられる。引張あて材の形成やその特徴は、樹種により異なることが示された。

1.2.3.3　パラゴムノキにおけるあて材形成の特徴

　上述したように、パラゴムノキ（*Hevea brasiliensis*）は弱い傾斜においても、典型的な引張あて材を形成することが示唆された。そこで、若木ではなく、大径木を用い、引張あて材形成の特徴をさらに調べた（Nobuchi *et al.* 2011）。

　マレー半島部トレンガヌ州の9年生の植林地において、樹幹の傾斜が強度（約30°）、弱度（約10°）の個体を選び、引張あて材形成と組織の特徴を、傾斜がほぼ0°の個体（コントロール）との違いに焦点をあて観察・比較した。試料木の樹高は16〜18 m、胸高直径は18〜24 cmである。

　樹幹傾斜部（胸高部位）から得た円盤の傾斜の上側と下側の比較を中心に、引張あて材形成の特徴を調べた。3個体の円盤の写真を**図1-2-23**に示す。傾斜強の樹幹では、傾斜の上側に明らかに偏心成長が見られた。この部位の材色は横断面で白味を帯びていた。傾斜弱の個体では、樹幹上部への偏心成長は見られなかった。しかし、樹幹の上側で材色が白味を示し、引張あて材と推定される帯が観察された。コントロールにおいては、材色が白味を示す帯が円周方向

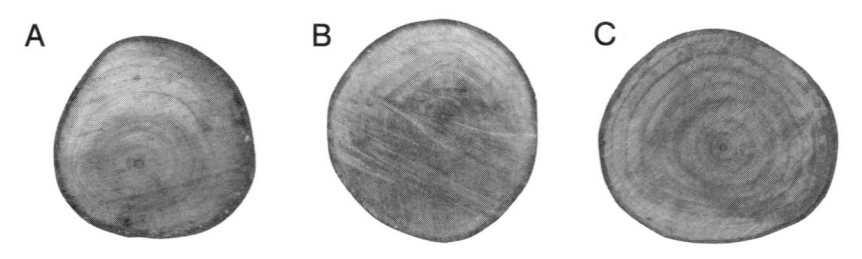

図 1-2-23　パラゴムノキ(*Hevea brasiliensis*)の円盤
A：傾斜強、B：傾斜弱、C：コントロール。写真の上が傾斜の引張側。

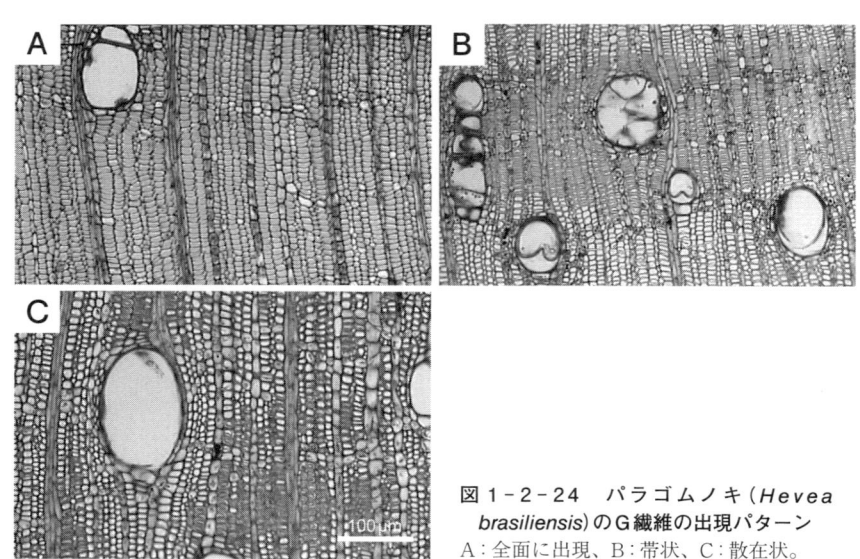

図 1-2-24　パラゴムノキ(*Hevea brasiliensis*)のG繊維の出現パターン
A：全面に出現、B：帯状、C：散在状。

に分散していた。本樹種では樹幹の傾斜の弱い個体でも引張あて材が形成されること、さらに、樹幹の傾斜が認められない個体においても引張あて材が形成されることが示唆された。

　そこで、サフラニン-ファストグリーン染色および塩化亜鉛ヨウ素染色を施した横断面切片の観察により、G繊維の特徴を調べた。傾斜強の個体では、樹幹の上側では成長輪界を除き、典型的なG層を有する木繊維が観察されたが(**図1-2-24**)、樹幹の下側ではG繊維の存在は観察されなかった。傾斜弱個体の樹幹の上側にも、典型的なG繊維の存在が認められた。一方、傾斜の下側に

おいてもG繊維が観察された。しかし、下側におけるG繊維出現の割合は上側に比べて少なく、**図1-2-24**に示したように、帯状であったり(B)、また、G繊維のグループが散在するパターン(C)を示した。コントロールにおいては、上記3つのパターンが混在し、一定の側に偏ることなく、横断面全域にG繊維が散在して出現した。

　上記の結果で、パラゴムノキでは、強い傾斜の樹幹上側に典型的な引張あて材が形成されるが、傾斜が弱いときあるいはほとんど傾斜していない樹幹においても、G繊維が形成されることは興味深い。このようなG繊維の形成を支配している因子が何であるのか、現段階では不明である。しかし、あて材の形成には、オーキシンや他の植物ホルモンの樹体内での分配が一つの重要な要因として考えられる(**5章**参照)。コントロール木のように、樹幹が傾斜していない場合でも、植物ホルモンの樹体内での不均質な分布が起こった場合、ある濃度領域においてG繊維あるいはG層が形成されることは十分に考えられる。しかし、前項の樹種間の比較で述べたように、同程度の傾斜刺激に対し、引張あて材が形成されやすい樹種、あるいは形成されにくい樹種が存在すると推定される。樹種的(または内因的)特性、成育に伴う外的要因の両面からさらに研究する必要がある。

　以上のように、針葉樹および広葉樹を含めた熱帯樹木におけるあて材について概観した。熱帯樹木のあて材に関する知見は温帯樹木のそれらに比べ極めて少ない。熱帯樹木、とくに多様な広葉樹においては、形態学的に温帯樹木とは異なる特徴を持つものがあること、しかし、熱帯樹木も温帯樹木も樹木としての共通の成長のメカニズムを持っていることを出発点とし、今後更なる研究が必要となる。

1.2.4　師部における組織・構造の変化

　広葉樹の師部組織は、基本的に師管要素・伴細胞・師部柔細胞・師部放射柔細胞で構成され、針葉樹と同様に、木化した厚い二次壁を持つ師部繊維を含む樹種と含まない樹種が存在する。また、成熟に伴い師部柔細胞から二次的に分化して木化した厚い二次壁を持つスクレレイドが形成されることがある。尾中(1949)は、引張あて材形成時の偏心成長の偏りは師部にも現れ、皮層および

師部の中に厚角または厚壁組織が発達する傾向が見られることを報告している。樹木ではないが、佐藤(1953)および佐藤・山下(1953a, b)は、ツナソ(黄麻, *Corchorus capsularis*)およびトウゴマ(*Ricinus communis*)を用い、茎を水平に固定した際に現れる師部の組織変化を詳細に観察した。その結果、黄麻では皮層が下側に比べて著しく厚くなり、繊維の細胞壁が厚くなることを見いだした。一方、トウゴマでは上側の師部繊維の発達が促進され、師部繊維の細胞壁内層に広葉樹のG繊維に類似したセルロースに富む壁層が形成されることを観察している。

　Dadswell & Wardrop(1955)は、ユーカリ属(*Eucalyptus*)の様々な樹種の枝や小木を観察し、引張あて材が形成される側の師部繊維が反対側に比べて細胞壁が厚くなり、引張あて材のG繊維に類似した構造を示すことを報告した。また、Scurfield & Wardrop(1962)は、31種の広葉樹の苗木を用いてあて材の形成を調べ、アカシア(*Acacia acuminata*)において、reaction phloemの師部繊維にG層が形成されることを見いだしている。Scurfield(1964)は木部側にG繊維を形成しないラグナリア(*Lagunaria patersonii*)について、一次師部繊維のS_2層のミクロフィブリル傾角が傾斜上側でより軸方向に近くなることを報告している。Böhlmann(1971)は、木部にG繊維を形成しないフユボダイジュ(*Tilia cordata*)の枝を観察し、上側の師部の師部繊維が下側に比べて明らかに長くなること、師部放射組織が接線方向に著しく拡大することを示した。

　南光ら(1974)は、ポプラ(*Populus euramericana*)の二次師部の発達過程および二次師部中での師管と師部放射組織の形態変化、さらに、師部繊維の分化と壁層構造を観察した。その中で、傾斜した幹の上側から採取した試料の一部に染色性および複屈折性の異なる3～5層からなる多層構造を持つ師部繊維を見いだしている。Nanko(1979)は、日本産の29科46属にわたる65樹種の二次師部における師部繊維およびスクレレイドの発達について詳細に調査している。その中で、ポプラ(*P. euramericana*)の若枝を人為的に曲げ、曲げ刺激が二次師部繊維の細胞壁構造に及ぼす影響を調べた結果、正常な師部繊維の二次壁は、木化した2層(S_1+S_2)からなるのに対して、引張あて材が形成された木部に接した二次師部では二次壁が同心円状に配列した複数層の木化した層(G_L)と木化しない層(G)で構成される多層構造を持つ師部繊維が形成されることを

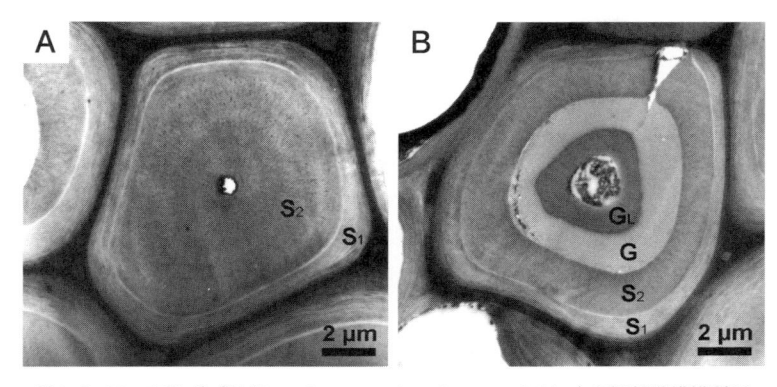

図1-2-25 交雑ポプラ(*Populus tremula* × *P. tremuloides*)の師部繊維横断面の透過電子顕微鏡写真(超薄切片、KMnO$_4$染色)
A:傾斜刺激を受ける前の師部繊維、二次壁はS$_1$層+S$_2$層からなる、B:傾斜刺激によって形成された師部繊維。S$_1$層+S$_2$層の内側に未木化の壁層(G層)と木化した壁層(G$_L$層)が堆積している。

報告している。その多層構造はS$_1$+S$_2$+(G+G$_L$)nと表され、GとG$_L$が繰り返される数nは1～4で、枝の上側にある師部繊維ではnが多くなる傾向が認められている。また、G層のミクロフィブリルは細胞長軸に平行に配列し、G$_L$層では小さな傾角で配列しているのを見出している。このような師部繊維と木部のG繊維はよく対応した分布をしていたため、Nanko et al.(1982)は、この多層構造の師部繊維をreaction phloem fiberと呼んでいる。Nanko(1979)は、同様にコリヤナギ(*Salix koriyanagi*)の3年生の幹を水平に傾斜し、約6カ月後に採取した試料について師部繊維の壁層構造を観察している。ポプラ(*P. euramericana*)と同様に、木部でG繊維が形成されていないごく限られた領域の師部繊維の壁層構造はS$_1$+S$_2$タイプであり、G繊維が形成された領域に接する部分ではS$_1$+S$_2$+(G+G$_L$)nの構造を持つことを示した。**図1-2-25**は、交雑ポプラ(*P. tremula* × *P. tremuloides*)を3カ月間傾斜したときに形成された師部繊維を示しており、傾斜する前に形成された師部繊維(A)ではS$_1$+S$_2$タイプであるのに対し、傾斜によりG層およびG$_L$層を持つ師部繊維が新たに形成されているのが分かる。

Nanko(1979)は、師部繊維の壁層構造を、(1)S$_1$+S$_2$、(2)S$_1$+S$_2$+G、(3)S$_1$+S$_2$+(G+G$_L$)nの3つのタイプに分類したが、ポプラ(*P. euramericana*)お

よびコリヤナギの観察結果から、(3)のタイプの師部繊維の形成は木部のG繊維の形成と密接な関係にあることを指摘している。Nanko(1979)は、他の様々な樹種についてreaction phloemの師部繊維を観察し、多くの樹種で木化の程度は上側で低くなるものの、G層の形成のような壁層構造の変化が見られなかったことを報告している。従って、ポプラ(*P. euramericana*)やコリヤナギで見られた壁層構造の変化は、師部繊維について必ずしも普遍的に見られる現象ではないことが推察される。

　Hsu *et al.*(2005)は、ケヤキ(*Zelkova serrata*)の枝について、傾斜の上側と下側で二次師部の組織・構造を観察し、比較している。その結果、G層を持つ師部繊維は上側・下側ともに存在するが、その割合が上側で増加すること、上側の師管要素は長くなり、直径も増加し、師板がより水平に近くなる傾向が見られることが明らかにされている。このことから、上側で二次師部の樹液の転流効率が増加すると考察している。G層を持つ師部繊維($S_1 + S_2 + G$タイプ)は、クルミ属(*Juglans*)、サワグルミ属(*Pterocarya*)、ニレ属(*Ulmus*)、ムクノキ属(*Aphananthe*)、クワ属(*Morus*)、コウゾ属(*Broussonetia*)、ネムノキ属(*Albizia*)、フジ属(*Wisteria*)(Nanko 1979)、アメリカニレ(*Ulmus americana*)、*Ulmus alata*(ニレ科)、*Celtis* sp.(アサ科)、*Carya* sp.(クルミ科)で観察されてきたが、通常、これらの師部繊維は木部側に正常材が形成される位置に出現するため、これらは、引張あて材形成を伴う刺激に対する反応(reaction)によって形成されたものではないと推察されている(Nanko & Côté 1980)。一方、ホワイトオーク(*Quercus alba*)および*Quercus falcata* var. *falcata*(ブナ科)では、$S_1 + S_2 + G$タイプの師部繊維が存在するが、時に$S_1 + S_2$タイプの師部繊維が含まれることが観察されており、これについては刺激に対する反応によって形成された可能性が推察されている(Nanko & Côté 1980)。Krishnamurthy *et al.*(1997)は、マメ科のうちで引張あて材を形成する10樹種を用い、reaction phloemの組織・構造を調べた。その結果、オポジット側の師部繊維は木化するのに対し、引張あて材側に形成された師部繊維は、全てもしくは一部にG層を持つことが明らかにされている。しかしながら、*Prosopis juliflora*の1樹種については、オポジット側か引張あて材側かに関係なくG層を持つ師部繊維が形成されたことが報告されている。Sperry(1982)は、11科21樹種の葉の葉

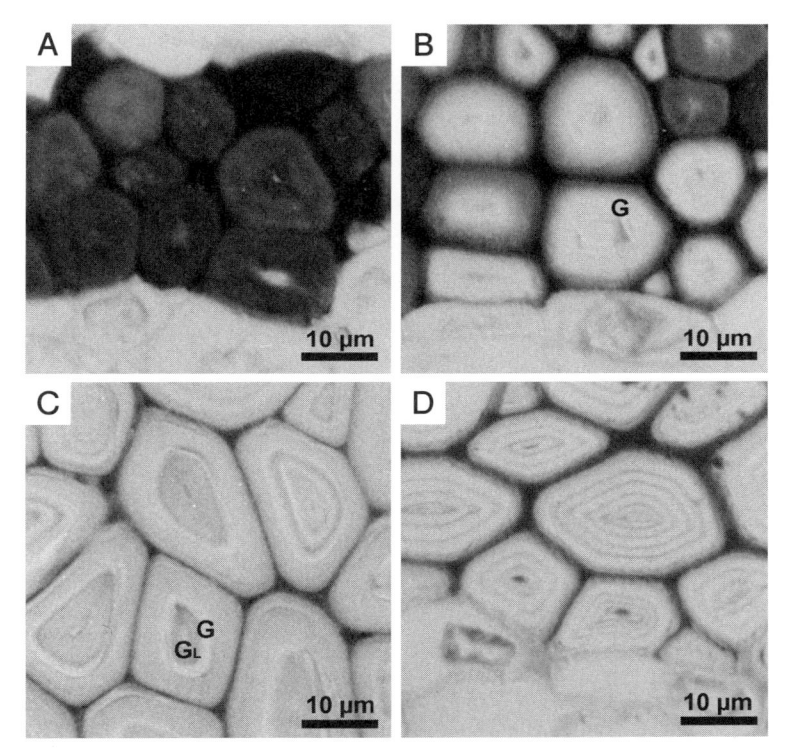

図 1-2-26 センダン(*Melia azedarach*)およびアカメガシワ(*Mallotus japonicus*)の師部繊維横断面の紫外線顕微鏡写真(波長 280 nm)
A:センダン(傾斜下側)、師部繊維の二次壁は紫外線吸収を示す、B:センダン(傾斜上側)、二次壁の内腔側に紫外線吸収が見られないG層が存在する、C:アカメガシワ(傾斜下側)、D:アカメガシワ(傾斜上側)。未木化の壁層(G層)と木化した壁層(G_L層)が交互に堆積しており、傾斜下側よりも繰り返しの数が多い。(写真提供:中川かおり氏)

軸における reaction fiber の分布を調査し、ウルシ科(Anacardiaceae)の *Rhus typhina* およびマメ科とセンダン科(Meliaceae)の数樹種について G 層を持つ reaction phloem fiber の存在を報告している。*R. typhina* については、葉の葉軸だけでなく、傾斜した幹の師部にも reaction phloem fiber が存在することが観察されている。Toghraie et al. (2006) はユーカリ(*Eucalyptus gunnii*)について、傾斜の上側の師部繊維に G 層が形成されたと報告している。

最近、Nakagawa et al. (2012) は、師部繊維を持つ数種の日本産広葉樹を傾

斜させ、傾斜の上側と下側に形成された師部繊維の細胞壁構造およびリグニン分布を調べている。その結果、センダン（*Melia azedarach*）とウリハダカエデ（*Acer rufinerve*）では、S_1+S_2 タイプの師部繊維を持つが、傾斜上側では S_1+S_2+G タイプの師部繊維が形成されることを観察している（図1-2-26A, B）。カツラ（*Cercidiphyllum japonicum*）は、S_1+S_2 タイプの師部繊維を持つが、傾斜上側ではリグニンの組成が変化し、シリンギルリグニンの割合が増加することが報告されている。さらに、$S_1+S_2+(G+G_L)n$ タイプの師部繊維を持つアカメガシワ（*Mallotus japonicus*）では、傾斜上側で、G層と G_L 層の繰り返し数の n の値が増加することが報告されている（図1-2-26C, D）。しかしながら、S_1+S_2 タイプと S_1+S_2+G タイプの師部繊維を持つ他の樹種では、師部繊維の細胞壁構造およびリグニン分布に変化が見られないことが明らかにされている。広葉樹材における師部繊維の傾斜刺激に対する反応は樹種によって異なっており、今後より詳細な研究が必要である。

　二次師部を構成する厚壁の細胞の中には、師部繊維の他に師部柔細胞および師部放射柔細胞から二次的に分化するスクレレイドが存在する場合がある。スクレレイドのうち、繊維状の形態を持つものをファイバースクレレイドと呼ぶ。スクレレイドは、師部繊維と同様に厚い木化した二次壁を持ち、樹皮の強靱性を高めている。Nanko(1979)は、ヤマザクラ（*Cerasus jamasakura*, syn. *Prunus jamasakura*）のファイバースクレレイドについて、枝の引張側と反対側でリグニン分布および細胞壁の構造に差が見られないことを明らかにしている。師部繊維を持たず、スクレレイドを持つ樹種について、傾斜刺激に反応して形成されるスクレレイドの割合や、細胞壁構造、化学成分分布がどのように変化するかについては不明であり、今後の課題である。

1.3　正常材とあて材との間の移行に伴う構造変化

1.3.1　圧縮あて材
1.3.1.1　新生仮道管の形成と分化・成熟時間
　形成層活動には一定の周期があり、その周期に対応して形態の異なる細胞が形成される。針葉樹では、通常、成長期の初めには放射径が大きく、薄壁の早

材仮道管が形成され、成長期の後半には放射径が小さく、厚壁の晩材仮道管が形成される。しかし、圧縮あて材仮道管は、横断面で細胞が丸みを帯び、二次壁が厚くなるため、正常材と比較して早材と晩材の移行が不明瞭になる。正常材および圧縮あて材において、新生木部細胞が、成熟の全過程を終了するのに要する時間についてはいろいろな推定が行われている。新生木部細胞の成熟過程は、基本的には、①細胞の拡大、②細胞壁の肥厚および③木化の3段階に分けられる。例えば、日本における主要3樹種、スギ(*Cryptomeria japonica*)、ヒノキ(*Chamaecyparis obtusa*)、クロマツ(*Pinus thunbergii*)について、正常材仮道管の分化・成熟時間は、およそ3週間と報告されている(Fujita *et al*. 1987)。そのうちスギでは、放射径の拡大に3.7日、二次壁堆積に14.5日、二次壁の木化に4.7日と推定されている。

　ドイツトウヒ(*Picea abies*)では、1日に0.7個の正常材仮道管が形成されるのに対して、圧縮あて材仮道管は1.3個形成されることが報告されている(Casperson 1963)。アメリカカラマツ(*Larix laricina*)とバンクスマツ(*Pinus banksiana*)では、新生圧縮あて材仮道管は毎日1個形成され、仮道管の分化・成熟は20日以内で終了し、細胞分裂に10日、細胞の拡大に2日、二次壁の肥厚に4日、木化に4日要することが報告されている(Kennedy & Farrar 1965)。また、圧縮あて材仮道管の生産頻度は季節によって異なり、45°に傾斜したトウヒ属種(*Picea glauca*)の苗木では、7月では毎日3～4個の圧縮あて材仮道管が生産されるが、8月では2.0～2.5個に減少する(Yumoto *et al*. 1982a)。もちろん、木部細胞の分化・成熟に要する時間は、樹種・樹齢・季節・環境条件・地理的条件などによって大きく影響される。

　形成層における細胞分裂の頻度は、傾斜した幹の部位によっても異なり、傾斜したマツ(*Pinus resinosa*)の幹の下側では、毎日1個のあて材仮道管が派生するのに対して、上側では1個の仮道管が派生するのに4日間を要したことが報告されている(Larson 1969a, b)。これは、圧縮あて材が正常材に比べて著しく形成促進されることには、形成層の分裂頻度が関係していることを意味している。

　また、イチイ(*Taxus cuspidata*)の苗木が60°の角度で5日、10日および20日間傾斜され、その後垂直に20日間戻し、再び同じ角度で傾斜するという繰

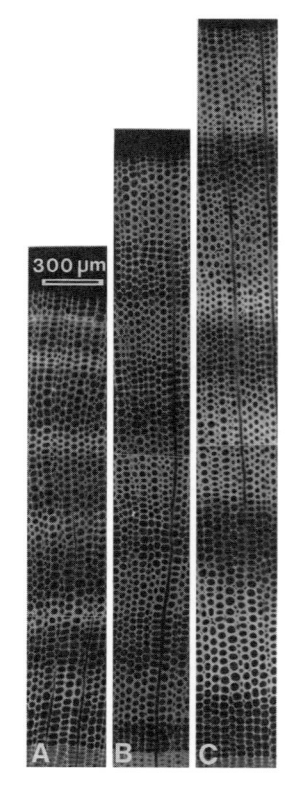

◀図1-3-1 繰り返し傾斜刺激を受けたイチイ(*Taxus cuspidata*)に形成された圧縮あて材
A：5日間傾斜、B：10日間傾斜、C：20日間傾斜。
(Yoshizawa *et al.* 1985b)

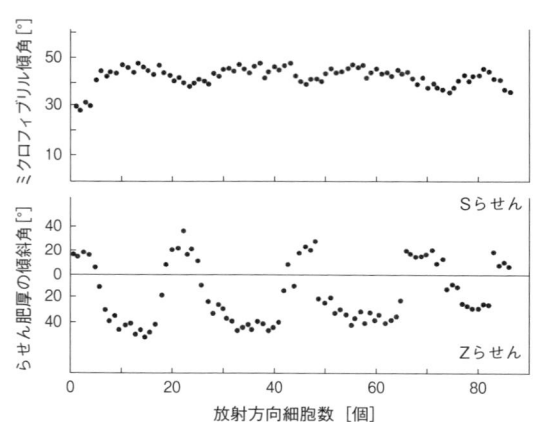

▲図1-3-2 20日間の繰り返し傾斜刺激を受けたイチイ(*Taxus cuspidata*)に形成された圧縮あて材と正常材におけるらせん肥厚配向と仮道管S₁層ミクロフィブリル傾角の変化(Yoshizawa *et al.* 1985b)

表1-3-1 繰り返し傾斜刺激を与えたイチイ(*Taxus cuspidata*)苗木における仮道管の形成数
(Yoshizawa *et al.* 1985a)

実験	傾斜期間(日)	木材	形成された仮道管数(個) Arc No. 1	2	3	4	総数	平均
1	5	CW	5	4	5	4	18	4.5
		NW	4	6	6	6	22	5.5
2	10	CW	8	9	11	9	37	9.3
		NW	6	6	8	7	27	6.8
3	20	CW	18	22	21		61	20.3
		NW	6	8	6		20	6.7

CW：傾斜中に形成したS₂(L)層が認められる圧縮あて材仮道管、NW：傾斜後20日間に垂直で生育した正常材仮道管

り返し傾斜刺激を受けたとき、傾斜した幹の下側で横断面に$S_2(L)$層を持つ圧縮あて材仮道管と正常材仮道管の円弧が交互に形成され(**図1-3-1**)、また、正常材と圧縮あて材の繰り返し移行の間で、S_2層のミクロフィブリル傾角の変化とらせん肥厚の方向変化は平行して生じることが観察されている(**図1-3-2**)(Yoshizawa *et al.* 1985b)。傾斜した幹の下側に形成された圧縮あて材仮道管の割合は、傾斜期間の増加とともに増加し、1日約1個のあて材仮道管が形成されており、正常材仮道管の形成には約3日要しているのがわかる(**表1-3-1**)。正常材仮道管と比較して、圧縮あて材仮道管の生産頻度は、約3倍高くなっているが、その頻度は成長期を通して変化すると考えられる。圧縮あて材は、高濃度のオーキシン下で形成されると考えられており(**5章**参照)、成長期を通して多量のオーキシンが供給されることによって、正常材と比較して、明らかに高い頻度で仮道管が形成され、1成長期内では早く形成が始まり、形成期間は長いと推測されている。

1.3.1.2　圧縮あて材仮道管の細胞壁構造変化

スギの幹を人為的に傾斜したとき、正常材から圧縮あて材への移行域では、(1)S_3層の欠落、(2)二次壁壁厚の一時的減少、(3)二次壁の木化度および壁厚の増加、(4)S_2層ミクロフィブリル傾角の増加、(5)仮道管断面の円形化、(6)らせん状のうねと裂け目の発達、および(7)細胞間隙の出現、の順に、あて材仮道管の特徴が現れる(**図1-3-3**)。一方、傾斜した幹を直立に戻して形成させたあて材から正常材への移行域では、(1)らせん状のうねと裂け目の衰退、(2)二次壁壁厚の減少とS_2層ミクロフィブリル傾角の減少、(3)S_3層の復活、(4)二次壁木化度の低下、(5)仮道管断面の方形化、(6)細胞間隙の消失、の順に正常材仮道管となる(**図1-3-4**)。

あて材から正常材への移行域については、形成層を含む1つの放射列(radial file)において典型的なあて材の特徴を持つ仮道管を基準とすると、それ以前の10仮道管において移行域が形成され、また、あて材から正常材への移行域についても同様に10仮道管が認められた。以下、あて材と正常材間の移行域における仮道管細胞壁の特徴を述べる。なお、あて材形成過程における細胞壁形成および成分分布に関しては、**2章**にも詳細に記されているので参照されたい。

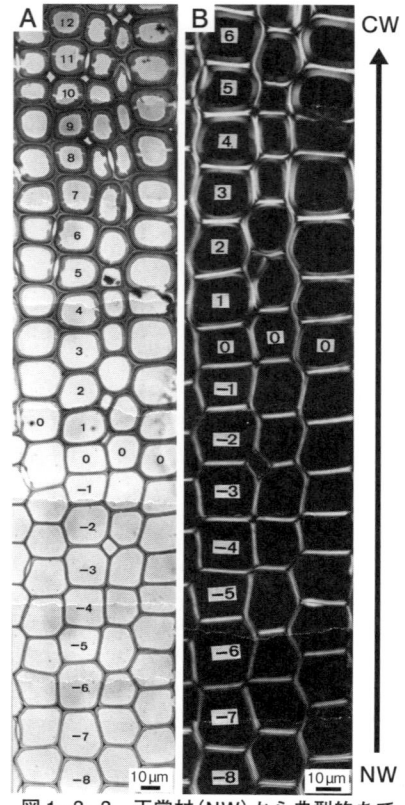

図1-3-3 正常材(NW)から典型的あて材(CW)までの移行領域の光学顕微鏡(A)と偏光顕微鏡写真(B)
S$_2$(L)層の形成が認められた細胞を基準の(0)とし、図の上に向かって形成層で、各放射列(radial file)について形成層に向かって(1)、(2)、髄に向かって(-1)、(-2)と番号を付けた。

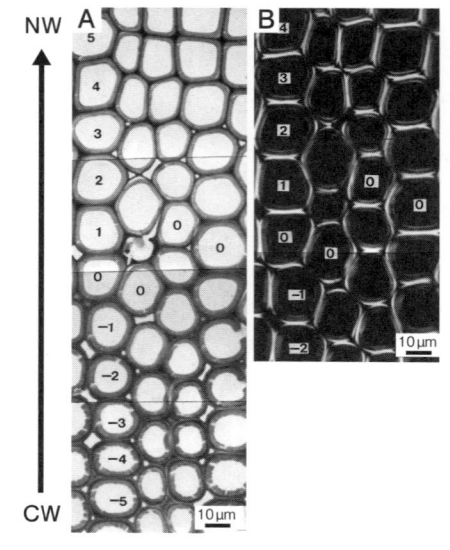

図1-3-4 典型的あて材(CW)から正常材(NW)までの移行領域の光学顕微鏡(A)と偏光顕微鏡写真(B)
図1-3-3と同様の基準で、各放射列(radial file)について番号を付けた。写真では一例を示す。

1.3.1.2.1 リグニン分布の変化

正常材仮道管では、細胞間層におけるリグニン分布が最も高濃度であるが、典型的なあて材ではS$_2$層外縁部と細胞間層に高濃度に分布するようになる。ここでは、この現象をリグニンの沈着集中領域が細胞間層とS$_2$層外縁部に分かれたという意味でS$_2$(L)層を「分層」と呼び、便宜上このS$_2$(L)層の形成が認められた細胞を基準の(0)とする(図1-3-3)。

正常材からあて材への移行域における分層は、仮道管壁のS$_2$層外縁部角に最初に出現する(細胞0)。分層は典型的なあて材が形成されるに従い、S$_2$層外

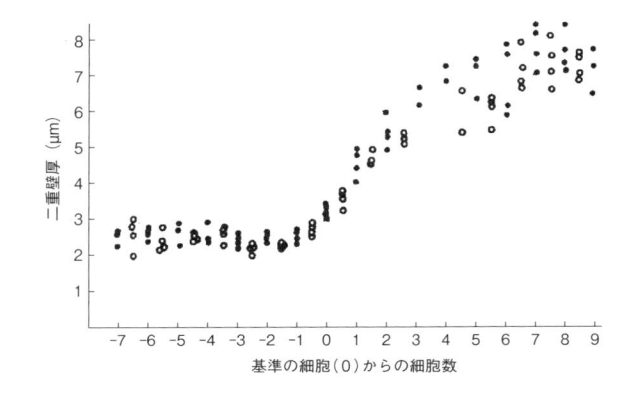

図1-3-5 正常材から典型的あて材形成への移行領域における各放射列(radial file)の壁厚の変化
二重壁厚とは、となりあう仮道管の細胞壁を細胞間層を含めて測定したものである。

縁部全体に広がる。リグニンの堆積が最初に観察された角の部分は、細胞の円形化が進むとともに典型的なあて材仮道管で幅が少し広くなる。

一方、あて材から正常材への移行域の変化は、正常材からあて材への変化に比べてやや緩慢である。ここでも分層が最後に見られる仮道管(0)を基準とし、形成層に向かって(1)、(2)、髄に向かって(-1)、(-2)と番号を付ける(**図1-3-4**)。典型的なあて材仮道管横断面で見られたS_2層外縁部全体に広がるリグニンの堆積は(-2)から一様ではなくなって分層の幅がやや細くなるところが見られ、(0)では一部に細い線状に観察された。

仮道管細胞壁におけるリグニン分布の変化は、あて材の出現および消失過程において基本的には同様であり、S_3層の欠落後および復活後に生じる。

あて材形成過程におけるリグニンの沈着については、**2.2**も参照されたい。

1.3.1.2.2 仮道管の形と細胞壁厚の変化

正常材の早材仮道管の横断面は、矩形で放射径が大きく、複合細胞間層は薄い(細胞壁の面積率では約25%)。正常材からあて材への移行域において(**図1-3-3**)、(-7)までは仮道管の最内層にS_3層の存在が観察されたが、(-6)からはS_3層は次第に薄くなって細胞の角にのみ見られ、(-4)、(-3)の仮道管では、S_3層が欠落し、細胞の形の変化はないが、壁厚が減少する(**図1-3-5**)。S_2層外縁部角への分層(0)が認められると同時に、仮道管壁がやや厚くなり、仮道管の角が丸みを増して、細胞間隙が見られるようになる。その後、楕円形または円形の典型的なあて材仮道管まで壁厚は増加し、典型的なあて材仮道管では

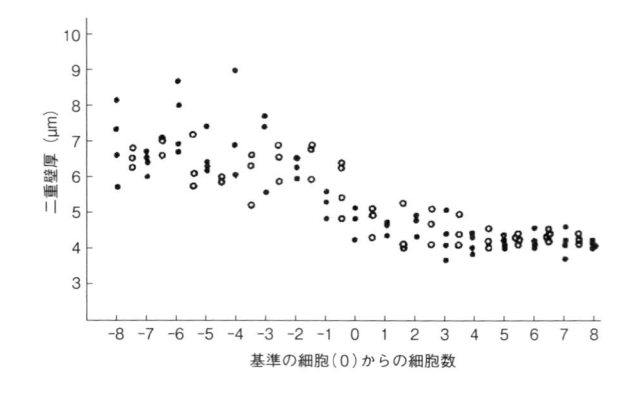

図1-3-6 典型的あて材から正常材形成への移行領域における各放射列(radial file)の壁厚の変化

壁厚は一定になる(細胞壁の面積率約60％)。しかし、細胞壁の面積率は、移行域においてばらつきが大きく、仮道管の壁厚が必ずしも徐々に増加するわけではないことが観察されている。

また、あて材から正常材仮道管への変化については、(−2)〜(0)において、壁厚の減少とS_3層の堆積が見られた(図1-3-6)。仮道管の形については、(0)を過ぎても丸みを帯び、(3)において、細胞間隙が消失し、正常材仮道管が形成され始めたと考えられる。

1.3.1.2.3　S_2層のミクロフィブリル傾角とらせん状裂け目

ミクロフィブリル傾角は、正常材では20〜30°であるが、あて材移行域において徐々に大きくなり、典型的なあて材仮道管ではミクロフィブリル傾角は約45°である。また、らせん状の裂け目はミクロフィブリルの配向と同じ方向に生じる。S_3層が消失した(−2)から微小ならせん状の裂け目(striation)が観察され、(+3)からはうね状のらせん状の裂け目が認められ、徐々にうねが深くなる(図1-3-7)。

あて材から正常材への移行域においては、(−3)からミクロフィブリル傾角の減少に伴ってらせん状の裂け目あるいはうねが浅くなり、(0)に至って消失する(図1-3-4、7)。なお、らせん状裂け目の形成過程については、**2章**に詳細に記されているので参照されたい。

セルロースミクロフィブリルの堆積方向(ミクロフィブリル傾角)は、原形質膜中に存在するセルロース合成酵素顆粒体が動く方向により決定されることが

知られている。これまでの研究により、セルロース合成酵素顆粒体が細胞骨格の一種で原形質膜直下に存在する表層微小管の近傍に存在すること、表層微小管の方向と堆積中のセルロースミクロフィブリルの方向が良く一致すること、コルヒチンなどの薬剤で表層微小管を破壊するとセルロースミクロフィブリルの堆積方向が乱れることなどが明らかになっている(Funada 2008)。また、Paradez et al.(2006)は、セルロース合成酵素(CesA6)と蛍光タンパク質(YFP)の融合タンパク質を発現させた組み換え植物を用いて、セルロース合成酵素が表層微小管に沿って一定速度で動く様子を生体細胞において可視化し、表層微小管がセルロース合成酵素が動く方向を制御する主要因である直接的な証拠を初めて示した。これらの知見を基に、表層微小管がセルロースミクロフィブリルの方向を制御するという仮説が提唱されている(Funada 2000, 2008)。

二次壁形成中の正常材仮道管における表層微小管の配向は、細胞の外側から見て緩傾斜なSらせん(S-helix)から緩傾斜なZらせん(Z-helix)に変化し、さらに急傾斜のZらせん(細胞長軸に対して5〜30°に配向)に変化する。さらに、細胞分化の最終段階では、表層微小管の配向は緩傾斜なSらせんに変化する(Abe et al. 1995a, b)。これは、表層微小管の配向が二次壁形成中に連続的に変化することを示している。表層微小管の変化様式は、正常材仮道管におけるセルロースミクロフィブリルの変化様式(Abe & Funada 2005)と一致しており、表層微小管が二次壁のセルロースミクロフィブリルの配向を制御しているといえる(Funada 2000, 2008)。

二次壁形成中の圧縮あて材仮道管における表層微小管の配向も、細胞の外側から見て緩傾斜なSらせんから緩傾斜なZらせんに変化し、さらにZらせんに連続的に変化する(**図1-3-8A**; Furusawa et al. 1998)。しかしながら、表層微小管の配向は細胞長軸に対して約45°まで変化したところで停止する。分化が進行しても急傾斜のZらせんや緩傾斜のSらせんの表層微小管は認められず、細胞分化が終了するまで表層微小管の配向は細胞長軸に対して約45°で維持される。これら表層微小管の配向は、圧縮あて材仮道管二次壁の特徴である、S_2層のセルロースミクロフィブリルが細胞軸に対して約45°に配向すること、またS_3層を欠くことと一致する。樹幹傾斜による重力刺激が表層微小管の配向を変化させ、圧縮あて材仮道管のミクロフィブリル傾角を決めているとい

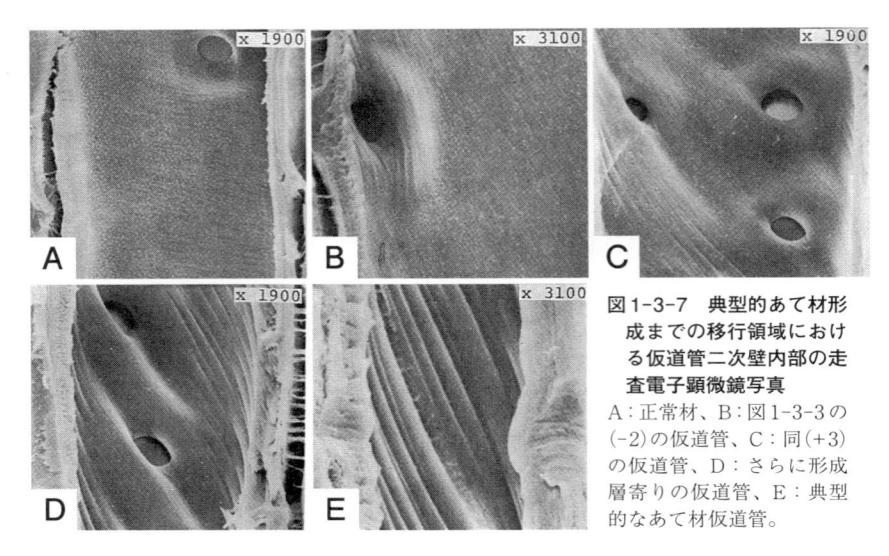

図1-3-7 典型的あて材形成までの移行領域における仮道管二次壁内部の走査電子顕微鏡写真
A:正常材、B:図1-3-3の(-2)の仮道管、C:同(+3)の仮道管、D:さらに形成層寄りの仮道管、E:典型的なあて材仮道管。

える。また、表層微小管とセルロースミクロフィブリルの配向の一致は、広葉樹におけるG繊維においても認められる(Prodhan et al. 1995)。

イチイ(Taxus cuspidata)の圧縮あて材仮道管においては、表層微小管が細胞軸に対して約45°に配向し、ロープ状に局在したZらせんの配列が細胞分化の最終段階で認められる(**図1-3-8B**; Furusawa et al. 1998)。表層微小管がらせん状に局在することにより、セルロースミクロフィブリルの局部的な堆積が生じ、らせん肥厚を形成すると考えられる。表層微小管の局在が、原形質膜にセルロースの合成が活性な領域と不活性な領域を形成することを通して、らせん肥厚や壁孔など細胞壁修飾構造の形成に関与しているといえる(Funada et al. 2001; Funada 2008)。

1.3.1.3 木部分化帯における仮道管の傾斜刺激に対する反応と壁構造の変化

以上述べたように、移行域の形成は、傾斜刺激の負荷と解除に対して、木部分化帯の細胞がその分化段階に応じて鋭敏に反応したことを示している。針葉樹では形成層始原細胞から派生した仮道管は、細胞の拡大、細胞壁の肥厚および木化の順に成熟し、細胞壁は、一次壁(P)、二次壁(S_1層、S_2層、S_3層)の順に堆積して肥厚するが、分化中仮道管は、傾斜刺激の負荷と解除に対してそれぞれの成熟段階によって異なる反応を示す。木部分化帯における仮道管の傾

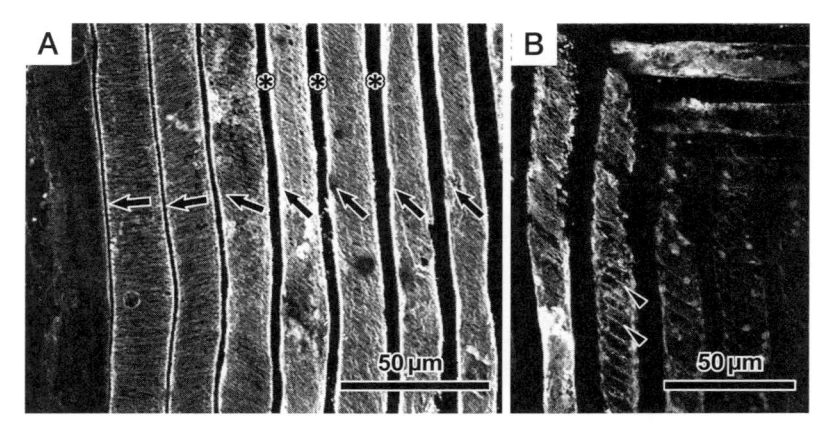

図1-3-8 イチイ(*Taxus cuspidata*)の圧縮あて材分化中仮道管における表層微小管の配向変化(共焦点レーザ走査顕微鏡像は古澤　治氏提供)
表層微小管は細胞内腔側から観察しているため、らせんの方向が逆である。A：二次壁形成中の表層微小管(矢印)、B：らせん肥厚形成中の表層微小管(矢頭)、アステリックス：細胞間隙。

斜刺激の負荷および解除に対する反応と壁構造変化を**図1-3-9**に示す(藤田ら1979)。

　正常材からあて材への移行において、壁構造の最初の変化として観察されたS$_3$層を消失した仮道管は、分化帯のS$_2$層肥厚後期あるいはS$_3$層堆積の直前の段階にあった仮道管と考えられる。S$_2$層の微細な裂け目(striation)発現やS$_2$層ミクロフィブリル傾角の変動を考慮すると、これらの特徴は二次壁の中で多くを占めるS$_2$層肥厚ステージの後期にあった仮道管に見られる。S$_2$層外縁部角への分層(S$_2$(L)層)が見られる仮道管には、仮道管壁厚の増加、S$_3$層の消失、やや大きい裂け目などの典型的なあて材に見られる特徴が全て発現している。正常にS$_2$層が堆積すればS$_2$層外縁部角へのリグニン分層の出現は困難であると考えられることから、この特徴が見られる仮道管は傾斜時にS$_2$層堆積初期またはS$_1$層肥厚のステージにあったものと考えられる。やや丸味を帯び、細胞間隙が見られるが典型的なあて材仮道管ではない仮道管は、傾斜時にS$_1$堆積中あるいは一次壁(P壁)形成期にあったと推定できる。また、S$_2$層堆積開始以降に傾斜刺激を受けた仮道管にリグニン分布の変化が見られないことは、S$_2$(L)層を形成するためのリグニンの前駆物質はS$_2$層堆積以前に準備される必要

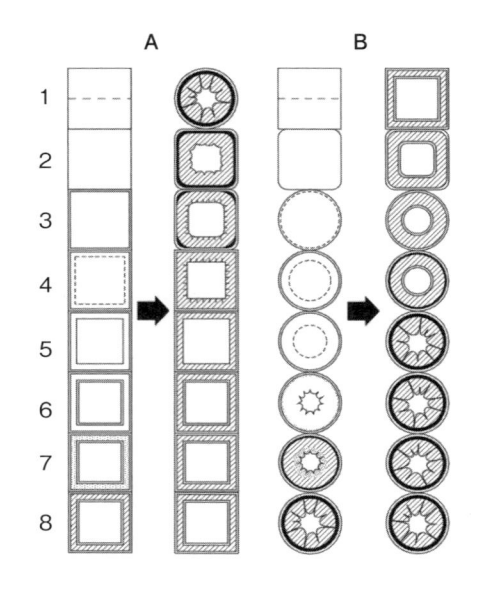

図1-3-9 木部分化帯における仮道管の傾斜刺激に対する反応と細胞壁構造変化
A：正常材から圧縮あて材への移行、B：圧縮あて材から正常材への移行。
1：形成層、2：拡大期、3：S_1層堆積期、4：S_2層堆積初期、5：S_2層堆積後期、6：S_3層堆積期、7：木化期、8：成熟細胞。正常な木化は斜線で、S_2(L)層は太線で、木化の初期（木化中）は点で示されている。（藤田ら1979より修正）

のあることを意味している。

あて材から正常材への移行域の変化は、1.3.1.2で述べたように、正常材からあて材への変化に比べてやや緩慢である。あて材から正常材への壁構造の変化は、(1)らせん状のうねと裂け目の衰退、(2)二次壁壁厚の減少とS_2層ミクロフィブリル傾角の減少、(3)S_3層の復活、(4)二次壁木化度の低下、(5)仮道管断面の方形化、(6)細胞間隙の消失の順に生じるが、それぞれあて材の分化のステージ、すなわち、(1)、(2)は二次壁木化期、(3)はS_2層堆積期、(4)はS_1層堆積期、(5)、(6)は半径拡大期および形成層に対応すると考えられる。特に、分層と細胞間隙が移行域の仮道管に見られることは、S_2層堆積のステージにおいてリグニン前駆物質が傾斜刺激によって細胞質内にすでに形成・蓄積されていたことが推測される。

1.3.1.4 らせん肥厚を持つ樹種の木部分化帯における仮道管の傾斜刺激に対する反応と壁構造の変化

軸方向仮道管にらせん肥厚を有する数種の樹種ではらせん状裂け目が形成されないことが報告されている（Yoshizawa et al. 1984, 1985 a, b; Yoshizawa 1987）。これらの樹種では、正常材から圧縮あて材への移行に伴い、仮道管の

構造変化は、次のような順序で起こる。(1)らせん肥厚の方向が、SらせんからZらせんに変化し、その間に(2)S_3層が消失、(3)二次壁の壁厚の増加とリグニン濃度の増加、最後に、(4)横断面で細胞が丸味を帯び、細胞間隙が出現する(図1-3-10)。一方、圧縮あて材から正常材に戻る時、これらの変化は、正常材からあて材への移行と反対の順序で生じる。最初に、(1)らせん肥厚の方向が、ZらせんからSらせんに変化し、その間に、(2)S_3層が出現、(3)二次壁の壁厚の減少とリグニン濃度が減少し、最後に、(4)細胞が横断面で角張った形態となる(図1-3-11)。

正常材から圧縮あて材への移行において、イチイ(*Taxus cuspidata*)のらせん肥厚は、緩やかにSらせんからZらせんに方向を変え、細胞(0)では、S_3層は検出されない(図1-3-12)。正常材では、らせん肥厚は、Sらせんで横方向に配向してS_3層の上に堆積しているが、圧縮あて材では、らせん肥厚はZらせんとなりS_2層の内腔面に直接堆積しており、S_2層のミクロフィブリル傾角が大きくなるとともにその配向角度も大きくなり、最終的には細胞軸に対して約45°の配向となる。正常材から圧縮あて材への移行の間に起こるこのらせん肥厚の配向変化は、S_3層の消失とほとんど同時かその直前に起こる。このことは、木部分化帯の二次壁堆積中の仮道管においても観察されている(図1-3-13)。通常、正常材から圧縮あて材に移行するとき、S_2層のミクロフィブリル傾角は急激に大きくなる。イチイの苗木が繰り返し傾斜刺激を受けたとき、正常材と圧縮あて材のそれぞれの移行の間におけるS_2層のミクロフィブリル傾角の変化とらせん肥厚の方向変化は、ほとんど平行して起こる(1.3.1.1, 図1-3-2)。

圧縮あて材から正常材に移行するとき、$S_2(L)$層は非常にゆっくりと消失していくが、S_2層のミクロフィブリル傾角も徐々に減少していき、それに伴ってらせん肥厚もゆっくりと配向を変える。このらせん肥厚の方向変化は、S_3層が出現する前に始まる。図1-3-14に示したように、細胞(0)はS_3層を復活させており、同時にSらせんのらせん肥厚を保持している。細胞(4)から(1)では、S_3層が欠落しており、S_2層のミクロフィブリル配列とほぼ平行にZらせんのらせん肥厚が堆積している。移行中の仮道管の中で、細胞(2)では、S_2層のミクロフィブリル配列と交差してSらせんのらせん肥厚が、直接S_2層の上に堆積している。IAWAの定義では、らせん肥厚は二次壁の一部とされている

図1-3-10 イチイ(*Taxus cuspidata*)の横断面における正常材から圧縮あて材への移行。
A：蛍光顕微鏡写真、B：偏光顕微鏡写真。細胞(0)までS₃層が存在し、細胞(-4)からS₂(L)層が出現する。(Yoshizawa 1987)

図1-3-11 イチイ(*Taxus cuspidata*)の横断面における圧縮あて材から正常材への移行。
A：蛍光顕微鏡写真、B：偏光顕微鏡写真。細胞(0)からS₂(L)層が消失し、S₃層が復活する。(Yoshizawa 1987)

が(IAWA Committee 1964)、移行域における圧縮あて材ではらせん肥厚の配向は、その上に堆積している二次壁のミクロフィブリル配列とは必ずしも一致していない。

　軸方向仮道管にらせん肥厚を有するトガサワラ属の樹種では、正常材と圧縮あて材の移行の間でさらに複雑な細胞壁構造変化を示す。トガサワラ(*Pseudotsuga japonica*)の正常材の仮道管は、ほぼ横方向に配向した比較的幅の広いらせん肥厚を有している(**1.1.2.1**, **図1-1-14**)。しかし、圧縮あて材仮道管では、らせん肥厚は消失し、S₂層にらせん状裂け目とうねが形成される。**図1-3-15**に、トガサワラにおける正常材と圧縮あて材間の移行に伴う細胞壁

1.3 正常材とあて材との間の移行に伴う構造変化　　　101

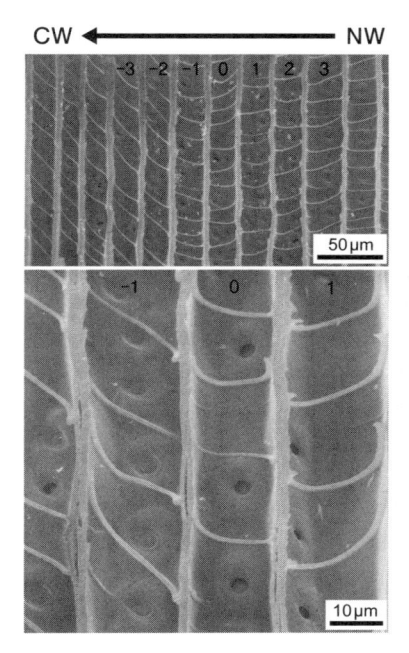

◀図1-3-12 イチイ(*Taxus cuspidata*)における正常材(NW)から圧縮あて材(CW)への移行に伴うらせん肥厚の方向変化
らせん肥厚の方向は、SらせんからZらせんへゆっくりと変化する。細胞(0)は、S_3層が欠落した最初の仮道管。(Yoshizawa 1987)

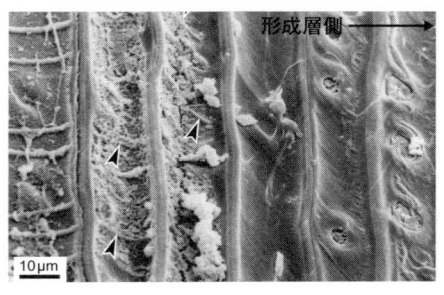

▲図1-3-13 イチイ(*Taxus cuspidata*)の圧縮あて材の形成中の分化帯の仮道管
矢頭は、最初に堆積したZらせんのらせん肥厚を示している。

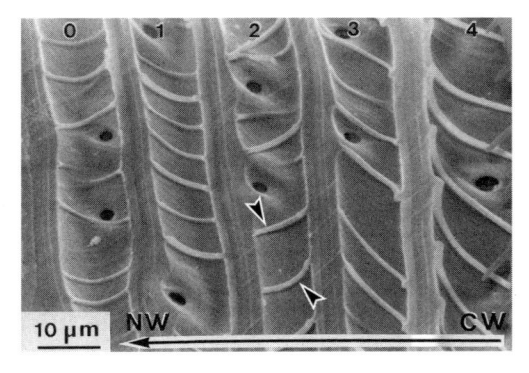

◀図1-3-14 イチイ(*Taxus cuspidata*)の圧縮あて材から正常材への移行に伴うらせん肥厚の方向変化
仮道管(4)と(3)は、S_3層を欠き、らせん肥厚はZらせん。移行中の仮道管(2)は、S_3層を欠いており、らせん肥厚は、S_2層のミクロフィブリルと交差して、Sらせんに堆積している。仮道管(0)では、S_3層が復活し、らせん肥厚の配向は、Sらせんに戻りつつある。(Yoshizawa *et al.* 1984)

の構造変化を示す(Yoshizawa 1985a)。正常材から圧縮あて材の移行においては、最初に、(1)S_3層が消失し、その後、(2)らせん肥厚は、SらせんからZらせんに方向を変え、さらにらせん肥厚とうねの区別ができなくなる。その後、(3)らせん状裂け目とうねが発達する。一方、圧縮あて材から正常材に移行するとき、(1)らせん状裂け目が緩やかに消失していきながら、(2)Zらせんに

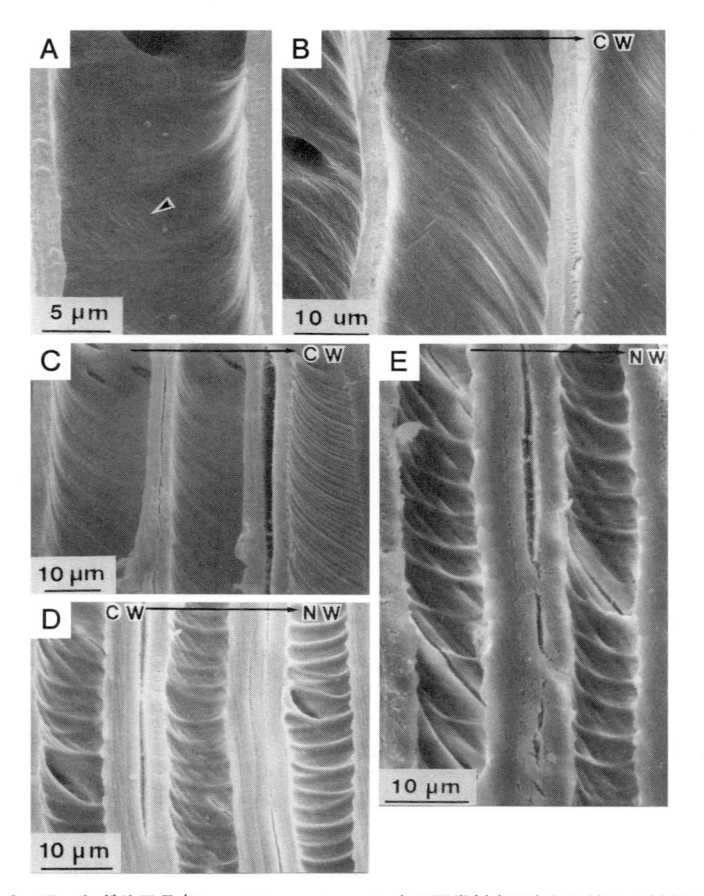

図1-3-15 トガサワラ(*Pseudotsuga japonica*)の正常材(NW)と圧縮あて材(CW)の間の移行に伴う細胞壁構造変化
A〜C：正常材から圧縮あて材への移行、D、E：圧縮あて材から正常材への移行。A：らせん肥厚がSらせんに配向している仮道管、B：らせん肥厚がZらせんに配向を変え、その後消失する、C：らせん肥厚が消失し、らせん状裂け目が出現する、D、E：らせん状裂け目とらせん肥厚が同一の仮道管に存在する。(Yoshizawa et al. 1985a)

配向したうねの上にらせん肥厚が復活し、最後に、(3)らせん状裂け目が完全に消失し、S_3層が復活するとともにSらせんに配向したらせん肥厚が形成される。このように、トガサワラの圧縮あて材から正常材に戻るとき、一つの仮道管にらせん状裂け目とらせん肥厚が同時に出現するのは非常に特異的である

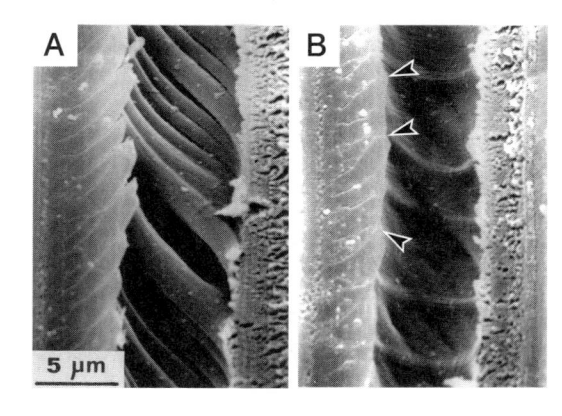

図 1-3-16　トガサワラ (*Pseudotsuga japonica*) の圧縮あて材から正常材への移行に見られる特異的な細胞壁構造
A：らせん状裂け目を発達させた圧縮あて材仮道管、B：圧縮あて材から正常材へ移行中の仮道管。矢頭は、らせん状裂け目の上に堆積した薄層を示している。(Yoshizawa *et al.* 1985a)

(図1-3-16)。

1.1.1で述べたように、一般的な圧縮あて材仮道管に共通して認められる特徴に、細胞壁が厚くなり、輪郭が丸味を帯びること、二次壁からS_3層が欠落し、S_2層外縁部にリグニン濃度の高い$S_2(L)$層が出現することおよびS_2層にらせん状裂け目が発達することが挙げられる。しかしながら、1.1.2.1で述べたように、らせん状裂け目の発達は、すべての樹木における圧縮あて材の特徴ではなく、イチョウ属(*Ginkgo*)、ナンヨウスギ属(*Araucaria*)および上述したらせん肥厚を有する樹種(トガサワラ属を除く)の圧縮あて材仮道管の二次壁には認められない。らせん肥厚が圧縮あて材仮道管から消失するのは一つの進化的傾向と推測されており、らせん肥厚の存在はより原始的な特徴なのか、また、らせん状裂け目の出現は、圧縮あて材形成能のより進化した特徴なのか、まだ明らかにされていない(Timell 1986)。

らせん肥厚を有する樹種の木部分化帯仮道管の傾斜刺激に対する反応と構造変化を図1-3-17に示す。イチイ(*Taxus cuspidata*)とカヤ(*Torreya nucifera*)の分化中仮道管が分化段階に応じて傾斜刺激に対して異なる反応を示している。図中で木部分化帯の細胞は、成熟段階に応じて8つのステージに区分されている：(1) 形成層細胞、(2) 拡大期、(3) S_1層の堆積期、(4) S_2層の堆積初期、(5) S_2層の堆積後期、(6) S_3層とらせん肥厚堆積期、(7) 木化期および(8) 成熟細胞の8つのステージに区分されている。

正常材から圧縮あて材への移行(図1-3-17A)においては、細胞6〜7は、分

化がかなり進んでいるため傾斜刺激の影響をほとんど受けないが、細胞1〜5は、それぞれの細胞の発達程度により影響の受け方が異なり、その後、成熟に伴い異なる細胞壁構造を発達させる。細胞1は、形成層始原細胞と派生直後の木部細胞を示しており、派生直後の木部細胞は、傾斜刺激を受容後、典型的な圧縮あて材の特徴を有する仮道管に発達する。細胞2と3は、拡大期およびS_1層形成期にある細胞で、細胞の輪郭は典型的な形にはならない。S_3層を形成せず、らせん肥厚の方向をZらせんに変え、多少とも$S_2(L)$層を発達させるが、細胞4と5は、S_3層を消失し、らせん肥厚の方向をZらせんに変える以外はほぼ正常仮道管に近い細胞壁構造を持つ。S_2層堆積完了後の細胞6〜7では、S_3層およびSらせんのらせん肥厚が形成され、傾斜刺激の影響をほとんど受けない。傾斜刺激による木化の影響は、S_2層形成期以前の細胞群には認められるが、S_2層形成期以降の細胞群には$S_2(L)$層は発達せず、全く認められない。

　圧縮あて材から正常材への移行(図1-3-17B)においては、細胞5〜7は、傾斜刺激解除の影響をほとんど受けず、典型的な圧縮あて材仮道管に発達し、Zらせんのらせん肥厚が保持されている。細胞4は、細胞の輪郭は丸味をおび、$S_2(L)$層を発達させるが、S_3層とSらせんのらせん肥厚を回復する。S_1層形成期にある細胞3では、$S_2(L)$層を持たないが、細胞の輪郭は丸味を帯びている。細胞の丸味は、拡大期にある細胞2でも発現する。形成層帯の細胞1では、傾斜刺激解除の影響を受け、正常材の仮道管の細胞壁構造を回復する。

　これまでの報告(Kennedy & Farrar 1965; Fujita et al. 1979; Yumoto et al. 1982a, b; Yoshizawa et al. 1984, 1985a, b; Timell 1986; Yoshizawa 1987)から、あて材を形成する刺激は、木部分化帯にある細胞群で受け取られるが、その刺激に対する受容性は、それぞれの細胞の分化段階で異なっている。二次壁中でリグニン濃度を増加させる刺激は、細胞の分化段階の早期に受け取られる必要があり、$S_2(L)$層を形成するためのリグニンの前駆物質が準備されるのにかなりの時間を要すると推察される。一方、S_3層とらせん肥厚の堆積、すなわちセルロースミクロフィブリルの堆積には、あて材形成刺激の付加あるいは解除に対して比較的敏感に反応すると推測されている。

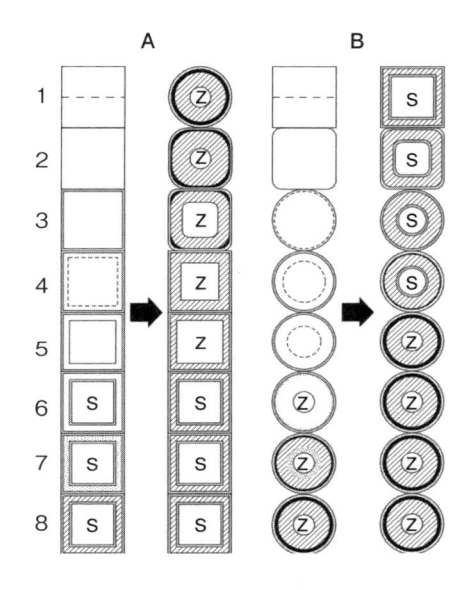

図1-3-17 らせん肥厚を有する樹種の木部分化帯仮道管の傾斜刺激に対する反応と細胞壁の構造変化

左：傾斜刺激を受けた時の分化中の細胞、右：完成した仮道管。A：正常材から圧縮あて材への移行、B：圧縮あて材から正常材への移行。1：形成層、2：拡大期、3：S_1層形成期、4：S_2層形成初期、5：S_2層形成後期、6：S_3層とらせん肥厚堆積期、7：木化期、8：成熟細胞。正常な木化は斜線で、$S_2(L)$層は太線で、木化の初期（木化中）は点で示している。S、Zはらせん肥厚の配向方向を示す。（Yoshizawa 1987）

1.3.2 引張あて材

広葉樹においても幹を人為的に傾斜すると、正常材から引張あて材への移行材が形成される。針葉樹と同様、移行域は傾斜時の木部分化帯における細胞の分化段階に対応して木化程度の変化を含む細胞壁構造が変化する。しかし、広葉樹は、針葉樹とは異なり、木繊維・柔細胞・道管要素など様々な細胞に分化すること、また、環孔材・散孔材・放射孔材など道管の分布が樹種によって異なることなど、傾斜の影響を受ける細胞の種類が多様で、細胞の種類によって伸長・拡大の度合いが異なるため、G層が形成される木繊維の放射列（radial file）の乱れが大きく、時系列で変化を追跡するのは難しい場合が多い。また、前述（**1.2.1**）したように、木繊維のみに形成されるG層を含むG繊維の壁層構成も、樹種によって$S_1+S_2+S_3+G$、S_1+S_2+G、S_1+Gの3タイプがあることが知られており、G繊維の壁層構成は複雑で、正常材からあて材への移行領域の構造変化を観察することは難しい。さらに、人為的に傾斜させて正常材から引張あて材への移行材を形成させるためには扱いやすい若木を用いる場合が多いが、若木では成育の過程で新たに萌芽幹が生じる場合があり、この場合には人為的に傾斜させた幹において移行材は形成されないことがあり

(Hiraiwa et al. 2014)、移行領域の観察が難しい。しかしながら、これまでに多くの研究者によって、若木を人為的に傾斜させた材あるいは自然傾斜した幹材を用いて、正常材からあて材への移行領域の道管の分布、木繊維の細胞壁構造と木化の変化が詳細に観察されてきている(尾中 1949; Dadswell & Wardrop 1955; Jutte 1956; Casperson 1961; Scurfield & Wardrop 1962; Mia 1968; Côté et al. 1969; Araki et al. 1982; 荒木ら 1983; Yoshida et al. 2000, 2002; Hiraiwa et al.2007, 2013, 2014; Nugroho et al. 2012, 2013; Aiso et al. 2013, 2014)。特に、透過電子顕微鏡を用いた観察では、過マンガン酸カリウム($KMnO_4$)により試料中のリグニンやその前駆物質などが染色されることを利用して、正常材からあて材への移行領域における木繊維細胞壁中の、リグニンやその前駆物質の局在や、セルロースミクロフィブリルの堆積の疎密や軸方向に対する配向角度(ミクロフィブリル傾角)が明らかにされてきた。

1.3.2.1　S_1＋S_2＋G型における移行域の細胞壁構造

最初に、広葉樹の引張あて材に多く見られるS_1＋S_2＋G型における移行材の形成について、ハリエンジュ(*Robinia pseudoacacia*)とポプラ(*Populus euramericana*)を例として(Araki et al. 1982) G繊維の壁層構造の変化を中心に解説する。

ハリエンジュは環孔材である。孔圏に直近の孔圏外の道管は、正常材では約180×120μm(T径×R径)の孤立道管が増加し、その分布密度は5〜6個/mm^{2}であるのに対し、傾斜した幹で形成された典型的な引張あて材では、道管径は約80×60μmと約半分に、道管の分布密度は3〜4個/mm^{2}まで減少した。

ハリエンジュのような環孔材の場合、孔圏外では木繊維の放射列(radial file)への道管の影響が少ないため、あて材形成に伴う木繊維の形態変化を放射列で観察しやすい。移行材において、薄いG層が堆積した木繊維では、S_2層の厚さは正常な木繊維と変わらないが、S_2層とG層の間に過マンガン酸カリウムで染色された同心円状の薄層が現れた(図1-3-18)。この薄層はS_3層より厚く、そのミクロフィブリルはS_3層と同様に細胞軸にほぼ垂直に配向していた(図1-3-19)。また、あて材において認められる典型的なG層は均一な壁層構造を示しているが、移行領域において認められる厚壁のG層を持つ木繊維では、280nmのUV吸収を示す同心円状の薄層が1つまたはそれ以上観察され、G層

1.3 正常材とあて材との間の移行に伴う構造変化

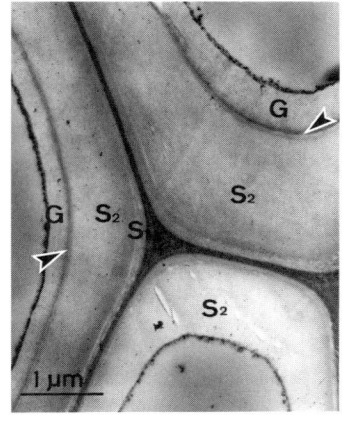

図1-3-18 ハリエンジュ（*Robinia pseudoacacia*）の正常材から引張あて材への移行領域において木繊維内腔に薄いG層の形成された部分の過マンガン酸カリウム（KMnO₄）染色した**透過電子顕微鏡写真**
下の木繊維ではS₃層が認められないが、薄いG層の形成された木繊維ではS₂層とG層の間に薄い層が認められた（矢印）。写真の上に向かって形成層分化帯（以下同じ）。

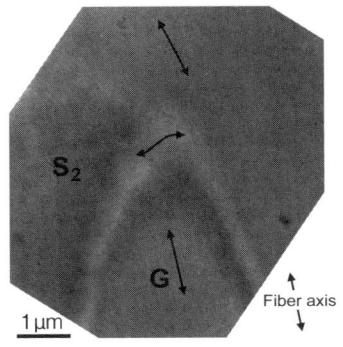

図1-3-19 ハリエンジュ（*Robinia pseudoacacia*）の薄いG層の形成された木繊維の傾斜切片の透過電子顕微鏡写真
S₂層とG層の間の層は、S₃層のように軸方向に対して横方向にフィブリルが配向している。

が2つあるいはそれ以上の層で構成されているように観察された（**図1-3-20**）。これらの木繊維では、S₂層とG層との間にS₃層と同様にミクロフィブリルが軸方向に対して横向きに配向した薄層が形成されていた。また、**図1-3-21**に示したように、最内層全体に軽度の木化を示す場合も観察された。これらは、典型的なあて材になると認められなくなるため、正常材からあて材への移行領域に出現する特異的な特徴である。

ポプラは散孔材である。道管分布密度が高いため、道管により木繊維の放射列が乱れて不明瞭になるが、正常材から引張あて材への移行領域における木繊維および道管の形態変化は、ハリエンジュの場合と同様であった。木繊維の変化においては、まずS₃層が欠落し、二次壁の厚さが減少した木繊維が出現した後、S₂層の内側に薄いG層が堆積した木繊維（S₂層が厚さ2μm弱、G層が

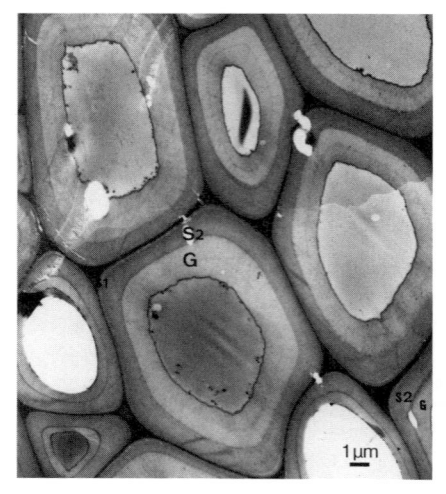

◀図1-3-20　ハリエンジュ(*Robinia pseudoacacia*)の厚いG層の形成された部分の透過電子顕微鏡写真
G層中に過マンガン酸カリウム($KMnO_4$)で染色されて木化反応を示すリングが見られたり、内腔に近い層がやや濃く染色される。

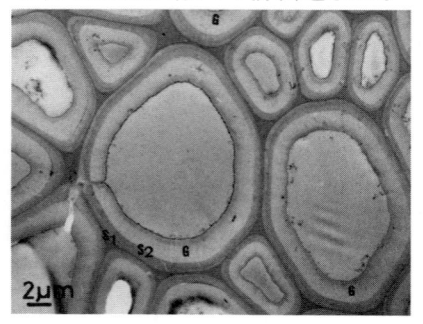

▶図1-3-21　S_2層が薄く、G層が厚いG繊維の形成されたハリエンジュ(*Robinia pseudoacacia*)の透過電子顕微鏡写真
G層の内腔に近い部分が過マンガン酸カリウム($KMnO_4$)で濃く染色される。

厚さ0.5μm)が認められた(図1-3-22および23)。このG層には、リグニンのUV吸収(280 nm)が認められた。その後、G層の堆積に伴い木繊維の壁厚は増加し(図1-3-24)、S_2層が0.5μm厚さでG層が1.5～2μm厚さのあて材で認められるような典型的なG層が形成された(図1-3-25)。一方、道管については、正常材ではどの部分でもほぼ一定の分布(平均136個/mm²)を示すが、引張あて材ではその数は約2/3に減少した(90個/mm²)。また、道管径は、傾斜する前49～58×78～100μm(T径×R径)であり、移行域では約60×90μmであった。このことから、道管径には、傾斜の影響が反映されないものと推測された。

以上の結果から、S_1+S_2+Gタイプの典型的な引張あて材の樹種の移行領域における変化は、道管においては、径および分布数の減少であり、木繊維においては、壁層構造の変化と分布数の増加であると考えられる。道管における変化は、木部分化帯での分化中に生じていると考えられ、一方、木繊維における壁層構造の変化は分化と関係なく重力刺激だけで変化すると考えられる。また、ポプラ(*P. euramericana*)木繊維においては、正常材($P+S_1+S_2+S_3$)からあて材への移行領域における細胞壁構造の変化は、(1) S_3層の不明瞭化あるいはS_3

1.3 正常材とあて材との間の移行に伴う構造変化   109

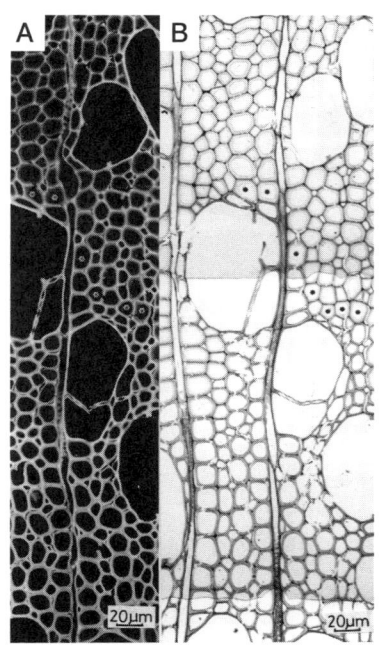

◀ 図1-3-22 ポプラ（*Populus euramericana*）の正常材から引張あて材への移行領域の光学顕微鏡写真

A：アクリジンオレンジ染色した切片の蛍光顕微鏡写真。B：トルイジンブルーO染色した切片の普通光顕写真。上が形成層・分化帯側。○印より上にG繊維が形成された。

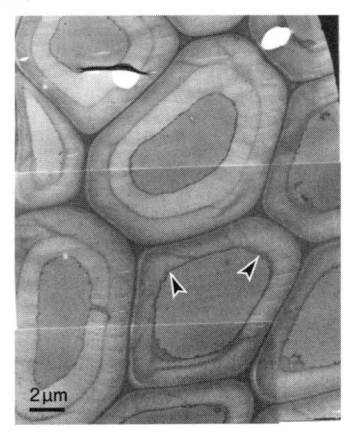

▶ 図1-3-23 S₃層が消失して薄いG層の堆積したポプラ（*Populus euramericana*）の移行領域の透過電子顕微鏡写真

矢頭は、細胞質の残渣様のものが細胞内腔に観察された部位。

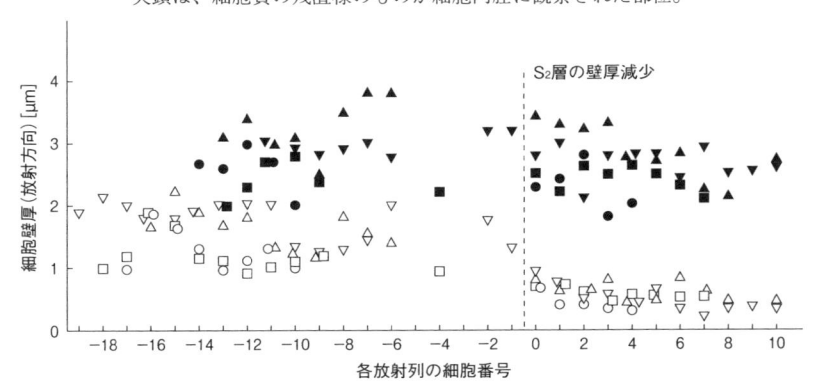

図1-3-24 ポプラ（*Populus euramericana*）の木繊維の4つの放射列（radial file）における、正常材から引張あて材への移行領域における二次壁壁厚の変化

白抜きがS₂層までの厚さ、黒は二次壁全体の厚さを示す。傾斜時に形成層帯にあったと思われる木繊維を0とし、木繊維に分化していた細胞をマイナスで示した。

層の消失、(2) S_2 層の内側に薄いG層の堆積、(3) S_2 層の薄壁化とG層の厚壁化、(4) 典型的なあて材G層の出現、その後、(5) 道管の分布数と径の減少、の順に観察された。しかし、観察した移行領域のすべてにおいて上述した(1)～(5)の順に変化が観察されるわけではなく、(1)の S_3 層の不明瞭化あるいは S_3 層の消失の後(i) G層の厚さが徐々に増加、(ii) 厚いG層を持つ木繊維とG層を持たない木繊維の混在、(iii) 移行領域でも厚いG層のみ存在、の3つの移行様式も観察された。この3つの移行様式うち、(i)と(ii)の様式が多く観察された。この様式では、幹の傾斜時にすでに S_2 層を堆積中の木繊維が、傾斜の影響によって途中まで堆積した S_2 層の内側にG層を形成したものであると考えられる。(iii)では、何らかの原因で S_2 層の堆積が少なく、そのため典型的なあて材で認められるようなG層に近いものが形成されたと推定される。これらのことは、針葉樹の圧縮あて材仮道管と同様に、分化帯にある細胞は、あて材形成刺激の付加に対してセルロースミクロフィブリルの堆積は、比較的敏感に反応することを示唆している。同様に、移行領域に形成されたG層において、過マンガン酸カリウムにより染色された薄層が存在する特徴は、分化帯において既に形成されていたリグニン前駆物質がG層中に沈着したことを示すと考えられる。

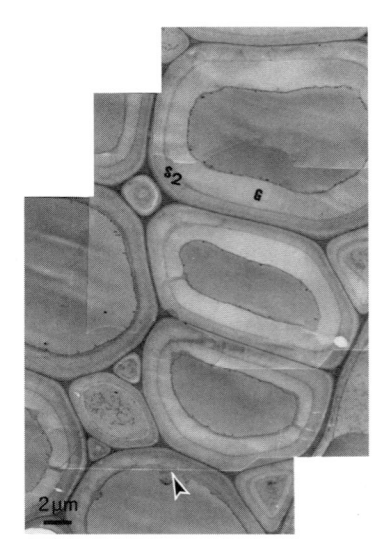

図1-3-25 薄い S_2 層の内側に厚いG層が形成されたポプラ (*Populus euramericana*) のG繊維の透過電子顕微鏡写真
細胞質の残渣が過マンガン酸カリウム ($KMnO_4$) で濃く染色される(矢頭)。

1.3.2.2 S_1＋S_2＋S_3＋G型における移行領域の微細構造

エノキ (*Celtis sinensis*) は、環孔材であり、あて材の木繊維二次壁は S_1＋S_2＋G型もしくは S_1＋S_2＋S_3＋G型で構成されている(尾中 1949)。移行域の各放射列 (radial file) を観察すると、G層が出現する前の木繊維は、少し厚壁化し、S_2 層の外側の木化がやや顕著であるが、S_3 層が明瞭で、ほぼ正常な

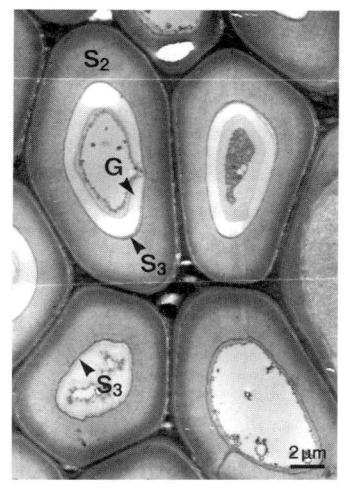

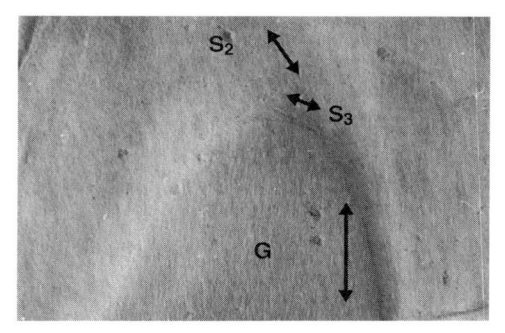

▲図1-3-27 図1-3-25と同じ部分の縦方向切片の透過電子顕微鏡写真
G層とS₂層の間にセルロースミクロフィブリルが軸に対して横方向に堆積するS₃層が観察された。

▲図1-3-26 エノキ（*Celtis sinensis*）の薄いG層の堆積が観察された移行領域の透過電子顕微鏡写真
G層が見られる前の木繊維ではS₃層が観察され、薄いG層はS₃層の内側に堆積した。

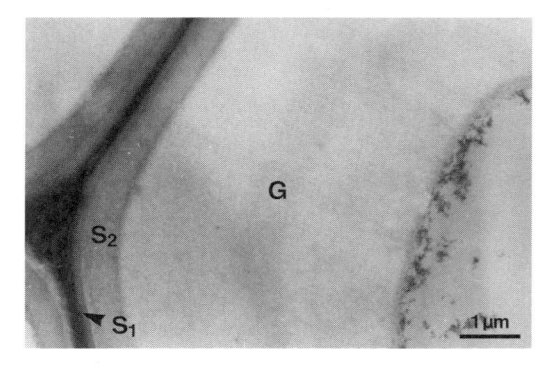

図1-3-28 エノキ（*Celtis sinensis*）の典型的な引張あて材のG繊維の透過電子顕微鏡写真
S₁層、S₂層が薄くなり、G層の内側が若干、過マンガン酸カリウム（KMnO₄）で染色されたが、S₃層はほとんどない。

壁層構成を示している（荒木ら 1983）。移行領域でもS₃層が存在し、その内側に様々な厚さのG層が形成される場合や、S₃層がなくS₂層の内側か、あるいはS₂層とG層の境界に顕著に木化した薄層が出現する場合が多く見られた（図1-3-26）。移行領域において正常材からあて材側に向かって、さらにあて材側においては、内腔がほとんど認められないような厚壁のG層が形成された木繊維が観察され、その木繊維では、S₂層が0.6μmと非常に薄くなり、S₃層とほぼ同様に軸方向に対して横方向に配向するミクロフィブリルが観察された（図

1-3-27)。移行領域のさらにあて材側では、典型的な厚壁のG層が形成され、この場合、S_3層は非常に薄く、ほとんど観察されなくなった(図1-3-28)。

　傾斜時の木繊維分化段階とG層の発現を対応させてみると、移行域では二次壁を堆積中の木繊維は、既存の堆積途中の二次壁の内側にG層を堆積するため、結果的に様々な厚さのG層が出現すると考えられる。この領域ではG層の最内層やG層とS_2層の間に木化が顕著な薄層が存在し、二次壁形成中に既に合成されていたリグニン前駆物質が沈着したと考えられる。さらに、一次壁分化段階にあった細胞で二次壁は薄層としても$S_1+S_2+S_3$の3層構造の内側に横方向にフィブリルが堆積した。典型的な厚壁のG層が形成された木繊維では、S_3層はほとんど見られず、従ってエノキは、典型的なあて材部では、木繊維二次壁はS_1+S_2+G型もしくは$S_1+S_2+S_3+G$型で構成されるが、移行領域ではS_1+S_2+G型に分類できる。

1.3.2.3　S_1+G型における移行領域の微細構造

　カツラ(*Cercidiphyllum japonicum*)とミズキ(*Cornus controversa*)の典型的あて材の木繊維はS_1+G型、ヒメヤシャブシ(*Alnus pendula*)では、S_1+GまたはS_1+S_2+G型として分類されている(尾中 1949)。

　カツラは散孔材で、引張あて材では道管分布密度が減少し、小径道管の比率が増加する。正常な木繊維二次壁は$S_1+S_2+S_3$の3層構造であるが、S_3層が非常に薄い。移行領域の正常材からあて材に向かって現れる木繊維二次壁の変化は、まず、S_3層の欠落、次いでやや薄いS_2層(約2μm)の内側にやや木化度の弱い層が堆積(1～3μm)、全体として壁厚は急増する(図1-3-29)。横断面ではS_2層とこの層の間に境界が認められ、接線面で見るとこの部分はS_2層と同じミクロフィブリル傾角を持つが、やや疎な構造を示す(図1-3-30)。この層は、さらに厚くなると、S_2層との境界が不明瞭になり、また、ミクロフィブリル傾角はS_2層と同じ角度から内腔側に向かって軸方向へと緩やかに変化しており、さらに過マンガン酸カリウムやトルイジンブルーOで染色されるリングが見られ、ラメラ構造を示した。この層は、G層に構造が類似しているが、S_1+S_2+G型のG繊維のミクロフィブリル傾角と比べると、層内においてミクロフィブリル傾角がS_2層と同じ傾角から漸進的に軸方向まで変化するという特徴が見られるため、G層として分類しない方がよいと考え、ここでは漸移型

1.3 正常材とあて材との間の移行に伴う構造変化   113

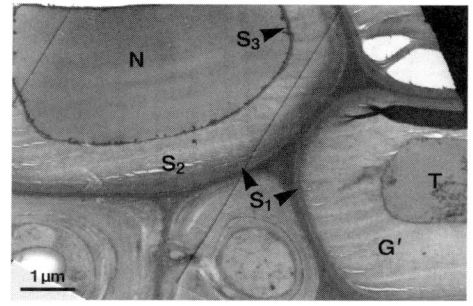

図1-3-29 カツラ(*Cercidiphyllum japonicum*)の移行領域の透過電子顕微鏡写真
S₃層のある正常な木繊維(N)と様々な厚さのG′層が堆積した木繊維(T)が混在する。

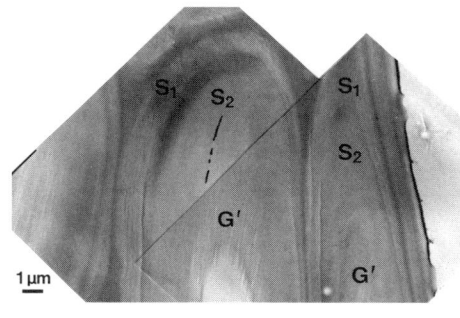

図1-3-30 カツラ(*Cercidiphyllum japonicum*)の移行領域のG′層が形成された繊維の傾斜切片の透過電子顕微鏡写真
S₂層のミクロフィブリル傾角が細胞内腔に向かって軸方向に平行になる方向に変化し、G′層ではフィブリル間が疎である。

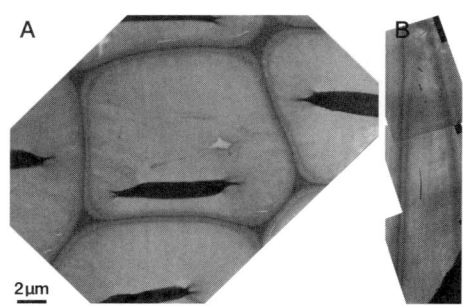

図1-3-31 カツラ(*Cercidiphyllum japonicum*)の厚壁のG′繊維が形成された部分の横断面(A)と傾斜切片(B)の透過電子顕微鏡写真
G′層は厚く、内腔がほとんど無く、S₂層は非常に薄くなった。フィブリル傾角が内腔に向かって徐々に変化している

G層(G′層)と呼ぶこととする(荒木ら 1983)。移行領域のさらにあて材側において、G′層がさらに厚い木繊維では、S₂層の厚さは減少し、内腔の空隙はほとんどなくなり(**図1-3-31A**)、G′層のミクロフィブリル傾角の軸方向への変化は急になるは小さくなる(**図1-3-31B**)。また、この領域で見られるやや小径の道管において、二次壁ミクロフィブリル傾角が小さくなる傾向が見られた。

　ミズキは散孔材である。あて材の木繊維の二次壁はS₁+G型である。道管は、正常材からあて材への移行領域で著しく分布密度が減少し、また小径化した。

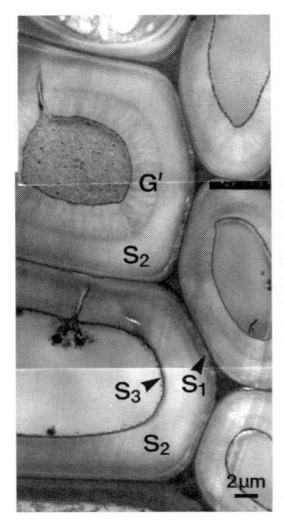

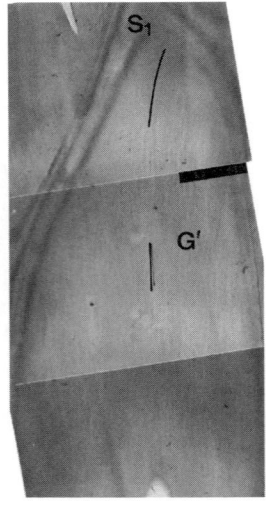

図1-3-32（左） ミズキ(Cornus controversa)のG′層の堆積が見られ始めた移行領域の透過電子顕微鏡写真

G′層はKMnO₄で染色されたり、内腔が過マンガン酸カリウム(KMnO₄)で充填されている。

図1-3-33（右） ミズキ(Cornus controversa)の厚いG′層の堆積が見られる木繊維の透過電子顕微鏡写真

ミクロフィブリル傾角が徐々に軸方向に平行になる。

　移行領域において、木繊維S_2層のミクロフィブリル傾角は、小さくなる傾向が認められた。移行領域の変化は、まず、S_3層が細胞内腔の角等でしか確認できないほど薄くなり、次いで、カツラと同様に、ミクロフィブリルがS_2層とほぼ同じ角度で少し疎に配向した木化度の弱いG′層が出現する（**図1-3-32**）。その後、形成層側でS_2層が薄くG′層が厚くなり、S_1+G′型で安定する（**図1-3-33**）。

　ヒメヤシャブシでは、あて材部においてS_1+G型およびS_1+S_2+G型が存在しているが、典型的なG繊維では、S_1+G型になるが、G層はG′層であった。が見られなかった。ヒメヤシャブシは散孔材で、道管は放射方向に数個複合する傾向を示す。引張あて材は、光学顕微鏡観察では道管の変化が不明瞭であったが、傾斜の上側に形成された。移行領域の木繊維では、S_2層の内側にS_2層と同じミクロフィブリル傾角だが、ミクロフィブリルが疎に堆積して、過マンガン酸カリウムで膨潤した層が出現する。この木繊維ではS_2層外層はやや木化が顕著だが、この木化度は内側に向かって減少する。また、細胞内腔が過マンガン酸カリウムで染色された物質で充填される場合も多く観察された。この層は、カツラやミズキのG′層と類似しているが、より多層のラメラ構造を示した（**図1-3-34A**）。G′層は、木繊維間で厚さにバラツキが見られたが、移行

1.3 正常材とあて材との間の移行に伴う構造変化

図1-3-34（左） ヒメヤシャブシ（*Alnus pendula*）のG'層の堆積が見られ始めた移行領域の透過電子顕微鏡写真
横断面（A）および傾斜切片（B）。G'層は内腔が過マンガン酸カリウム（KMnO$_4$）で充填されている。

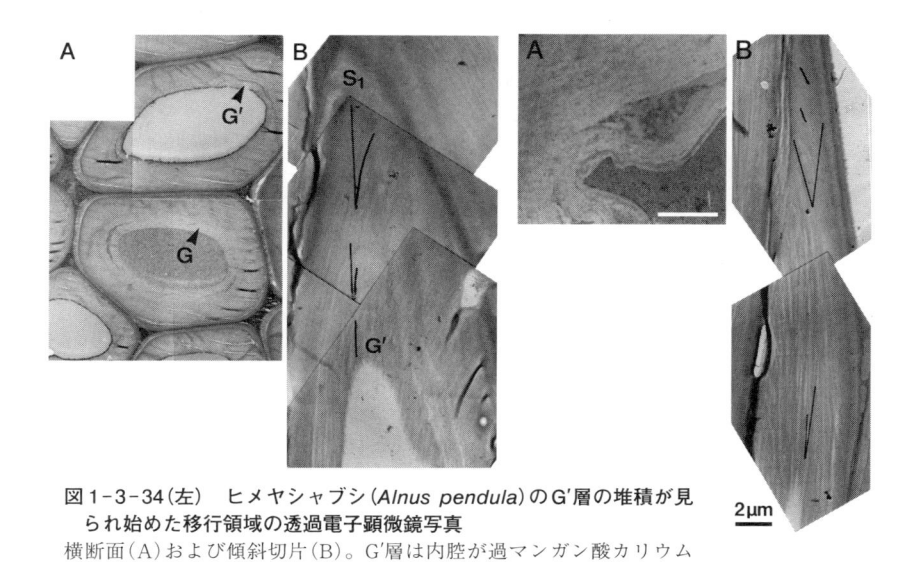

図1-3-35（右） 厚いG'層が堆積したヒメヤシャブシの木繊維の透過電子顕微鏡写真
横断面（A）および傾斜切片（B）。G'層はラメラ構造が見られ、セルロースミクロフィブリルが疎に堆積した。

領域の正常材からあて材に向かって徐々に厚くなり、同時にS$_2$層は次第に薄くなった。また、G'層が厚くなると、ミクロフィブリル傾角は内腔側に向かってS$_2$層と同じ傾角から軸方向に近づく（図1-3-34B）。カツラ、ミズキに比べるとG'層において、ミクロフィブリルが疎に堆積し、ミクロフィブリル傾角の軸方向への遷移は緩やかであった。さらにG'層が厚くなると木繊維壁全体の厚さが増加し、S$_1$+G'の二次壁を持つ典型的なG繊維が出現する（図1-3-35）。

1.3.2.4　従来の3つのタイプのG繊維の出現過程の比較

典型的な引張あて材は、上述のどの樹種でも安定した一つのタイプだけの壁層構造のG繊維となる。しかし、上述したとおり、正常材から引張あて材の移行領域については様々な壁層構造が現れる。これは、傾斜した時の木部分化帯細胞の細胞壁形成の途中段階が反映されていると考えられる。さらに、各段階でのリグニン前駆物質の蓄積がより多様な移行域を形成する要因となっていると推定される。例えば、カツラ（*Cercidiphyllum japonicum*）などで認められる

G′層において、過マンガン酸カリウムで染色される部位のラメラ状構造や、ミクロフィブリルの堆積が疎であることは、リグニン前駆物質がより多くミクロフィブリル間に堆積していることを示唆している。

　エノキ(*Celtis sinensis*)の場合、$S_1+S_2+S_3+G$の移行材を経てS_1+S_2+Gの二次壁を持つG繊維で安定する。また、ハリエンジュ(*Robinia pseudoacacia*)の場合、薄いG層が堆積した木繊維、S_2層とG層の間に大きなミクロフィブリル傾角で堆積した非常に薄くかつ木化した層が存在し、この層はS_3層とも考えられる。一方、カツラ、ミズキ(*Cornus controversa*)、ヒメヤシャブシ(*Alnus pendula*)ではS_1+G′で安定するが、最終的にG′層のミクロフィブリル傾角に推移するまでに、S_2層状のミクロフィブリル傾角を示すことは特記すべきである。観察例は少ないが、$S_1+S_2+S_3$の+GはS_1+S_2+Gタイプの移行形ではないかと考えられる。

　また、定常型G層とG′層の相違は、傾斜に対する木部分化帯細胞の反応の相違においても現れる。G層の場合は、傾斜刺激により、すぐにミクロフィブリル傾角が小さくなる方向に変化するのに対し、G′層では、ミクロフィブリル間に空隙ができて疎な構造になるが、未木化で、ミクロフィブリルはS_2層とほぼ同じ配向を示し、ミクロフィブリルの平行性が良くなる。また、G繊維において、定常型G層のS_2層と漸移型のG′層の外側のミクロフィブリル傾角を比較してみると、前者が20〜50°と大きく、後者は15〜25°と小さな値を示した。G′層を出現させる樹種では、正常な木繊維のS_2層のミクロフィブリル傾角も小さい傾向を示した。G′層を持つ樹種では、G繊維と正常な木繊維との間でミクロフィブリル傾角の大きさに差異が少ない可能性が考えられる。この点については、さらに、多くの樹種について詳細な観察が必要である。

● 文　献

荒木徳子・藤田　稔・佐伯　浩・原田　浩(1983):「S_1+Gおよび$S_1+S_2+S_3$+G型のゼラチン繊維の出現過程」、木材学会誌 29、491-499頁。

尾中文彦 (1935):「針葉樹に於ける所謂「アテ」の形成部位に就て」、日本林学会誌 17、680-693頁。

尾中文彦 (1937):「潤葉樹材の「アテ」の部分に於ける膠質層の出現に就て」、日本林学会誌 19、639-653頁。

尾中文彦 (1949):「アテの研究」、木材研究 1、1-88 頁。

吉良竜夫 (1949):『林業解説シリーズ 17 日本の森林帯』、1-41 頁、日本林業技術協会。

国際木材解剖学者連合用語委員会(1975):「国際木材解剖用語集」、木材学会誌 21、A1-A21 頁。

佐伯　浩・小野克巳(1971):「引張あて材のゼラチン繊維の細胞膜構成」、京都大学農学部演習林報告 42、210-220 頁。

佐藤一郎 (1953):「トウゴマの主軸の組織形成に及ぼす重力の影響に関する実験的研究」、奈良学芸大学紀要2(2)、139-141 頁。

佐藤一郎・山下隆子(1953a):「重力反応の発現に要する処理時間」、奈良学芸大学紀要2(2)、161-169 頁。

佐藤一郎・山下隆子(1953b):「重力反応の発現に要する処理時間 II」、奈良学芸大学紀要3(2)、179-190 頁。

南光浩毅・佐伯　浩・原田　浩 (1974):「ポプラの二次師部の構造」、京都大学農学部演習林報告 46、179-189 頁。

原田　浩(代表)・島地　謙・須藤彰司 (1976):『木材の組織』、216-223 頁、森北出版。

藤田　稔・荒木徳子・原田　浩 (1979):「圧縮あて材の出現と消失過程における仮道管の形態変化」、第 29 回日本木材学会要旨集、238 頁。

柳田国男(1932):「山村語彙」、山林 596、67-76 頁。

Abe, H. and Funada, R. (2005): "The orientation of cellulose microfibrils in the cell walls of tracheids in conifers: a model based on observations by field emission-scanning electron microscopy", *IAWA J.* 26, 161-174.

Abe, H., Funada, R., Imaizumi, H., Ohtani, J. and Fukazawa, K.(1995a): "Dynamic changes in the arrangement of cortical microtubules in conifer tracheids during differentiation", *Planta* 197, 418-421.

Abe, H., Funada, R., Ohtani, J. and Fukazawa, K.(1995b): "Changes in the arrangement of microtubules and microfibrils in differentiating conifer tracheids during the expansion of cells", *Ann. Bot.* 75, 305-310.

Aiso, H., Hiraiwa, T., Ishignri, F., Iizuka, K., Yokota, S. and Yoshizawa, N. (2013): "Anatomy and lignin distribution of "compression-wood-like reaction wood" in *Gardenia jasminoides* Ellis" , *IAWA J.* 34, 263-272.

Aiso, H., Ishiguri, F., Takashima, Y., Iizuka, K. and Yokota, S. (2014): "Reaction wood anatomy in a vessel-less angiosperm *Sarcandra glabra*", *IAWA J.* 35, 116-126.

Araki, N., Fujita, M., Saiki, H. and Harada, H. (1982): "Transition of the fiber wall structure from normal wood to tension wood in *Robinia pseudoacacia* L. and *Populus euramericana* Guinier", *Mokuzai Gakkaishi* 28, 267-273.

Barnett, J. R., Gril, J. and Saranpää, P. (2014): "Chapter 1 Introduction", in *The Biology of Reaction Wood*, Gardiner, B., Barnett, J., Saranpää P., Gril, J (eds.), pp. 1-11, Springer, Berlin.

Böhlmann, D. (1971): "Zugbast bei *Tilia cordata* Mill.", *Holzforschung* 25, 1-4.

Casperson, G. (1961): "Über die Bildung von Zellwänden bei Laubhölzern, 2. Mitt. Der zeitliche Ablauf der Sekundärwandbildung", *Zeitschrift fur Botanik* 49, 289-306.

Casperson, G. (1963): "Über die Bildung der Zellwand beim Reaktionsholz II, Zur Physiologie des Reaktionsholzes", *Holztechnol.* 4, 33-37.

Clair, B., Ruelle, J., Beauchêne, J., Prévost, M. F. and Fournier, M. (2006): "Tension wood and opposite wood in 21 tropical rain forest species. 1. Occurrence and efficiency of G-layer", *IAWA J.* 27, 329-338.

Côté, W. A. Jr. and Day, A. C. (1965): "Anatomy and ultrastructure of reaction wood", in *Cellular Ultrastructure of Woody Plants*, Côté, W.A.(ed.), pp. 391-418, Syracuse University Press, New York.

Côté, W. A. Jr., Day, A. C. and Timmel, T. E. (1969): "A contribution to the ultrastructure of tension wood fibers", *Wood Sci. Technol.* 3, 257-271.

Côté, W. A. Jr., Simson, B. W. and Timell, T. E. (1966): "Studies on compression wood 2: The chemical composition of wood and bark from normal and compression regions of fifteen species of gymnosperms", *Svensk Papperstidn.* 69, 547-558.

Dadswell, H. E. and Wardrop, A. B. (1949): "What is reaction wood?", *Australian Forestry* 13, 22-33.

Dadswell, H. E. and Wardrop, A. B. (1955): "The structure and properties of tension wood", *Holzforschung* 9, 97-104.

Dadswell, H. E. and Wardrop, A. B. (1956): "The importance of tension wood in timber utilization", *Australian Pulp and Paper Industry. Techn. Assoc. Proc.* 10S, 30-42.

Fisher, J. B. (1982): "A survey of buttresses and aerial roots of tropical trees for presence of reaction wood", *Biotropica* 14, 56-61.

Fujita, M., Hayashi, N., Hamada, K. and Harada, H. (1987): "Time requirement for the tracheid differentiation in softwoods measured by the inclination date marking", *Bull. Kyoto Univ. For.* 59, 248-257.

Fujita M., Saiki H., Sakamoto J., Araki N. and Harada H. (1979): "The secondary wall formation of compression wood tracheid. IV: Cell wall structure of transitional tracheids between normal and compression wood", *Bull. Kyoto Univ. For.* 51, 247-256.

Funada, R. (2000): "Control of wood structure", in *Plant Microtubules: Potential for Biotechnology*, Nick, P. (ed), pp. 51-81, Springer-Verlag, Heidelberg.

Funada, R. (2008): "Microtubules and the control of wood formation", in *Plant*

Microtubules: Development and Flexibility, Nick, P.(ed), pp. 83-119, Springer-Verlag, Heidelberg.

Funada, R., Miura, H., Shibagaki, M., Furusawa, O., Miura, T., Fukatsu, E. and Kitin, P. (2001): "Involvement of localized cortical microtubules in the formation of a modified structure of wood", *J. Plant Res.* 114, 491-497.

Furusawa, O., Funada, R., Murakami, Y. and Ohtani, J. (1998): "Arrangement of cortical microtubules in compression wood tracheids of *Taxus cuspidata* visualized by confocal laser microscopy", *J. Wood Sci.* 44, 230-233.

Hartig, R. (1896): Forstl-Naturwiss Z., 5, Das Rothholz der Fichte, 96-109, 157-169.

Hiraiwa, T., Aiso, H., Ishiguri, F., Takashima, Y., Iizuka, K. and Yokota, S. (2014): "Anatomy and chemical composition of *Liriodendron tulipifera* stems inclined at different angles", *IAWA J.* 35, 463-475.

Hiraiwa, T., Toyoizumi, T., Ishiguri, F., Iizuka, K., Yokota, S. and Yoshizawa, N. (2013): "Characteristics of *Trochodendron aralioides* tension wood formed at different inclination angle", *IAWA J.* 34, 273-284.

Hiraiwa, T., Yamamoto, Y., Ishiguri, F., Iizuka, K., Yokota, S. and Yoshizawa, N. (2007): "Cell wall structure and lignin distribution in the reaction wood fiber of *Osmanthus fragrans* var. *aurantiacus* Makino", *Cellulose Chem. Technol.* 41, 537-543.

Höster, H. R. (1974): "On the nature of the first-formed tracheids in compression wood", *IAWA Bull.* 1, 3-9.

Höster, H. R. and Liese, W. (1966): "Über das vorkommen von reaktionsgewebe in wurzeln und ästen der dikotyledonen", *Holzforschung* 20, 80-90.

Hsu, Y.-S., Chen, S.-J., Lee, C.-M. and Kuo-Huang, L.-L. (2005): "Anatomical characteristics of the secondary phloem in branches of *Zelkova serrata* Makino", *Bot. Bull. Acad. Sin.* 46, 143-149.

IAWA Committee (1964): *Multilingual Grossary of Terms Used in Wood Anatomy*, pp. 27-46, Konkordia, Winterthur.

Jaccard, P.(1917): "Anatomische struktur zug-und druckholzes bei wagrechten ästen von laubhölzern", *Vierteljahrsschriften-Naturforschende Gesellschaft in Zürich* 62, 303-318.

Jutte, S. M. (1956): "Tension wood in wane (*Ocotea rubra* Mez)", *Holzforschung* 10, 33-35.

Kennedy, R. W. and Farrar, J. L. (1965): "Tracheid development in tilted seedlings", in *Cellular Ultrastructure of Woody Plants*, Côté, W.A. Jr.(ed.), pp. 419-453, Syracuse Univ. Press, New York.

Kojima, M., Becker, V. K. and Altaner, C. M. (2012): "An unusual form of reaction wood in Koromiko [*Hebe salicifolia* G. Forst. (Pennell)], a southern hemisphere angiosperm", *Planta* 235, 289-297.

Krishnamurthy, K. V., Nandagopalan, V., Hariharan, Y. and Sivakumari, A. (1997): "Tension phloem in some legumes", *J. Plant Anat. Morph.* 7, 20-23.

Kučera, L. J. and Philipson, W. R. (1977 a): "Growth eccentricity and reaction anatomy in branchwood of *Drimis winteri* and five native New Zealand trees", *New Zealand J. Bot.* 15, 517-524.

Kučera, L. J. and Philipson, W. R. (1977 b): "Occurrence of reaction wood in some primitive dicotyledonous species", *New Zealand J. Bot.* 15, 649-654.

Kučera, L. J. and Philipson, W. R. (1978): "Growth eccentricity and reaction anatomy in branchwood of *Pseudowintera colorata*", *Am. J. Bot.* 65, 601-607

Kuo-Huang, L. L., Chen, S. S., Huang, Y. S., Chen, S. J. and Hsieh, Y. I. (2007): "Growth strains and related wood structures in the leaning trunks and branches of *Trochodendron aralioides*-a vessel-less dicotyledon", *IAWA J.* 28, 211-222.

Kutscha, N. P., Hyland, F. and Schwarzmann, J. M. (1975): "Certain seasonal changes in balsam fir cambium and its derivatives", *Wood Sci. Technol.* 9, 175-188.

Larson, P. R. (1969 a): "Incorporation of ^{14}C in the developing walls of *Pinus resinosa* tracheids (earlywood and latewood)", *Holzforschung* 23, 17-26.

Larson, P. R. (1969 b): "Incorporation of ^{14}C in the developing walls of *Pinus resinosa* tracheids: compression wood and opposite wood", *Tappi* 52, 2170-2177.

Mer, E. (1887): "De la formation du bois rouge dans le sapin et l'épicea", *CR Acad Sci*, 104, 376-378.

Meylan, B. A. (1981): "Reaction wood in *Pseudowintera colorata*-a vessel-less dicotyledon", *Wood Sci. Technol.* 15, 81-92.

Mia, A. J. (1968): "Organization of tension wood fibres with special reference to the gelationous layer in *Populus tremuloides* Michx", *Wood Sci.* 1(2), 105-115.

Mukogawa, Y., Nobuchi, T. and Sahri, M. H. (2004): "Tension wood anatomy in artificially induced leaning stems of some tropical trees", *For. Res. Kyoto* 75, 27-33.

Nakagawa, K., Yoshinaga, A. and Takabe, K. (2012): "Anatomy and lignin distribution in reaction phloem fibres of several Japanese hardwoods", *Ann. Bot.* 110, 897-904.

Nanko, H. (1979): "Studies on the development and cell wall structure of sclerenchymatous elements in the secondary phloem of woody dicotyledons and conifers", Doctor Thesis, Kyoto Univ.

Nanko, H. and Côté, W.A. (1980): "Cell wall structure of fibers in the bark", in *Bark Structure of Hardwoods Grown on Southern Pine Sites*, pp. 39-42, Syracuse Univ. Press, Syracuse, New York.

Nanko, H., Saiki, H. and Harada, H. (1982): "Structural modification of secondary phloem fibers in the reaction phloem of *Populus euramericana*", *Mokuzai Gakkaishi* 28, 202-207.

Nobuchi, T. and Matsuda, M. (2008): "Compression wood anatomy of *Agathis dammara* with particular reference to the comparison between compression wood and opposite wood", in *The Formation of Wood in Tropical Forest Trees. A Challenge From the Perspective of Functional Wood Anatomy*, Nobuchi, T. and Sahri, M. H.(eds.), pp. 63-75. Universiti Putra Malaysia Press, Selangor Malaysia.

Nobuchi, T., Muniandy, D. and Sahri, M. H. (2011): "Formation and anatomical characteristics of tension wood in plantation grown *Hevea brasiliensis*", *Malaysian For.* 74, 133-142.

Nugroho, W. D., Nakaba, S., Yamagishi, Y., Begum, S., Marsoem, S. N., Ko, J. H., Jin, H. O. and Funada, R. (2013): "Gibberellin mediates the development of gelatinous fibres in the tension wood of inclined *Acacia mangium* seedlings", *Ann. Bot.* 112, 1321-1329.

Nugroho, W. D., Yamagishi, Y., Nakaba, S., Fukuhara, S., Begum, S., Marsoem, S. N., Ko, J. H., Jin, H. O. and Funada, R. (2012): "Gibberellin is required for the formation of tension wood and stem gravitropism in *Acacia mangium* seedlings", *Ann. Bot.* 110, 887-895.

Okuyama, T., Yamamoto, H., Yoshida, M., Hattori,Y. and Archer, R. R. (1994): "Growth stresses in tension wood: Role of microfibrils and lignification", *Ann. For. Sci.* 51, 291-300.

Paredez, A. R., Somerville, C. R. and Ehrhardt, D.W. (2006): "Visualization of cellulose synthase demonstrates functional association with microtubules", *Science* 312, 1491-1495.

Potter, M. C. (1904): "On the occurrence of cellulose in the xylem of woody stems", *Ann. Bot.* 18, 121-140.

Prodhan, A. K. M. A., Funada, R., Ohtani, J., Abe, K. and Fukazawa, K. (1995): "Orientation of microtubules in developing tension-wood fibres of Japanese ash(*Fraxinus mandshurica* var. *japonica*)", *Planta* 196, 577-585.

Sanio, C. (1860): "Einige Bemerkungen fiber den Bau des Holzes", *Botanische Zeitung* 18, 193-198, 201-204.

Scurfield, G. (1964): "The nature of reaction wood. IX: Anomalous cases of reaction anatomy", *Aust. J. Bot.* 12, 173-184.

Scurfield, G. and Wardrop, A. B. (1962): "The nature of reaction wood. VI: The reaction anatomy of seedlings of woody perennials", *Aust. J. Bot.* 10, 93-105.

Sperry, J. S. (1982): "Observations of reaction fibers in leaves of dicotyledons", *J. Arnold Arboretum* 63, 173-185.
Sultana, R. S., Ishiguri, F., Yokota, S., Iizuka, K., Hiraiwa, T. and Yoshizawa, N. (2010): "Wood anatomy of nine Japanese hardwood species forming reaction wood without gelatinous fibers", *IAWA J.* 31, 191-202.
Suzuki, M., Joshi, L., Fujii, T. and Noshiro, S. (1991): "The anatomy of unusual tracheids in *Tetracentron* wood", *IAWA J.* 12, 23-33.
Timell, T. E. (1983): "Origin and evolution of compression wood", *Holzforschung.*, 37, 1-10.
Timell, T. E. (1986): *Compression Wood in Gymnosperms 1*, Springer-Verlag, Berlin Heidelberg, New York, Tokyo.
Toghraie, N., Parsapajouh, D., Ebrahimzadeh, H., Thibaut, B., Gril, J. and Moghadam, Y. (2006): "Tension wood in *Eucalyptus* trees", *J. Sci. Technol.* 32, 13-22.
Wang, Y., Gril, J. and Sugiyama, J. (2009): "Variation in xylem formation of *Viburnum odoratissimun* var. *awabuki*: Growth strain and related anatomical features of branches exhibiting unusual eccentric growth", *Tree Physiol.* 29, 707-713.
Wardrop, A. B. and Dadswell, H. E. (1948): "The nature of reaction wood, I: The structure and properties of tension wood fibres", *Aust. J. Sci. Res.* 1, 3-16.
Wardrop, A. B. and Dadswell, H. E. (1950): "The nature of reaction wood. II: The cell wall organization of compression wood tracheids", *Aust. J. Biol. Sci.* 3, 1-13.
Wardrop, A. B. and Dadswell, H. E. (1955): "The nature of reaction wood. IV: Variations in cell wall organization of tension wood fibres". *Aust. J. Bot.* 3, 177-189.
Westing, A. H. (1968): "Formation and function of compression wood in gymnosperms. II", *Bot. Rev.* 34, 51-78
Wolter, K. E. (1968): "A new method for marking xylem growth", *For. Sci.* 14, 102-104.
Yoshida, M., Ohta, H., Yamamoto, H. and Okuyama, T. (2002): "Tensile growth stress and lignin distribution in the cell walls of yellow poplar, *Liriodendron tulipifera* Linn.", *Trees* 16, 457-464.
Yoshida, M., Okuda, T. and Okuyama, T. (2000): "Tension wood and growth stress induced by artificial inclination in *Liriodendron tulipifera* Linn. and *Prunus spachiana* Kitamura f. *ascendens* kitamura", *Ann. For. Sci.* 57, 739-746.
Yoshizawa, N. (1987): "Cambial responses to the stimulus of inclination and structural variations of compression wood tracheids in gymnosperms", *Bull. Utsunomiya Univ. For.* 23, 23-141.
Yoshizawa, N., Fujii, T. and Suzuki, M. (1996): "Anatomy of reaction wood of a vessel-less hardwood, *Tetracentron sinense*", in *Recent Advances in Wood Anatomy*,

文　献

Donaldson, L. A., Singh, A. P., Butterfield, B. G. and Whitehouse, L. J. (eds.), pp.162-164, New Zealand Forst Research Institute, New Zealand.

Yoshizawa, N., Inami, A., Miyake, S., Ishiguri, F. and Yokota, S. (2000): "Anatomy and lignin distribution of two *Magnolia* species", *Wood Sci. Technol.* 34, 183-196.

Yoshizawa, N., Itoh, T. and Shimaji, K. (1982): "Variation in features of compression wood among gymnosperms", *Bull. Utsunomiya Univ. For.* 18, 45-64

Yoshizawa, N., Itoh, T. and Shimaji, K. (1985 a): "Helical thickenings in normal and compression wood of some softwoods", *IAWA Bull. n.s.* 6, 131-138.

Yoshizawa, N., Koike, S. and Idei, T. (1984): "Structural changes of tracheid wall accompanied by compression wood formation in *Taxus cuspidate* and *Torreya nucifera*", *Bull. Utsunomiya Univ. For.* 20, 59-76.

Yoshizawa, N., Koike, S. and Idei, T. (1985 b): "Formation and structure of compression wood tracheids induced by repeated inclination in *Taxus cuspidata*", *Mokuzai Gakkaishi*, 31, 325-333.

Yoshizawa, N., Ohba, H., Uchiyama, J. and Yokota, S. (1999): "Deposition of lignin in differentiating xylem cell walls of normal and compression wood of *Buxus microphylla* var. *insularis* Nakai", *Holzforschung* 53, 156-160.

Yoshizawa, N., Satoh, M., Yokota, S. and Idei, T. (1993 a): "Formation and structure of reaction wood in *Buxus microphylla* var. *insularis* Nakai", *Wood Sci. Technol.* 27, 1-10.

Yoshizawa, N., Watanabe, N., Yokota, S. and Idei, T. (1993 b): "Distribution of guaiacyl and syringyl lignins in normal and compression wood of *Buxus microphylla* var. *insularis* Nakai", *IAWA J.* 14, 139-151.

Yumoto, M., Ishida, S. and Fukazawa, K. (1982 a): "Studies on the formation and structure of the compression wood cells induced by artificial inclination in young trees of *Picea glauca* I: Time course of the compression wood formation following inclination", *Res. Bull. Coll. Exp. For. Hokkaido Univ.* 39, 137-162.

Yumoto, M., Ishida, S. and Fukazawa, K. (1982 b): "Studies on the formation and structure of the compression wood cells induced by artificial inclination in young trees of *Picea glauca* II: Transition from normal to compression wood revealed by a SEM-UVM combination method", *J. Fac. Agri. Hokkaido Univ.* 60, 312-335.

> コラム

広葉樹あて材の分類

(石栗 太・相蘇春菜)

「広葉樹では、傾斜した幹や枝の上側に"引張あて材(tension wood)"が形成され、その組織学的特徴としてG層の形成が挙げられる」とされている。しかしながら、これは、すべての広葉樹にあてはまるわけではない。

モクレン科(Magnoliaceae)のモクレン属(*Magnolia*)の樹木では、傾斜した幹や枝の上側の木繊維にG層は形成されないが、上側の木繊維二次壁のリグニン濃度とミクロフィブリル傾角(MFA)の減少が認められる(Okuyama et al. 1994; Yoshizawa et al. 2000)。木繊維二次壁のリグニン濃度とMFAの減少は、G層ではないが、G層の特徴に類似した壁を、傾斜した幹や枝の上側に形成したことになる。従って、これらの樹種は、G層を持たないので典型的な引張あて材とは言う事はできないかもしれないが、"引張あて材様あて材(tension-wood-like-reaction wood)"と見なす事ができるだろう。

広葉樹あて材をさらに複雑にするのが、ツゲ科(Buxaceae)のツゲ属(*Buxus*)樹種やアカネ科(Rubiaceae)クチナシ(*Gardenia jasminoides*)である(Yoshizawa et al. 1993; Aiso et al. 2013)。ツゲ属では、傾斜した幹や枝の下側で、木繊維二次壁のリグニン濃度が増加する特徴を持つ。これは、針葉樹の圧縮あて材形成に特徴が類似している。そのため、これらの樹種のあて材は"圧縮あて材様あて材(compression-wood-like-reaction wood)"とした方がいいようである。

レンプウソウ科(Adoxaceae)のサンゴジュ(*Viburnum odoratissimum* var. *awabuki*)では、枝の下側に著しい偏心成長が、上側では過剰な引張応力が認められるが、細胞形態や木繊維二次壁の壁層構造などには、上側にも下側にも大きな変化が認められないことが報告されている(Wang et al. 2009)。

このように、広葉樹におけるあて材は、その形成部位や形成される二次木部の形態に多様性がある。これらの多様性は、樹木の進化過程と深く関連があるとされてきているが、未だに不明な点が多く、その解明が望まれる。

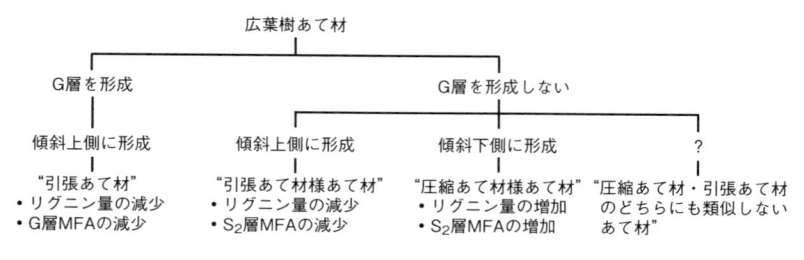

図 広葉樹に形成されるあてのタイプ

広葉樹あて材
- G層を形成
  - 傾斜上側に形成
    - "引張あて材"
      - リグニン量の減少
      - G層MFAの減少
  - 傾斜上側に形成
    - "引張あて材様あて材"
      - リグニン量の減少
      - S_2層MFAの減少
- G層を形成しない
  - 傾斜下側に形成
    - "圧縮あて材様あて材"
      - リグニン量の増加
      - S_2層MFAの増加
  - ?
    - "圧縮あて材・引張あて材のどちらにも類似しないあて材"

[コラム中の文献は、第1章の文献リストに記載されている]

第2章　あて材の形成と成分分布

2.1　あて材の化学成分

2.1.1　あて材の化学成分量

　一般に、あて材は、正常材と比較した場合、セルロースやリグニンの含有率において大きな違いが認められることが多い(Côté & Day 1965; Panshin & de Zeeuw 1980; Timell 1986; Baba *et al.* 1996)。

　針葉樹材においては、圧縮あて材と正常材を比較した場合、圧縮あて材において、セルロース含有率の減少とリグニン含有率の増加が認められている(Côté & Day 1965; Panshin & de Zeeuw 1980; Timell 1983, 1986)(**表2-1-1**)。これは、圧縮あて材の形成に伴って、針葉樹仮道管の細胞壁の肥厚とリグニンに富む$S_2(L)$層が形成されることと深く関連する(**1章**参照)。

　広葉樹材においては、引張あて材と正常材を比較すると、針葉樹材とは反対に、セルロース含有率の増加とリグニン含有率の減少が認められる(Côté & Day 1965; Timell 1969; Du & Yamamoto 2007)(**表2-1-2**)。このセルロース含有率の増加とリグニン含有率の減少は、多くの広葉樹あて材において認められるG層がほぼセルロースから構成されていることと深く関連している(**1章**および**2.3.1**参照)。また、引張あて材形成において、木繊維最内層にG層をつくらない樹種である、ホオノキ(*Magnolia obovata*)、ユリノキ(*Liriodendron tulipifera*)、キンモクセイ(*Osmanthus fragrans* var. *aurantiacus*)などでは、G層を形成する樹種と同様に、木繊維二次壁のリグニン量の減少が認められている(Okuyama *et al.* 1994; Yoshizawa *et al.* 2000; Yoshida *et al.* 2002b; Hiraiwa *et al.* 2007)。一方、広葉樹において、圧縮あて材に類似したあて材を形成するチョウセンヒメツゲ(*Buxus microphylla* var. *insularis*)では、あて材形成に伴って木繊維壁において$S_2(L)$層が形成されるとともに、細胞間層および道管

表2-1-1 圧縮あて材における化学成分含有率(%)の変化(Timell 1986より抜粋)

樹種名	部位	主成分(%) リグニン	セルロース	ペントザン	抽出成分(%) 冷水	温水	有機溶媒	文献
テーダマツ	NW	28.3	45.7	12.4	—	1.8	2.7	Pillow &
(*Pinus taeda*)	CW	35.2	34.6	12.2	—	2.0	2.5	Bray (1935)
アカマツ	NW	26.6	42.0	11.3	1.3	2.0	3.2	幡
(*Pinus densiflora*)	CW	36.3	32.3	13.9	1.3	4.0	3.1	(1951)
ヨーロッパモミ	NW	28.6	56.4	12.6	—	—	2.3	
(*Abies alba*)	CW	34.4	47.8	13.6	—	—	2.4	
オウシュウカラマツ	NW	27.3	56.4	11.6	—	—	1.0	
(*Larix decidua*)	CW	35.2	49.7	11.1	—	—	3.6	Giordano
ドイツトウヒ	NW	27.9	62.2	10.6	—	—	5.6	(1971)
(*Picea abies*)	CW	34.9	43.8	11.7	—	—	6.7	
マツ	NW	26.7	60.8	11.0	—	—	2.5	
(*Pinus nigra*)	CW	36.9	48.2	11.8	—	—	2.8	

注)NW:正常材、CW:圧縮あて材、—:測定値なし

表2-1-2 引張あて材における化学成分含有率(%)の変化(Timell 1969より抜粋)

樹種名	部位	主成分(%) リグニン	セルロース	ペントザン	抽出成分(%) 冷水	温水	有機溶媒	文献
ヨーロッパブナ	NW	19.7	41.2	26.1	2.4	3.3	1.9	Chow
(*Fagus sylvatica*)	TW	15.4	49.7	19.0	3.9	3.5	1.6	(1947)
ポプラ	NW	17.6	51.0	19.9	1.3	2.4	2.9	
(*Populus tremuloides*)	TW	16.5	56.3	18.5	1.3	1.8	3.0	Clermont &
アメリカニレ	NW	29.4	42.0	18.6	1.5	3.2	2.5	Bender (1958)
(*Ulmus americana*)	TW	27.3	45.4	17.8	2.1	3.2	2.3	
ユーカリ	NW	23.2	42.9	19.3	—	0.3	—	Schwerin
(*Eucalyptus goniocalyx*)	TW	13.8	62.1	11.0	—	0.6	—	(1958)

注)NW:正常材、TW:引張あて材、—:測定値なし

壁のリグニン含有率が増加することが知られている(Yoshizawa *et al.* 1993b, 1999)。同様に、傾斜した幹の下側にあて材を形成するクチナシ(*Gardenia jasminoides*)において、木繊維壁、道管壁および細胞間層のリグニン含有率についてあて材と正常材を比較した場合、シリンギルリグニン含有率にはほとんど変化は認められないが、グアイアシルリグニン含有率が増加することが指摘されている(Aiso *et al.* 2013)。

2.1.2 セルロース
2.1.2.1 一般的な特徴

　G層のセルロースは、細胞壁マトリックスに影響を受けない木材セルロースのモデルとして古くから研究されてきた。一方、圧縮あて材のセルロースは、構造解析にはあまり用いられていない。正常材と圧縮あて材を比べると、繊維長が同じ場合はミクロフィブリル傾角に差がないが、圧縮あて材では繊維長が短くなるにつれミクロフィブリル傾角が大きく、またセルロース含有率が低くなることなど(Wardrop & Dadswell 1950)が報告されている。

　さて、引張あて材G繊維のセルロースの特徴として、ミクロフィブリル傾角が極めて小さいことに加え、平衡含水率が低く、結晶化度が高いことなどを、Wardrop & Dadswell(1955)が報告している。さらに、結晶化度が高い理由として、
　1) 結晶性セルロースの含有率(準結晶、非晶の量に影響)
　2) 結晶領域の大きさ(ミクロフィブリルの大きさに影響)
　3) 結晶性セルロースの含有率と結晶領域の大きさの両方

によると考え、正常材、正常材から調製したホロセルロース、あて材の3種類から結晶の見かけの大きさを測定した。X線回折により002(赤道反射の0.39〜0.40 nmの格子面)の半値幅を測定し、未処理と酸加水分解残渣の比較を行ったところ、準結晶部の量は、正常材・ホロセルロース・あて材で差は認められないが、セルロースの結晶領域はあて材で大きいと考えるのが妥当としている。そして、Frey-Wysslingによる、天然のセルロースミクロフィブリルが種を問わず3.5 nmのエレメンタリーフィブリルの集合体とする考えに対して、ミクロフィブリルは個々の機能に応じた大きさを有しており、その周りにパラクリスタルのセルロースが存在するというPrestonのモデルを支持するものであると結論した。

　その後、色々な手法で引張あて材のセルロースが調べられてきたが、ミクロフィブリル幅が大きい、結晶化度が高い等、Wardrop & Dadswell(1955)の見解を支持するものが多い。一方で、木材細胞壁でロゼット型配置の合成酵素によってセルロースが合成されるとすると、セルロースを合成する機構にも多様性を認める必要がある。また解析的には、半値幅から求めるサイズは理想結晶

（乱れのない無限に大きい結晶では半値幅がないと仮定）にのみ適用できるものであって、セルロースの場合は結晶領域自体の乱れの程度が大きく影響する。したがって、単純に大きなセルロースミクロフィブリルか否かは、継続して慎重に議論すべきである。

2.1.2.2 G層のミクロフィブリル

図2-1-1は、モミジバフウ（*Liquidambar styraciflua*）のG層をメタクリレート包埋－超薄切片化－脱包埋したものにシャドウイングを施した電子顕微鏡写真である（Scurfield & Wardrop 1962）。写真は接線壁であり、接線方向に密にセルロースが配向していることがわかる。逆に放射壁切片で同様の観察を行うと、内腔に平行にラメラが観察される。一般に、メタクリレート脱包埋によりG層は著しく膨潤して大きなクラック（亀裂）や、蜂の巣状の構造等を呈することがあるが、これらはアーティファクトであることをCôté *et al.*(1969)が報告している。

ミクロフィブリル横断面の直接観察例は多くなく、Goto *et al.*(1975)が交雑ポプラ（*Populus euroamericana*）のメタクリレート包埋超薄切片を脱包埋後に酢酸ウラニルで負染色して観察した研究と、Sugiyama *et al.*(1986)が同サンプルをエポキシ樹脂包埋の後、超薄切片を回折コントラスト法で観察し、結晶部分を直接可視化した研究がある。後者と同じ技法による写真を**図2-1-2**に示す。ラメラ構造は明瞭ではなく、ミクロフィブリルが狭い空隙を保ちながらも比較的密に分布していることが分かる。

2.1.2.3 結晶構造

結晶性が良い点は前述したので、ここでは結晶構造について触れる。天然セルロースがI_αとI_βの複合結晶であることが提案されて、木材はI_βが優先的な高等植物グループに分類された。しかし、木材の場合、高解像度の^{13}C NMRスペクトルが得られないので、特徴を引き出すための数学的な処理が工夫され、その処理の重みの度合いによって、スペクトルの解釈に差が生ずることとなった。結果として、木材中の結晶セルロースはI_αとI_βが半々であるという意見と、I_βが主体で、残りは準結晶（コンフォメーションはI_αに近い）という意見がある。本稿では、結晶構造との整合性を取るという立場から、後者の考え方に従っている。

図2-1-1　モミジバフウ(*Liquidambar styraciflua*)のG層のセルロースミクロフィブリル(Scurfield & Wardrop 1962)

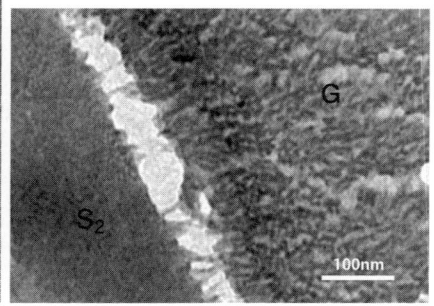

(右)図2-1-2　回折コントラスト法によるドロノキ(*Populus suaveolens*, syn. *P. maximowiczii*)のG層中の横断面におけるミクロフィブリルの分布(Horikawa *et al.* 2009)

　木材セルロースのモデルとして、Wada *et al.*(1995)がドロノキ(*P. suaveolens*, syn. *P. maximowiczii*)のG繊維を^{13}C NMR法の非晶と結晶を分離するT1パルス系列を用いて検討した結果(図2-1-3)、G層のセルロースの結晶部分は、I_βの成分が優先的であり、木化壁においても非晶の影響が除去されるにつれてI_βの成分が顕著となることから、I_α的な成分がミクロフィブリル幅の小さな木材セルロースでは表面分子鎖の影響によりあるが、結晶部分の構造はI_βと結論している。

　G繊維のX線回折図は情報が豊富である。ミクロフィブリルの配向が良いために多くの回折点が分離して観察されるためである。前述のWardrop & Dadswell(1955)の論文にもイチジク属(*Ficus*)から情報の多い繊維図が掲載されているが、ここではMüller *et al.*(2006)の、ポプラ(*P. maximowiczii*)のG繊維の放射光X線繊維図を示す(図2-1-4)。一本の単繊維の10マイクロメートル領域から撮影したもので、繊維内のミクロフィブリルが繊維にほぼ平行に配列していることが分かる。回折情報は空間群$P2_1$の対称性を保っており、2本鎖の単斜晶すなわち、I_βである。また結晶格子の低温領域での熱膨張率は、a軸方向に$(7.2 \pm 0.2) \times 10^{-2}$ K^{-1}、b軸方向に$-(1.1 \pm 0.6) \times 10^{-5}$ K^{-1}とい

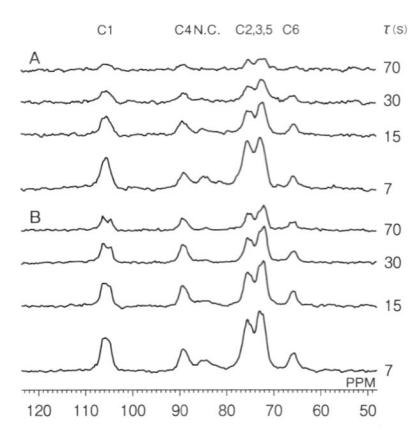

図2-1-3 CP T1 パルス系列で部分的に緩和させた^{13}C NMR スペクトル
A：正常材、B：引張あて材。τは緩和時間。C1からC6はグルコースの骨格炭素の番号。N.C.は非晶 (Wada *et al.* 1995)。

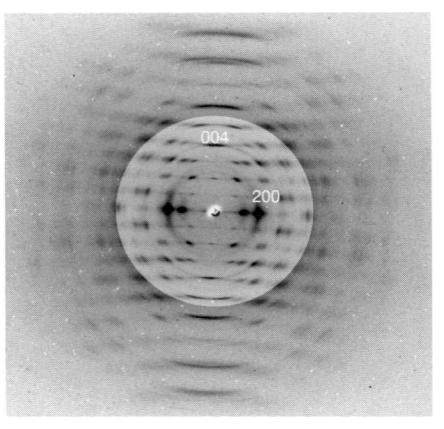

図2-1-4 ポプラ(*P. maximowiczii*) 単繊維から撮影した放射光X線繊維図 (Müller *et al.* 2006)

う値が報告されている。ホヤ(*Ciona intestinalis*)で測定された値よりも、ワタ(*Gossypium arboreum* var. *obtusifolium*)から求められた値に一致したことから、あて材のセルロースがワタに近い構造であると同時に、ミクロフィブリル(結晶)のサイズが熱膨張率に影響することが示唆された。

セルロースの結晶構造を知ることは、木材細胞壁の物性を理解し、正しく利用するための重要な課題のひとつである。しかし、結晶といっても木材細胞壁中においては準結晶状態に近いため、前処理(マトリックスを除去するための化学処理や物理処理)や測定方法・条件によっても構造が変化する場合が少なくない。また、生体内では引張応力下にあることが実験的に確かめられている(Clair *et al.* 2006a)。

Nishikubo *et al.* (2007) は、ポプラ(*Populus alba*)の単離されたG層では、10％のヘミセルロースが含まれており、そのうちの大部分がキシログルカンであることを報告した。このことは、観察される微細繊維にセルロース分子以外の構成要素が共存していることを示唆するものである(2.3.1.2参照)。したがって、結晶構造のみにとらわれずに、繊維構造・表面構造などを考慮して、セルロースの構造を総合的に把握することが大切である。

2.1.3 ヘミセルロース
2.1.3.1 圧縮あて材

代表的な針葉樹材の正常材、圧縮あて材の細胞壁組成を**表2-1-3**に示した。圧縮あて材ではリグニン濃度が高く、セルロース含量が減少している。また、圧縮あて材の中性糖組成は正常材のそれと大きく異なっている。最も大きな違いはガラクトースであり、正常材では1～2%であるのに対し、圧縮あて材では8～12%とかなり高くなる。マンノースは正常材で7～12%であるのに対し、圧縮あて材では4～6%でかなりの減少を示す。一方、キシロースは正常材で5～9%、圧縮あて材で5～7%であまり変わらない。ガラクトース、マンノース、キシロースはそれぞれβ1,4-ガラクタン、ガラクトグルコマンナン、4-O-メチルグルクロノキシランに由来することから、圧縮あて材の主要なヘミセルロースはβ1,4-ガラクタンで、それ以外にガラクトグルコマンナンと4-O-メチルグルクロノキシランが存在している。

表2-1-3 針葉樹正常材と圧縮あて材の化学成分組成(Timell 1986)

樹種	アセチル	ウロン酸	グルコース	ガラクトース	マンノース	キシロース	アラビノース
バルサムモミ(*Abies balsamea*)							
NW	1.3	3.5	45.8	1.0	10.8	4.9	2.3
CW	1.1	4.0	35.1	9.1	5.1	5.7	1.0
オウシュウカラマツ(*Larix decidua*)							
NW	1.4	4.8	46.1	2.0	10.5	6.3	2.5
CW	0.9	4.3	34.2	9.4	6.4	5.3	0.9
ドイツトウヒ(*Picea abies*)							
NW	1.2	5.3	43.3	2.3	9.5	7.4	1.4
CW	0.8	5.1	32.7	7.7	4.8	6.8	0.9
ストローブマツ(*Pinus strobus*)							
NW	1.2	5.2	43.6	3.8	8.1	7.0	1.7
CW	0.8	4.8	32.2	11.0	3.8	6.7	1.0
ヨーロッパアカマツ(*Pinus sylvestris*)							
NW	1.6	5.0	44.5	1.9	12.4	6.4	1.5
CW	0.8	4.9	33.5	11.6	5.0	4.9	1.1
スギ(*Cryptomeria japonica*)							
NW	0.9	4.8	40.2	2.0	7.6	9.1	1.8
CW	0.7	4.5	30.9	11.5	3.8	7.2	0.7

注) NW = 正常材、CW = 圧縮あて材

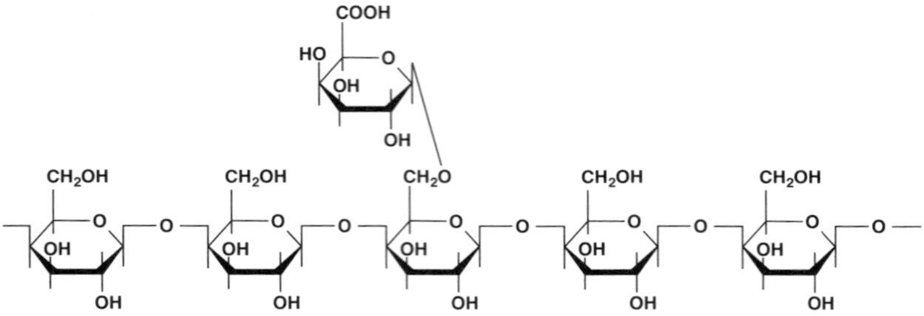

図2-1-5 圧縮あて材におけるガラクタン繰り返し単位の構造 (Timell 1986)

2.1.3.1.1 ガラクタン

　ガラクタンは水可溶性の多糖類で、加水分解物の中にはβ-D-ガラクトースの他にD-ガラクツロン酸が5％程度含まれている。O-アセチル基は存在しない。200から300のD-ガラクトース残基がβ-(1→4)結合して主鎖を形成し、4～6カ所でβ-(1→4)結合したガラクタン鎖がβ-(1→6)結合している。また20残基のD-ガラクトースあたり1残基のD-ガラクツロン酸がβ-(1→6)結合している(図2-1-5)。

2.1.3.1.2 ガラクトグルコマンナン

　ガラクトグルコマンナンは針葉樹正常材の主要なヘミセルロースで、15～18％含まれている。ガラクトース、グルコース、マンノースの比率は0.1:1:3から1:1:3の間である。圧縮あて材ではガラクタンの構成割合が高くなる一方で、ガラクトグルコマンナンは8～9％とほぼ半減する。ガラクトース、グルコース、マンノースの比率は抽出挙動の違いにより0.5:1:3のガラクトグルコマンナンと、0.3:1:3.3のグルコマンナンが報告されている。D-グルコース残基とD-マンノース残基がβ-(1→4)結合して主鎖を形成し、所々でD-ガラクトース残基がマンノース残基の6位にβ-(1→6)結合している(図2-1-6)。

2.1.3.1.3 アラビノ 4-O-メチルグルクロノキシラン

　ガラクトグルコマンナンに由来すると思われるマンノースの構成割合は正常材にくらべ圧縮あて材でおよそ半減するのに対し、アラビノ 4-O-メチルグルクロノキシランに由来すると思われるキシロースは同程度である(表2-1-3)。正常材ではキシロース:アラビノースが8:1から9:1であるのに対し、圧縮あ

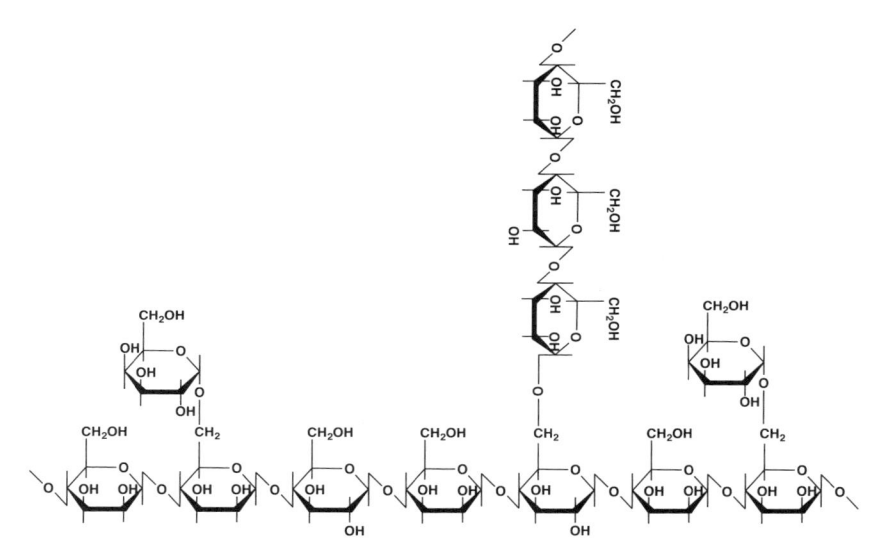

図2-1-6 圧縮あて材におけるガラクトグルコマンナン繰り返し単位の構造(Timell 1986)

て材では22:1から25:1でキシロースの割合が高い。β-D-キシロピラノースが1→4結合した主鎖を持ち、キシロース85残基あたり4つの枝鎖が存在する。枝鎖は主鎖を構成するキシロース残基のC-2で結合している。また4-O-メチル-D-グルクロン酸やL-アラビノフラノースは主鎖を構成するキシロース残基のC-2かC-3で結合している(**図2-1-7**)。

2.1.3.1.4　β1,3-グルカン(Laricinan)

圧縮あて材には、樹種により含有量は異なるが、2～4％のβ1,3-グルカンが存在している。Hoffmann & Timell(1970)は、アメリカカラマツ(*Larix laricina*)より初めてβ1,3-グルカンを単離し、師部の師要素に存在するカロースと区別するために、Laricinanと名付けた。アニリンブルー染色し蛍光顕微鏡下で観察するとカロースが蛍光を発することを利用して圧縮あて材仮道管を観察すると、二次壁内側部分のらせん状のうねに蛍光が観察される。これはβ1,3-グルカンが二次壁内側部分に存在することを示している。β1,3-グルカンは、β-D-グルコースが1→3結合した主鎖を持ち(**図2-1-8**)、所々で1→4結合している。またグルコース残基のC-6でD-グルクロン酸が結合している。

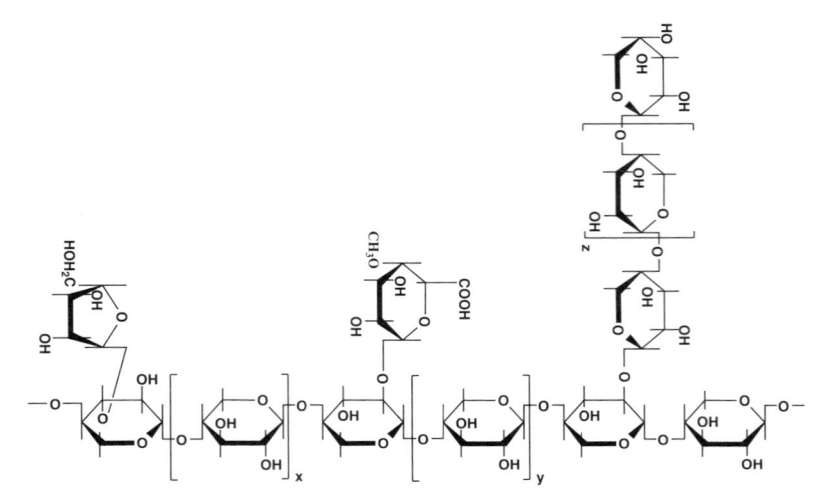

図2-1-7　圧縮あて材におけるアラビノ 4-*O*-メチルグルクロノキシラン繰り返し単位の構造(Timell 1986)

図2-1-8　圧縮あて材におけるβ1,3-グルカン主鎖の構造(Timell 1986)

β1,3-グルカンの重合度は200〜300である。

2.1.3.2　引張あて材

2.1.3.2.1　ヘミセルロースの割合の変化

表2-1-2に示されているペントザンはペントース(5炭糖、キシロース、アラビノース)が重合した多糖を示し、ヘミセルロースの主成分である。引張あて材ではペントザンの割合が正常材と比較して低い。ポプラ類 [*Populus canadensis*(Jayme & Steinhäuser 1950)、*P. regenerata grandis*(Rünger & Klauditz 1953)] について、引張あて材では正常材に比べてヘミセルロース全体の含有率がいずれも減少することが報告されている。Schwerin(1958)はユーカリ(*Eucalyptus goniocalyx*)の引張あて材において、非セルロース性多

糖類の含有率を計算し、正常材よりも減少することを示している。Baba et al.(1996)はユーカリ(*Eucalyptus camaldulensis*)の引張あて材の化学組成を調べ、ヘミセルロースが正常材では42.5％に対して、引張あて材では19.0％と減少することを報告している。以上の結果は、引張あて材形成に伴い、ヘミセルロース含有率が減少することを示している。これはセルロースに富むG層の形成と関連している。

2.1.3.2.2 糖組成の変化

Gustafsson et al.(1952)はカバノキ科の*Betula pubescens*および*Betula verrucosa*の正常材と引張あて材について、その糖組成を比較している。その結果、引張あて材ではガラクトース、グルコースが多く、キシロース、マンノース、アラビノースが少ないことを報告している。一方、Clermont & Bender(1958)はポプラ(*Populus tremuloides*)およびアメリカニレ(*Ulmus americana*)の正常材と引張あて材の糖組成を比較し、引張あて材ではグルコースが多く、キシロース、マンノースが少なく、ガラクトースとアラビノースはごく微量しか検出されないことを報告している。Timell(1969)は10樹種の引張あて材と正常材の糖組成を調べている(**表2-1-4**)。それによれば、引張あて材ではグルコース、ガラクトースの含有率が増加し、キシロース及びマンノースの含有率が減少している。アラビノースについては樹種によってわずかに増加あるいは減少していることがわかる。

Schwerin(1958)はユーカリ(*Eucalyptus goniocalyx*)の引張あて材では非セルロース性多糖類のうちかなりの量のガラクトースを含むことを報告している。Meier(1962)はヨーロッパブナ(*Fagus sylvatica*)の引張あて材から、ガラクタンを単離し、その化学的性質を調べた。その結果、得られたガラクタンの重合度は380であり、ウロン酸の含有率が28％であった。さらにそのガラクタンはβ-1,4-結合とβ-1,6-結合の両方によって結合したガラクトース残基を含むことを報告している。Kuo & Timell(1969)はアメリカブナ(*Fagus grandifolia*)から単離したガラクタンの化学構造を詳細に調べ、**図2-1-9**のような構造を推定している。引張あて材のガラクタンは圧縮あて材のガラクタンと大きく異なり、枝分かれが多く、植物ゴム質に類似している。

広葉樹材では、キシランを主鎖とする4-*O*-メチルグルクロノキシランが主体

表2-1-4　広葉樹正常材と引張あて材の化学成分組成(Timell 1969)

樹種	アセチル	ウロン酸	グルコース	ガラクトース	マンノース	キシロース	アラビノース
Acer pensylvanicum(ムクロジ科)							
NW	3.5	5.2	43.0	1.2	2.9	20.4	1.0
TW	2.2	4.2	53.0	2.0	1.4	15.0	1.2
アメリカハナノキ(*Acer rubrum*)							
NW	3.6	4.9	42.3	1.0	3.3	18.1	1.0
TW	2.0	4.0	59.2	1.6	1.8	12.2	1.3
サトウカエデ(*Acer saccharum*)							
NW	3.5	5.0	41.7	0.9	3.1	21.7	0.7
TW	3.2	5.2	56.1	1.3	0.7	13.0	1.4
キハダカンバ(*Betula alleghaniensis*)							
NW	3.7	6.3	44.4	0.9	1.8	18.5	0.3
TW	3.4	4.1	53.3	2.9	1.1	15.9	0.5
アメリカシラカンバ(*Betula papyrifera*)							
NW	3.9	5.7	40.3	1.3	2.0	23.9	0.5
TW	2.8	4.7	51.3	5.4	1.3	17.5	0.5
アメリカブナ(*Fagus grandifolia*)							
NW	4.3	5.9	40.4	0.8	1.8	21.7	0.9
TW	3.3	6.1	54.7	3.0	1.2	13.3	0.8
ポプラ(*Populus tremuloides*)							
NW	3.9	3.7	44.4	1.1	3.5	21.2	0.9
TW	3.1	4.6	54.5	1.4	1.3	17.1	0.8
Prunus pensylvanica(バラ科)							
NW	4.5	4.7	43.4	1.4	2.6	24.9	0.7
TW	3.1	4.2	53.5	2.8	1.5	18.1	0.8
ハリエンジュ(*Robinia pseudoacacia*)							
NW	2.7	4.7	42.0	0.8	2.2	16.7	0.4
TW	1.6	4.3	51.2	1.4	1.2	14.2	0.3
アメリカニレ(*Ulmus americana*)							
NW	3.0	4.7	50.2	0.9	3.4	15.1	0.4
TW	2.9	5.2	54.3	1.4	1.5	13.2	0.5

注) NW:正常材、TW:引張あて材

であり、その他にグルコマンナンがある(**0.2.2参照**)。Fujii *et al.*(1982)はブナ(*Fagus crenata*)の引張あて材部、ラテラル材部、オポジット材部の組成を比較し、引張あて材部ではガラクトースが多く、キシロース、マンノースの比率が低いことを示した。さらにこれら3つの材から抽出したヘミセルロース画分のゲルろ過分析を行っている。その結果、これらの3つの材部から抽出したヘ

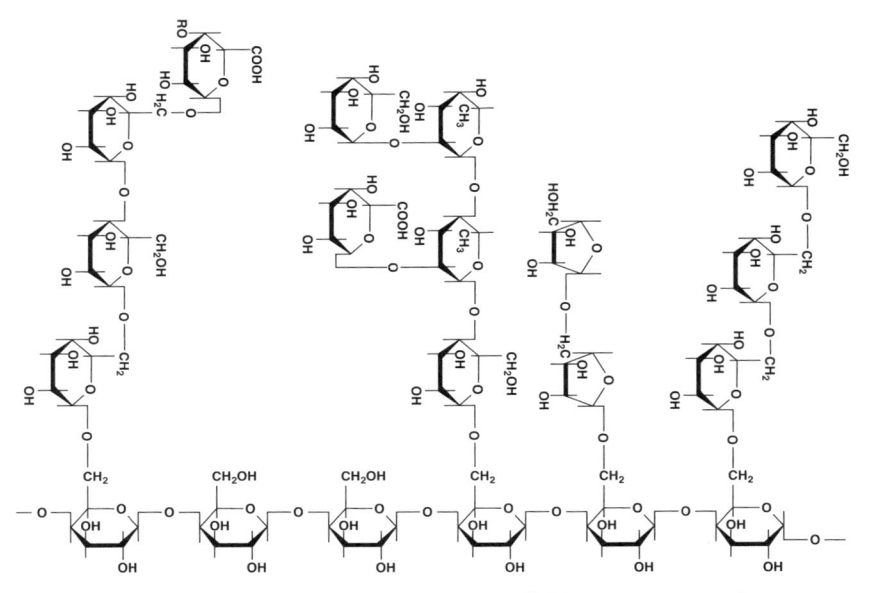

図2-1-9 引張あて材におけるガラクタンの構造(Kuo & Timell 1969)

　ミセルロース画分はほぼ同様の分子量分布を示した。Azuma et al.(1983)は引張あて材のキシランについて、その分子量や化学構造をラテラル材部及びオポジット材部のキシランと比較し、それら3種類のキシランの間に大きな差異が見られないことを報告している。このことは引張あて材ではキシランの組成は変化するが、その化学構造は大きく変化しないことを示唆している。交雑ポプラ(*Populus tremula*×*P. alba*, Foston et al. 2011)およびギンゴウカン(*Leucaena leucocephala*, Pramod et al. 2013)引張あて材の糖組成を調べた報告では、いずれもキシロース含有率が正常材に比べて減少することが示されている。一方、Aguayo et al.(2010)およびAguayo et al.(2012)はユーカリ(*Eucalyptus globulus*)引張あて材の糖組成を調べ、いずれもキシロース含有率が正常材よりも増加すると報告している。このようなキシラン含有率の違いが樹種によるものなのか、壁層構造や分析方法によるものなのかは不明であり、更なる検証が必要である。

　広葉樹材ではマンノース含有率はキシロースに比べて低い。これまでの報告

では、引張あて材におけるマンノース含有率は正常材とほぼ同じという報告もあるが、低いという報告が多い。このことから、引張あて材ではグルコマンナンの含有率が減少する傾向にあると思われる。

2.1.4 リグニン
2.1.4.1 圧縮あて材のリグニン(裸子植物)

　圧縮あて材の特徴は、リグニン含有率が正常材に比べて高く(右田 1968)(**表2-1-1**)、リグニン構成単位はグアイアシル(G)核に加えて、p-ヒドロキシフェニル(H)核が含まれることがあげられる(Lapierre & Roland 1988)(**表2-1-5**)。組織構造学的見地から圧縮あて材の特長が強くでていれば、リグニン中のH核の割合も高くなるが、G核の割合に比べれば、低い値である。

　紫外線顕微鏡法(馬場 2011)、ミクロオートラジオグラフィー法(Fujita & Harada 1979; Fukushima & Terashima 1991a)による研究により、圧縮あて材仮道管のリグニン濃度は、複合細胞間層(compound middle lamella：CML)とS_2層外側(oS_2層、$S_2(L)$層)で高く、S_2層内側(iS_2層)にいくにしたがって低下することが示された(**2.2.3**参照)。一方、正常材仮道管では、複合細胞間層でリグニン濃度が最も高く、二次壁ではS_1層・S_2層・S_3層ともに濃度がほぼ一定であることが示されている。

　あて材仮道管のS_1層形成期、すなわち木化初期においては、正常材と同様、コーナー部細胞間層と複合細胞間層(CML)でリグニンの活発な沈着がみられる。しかし、あて材仮道管の二次壁リグニンの形成過程は、正常材とは大きく異なる。あて材仮道管ではS_2層形成中に$S_2(L)$層外層で非常に活発なリグニン沈着を示し、内層にいくに従ってリグニンの沈着量は低下するのに対し(あて材ではS_3層は存在しない)、正常材仮道管の二次壁の木化は、S_3層が形成されたのちにS_1・S_2・S_3の各層でほぼ一斉に進行し、各層で同程度のリグニン量を沈着させる(Fukushima & Terashima 1991a)。

　圧縮あて材のチオアシドリシス分析(β-O-4型結合を選択的に解裂させ、単量体や2量体を分解物として与える)の結果は、あて材リグニンはH核の割合が高いことを示している(Rolando *et al.* 1992)(**表2-1-5**)。Gリグニンのβ-O-4型構造に由来する分解物収量(リグニン1gあたり)は、オポジット材

表2-1-5 リグニンのグアイアシル(G)、シリンギル(S)、p-ヒドロキシフェニル(H)構造に由来するチオアシドリシス生成物(C₆-C₃モノマー)の収量(μモル／クラーソンリグニン1g) (Rolando et al. 1992)

		H-T	G-T	S-T	合計	(H-T)/(G-T)	(S-T)/(G-T)
カイガンショウ Pinus pinaster	圧縮あて材	207	934	n.d.	1141	0.22	—
	オポジット材	25	992	n.d.	1017	0.03	—
ポプラ Populus euramericana	引張あて材	検出されず	732	1080	1812	—	1.48
	オポジット材	検出されず	763	1186	1949	—	1.55

n.d: 測定せず

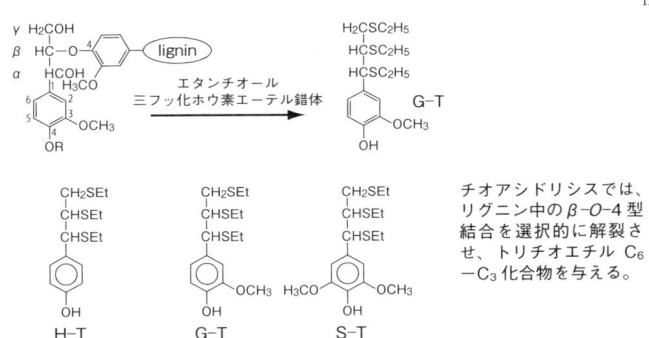

チオアシドリシスでは、リグニン中のβ-O-4型結合を選択的に解裂させ、トリチオエチル C₆-C₃ 化合物を与える。

　(正常材)と比較して大きな差はなく、圧縮あて材において縮合型・非縮合型構造(リグニン構成単位間結合の種類)は変わらないことを示唆している。
　また、ジアゾメタンによりメチル化したカイガンショウ(Pinus pinaster)あて材部リグニン試料をチオアシドリシス法により分析した結果は、分解生成物のH型モノマーの約90％がメチル化されており、Hリグニンのβ-O-4型構造のフェノール性水酸基のほとんどが遊離のまま存在していることが示された(Lapierre & Roland 1988)。
　Önnerrud (2003)は、圧縮あて材部において、チオアシドリシス生成物を脱硫還元した2量体画分よりH核を含む化合物を確認し、天然リグニン分子内にH核が存在することを示した。Saito & Fukushima(2005)も、クロマツ(P. thunbergii)あて材部より得られたチオアシドリシス生成物をさらに脱硫還元することにより、2量体レベル(リグニン構造単位間結合に関する情報)での化学構造を明らかにした。その結果、幾つかのH-H型、H-G型の2量体を検出

したが、H-H型の二量体は僅かにしか存在していなかった(**図2-1-10**)。トドマツの水素添加分解物からも、G核とH核のβ-5型に加え、H核同士が結合したβ-5型の2量体が単離された(Yasuda & Sakakibara 1975)。H核を含む2量体構造がG核同士の2量体構造と同様であることから判断すると、圧縮あて材部に含まれるH核は、Gリグニンの高分子化の過程と同様のメカニズムでリグニン中に組み込まれるものと推定される。

イチョウ(*Ginkgo biloba*)はS_2層内側に圧縮あて材特有のらせん状溝(helical cavity)を持たないが、傾斜下側の材は、仮道管の横断面が丸くなる圧縮あて材の特徴を有し(**1.1.2**参照)、構成単位にH核を含んでおり、針葉樹圧縮あて材の性質を良く表わしている。Hリグニンは芳香核3位と5位の両方で炭素－炭素結合を形成できるため、Gリグニンに比べて高い頻度で縮合型構造を形成すると推察されるが、放射性同位元素でH核を選択的に標識した新生リグニンのニトロベンゼン酸化の結果は、Hリグニンが縮合型構造を多く含むことを支持しなかった(Fukushima & Terashima 1991b)。

針葉樹の形成層付近にはコニフェリンなどモノリグノール配糖体が多く含まれることが知られている。木化中のクロマツ正常材とあて材の形成層付近のモノリグノール配糖体の分布を詳細に調べた結果、コニフェリンは正常材とあて材部双方に存在するが、*p*-グルコクマリルアルコール(Hリグニンの前駆物質である*p*-クマリルアルコールのグルコース配糖体)は、あて材部にしか存在しないことが明らかとなった。このことは、正常材とあて材における配糖体の分布とリグニン構造(H、G組成)が対応していることを示しており、あて材リグニン形成においても、モノリグノール配糖体が関与していることを強く示唆した(Fukushima *et al.*1997)。

2.1.4.2 引張あて材のリグニン(被子植物)

引張あて材のリグニン含有率は概して低い(**表2-1-2**)。これは、リグニンを含まないG層の存在や二次壁の内層でリグニン含有率が減少する細胞壁の存在が主な要因として考えられている。広葉樹は引張あて材の様式が多様で、最も典型的な引張あて材は、リグニンを含まないG層を細胞壁に持つものであるが、二次壁の外側から内側へ向かってリグニン濃度が徐々に減少するものや、正常材とほとんど変わらず成長量(年輪幅)だけが大きくなるものまで多種多様

2.1 あて材の化学成分   141

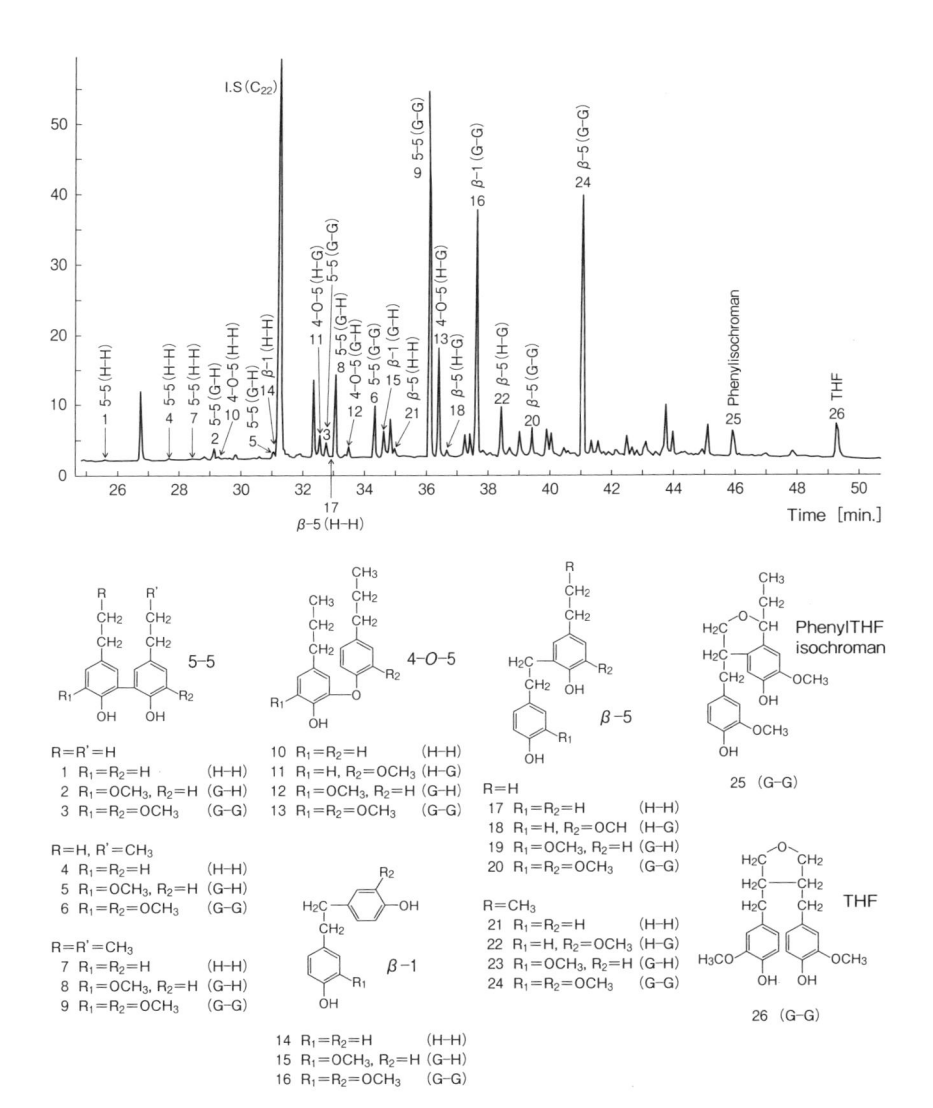

5-5

R=R'=H
1 R₁=R₂=H   (H-H)
2 R₁=OCH₃, R₂=H   (G-H)
3 R₁=R₂=OCH₃   (G-G)

R=H, R'=CH₃
4 R₁=R₂=H   (H-H)
5 R₁=OCH₃, R₂=H   (G-H)
6 R₁=R₂=OCH₃   (G-G)

R=R'=CH₃
7 R₁=R₂=H   (H-H)
8 R₁=OCH₃, R₂=H   (G-H)
9 R₁=R₂=OCH₃   (G-G)

4-O-5
10 R₁=R₂=H   (H-H)
11 R₁=H, R₂=OCH₃   (H-G)
12 R₁=OCH₃, R₂=H   (G-H)
13 R₁=R₂=OCH₃   (G-G)

β-1
14 R₁=R₂=H   (H-H)
15 R₁=OCH₃, R₂=H   (G-H)
16 R₁=R₂=OCH₃   (G-G)

β-5

R=H
17 R₁=R₂=H   (H-H)
18 R₁=H, R₂=OCH   (H-G)
19 R₁=OCH₃, R₂=H   (G-H)
20 R₁=R₂=OCH₃   (G-G)

R=CH₃
21 R₁=R₂=H   (H-H)
22 R₁=H, R₂=OCH₃   (H-G)
23 R₁=OCH₃, R₂=H   (G-H)
24 R₁=R₂=OCH₃   (G-G)

PhenylTHF isochroman
25 (G-G)

THF
26 (G-G)

図2-1-10 クロマツ（*Pinus thunbergii*）あて材部からのチオアシドリシス生成物をさらに脱硫還元することにより得られた2量体のガスクロマトグラム（GC-MS）
クロマトグラム上に示した番号に対応するピークの構造式も示した。

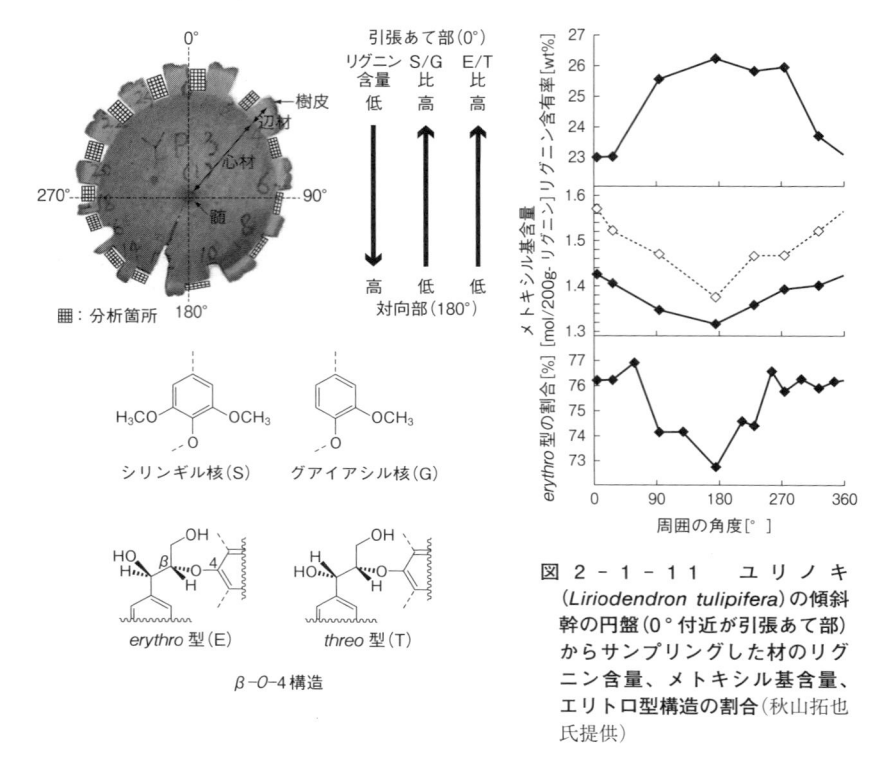

図 2-1-11 ユリノキ (*Liriodendron tulipifera*)の傾斜幹の円盤(0°付近が引張あて部)からサンプリングした材のリグニン含量、メトキシル基含量、エリトロ型構造の割合(秋山拓也氏提供)

である。

Akiyama *et al.*(2003)は、ユリノキ(*Liriodendron tulipifera*)の傾斜幹円盤からあての程度が異なる円周上の辺材を試料としてリグニン含有率と化学構造をオゾン分解法により詳細に分析した。リグニン含有率は引張あて材部で最も低く、その反対側で最も高くなった。S/G比(シリンギル/グアイアシル比)は、あて材部で最も高く、その反対側で最も低くなった(図2-1-11)。β-O-4型構造はその立体構造の違いからエリトロ(*erythro*)型とトレオ(*threo*)型に分類(図2-1-11)されるが、エリトロ型の割合があて材部で最も高く、その反対側で最も低くなった。引張あて材部のリグニン構造は正常材(オポジット材部)と比べて明確な差異が認められるが、急激に化学構造が変化しているのではなく、「あて」の程度に応じて連続的に変化していることが示された(Akiyama *et al.* 2003)。

2.1 あて材の化学成分　　143

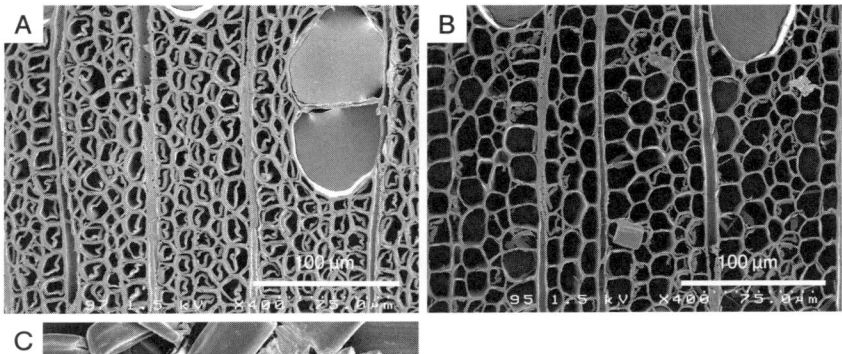

チオアシドリシスによるリグニン分析結果
(mol/g)

チオアシドリシス 生成モノマー	木粉全体	ゼラチン層
G-T	9.7×10^{-5}	検出されず
S-T	20.1×10^{-5}	検出されず

(G-T, S-T は表 2-1-5 を参照)

図 2-1-12　交雑ポプラ(*Populus charkowiensis* × *P. caudina*)の引張あて材部の走査電子顕微鏡写真(超音波処理前(A)後(B))と単離されたG層の走査電子顕微鏡写真およびリグニン分析結果
超音波処理でG層のみが選択的に単離(C)されていることがわかる(吉田正人氏、秋松綾美氏提供)。

　Yoshizawa *et al.*(1993b, 1999)は、傾斜の下側に偏心成長を示し、広葉樹でありながら圧縮あて材に類似した組織を形成するチョウセンヒメツゲ(*Buxus microphylla* var. *insularis*, **1.2.2**参照)のあて材部リグニンを調べた結果、仮道管と道管の両者で正常材に比べてリグニン含有量は多く、その増加は主にグアイアシルリグニンの増加に由来すると推定した(**2.1.4.3**参照)。

　交雑ポプラ(*Populus charkowiensis* × *P. caudina*)の引張あて材部を超音波処理してG層(ゼラチン層)だけを単離して、化学分析をおこなったところ、G層からはチオアシドリシス生成物は検出されず(秋松 2004)、リグニンは含まれていないことが示された(**図 2-1-12**)。一方、シナピルアルコールの脱水素重合物に対する抗血清を用いた免疫法による観察結果は、G層においてもシリン

ギルリグニンの存在を示していた(Joseleau et al. 2004)。樹種による差異である可能性は否定できないが、分析法の長所短所を十分に考慮して評価する必要がある。

2.1.4.3　傾斜下側に偏心成長する広葉樹におけるリグニン分布と沈着過程

Yoshizawa et al.(1993a)はチョウセンヒメツゲ(*Buxus microphylla* var. *insularis*)を傾斜させ、組織・構造の変化を観察した。その結果、傾斜下側に偏心成長が起こり、G層を持った木部繊維の形成は見られないこと、傾斜下側に針葉樹の圧縮あて材に類似してリグニン濃度が増加し、S_3層を欠くが、らせん状の裂け目が形成されない細胞が存在することを見い出した。彼らはこの細胞を仮道管、後に繊維状仮道管と呼んだ。Yoshizawa et al.(1993b)はさらにチョウセンヒメツゲの傾斜下側にできる繊維状仮道管について、紫外線顕微分光測光法およびウィスナー反応およびモイレ反応後の可視域顕微分光測光法によって、GおよびSリグニンの分布を調べた。その結果、傾斜下側では、道管および繊維状仮道管の細胞壁において、特に二次壁の外側部分でのリグニン中のG単位の割合が増加することを示した。Baillères et al.(1997)はセイヨウツゲ(*Buxus sempervirens*)の傾斜下側にできるあて材についてリグニンの構造を調べ、針葉樹の圧縮あて材と同様に、H核に富み、構成単位間結合として炭素-炭素結合の割合が高いことを示した。このように、*Buxus*は広葉樹であるが、そのあて材は針葉樹に形成される圧縮あて材に類似しているということができる。Yoshizawa et al.(1999)はチョウセンヒメツゲの正常材およびあて材の分化中木部を用いて、細胞壁の形成と木化の過程を調べた。その結果、正常材の繊維状仮道管では、GおよびSリグニンが主としてS_2層肥厚中とS_3層形成後に沈着するのに対し、道管では主としてS_2層肥厚中に活発に堆積することを示した。一方、あて材の道管および仮道管ではGリグニンがS_2肥厚の初期段階から長い時間をかけて堆積すること、S_2層の肥厚が完了後にS_2層の外側部分に活発に木化が起こること、Sリグニンは主としてS_2肥厚中に堆積することを明らかにした。最近では、Wang et al.(2010)はサンゴジュ(*Viburnum odoratissimum* var. *awabuki*)の枝を傾斜させ、下側に偏心成長した部分のセルロースの結晶の特徴およびリグニン化学構造を調べている。その結果、上側と下側でセルロースの結晶の特徴は大きな違いが見られなかったが、下側ではリ

グニン中のβ-O-4型結合の割合、S単位の割合が低く、G単位の割合が高いことを示した。Aiso et al.(2013)はクチナシ(*Gardenia jasminoides*)の幹を傾斜させ、下側に形成される圧縮あて材様組織では、木部繊維および道管二次壁と細胞間層でのフロログルシン・塩酸反応の染色性が増加し、木部繊維二次壁と細胞間層でのモイレ反応の染色性が減少することを示した。以上の結果は、広葉樹において下側に偏心成長する場合にも細胞壁成分の分布に変化が生じること、そしてその変化は上側に偏心成長する場合と異なることを示している。なお、これらの特異的な広葉樹あて材の組織・構造については、**1.2.2**を参照されたい。

2.1.5 抽出成分

　木材を中性の溶媒で抽出することによって得られる多種多様な化合物を総称して抽出成分と呼ぶ。正常材では、主要3成分(セルロース、ヘミセルロースおよびリグニン)の化学構造は一般に樹種による変動が少ないのに対し、抽出成分の構成は樹種によって極めて多様であり、抽出成分は樹種を化学的に特徴付ける成分であるとも言われている。例えば、抽出成分に属する化合物は、木材の色調・におい・耐久性・接着性・薬効等の決定因子となっている(梅澤 2003)。

　あて材の化学成分は、正常材と著しく相違する。針葉樹の圧縮あて材では正常材と比べてリグニン含有率が多く、広葉樹の引張あて材では正常材と比べリグニン含有率が少ないのは、前節(**2.1.4**)に述べられている通りである。あて材に関する研究例は非常に多く、多糖とリグニン含有率の分析に関する報告は多々あるが、あて材の抽出成分の分析に関する報告はかなり限られている。なお、化学成分組成と正常材の組成とを比較した例は、**表2-1-1**および**2-1-2**に示されている。

　通常の圧縮あて材は正常材より濃色を呈する(馬場 2003)。材色は抽出成分により決定されることが多いことから、圧縮あて材の抽出成分含有率は多いと推測しがちであるが、古くは、圧縮あて材の抽出成分含有率は正常材より多くないと報告された(Dadswell & Hillis 1962; 右田 1968)。また、カラマツ(*Larix kaempferi*, syn. *L. leptolepis*)の圧縮あて材の抽出成分含有率(1.27%)は

心材のそれ(2.89%)より少ないことが報告された(Yasuda et al. 1975)。しかし、このカラマツの圧縮あて材の抽出成分含有率は、正常な辺材の抽出成分含有率(1.03%)よりは若干多いことが示されており(Yasuda et al. 1975)、さらに、トドマツ(Abies sachalinensis)の圧縮あて材の抽出成分含有率(6.03%)は、正常材のそれ(4.63%)と比べて多いことが報告されている(諸星・榊原 1971)。

ただし、いずれにしてもあて材において桁違いに抽出成分含有率が増減しているわけではなく、また、リグニンやセルロースの含有率が大きく変動している中での比較的微量の成分の全量に対する割合の増減であるので、対照の取り方(たとえば、辺材、二次木部全体、或いは心材)によっても結果が変わる可能性があることには注意を要する。

圧縮あて材を含むカラマツ材からのフェノール成分の単離が報告されている。すなわち、正常材と圧縮あて材から、フェルラ酸エステルであるリグノセリルフェルレートと5種のフラボノイド:ピノセンブリン・ナリンゲニン・アロマデンドリン・タキシフォリン・ケンフェロール、(図 2-1-13)が単離されている。一方、p-ヒドロキシベンズアルデヒドは、正常材と圧縮あて材ともに存在するが、圧縮あて材における含有率が高いと報告されている(Yasuda et al. 1975)。

トドマツの圧縮あて材およびオポジット材からは、リグナンであるラリシレジノールのエステル(ラリシレジノール p-クマレートとラリシレジノールフェルレート)が得られている。一方、セコイソラリシレジノール di-p-クマレートはオポジット材のみから得られている(図 2-1-13) (Takehara et al. 1980)。さらに、トドマツの圧縮あて材とオポジット材から、5種のリグナン:コニデンドリン・イソラリシレジノール・ラリシレジノール・ヒドロキシラリシレジノール・オキソラリシレジノール、およびネオリグナンであるグアイアシルグリセロール-β-コニフェリルアルデヒドエーテルが検出された(図 2-1-13) (Sasaya et al. 1980)。これに加えて、リグナンであるピノレジノールが圧縮あて材から単離されたが、オポジット材には検出されていない(図 2-1-13) (Sasaya et al. 1980)。

引張あて材は肉眼的には白っぽく見えることが多い(島地 1983)が、熱帯あるいはオーストラリア産材では濃色を呈する例も報告されている(Dadswell & Hillis 1962)。例えば、アカシア(Acacia sp.)では、濃色の引張あて材が報告さ

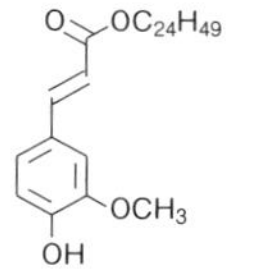

2.1 あて材の化学成分　　　147

リグノセリルフェルレート

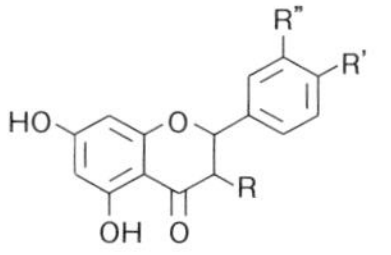

R, R', R"＝：ピノセンブリン
R, R"＝H, R'＝OH：ナリンゲニン
R, R'＝OH, R"＝H：アロマデンドリン
R, R', R"＝OH：タキシホリン

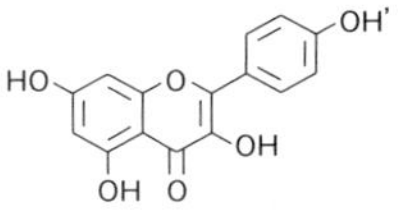

ケンフェロール

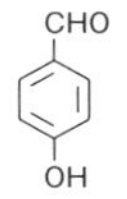

p-ヒドロキシベンズアルデヒド

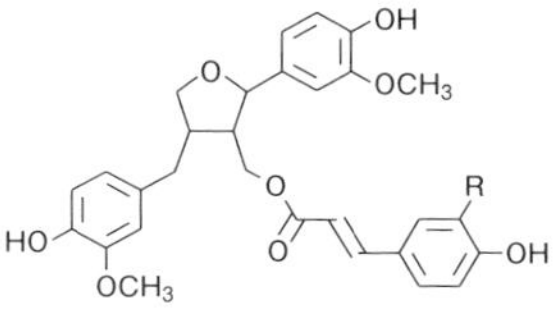

R＝H：ラリシレジノール *p*-クマレート
R＝OCH₃：ラリシレジノール フェルレート

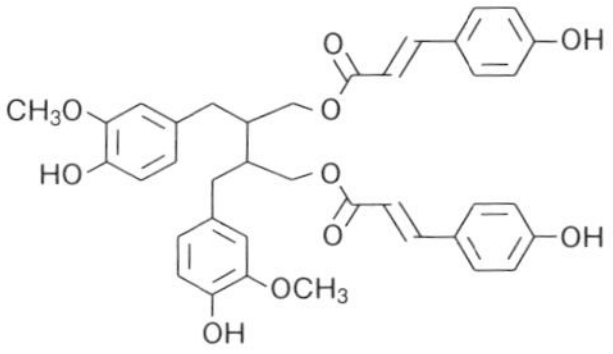

セコイソラリシレジノール di-*p*-クマレート

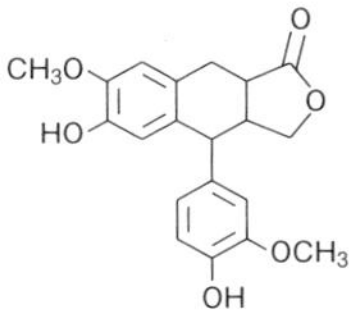

コニデンドリン

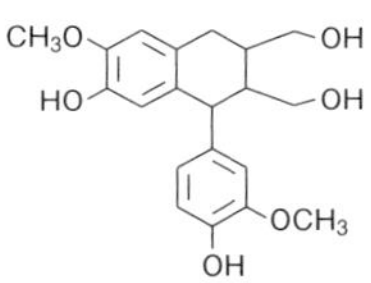

イソラリシレジノール

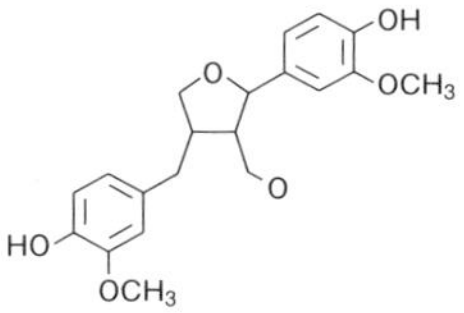

ラリシレジノール

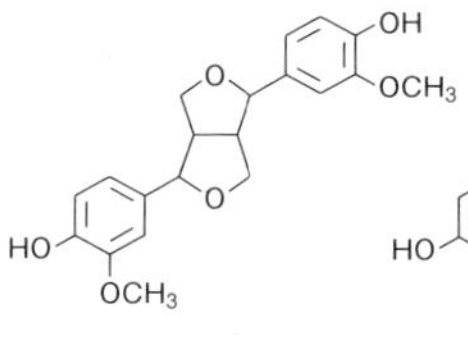

ピノレジノール

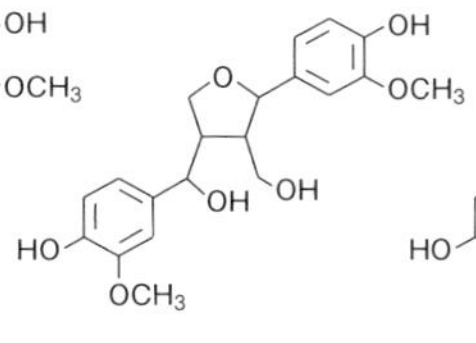

ヒドロキシラリシレジノール

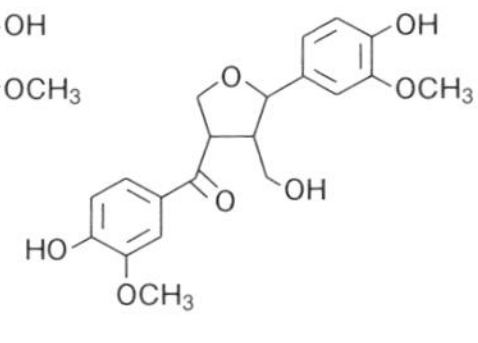

オキソラリシレジノール

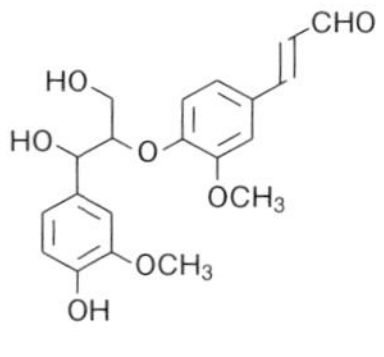

グアイアシルグリセロール-*β*-
コニフェリルアルデヒドエーテル

図2-1-13　圧縮あて材からの単離が報告されたフェニルプロパノイド系化合物
セコイソラリシレジノール di-*p*-クマレートはトドマツ(*Abies sachalinensis*)・オポジット
材のみから得られている(本文参照)。

れている(Hillis 1962)。この引張あて材では、同心円状に正常材が交互にあらわれているが、引張あて材部のポリフェノール含有率は隣接する正常材のそれより若干少なくなっている(Hillis 1962)。

　圧縮あて材と引張あて材ともに、正常材と比べてリグニン含有率が変動していることから、あて材形成に際して、リグニン生合成は正常材形成と比べて大きく変動しているはずである。リグニンはケイヒ酸モノリグノール経路を経由して生成する代表的な二次代謝産物であるが、ケイヒ酸モノリグノール経路に由来する木材抽出成分は、リグナン・ネオリグナン・フラボノイドの他多数あり、これらの抽出成分の生合成が、あて材形成に際してリグニン合成代謝の変化に連動している可能性は十分考えられる。また、逆にリグニン合成代謝のみが変動している可能性もある。もしケイヒ酸モノリグノール経路に由来する抽出成分の生合成に変動がなく、リグニン合成のみが変動しているなら、その代謝制御機構の解明は、代謝工学的に関連代謝に影響を及ぼさず特定の代謝のみ制御するための基盤情報を与えてくれる可能性がある。あて材の抽出成分組成に関する研究例は少ないが、近年、二次代謝産物の生成に関する網羅解析(メタボロミクス)が可能となってきた。そこで、とりわけあて材の形成における代謝調節機構解明との関連において、あて材部の抽出成分(そのほとんどは二次代謝産物とみて差し支えない)の網羅的精査やこれらの成分の生合成の遺伝子発現網羅解析など、抽出成分合成代謝系の網羅解析が待たれる。

2.2　圧縮あて材の形成と成分分布

2.2.1　細胞壁の形成過程

　圧縮あて材の形成は、1.3においても述べたように正常材と同様に形成層細胞の分裂によって開始される。細胞分裂によって生み出された細胞は徐々に放射径を拡大していくが、この時には細胞コーナー部に細胞間隙は存在しない。放射径の拡大が終了する直前になると、細胞が丸みを帯びるようになりコーナー部に細胞間隙が生じる。なぜこの時期に細胞が丸みを帯びるようになるのかは分かっていない。その後、二次壁の堆積が開始され、急激に細胞壁の厚さを増していく(**図2-2-1A**)。Takabe *et al.* (1992)は圧縮あて材分化中木部を蛍

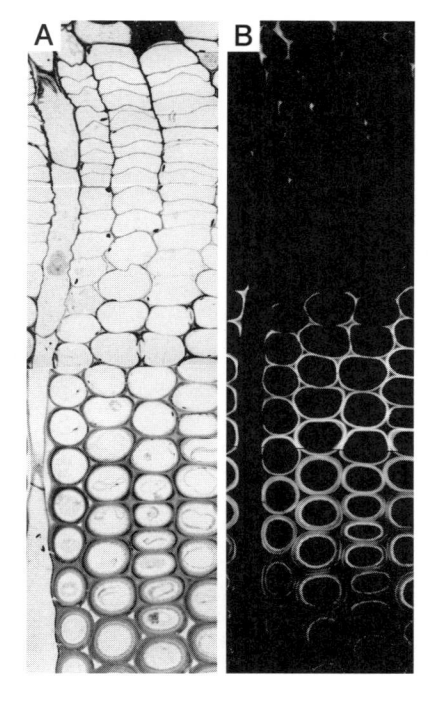

図2-2-1 トドマツ(*Abies sachalinensis*)の圧縮あて材分化中木部の連続切片による光学顕微鏡写真
A：PATAg染色による光学顕微鏡像。B：カルコフルオール染色による蛍光顕微鏡像。

光色素であるカルコフルオールで染色し、蛍光顕微鏡下でセルロース堆積の様子を観察した（図2-2-1B）。カルコフルオールはセルロースに高い親和性があり、青白色の蛍光を発する。一次壁形成中は極めて弱い蛍光しか観察できないが、S_1層形成が開始されると細胞壁に強い蛍光が現れる。とりわけS_1層形成開始期にはコーナー部のS_1層に強い蛍光が観察される。その後、同心円的に強い蛍光が認められ、細胞壁形成の進行とともに蛍光を発する細胞壁は厚みを増していく。細胞壁の内腔側に「裂け目」あるいは「うね」が観察される頃になると二次壁外側の蛍光は弱くなり、最終的には内腔側のみに弱い蛍光が観察される。細胞壁形成の進行とともに、蛍光を発する細胞壁部分が内腔側へ求心的に絞られていくのは、細胞壁の木化と関係している。すなわち、セルロース周囲をリグニンが覆うことにより、カルコフルオールがセルロースミクロフィブリルと結合できなくなるからである。

一次壁形成終了期で細胞間隙が形成され始めた仮道管を透過電子顕微鏡で観察すると、細胞コーナー部では堆積していた多糖類が引きはがされていくような様子が観察される（図2-2-2）。このような断片化された多糖類は、二次壁形成期の細胞間隙によく観察される（図2-2-3および4）。

放射径の拡大が終了し細胞が丸みを帯びて細胞の外形が決まると、二次壁の形成が開始される。まずS_1層が堆積する。ミクロフィブリルは緩傾斜でその

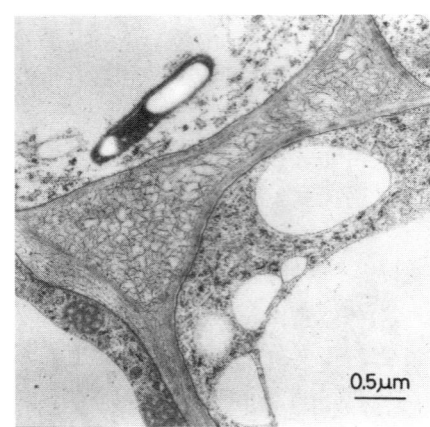

図2-2-2 一次壁形成終了期のトドマツ (*Abies sachalinensis*) の圧縮あて材仮道管
コーナー部に堆積した多糖類が引きはがされ間隙ができ始めている。

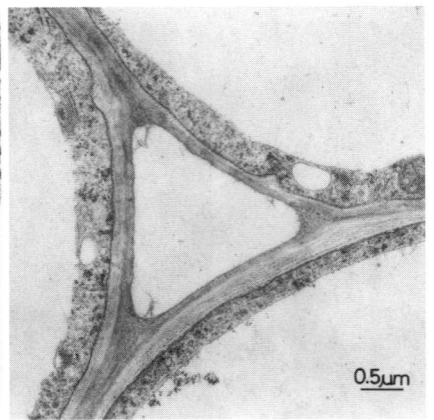

図2-2-3 S₁層形成期のトドマツ (*Abies sachalinensis*) の圧縮あて材仮道管
明瞭な細胞間隙が生じており、細胞間隙内に引きはがされた多糖類が散見される。

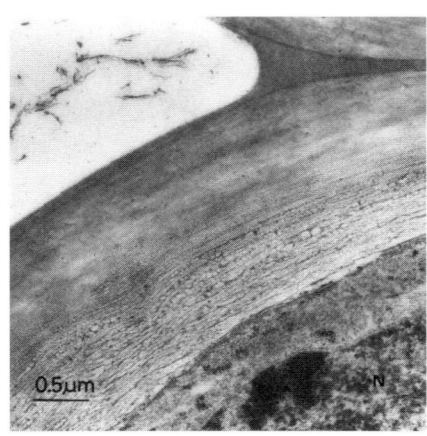

図2-2-4 oS₂層形成期のトドマツ (*Abies sachalinensis*) の圧縮あて材仮道管
セルロースミクロフィブリルは疎に堆積しフィブリル間には不定形の物質が存在する。

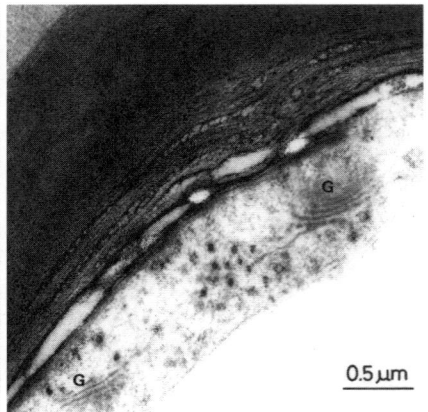

図2-2-5 oS₂層形成期のトドマツ (*Abies sachalinensis*) の圧縮あて材仮道管
PATAg染色により細胞壁とともに不定形の物質も良く染色された。細胞内ではゴルジ小胞が良く染色されている。G：ゴルジ装置。

傾角は90°に近く、Sらせん(S-helix)、もしくはZらせん(Z-helix)である。圧縮あて材のS$_1$層は正常材のそれに比べやや厚く堆積する。この時の細胞壁は、接線壁や放射壁の肥厚に比べコーナー部での肥厚が顕著である(**図2-2-3**)。

S$_1$層の形成が終了すると、S$_2$層の形成が開始される(**図2-2-4および5**)。ミクロフィブリル傾角は徐々に角度を変え、45°近くに達する(**図2-2-10**)。この時のミクロフィブリルはZらせんである。S$_2$層は前半に形成される細胞壁と後半に形成されるそれが細胞壁構造や化学成分が大きく異なることから、oS$_2$層と内側のiS$_2$層に分けられる。oS$_2$層はリグニンに富んでいることからS$_2$(L)層と表記されることもある(**1.3参照**)。四酸化オスミウム(OsO$_4$)固定され、酢酸ウラニル・クエン酸鉛染色された切片では、形成中のoS$_2$層の細胞壁構造は、明らかに他の細胞壁層と様相を異にしている(**図2-2-4**)。ミクロフィブリルはやや疎に堆積され、ミクロフィブリル間には不定形のマトリックス物質が大量に存在する。形成直後の細胞壁内表面にも不定形の物質が観察される。細胞内ではゴルジ小胞中に同じ染色性を示す物質が含まれている。多糖類をPATAg法(**2.2.2参照**)で選択的に染色すると細胞壁中の不定形のマトリックス物質が強く染色され、ゴルジ小胞も強く染色される。これらは圧縮あて材特有の多糖類がゴルジ装置で合成され、ゴルジ小胞にパッキングされ、小胞のエキソサイトーシス(exocytosis)によって細胞壁に輸送されることを強く示唆している(**図2-2-5**)。

iS$_2$層の形成においても、ミクロフィブリル傾角はおよそ45°でZらせんである(**図2-2-10**)。oS$_2$層形成期にみられた不定形のマトリックス物質の堆積はほとんど見られない(**図2-2-6**)。iS$_2$層形成期に特徴的なことは「らせん状の裂け目(helical cavities)」、あるいは「らせん状のうね(helical ribs)」が形成されることである(**図2-2-7**)。「裂け目」なのか「うね」なのかについては古くから議論されてきた。この歴史的経緯については、Timell(1986)が詳細に解説している。また、らせん状裂け目の形成に関しては、**1.3.1.2.3**も参照されたい。

Casperson & Zinsser(1965)はヨーロッパアカマツ(*Pinus sylvestris*)の圧縮あて材を観察し、不規則な細胞壁成分の堆積により「らせん状のうね」が生じたものと考えた。Fujita *et al.*(1973)、Fujita(1981)も、ミクロフィブリルの競争的な堆積によって「うね」が生じたものと考えた。すなわち、S$_2$層形成のか

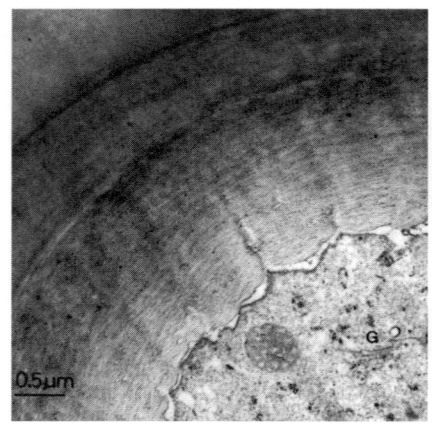

図2-2-6 iS₂形成期のトドマツ(*Abies sachalinensis*)の圧縮あて材仮道管
細胞壁肥厚が進行し「裂け目」の形成が始まっている。G：ゴルジ装置。

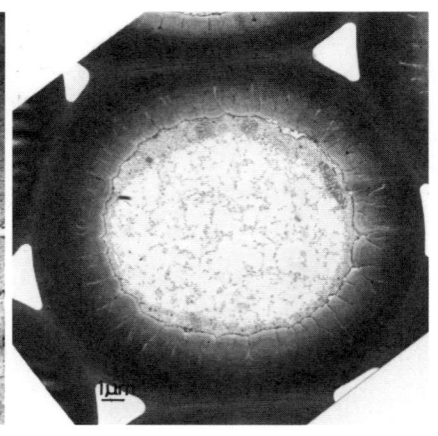

図2-2-7 細胞壁形成終了間近のトドマツ(*Abies sachalinensis*)の圧縮あて材仮道管
細胞壁肥厚がほぼ終了し、細胞壁の「裂け目」は全周にわたって観察される。

なり早い時期から多数の小さな「うね」が生じ、それらは競争しながら肥厚し、いくつかは極めてよく発達して他を覆うようになる。iS₂層形成後期の細胞では、「うね」と「うね」の間に細胞膜が入り込んでおり、「うね」形成説の一つの根拠となっている。さらに「うね」内表面にいぼ状層が観察されることから、「裂け目」が生じたとするならいぼ状層の存在を説明できないとした(**図2-2-8および9**)。

一方、多くの研究者は細胞壁形成中に何らかのメカニズムで細胞壁に収縮の力が働き、「裂け目」が生じたものと考えている。Wardrop & Davies(1964)は、「うね」と「裂け目」の両者の可能性を考慮に入れ、iS₂層のラメラ構造を観察した。一般的に、一次木部に見られるらせん状の二次肥厚部では、ラメラは同心円状に観察される。一方、iS₂層のラメラは常に細胞内表面に対し平行に配向していたことから、彼らはiS₂層が堆積当初は連続的な壁層を形成していたが、ミクロフィブリルに対して直角方向に収縮する力が働くことでらせん状の「裂け目」が生じたものと考えた。Kutscha(1968)も連続的なラメラが堆積した後に、ミクロフィブリル配向に対して直交方向に最初の収縮が発生し、連続的な収縮によって「裂け目」が細胞壁の外側に進行するものと考えた。しかしな

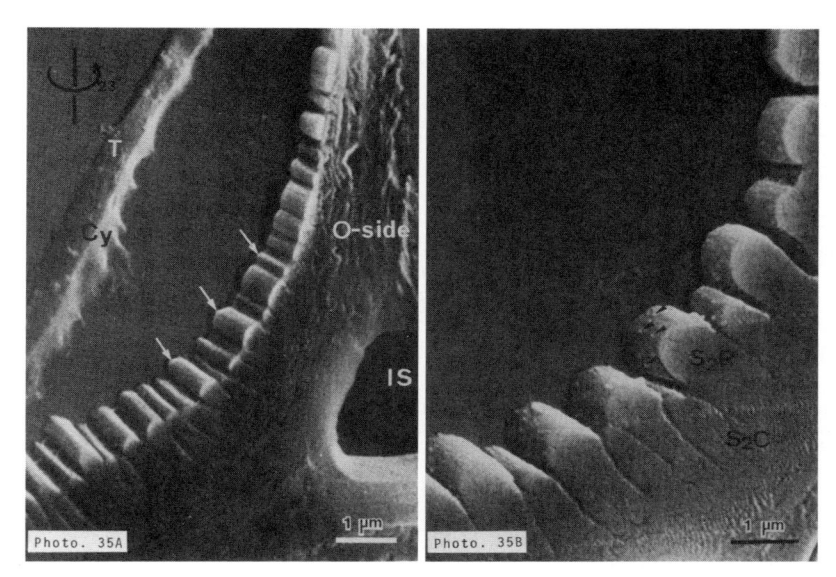

図2-2-8 二次壁形成中のスギ(*Cryptomeria japonica*)圧縮あて材走査電子顕微鏡写真 (Fujita 1981)

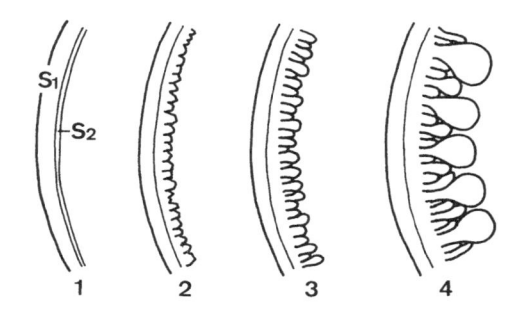

図2-2-9 らせん状の「うね」形成の模式図 (Fujita 1981)

がら、これらの研究では、なぜミクロフィブリルに対して直交方向に収縮の力が生ずるのかについては未解明のままであった。Boyd (1973) は、圧縮あて材の各壁層のミクロフィブリルやヘミセルロース、リグニンの物理的諸性質を考慮して、細胞壁各壁層のひずみを計算した。彼によれば、細胞間層(M)+一次壁(P)、S_1層は木化に伴い円周方向にわずかに膨張し、oS_2層ではわずかに収縮、iS_2層では大きく収縮する。また、すべての壁層は木化に伴い厚さを増し、M層+P層、S_1層、oS_2層は軸方向に著しく膨張し、iS_2層はわずかに膨張する

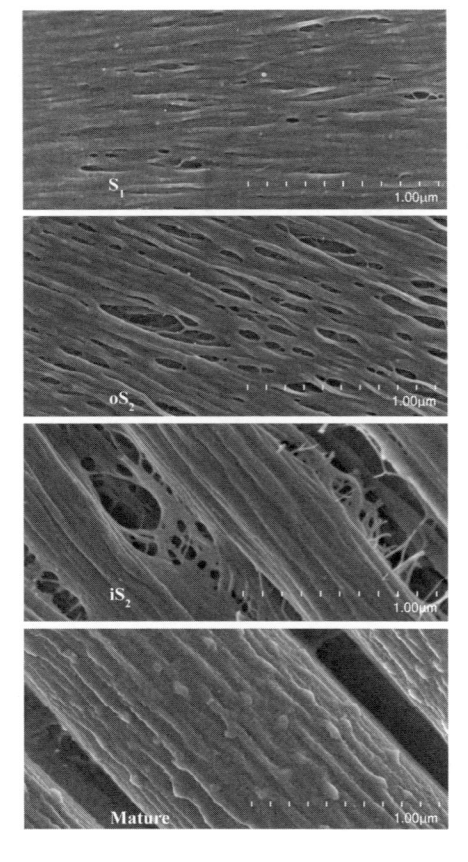

図2-2-10 細胞壁形成中のヒノキ(*Chamaecyparis obtusa*)の圧縮あて材仮道管内表面の高分解能走査電子顕微鏡写真(Kim *et al.* 2012)
S_1層形成期ではミクロフィブリル傾角は細胞長軸に対しおよそ直交し、oS_2層形成期になると徐々に傾角を変え、iS_2層形成期ではおよそ45°の傾角となる。この時期にはらせん状の「裂け目」が観察されるようになり、「裂け目」の中には引き剥がされたようなミクロフィブリルが存在する。完成された細胞壁では明瞭な「裂け目」が観察される。

とした。こうして、iS_2層では木化に伴い細胞壁の円周方向に引張力が働き、ミクロフィブリル間に亀裂が生ずるとした。

Kim *et al.* (2012)は高分解能走査電子顕微鏡(FE-SEM)を用いて細胞壁形成中のスギ(*Cryptomeria japonica*)の圧縮あて材仮道管内表面を詳細に観察した(**図2-2-10**)。S_1層形成中の仮道管ではミクロフィブリルは90°に近い傾角を示し、密に堆積している。oS_2層の形成が開始されると傾角はやや傾斜し、ミクロフィブリル間にはやや大きめなスペースが観察されるようになる。iS_2層形成期になるとミクロフィブリルはおよそ45°の傾角を示し、密に堆積しているが、「裂け目」が観察されるようになる。「裂け目」にはミクロフィブリルが引き裂かれたような構造が多数存在している。「裂け目」の中には45°に配向したミクロフィブリルに直交するようなミクロフィブリルが観察されることから、形成中のiS_2層にはミクロフィブリル配向に直交する方向に細胞壁を引き裂く力が働いているものと思われる。

近年、急速凍結・凍結置換法で形成中の圧縮あて材が観察されている(**図

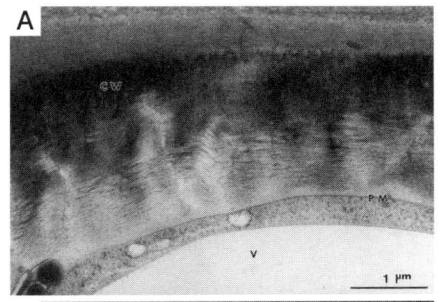

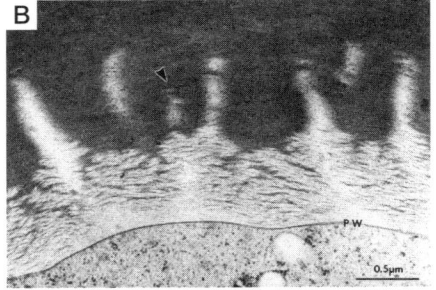

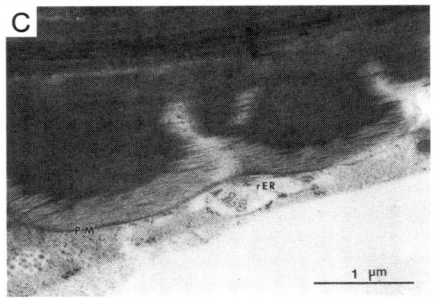

図2-2-11 急速凍結・置換固定法で観察されたiS₂層形成期のスギ(*Cryptomeria japonica*)の圧縮あて材仮道管(猪股 1992)
A:「裂け目」形成初期の仮道管。細胞壁に「裂け目」が観察され始め、細胞壁の一部は座屈を起こしたように観察される。細胞膜は細胞壁内表面を滑らかに覆っている。
B:「裂け目」形成が進行した仮道管。iS₂層の外側部分には明瞭な「裂け目」が観察される。また「裂け目」には引き裂かれた細胞壁を架橋するような構造が観察される。細胞膜は形成中の細胞壁内表面を滑らかに覆っている。
C:「裂け目」形成がさらに進んだ仮道管。iS₂層のラメラが細胞間層と平行に形成されている。細胞膜は「裂け目」の部分でやや細胞壁側に侵入している。

2-2-11)。この方法は、瞬間的に細胞を凍らせた後に低温下で四酸化オスミウム・アセトン溶液により置換・固定するため、生きている状態に近い細胞を観察できるものと考えられている。猪股(1992)、Inomata *et al.*(1992)によると、iS₂層形成中の細胞では細胞壁の一部に細胞の半径方向に座屈を起こしたような構造が観察されたり、内腔側のiS₂層では細胞壁が連続性を持って細胞壁内表面を覆っているのに対し、oS₂層側のiS₂層には所々に亀裂が生じている様子が観察された。これはiS₂層に、何らかの力が生じて座屈や亀裂を形成したものと考えるのが合理的である。

これらの結果を総合すると、iS₂層ではらせん状の「裂け目」が形成される可能性が高い。急速凍結・置換固定法で観察されるiS₂層内部での小さな割れや座屈は「うね」形成説では説明がつかない。またFE-SEMで観察した「裂け目」

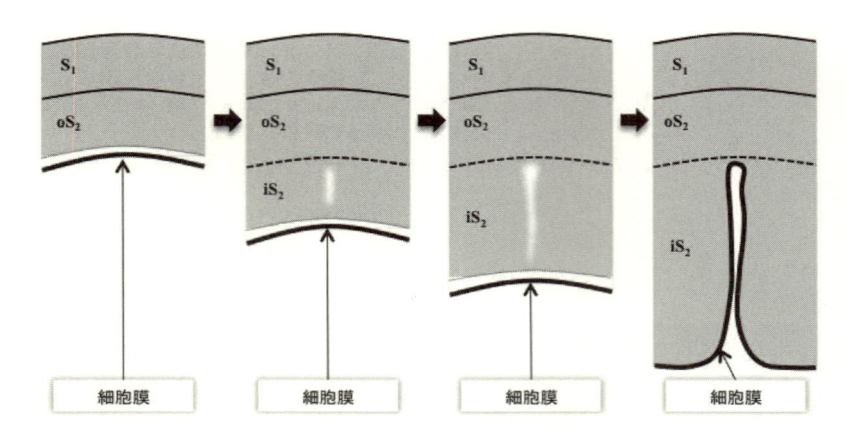

図2-2-12 「裂け目」形成のモデル図

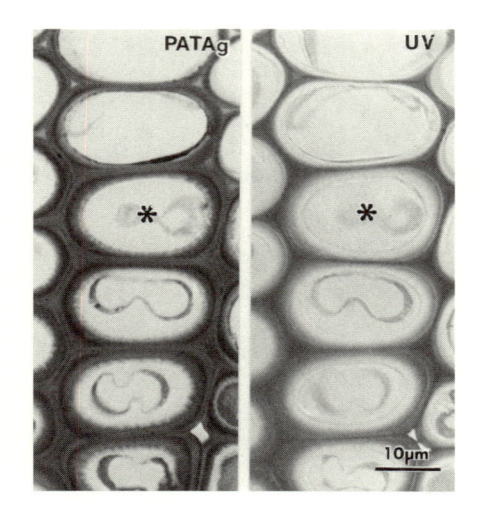

図2-2-13 細胞壁形成中のトドマツ（*Abies sachalinensis*）の圧縮あて材仮道管

連続切片の一部をPATAg染色して光学顕微鏡観察（PATAg）するとともに、他を紫外線顕微鏡観察（UV）した。oS_2層が活発に木化し始めた仮道管（*）でiS_2層に「裂け目」が生じ始めている。

内部は、一旦堆積したミクロフィブリルがミクロフィブリルに直交する力によって引きはがされたような構造を呈している。iS_2層の形成が進行し内部で発生した「裂け目」が細胞壁内表面に達すると、細胞膜は細胞の膨圧を利用して「裂け目」の内部に進入していくものと思われる（**図2-2-12**）。この時、細胞膜の面積は増大するが、これはゴルジ小胞が細胞膜に融合することにより膜成分が供給されるのであろう。その後、最終的な細胞壁形成段階に入り、いぼ状層が細胞壁内表面に形成されるものと考えられる。

では、なぜ「裂け目」ができるような力が細胞壁に生ずるかであるが、まだ明確な結論は得られていない。形成中のiS_2層の細胞壁微細構造から推定する

と、ミクロフィブリルに対して垂直な方向に細胞壁を引き裂く力が働くとともに、細胞壁を厚さ方向に収縮させるような力も働いているように思われる。これらの力はoS_2層が強く木化されることと関係しているのだろう。連続切片を用いて、1枚は多糖類の染色（PATAg）をして光学顕微鏡で観察し、他は紫外線顕微鏡で同じ細胞を観察すると、oS_2層の木化が進行す

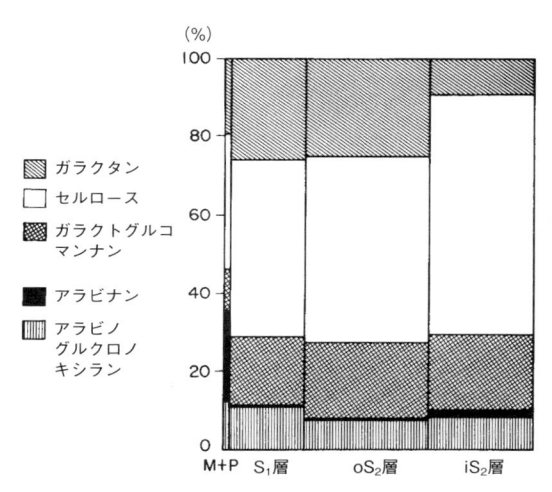

図2-2-14 圧縮あて材細胞壁での多糖類分布
（Côtè et al. 1968）

る時にiS_2層に「裂け目」が生じている（図2-2-13）。木化に伴い細胞壁が膨潤するのか収縮するのかは、未だに細胞壁研究において未解明な大問題であるが、oS_2層が高度に木化することによって収縮するならば、「裂け目」の形成は論理的に説明することが可能である。

2.2.2 ヘミセルロースの堆積と分布

圧縮あて材の細胞壁は、正常材のそれに比べて厚いとは言え、たかだか数μmである。そのため、各壁層を単離してその成分組成を調べることは至難の業である。

Côtè et al.（1968）は、圧縮あて材の分化中木部から放射面切片を切り出し、偏光顕微鏡下で各細胞の細胞壁形成段階を特定した後に、マイクロマニュピレータを用いて（M+P）、（M+P+S_1）、（M+P+S_1+oS_2）、（M+P+S_1+oS_2+iS_2）を持つ4つの分画に切り分けた。その後、各分画の中性糖組成を調べ、各細胞壁層の壁率を勘案して各壁層の中性糖組成を算出した（図2-2-14）。その結果、圧縮あて材に特有のガラクタンはoS_2層で最も多く、S_1層でも多かった。一方、セルロースはS_1層とoS_2層で少なく、iS_2層では多かった。また、アラビノグ

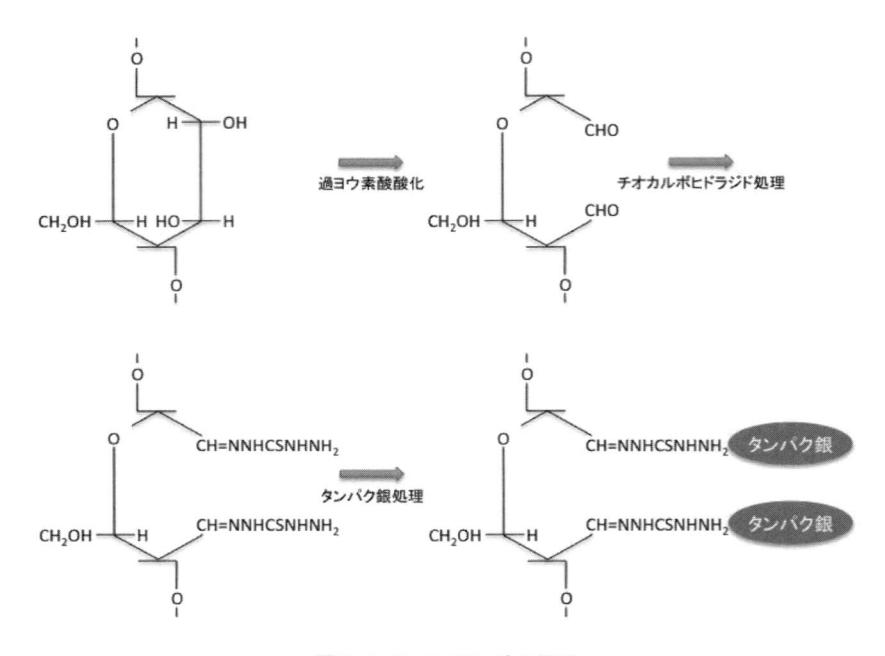

図 2-2-15　PATAg 法の原理

ルクロノキシランは S_1 層でやや多く、ガラクトグルコマンナンは oS_2 層と iS_2 層でやや多かった。このようなマイクロマニュピレータを用いた細胞の切り分けと成分分析は極めて特殊な技術が必要なため、Côtè et al. (1968) の報告の後に追試された研究はない。

　PATAg 法と呼ばれる多糖類の染色法は Thiery (1967) によって開発されると、1970 年代以降さかんに植物細胞壁形成に関する研究に用いられた。この方法は多糖類を構成する単糖の水酸基を持つ隣接炭素間の結合が過ヨウ素酸によって開裂し、反応性の高い2つのアルデヒド基が生ずることを利用している。このアルデヒド基にチオカルボヒドラジドを反応させ、さらにタンパク銀を結合させると、透過電子顕微鏡 (TEM) の下で多糖類を金属銀で標識して観察することができる (図 2-2-15)。

　この方法を細胞壁の多糖類に適用した場合、ペクチンやヘミセルロースが良く染色され、結晶性の高いセルロースは染色性が弱いことが確かめられて

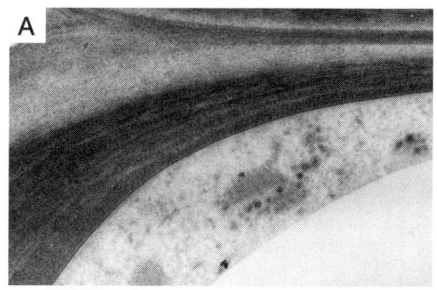

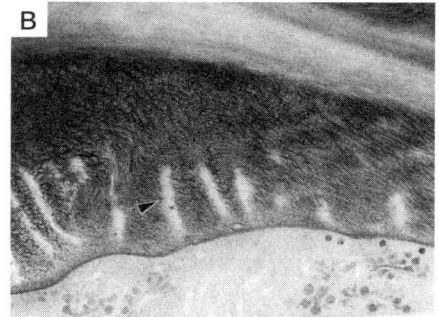

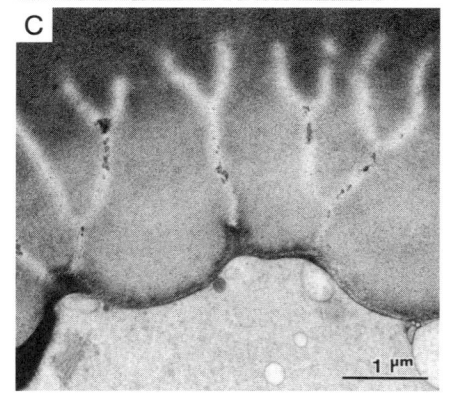

図2-2-16 PATAg染色されたスギ
(*Cryptomeria japonica*)の圧縮あて材
仮道管(猪股 1992)
試料は急速凍結・置換固定法によって得られた。
A：oS_2形成期の仮道管。細胞壁内表面はPATAg法で良く染色される不定形な物質で覆われている。そのすぐ外側はラメラ状の構造が観察される。S_1はすでに木化が始まったものと考えられ染色性が弱くなっている。細胞内ではゴルジ小胞が強く染まっている。
B：iS_2形成期の仮道管。iS_2に裂け目が観察されるが、細胞壁内表面は引き続きPATAg法で良く染色される不定形な物質で覆われている。細胞内ではゴルジ小胞が良く染色されている。
C：細胞壁形成がほぼ終了した仮道管。

いる。急速凍結・置換固定されたスギ(*Cryptomeria japonica*)の圧縮あて材の分化中木部切片にPATAg染色を行い電子顕微鏡下で観察すると、細胞内ではゴルジ装置が良く染色され、ゴルジ層板の形成面から成熟面に向かって染色性が上がっている。これはゴルジ装置内でヘミセルロースの重合が進行していることを示しているものと考えられる。また成熟面側のゴルジ小胞が強く染色されており、小胞内にヘミセルロースが詰め込まれ、小胞のエクソサイトーシスによりヘミセルロースが細胞壁に輸送されるのであろう。細胞壁では、一次壁形成期から二次壁形成完了までの間、細胞壁が強く染色されている。細胞壁内表面は極めて強く染色される薄く均質な構造が観察され、その外側はフィブリル状の構造が観察される。さらにその外側の細胞壁は染色性がやや弱くなり木化が進行中であることをうかがわせる。

細胞壁内表面に見られるPATAg法で強く染色される均質な構造は、通常の化学固定法では観察されないことから、形成中の細胞壁内表面を薄く覆うようにして存在している多糖類が急速凍結法によってその場に保存されるものと思われる(**図2-2-16**)。

PATAg法は多糖類一般を染色し、電子顕微鏡下でそれらの分布を調べることができる優れた方法だが、個々の多糖類を選択的に染色することは不可能である。圧縮あて材の細胞壁中に含まれるヘミセルロースには、ガラクトグルコマンナン、アラビノ-4-O-メチルグルクロノキシラン、ガラクタン等が挙げられる。近年、これらヘミセルロースを特異的に標識する抗体が作製されるようになり、個々のヘミセルロースの堆積過程や細胞壁中での分布が調べられるようになった。

圧縮あて材に特異的なヘミセルロースはガラクタンである。その堆積過程や細胞壁中での分布は長い間未解明のままであったが、近年ガラクタンを特異的に標識するモノクローナル抗体が開発され、それを用いてガラクタンの分布を調べることができるようになった。Kim *et al.*(2010a)によると、スギの圧縮あて材分化中木部ではガラクタンの免疫標識は一次壁形成中の細胞壁上に認められ、続いてS_1層に観察された。oS_2層では顕著な標識が認められたが、iS_2層ではほとんど認められなかった(**図2-2-17**)。S_1層に観察された標識は、壁形成が進行するとともに減少した。脱リグニン処理した圧縮あて材分化中木部の仮道管に免疫標識すると、標識密度は格段に上昇した。脱リグニン処理によりガラクタン標識が格段に上昇することは、ガラクタン堆積後にリグニンがそれを覆うようにして重合していることを示唆している。これらの結果は、ガラクタンが一次壁とS_1層に存在するとともに、oS_2層に大量に存在することを示している。一方、iS_2層にはガラクタンはほとんど存在しない。

Kim *et al.*(2010b)によると、ガラクトグルコマンナンの免疫標識は一次壁形成中には観察されず、S_1層形成開始期にコーナー部のS_1層で認められるようになり、続いてS_1層全域に認められるようになる。oS_2層での標識は弱く、iS_2層での標識はやや強くなる(**図2-2-18**)。成熟した細胞壁では、oS_2層を除いて均一な標識が認められる。このような標識は、脱リグニン処理した分化中木部でも同じように観察される。

2.2 圧縮あて材の形成と成分分布

図2-2-17 スギ(*Cryptomeria japonica*)の圧縮あて材におけるガラクタンの免疫標識(Kim *et al.* 2010a)
ガラクタンの標識はoS$_2$層で顕著でありiS$_2$層ではほとんど観察されない。

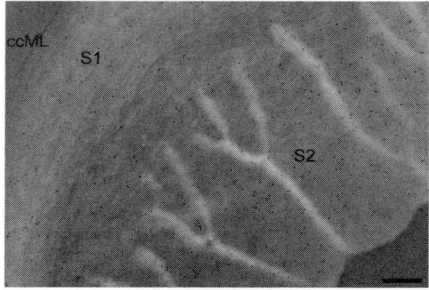

図2-2-18 スギ(*Cryptomeria japonica*)の圧縮あて材におけるガラクトグルコマンナンの標識(Kim *et al.* 2010b)
ガラクトグルコマンナンの標識は二次壁全域で認められるが特にS$_1$層とiS$_2$層で顕著である。ccML：コーナー部細胞。

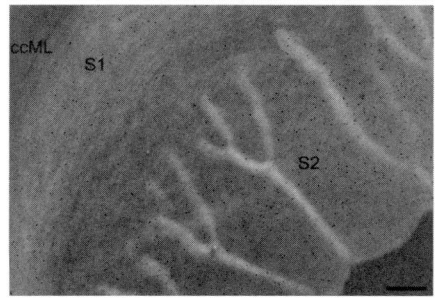

図2-2-19 スギ(*Cryptomeria japonica*)の圧縮あて材におけるキシランの標識(Kim *et al.* 2010c)
キシランの標識はS$_1$層とiS$_2$層に認められるがoS$_2$層には認められない。

　さらにKim *et al.*(2010c)によると、キシランの免疫標識はガラクトグルコマンナンのそれと同じように一次壁形成中は観察されず、S$_1$層形成開始時にコーナー部のS$_1$層で認められ、その後S$_1$層全域に認められるようになる。また、細胞間隙が発達していないコーナー部細胞間層においては、二次壁形成開始とともにキシランの標識が認められる。S$_2$層形成初期にはoS$_2$層に標識は認められず、S$_2$層形成後期でらせん状の裂け目の形成期にはiS$_2$層に標識が認められる(図2-2-19)。

　これらの免疫標識の結果は、ガラクタン、ガラクトグルコマンナン、アラ

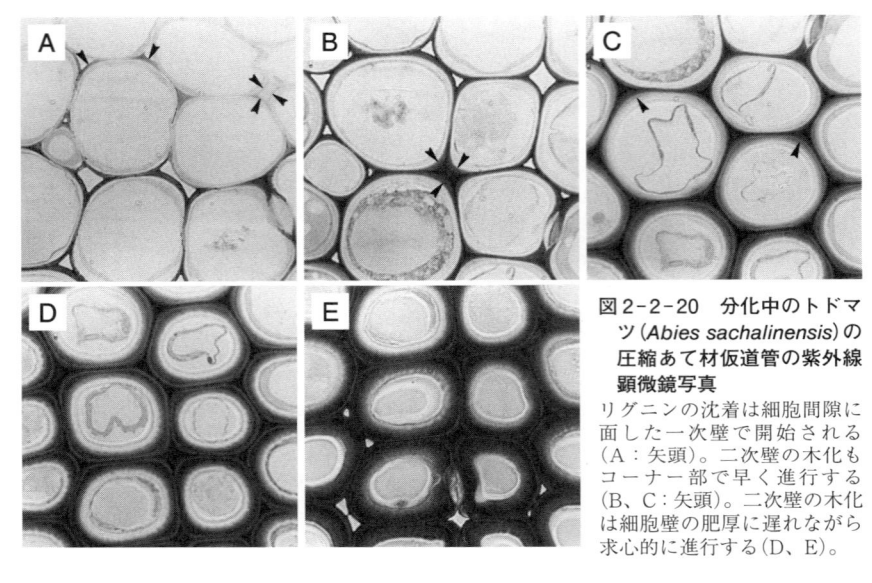

図2-2-20 分化中のトドマツ（*Abies sachalinensis*）の圧縮あて材仮道管の紫外線顕微鏡写真
リグニンの沈着は細胞間隙に面した一次壁で開始される（A：矢頭）。二次壁の木化もコーナー部で早く進行する（B、C：矢頭）。二次壁の木化は細胞壁の肥厚に遅れながら求心的に進行する（D、E）。

ビノ-4-*O*-メチルグルクロノキシランを定量的に取り扱うことはできないものの、それらが二次壁で極めて不均一な分布をしていることを示している。すなわち、ガラクタンはS_1層に存在し、特にoS_2層には顕著に存在するが、iS_2層にはほとんど存在しない。ガラクトグルコマンナンは二次壁全域に存在するが、oS_2層での存在量は少ない。アラビノ-4-*O*-メチルグルクロノキシランはS_1層とiS_2層には存在するがoS_2層にはほとんど存在しない。

2.2.3 リグニンの沈着と分布
2.2.3.1 リグニンの沈着過程

リグニンの沈着過程は主に紫外線顕微鏡を用いて調べられている。これは、細胞壁の主要成分の内、セルロースとヘミセルロースは紫外線を吸収せず、リグニンのみが吸収することを利用している。細胞壁の木化は、二次壁形成開始とともにコーナー部の細胞間隙に面する一次壁から開始される。その後、コーナー部の一次壁を起点として複合細胞間層全体に木化が進行する。複合細胞間層は壁形成の進行とともに木化度が高くなる。二次壁の木化は二次壁の肥厚に遅れて、S_1層の外側部分から始まる。この時もコーナー部のS_1層外側部分で

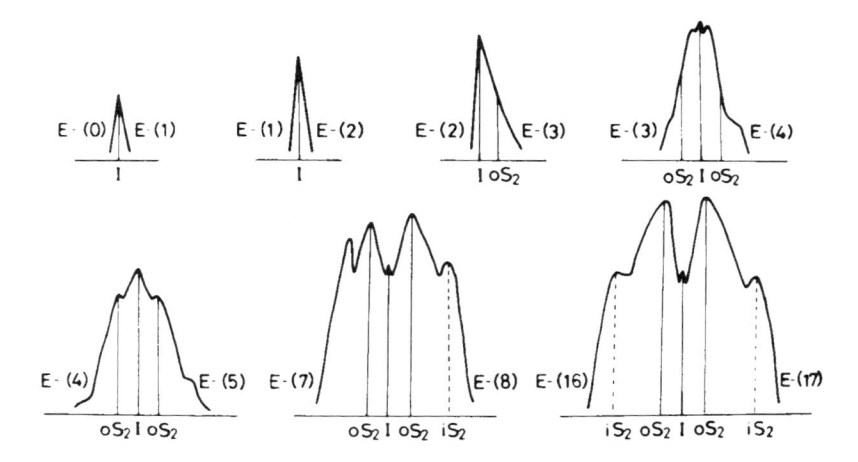

図2-2-21 分化中のスギ(*Cryptomeria japonica*)の圧縮あて材仮道管の紫外線顕微鏡写真ネガフィルムのデンシトメータトレース(Fujita 1981)
木化初期には細胞間層の木化が進行し、やがて二次壁の木化が進行する。最終的にoS$_2$の木化度が細胞間層の木化度より高くなる。E：放射列(radial file)でE列をさす。括弧内の番号はS$_1$の形成が確認された細胞を0として成熟側に順番に番号を付けている。

木化の進行が早い。続いて、木化は徐々に内腔側へと求心的に進行する。この木化の過程で、oS$_2$層は壁形成の進行とともに徐々に木化度を上げていく。iS$_2$層の木化も壁肥厚に遅れて求心的に進行する(**図2-2-20**)。

Fujita *et al.*(1978)は紫外線顕微鏡写真のネガフィルムの銀粒子濃度をデンシトメータで調べ、圧縮あて材仮道管壁の木化の進行を半定量的に扱った。細胞間層の木化は二次壁形成開始とともに始まり、oS$_2$層の肥厚が終了する頃には終了する。一方、oS$_2$層の木化はiS$_2$層形成中に開始され継続的に進行する。最終的には細胞間層の木化度より高くなる場合がある。iS$_2$層の木化も継続的に進行し、最終的にoS$_2$層の木化度の2/3～1/2に達する(**図2-2-21**)。

Fukushima & Terashima(1991a)はリグニン前駆物質を選択的放射標識して、分化中のクロマツ(*Pinus thunbergii*)圧縮あて材とオポジット材の仮道管に投与して、ミクロオートラジオグラフィーにより前駆物質のリグニンへの取り込みを調べ、興味深い報告をしている。彼らによれば、Hリグニンはオポジット材で複合細胞間層に多く見られたのに対し、圧縮あて材では二次壁に活発に

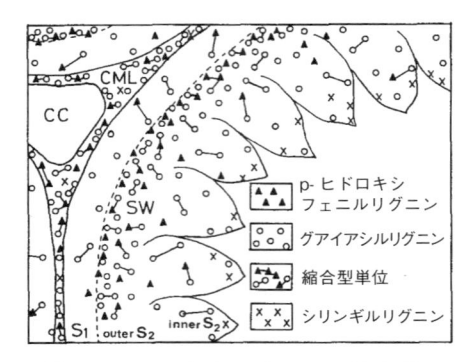

図2-2-22 ミクロオートラジオグラフィーの結果から導きだされた圧縮あて材細胞壁でのリグニン分布のモデル図
(Fukushima & Terashima 1991a)
SW:二次壁、CML:複合細胞間層、CC:細胞コーナー部

取り込まれ、特にoS_2層に顕著であった。Gリグニンは、オポジット材と圧縮あて材とも二次壁に活発に取り込まれ、とりわけ木化後期で顕著だった。圧縮あて材ではoS_2層形成期からiS_2層形成期までの長い期間に取り込まれていた。縮合型のGリグニンは、オポジット材では複合細胞間層に多いのに対し、圧縮あて材では複合細胞間層と二次壁とも相当量分布していた。なお、オポジット材の木化は正常材のそれとよく似ていた。これらの結果を総合して、Fukushima & Terashima(1991a)は圧縮あて材細胞壁でのリグニンの不均一分布のモデル図を提案している(**図2-2-22**)。なお、あて材のリグニンの詳細に関しては、**2.1.4**も参照されたい。

2.2.3.2 木化のメカニズム

細胞壁の木化は、(1)モノリグノール類の生合成、(2)それらの細胞壁への輸送、(3)細胞壁中での脱水素重合による高分子化という3段階で進行する(Takabe et al. 2001)。モノリグノールの生合成に関してはポプラ(*Populus kitakamiensis*)を材料とした研究により、モノリグノールの生合成に関与する酵素が大きく2つに分類されている。一つは細胞質基質に存在する酵素で、他方は細胞小器官の膜上に存在する酵素である。前者にはフェニルアラニンアンモニアリアーゼ(PAL)やカフェー酸*O*-メチルトランスフェラーゼ(CAOMT)などの多くの酵素があるが、後者はケイヒ酸4-ヒドロキシラーゼ(C4H)などのベンゼン核を水酸化する酵素だけである。従って、モノリグノール中間代謝物は細胞質基質と細胞小器官の膜上を行き来しながら、最終的にコニフェリルアルコールやシナピルアルコールに変換されるものと思われる。このプロセスは、針葉樹においても同じであろうと考えられている。

最近になって、Alejandro et al.(2012)はシロイヌナズナ(*Arabidopsis*

thaliana)を用いてモノリグノール類の輸送に関する研究を報告した。モノリグノール生合成に関与する酵素遺伝子と協調的に発現している膜タンパク質遺伝子の中に*p*-クマリルアルコールの輸送に関与するABCトランスポータ様遺伝子が存在することが示された。しかしながら、コニフェリルアルコールやシナピルアルコールの輸送に関与する膜タンパク質の報告はない。

モノリグノール類の脱水素重合は細胞壁中で行なわれる。脱水素重合にはペルオキシダーゼやラッカーゼが関与しているものと考えられている。交雑ポプラ(*Populus sieboldii* × *P. grandidentata*)を用いた研究では、Takeuchi et al.(2005)によって、酸性ペルオキシダーゼは細胞壁形成中の細胞膜上に局在することが示され、ラッカーゼは木化中の細胞壁上に局在することが示されている。近年、平出ら(2012)によって圧縮あて材形成中に発現する遺伝子が調べられるようになり、ラッカーゼが強く発現していることが報告されている。以上のように、モノリグノール類の脱水素重合のメカニズムに関する研究が進められているが、まだ全容の解明には至っていない。なお、圧縮あて材形成と遺伝子発現に関しては、**4.2.2**も参照されたい。

2.2.3.3 リグニンの分布

圧縮あて材のリグニン分布は、正常材のそれとは大きく異なっている。細胞壁構造の特徴としては、横断面形状が丸みを帯び、S_1層が正常材に比べて厚く、ミクロフィブリルは緩傾斜でその傾角は大きい。S_2層も厚く、oS_2層はリグニンに富みiS_2層はらせん状の「裂け目」が存在する。この壁層ではミクロフィブリル傾角が45°程度で、らせん状の「裂け目」はミクロフィブリルに沿って生じている。また、S_3層を欠いている。

リグニン濃度は複合細胞間層で高く、S_1層で低くなり、oS_2層で再び高くなり、iS_2層で低くなる。紫外線吸収を調べると、oS_2層のリグニン濃度が、複合細胞間層のそれよりも高い場合がある。正常材と圧縮あて材のリグニン量を比較すると、後者が多い。これはoS_2層のリグニン濃度が高いことによる。

圧縮あて材のリグニンの特徴としては、正常材に比べてリグニン含有率が高く、Hリグニンが多いことがあげられる。Musha & Goring(1975)はHリグニンの紫外線吸収スペクトルが260 nm付近と280 nmの吸収の差が少ないものと推察している。Whiting & Goring(1982)は正常材の細胞間層分画と二次壁

分画の紫外線吸収スペクトルを調べ、前者では260 nmの吸光度に対する280 nmの吸光度の比が1.00であるのに対して、後者では1.16であったことから、Hリグニンが細胞間層に多く存在しているものと考えた。Lee(1968)は正常材と圧縮あて材の摩砕リグニンの紫外線吸収スペクトルを調べ、260 nmの吸光度に対する280 nmの吸光度の比が圧縮あて材で小さな値を示すことを示しており(**図2-2-23**)、この結果も圧縮あて材においてHリグニンが多いことを示している。

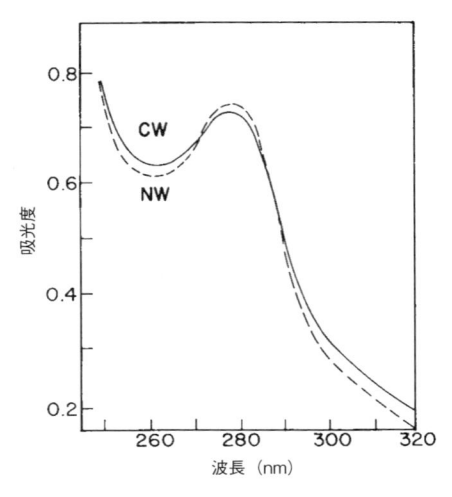

図2-2-23 正常材(NW)と圧縮あて材(CW)から得られた摩砕リグニンの紫外線吸収スペクトル(Lee 1968)

2.3 引張あて材の形成と成分分布

前章(**1.2**)のように、広葉樹のあて材には、ゼラチン層(G層)を形成する樹種と、形成しない樹種の両方が存在する(尾中 1949; Fisher & Stevenson 1981)。本節ではこれらを2つに分け、あて材の成分分布と形成過程についてまとめる。なお、正常材から引張あて材への移行領域における細胞壁構造の変化に関しては、**1.3.2**も参照されたい。

2.3.1 G層を形成する広葉樹
2.3.1.1 木化する壁層の成分分布

G層を形成する広葉樹の木部繊維(G繊維)の細胞壁層構成には、(1) S_1+G、(2) S_1+S_2+G、(3) S_1+S_2+S_3+Gの3つのタイプが存在する(Wardrop & Dadswell 1955)(**1.2**参照)。G繊維では複合細胞間層と二次壁の一部は木化する。これらの木化する壁層を構成する化学成分の含有率および性質が正常材

の相当する壁層と異なるかどうかについては古くから議論されてきた。Timell (1969)は10樹種の正常材と引張あて材の化学組成を調べた。その結果、引張あて材はG層の形成によって正常材よりもセルロース含有率が高いが、セルロース含有率を等しいとして各成分の量を表現すると、引張あて材は正常材に比べてグルコマンナンが少なく、2〜5倍のガラクタンを含み、キシランは等しいかやや少なく、リグニン含有率は同じであることを示した。通常の引張あて材ではS_1とS_2層は薄いことから、これらの壁層のリグニン濃度は正常材のそれよりも高いことを示唆した。Lange(1954)は紫外線顕微鏡法を用いてアメリカブナ(*Fagus grandifolia*)の引張あて材と正常材を比較し、正常材の方がより多くリグニンを含むこと、引張あて材ではほとんど全てのリグニンが複合細胞間層に存在することを報告した。Wardrop & Dadswell(1955)は壁層構造の違いにより、木化する壁層のリグニン分布に差が生じることを示した。すなわち、S_1＋Gタイプでは、S_1層が一部未木化の場合があること、S_1＋S_2＋GタイプではS_1層は常に木化しているが、S_2層は未木化の場合があること、S_1＋S_2＋S_3＋GタイプではS_1・S_2・S_3層は常に正常材と同様に木化することを示した。Bentum *et al.*(1969)は4樹種の正常材および引張あて材の超薄切片から多糖類を除去したリグニンスケルトンを透過電子顕微鏡で観察してリグニン分布を調べた結果、引張あて材のS_1層、S_2層は高度に木化しており、正常材よりも薄いS_2層は正常材よりも木化の程度が高いと考察している。Trenard(1983)はbeech(*Fagus* sp.)の引張あて材の木部繊維は正常材に比べて機械的にあるいは化学的に解離することが難しいことから、最外層のリグニン濃度が高い、あるいはリグニンの重合度が高いと推定している。Prodhan *et al.*(1995)は過マンガン酸カリウム($KMnO_4$)で染色したヤチダモ(*Fraxinus mandshurica*, syn. *F. mandshurica* var. *japonica*)の引張あて材繊維を透過電子顕微鏡で観察し、リグニン分布を調べた。その結果、G繊維のS_1層は正常材に比べて木化の程度が低いことを示した。また、Baba *et al.*(1996)はユーカリ(*Eucalyptus camaldulensis*)の引張あて材の化学的・組織学的性質を調べ、壁層構造がS_1＋Gタイプであり、木化した壁層(S_1層)のリグニン量が正常材に比べて低いことを示した。一方、Xu *et al.*(2006)は過マンガン酸カリウム染色した*Salix gordejecii*(ヤナギ科)の引張あて材におけるリグニン分布

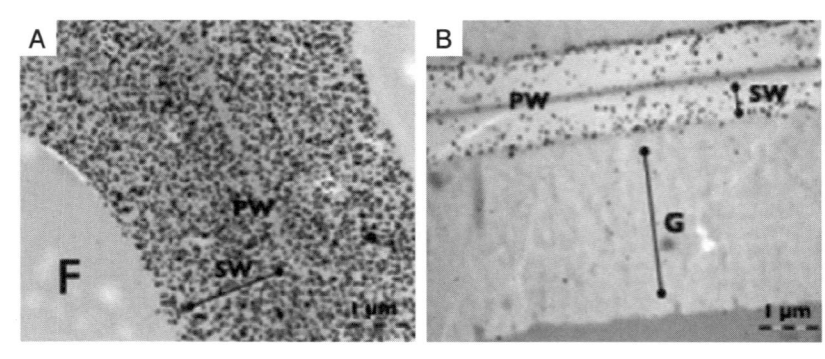

図2-3-1 免疫標識法によって観察した交雑ポプラ(*Populus tremula* × *P. alba*)引張あて材におけるアラビノキシランの分布(Decou et al. 2009)
A：オポジット材。二次壁全体に多数の標識が観察される。B：引張あて材。標識はG層には観察されず、S₂層とG層の境界に多く存在する。F：木部繊維、PW：一次壁、SW：二次壁、G：G層。

を透過電子顕微鏡‐エネルギー分散型X線分析(TEM-EDXA)により調べ、引張あて材のリグニン分布はG層を除き、正常材と同様であることを報告している。Yoshida et al.(2002a)は紫外線(UV)顕微分光測光法を用いてハリエンジュ(*Robinia pseudoacacia*)についてG層の形成に伴う成長応力とリグニン分布との関係を詳細に調べている。その結果、コーナー部細胞間層および複合細胞間層のUV吸収は引張応力とは関係なくほぼ一定であり、スペクトルの最大吸収波長も277〜280 nmで引張応力と関係なくほぼ一定であることを示した。Bowling & Vaughn(2008)はモミジバフウ(*Liquidamber styraciflua*)およびアメリカエノキ(*Celtis occidentalis*)の正常材と引張あて材を様々な種類の抗体を用いて免疫標識しているが、その中で、引張あて材における複合細胞間層とG層以外の二次壁には、正常材に比べてアラビノガラクタンプロテイン(AGP)やキシランが多く存在することを示した。Decou et al.(2009)は交雑ポプラ(*Populus tremula* × *P. alba*)の正常材および引張あて材をアラビノキシランに対するモノクローナル抗体を用いて免疫標識した。その結果、正常材のS₁層とS₂層には均一な標識が見られたのに対し、引張あて材では標識がS₂層とG層の境界に集中することを示した(**図2-3-1**)。Kim & Daniel(2012)は、ポプラ(*P. tremula*)引張あて材と正常材及びオポジット材の二次壁をグルコマン

ナンおよびキシランに対するモノクローナル抗体を用いて免疫標識した。その結果、引張あて材のG層以外の二次壁において、グルコマンナン標識の顕著な減少が見られたが、キシラン標識については変化が見られなかった。最近では、Clair et al.(2011)はマイクロビーム放射光X線回折法を用いて交雑ポプラ(*P. deltoides* × *P. trichocarpa*)引張あて材形成過程を追跡し、あて材ではS_2層の内側でフィブリル傾角が減少し、セルロースの格子間隔が拡大すること、またそれらの変化はG層が形成される前に起こっていることを示した。Chang et al.(2014)は偏光顕微FT-IR法により交雑ポプラ(*P. tremula* × *P. alba*)引張あて材およびオポジット材木部繊維形成過程における分子の配向変化を調べた。その結果、あて材ではG層の形成前から炭水化物が繊維軸方向に平行に整然と配向することを示した。以上より、引張あて材の複合細胞間層、S_1層、S_2層は正常材と全く同じではなく、セルロースミクロフィブリルの配向、ヘミセルロースの分布、リグニンの分布に違いが生じている可能性がある。

2.3.1.2 G層の成分分布

引張あて材から光学顕微鏡観察用の横断面切片を作製すると、G層はしばしば他の壁層から剥離する。このことを利用して、Norberg & Meier(1966)はポプラ(*P. tremula*)の横断面切片を超音波処理することによってG層を単離し、その成分組成を調べた。その結果、G層の加水分解物のうち、98.5%がグルコースで残りの1.5%がキシロースからなり、G層がほぼ純粋なセルロースからなることを示した。原田ら(1971)は同様の方法でポプラ(*P. euramericana*)の引張あて材からG層を単離し、X線回折法および赤外分光分析法によってG層のセルロースの結晶化度が正常材よりも高いことを示した。Wada et al.(1995)はドロノキ(*P. suaveolens*, syn. *P. maximowiczii*)の引張あて材のセルロースの結晶構造を詳細に調べ、正常材と引張あて材ともに主としてセルロースI_βからなることを示した。ドロノキ(*P. suaveolens*, syn. *P. maximowiczii*)の引張あて材のマイクロビーム放射光X線回折法を用いた研究(Müller et al. 2006)により、G層のセルロースミクロフィブリルの断面積がS_2層のそれの約4倍大きいことが示された。Donaldson(2007)は電界放出型走査電子顕微鏡(FE-SEM)を用いて様々な細胞壁におけるミクロフィブリルとマトリクスの集合したマクロフィブリルの直径を測定したところ、ポプラ(*P.

deltoides)の引張あて材のG層では直径が14 nmで、S_2層のそれ(16 nm)よりも小さいことを示した。G層中のセルロースミクロフィブリルの寸法については測定例が少なく、さらなる研究が必要である。G層のセルロースに関する詳細は、**2.1.2**にも記述されているので、参照されたい。

古屋ら(1970)はNorberg & Meier(1966)と同様の方法でポプラ(*P. euramericana*)引張あて材からG層を単離し、その化学組成を調べた。その結果、酸加水分解物からはグルコースの他にガラクトース、キシロース、マンノース、アラビノースが検出され、G層がセルロースの他にヘミセルロースを含むことを示した。また、G層をペクチナーゼ処理するとガラクツロン酸が得られ、ペクチンも存在することが示唆された。この報告はG層にセルロース以外の成分が存在する可能性を示すものである。近年、分子生物学的手法によるあて材に特異的に発現する遺伝子の解析(**3章**参照)や、特定の成分に反応する抗体を用いた免疫組織化学的手法により、G層に含まれるセルロース以外の成分に関する情報が以下に示すように次第に明らかになりつつある。代表的な成分としてはアラビノガラクタンプロティン(AGP)、キシログルカン、ペクチン(ガラクタン、アラビナン)、グルコマンナン、キシラン、リグニンが挙げられる。

アラビノガラクタンプロティン(AGP)はアラビノ-3,6-ガラクタンのうちでタンパク質を含むものであり(桜井ら1991)、植物細胞表層や細胞壁に普遍的に見られる植物特有のプロテオグリカンであり、細胞外情報分子として様々な生理現象に関わっている(小竹2013)。Lafarguette *et al.*(2004)は交雑ポプラ(*P. tremula*×*P. alba*)の引張あて材において、10種類のファシクリン様アラビノガラクタンプロテイン(fasciclin-like arabinogalactan protein:FLA)をコードする遺伝子が特異的に発現していることを見いだした。さらにAGPに対するモノクローナル抗体を用いてその局在を調べ、G層の内側部分に存在することを明らかにした(**図2-3-2**)。Hobson *et al.*(2010)はポプラ(*Populus* spp.)の引張あて材と、G層を持つ皮層繊維を形成する亜麻(Flax, *Linum usitatissimum*)における遺伝子発現を比較し、FLAがともに発現していることを示し、FLAがG層の発達に重要な役割を果たしていると推定している。Mellerowicz & Sundberg(2008)は、AGPが表層微小管の配列に影響する(Sardar *et al.* 2006;

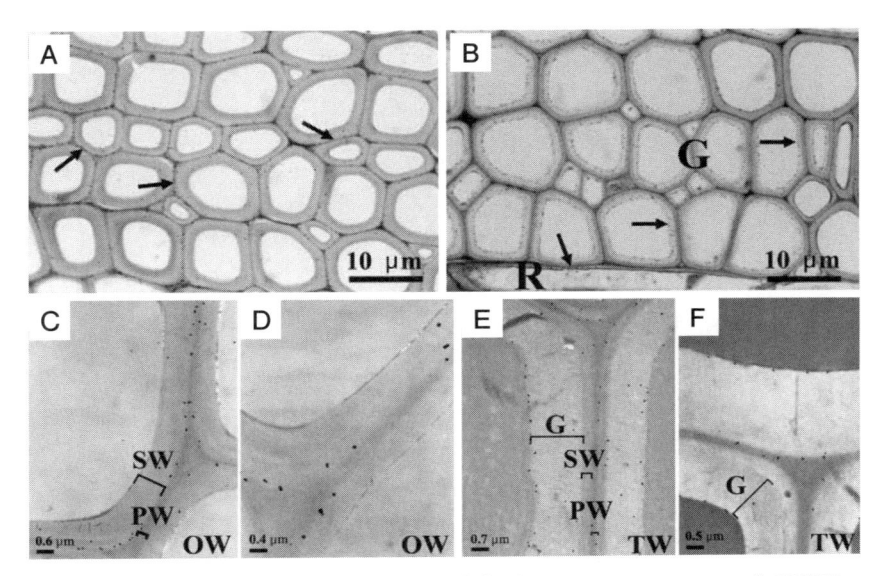

図2-3-2 免疫標識法によって観察した交雑ポプラ(*Populus tremula* × *P. alba*)の引張あて材におけるAGPの分布(Lafarguette *et al.* 2004)
A、C、D：オポジット材、B、E、F：引張あて材。オポジット材では標識は複合細胞間層にみられるが、引張あて材ではG層の内表面付近に見られる。OW：オポジット材、TW：引張あて材、SW：G層以外の二次壁、PW：一次壁、G：G層。

Nguema-Ona *et al.* 2007)ことから、FLAがG層中におけるミクロフィブリル配向の変化にある役割を果たしていることを示唆している。Bowling & Vavghn(2008)はモミジバフウ(*Liquidambar styraciflua*)およびアメリカエノキ(*Celtis occidentalis*)の引張あて材がAGPを認識する抗体で標識されたことを報告しているが、この結果もG層の発達にAGPが関与していることを示している。

　キシログルカンは双子葉植物か単子葉植物かを問わず、一次壁に広く存在する多糖類である。(1→4)-β-D-グルカンを主鎖とし、グルコース残基のO-6位がα-D-キシロース残基で置換された構造を持ち、植物種によりフコース、アラビノース、ガラクトース残基を含む場合がある(桜井ら 1991)。Nishikubo *et al.*(2007)は交雑ポプラ(*P. tremula* × *P. tremuloides*)引張あて材からG層を単離し、含まれる糖の組成と結合様式を調べた結果、セルロースの他にキシ

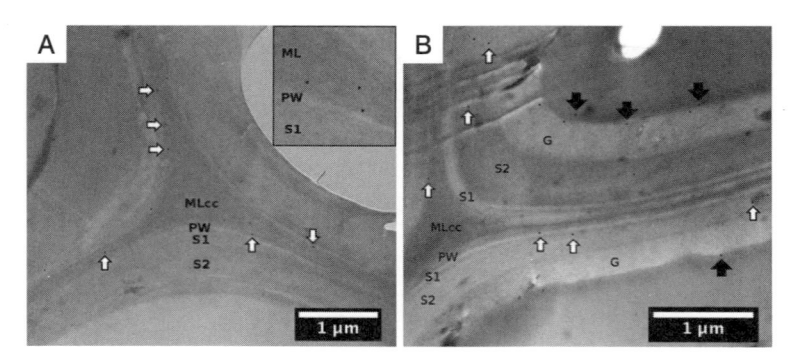

図2-3-3 モノクローナル抗体およびCBMによる交雑ポプラ(*Populus tremula* × *P. tremuloides*)の引張あて材におけるキシログルカンの分布(Sandquist *et al.* 2010)
A：モノクローナル抗体(CCRC-M1)による標識(白矢印)は主に一次壁に見られる。B：CBM FXG-14bによる標識はG層以外の二次壁(白矢印)とG層の内表面(黒矢印)に見られる。MLcc：コーナー部細胞間層、PW：一次壁、S1：S_1層、S2：S_2層、G：G層。

ログルカンが含まれることを示した。さらに、モノクローナル抗体を用いた免疫標識によってキシログルカンが発達中のG層に存在することを明らかにした。また、キシログルカンに糖残基を転移するキシログルカン-エンド-トランスグリコシラーゼ(xyloglucan *endo*-transglycosylase; XET)の活性が形成中のG層に存在することも明らかにした。Sandquist *et al.*(2010)はキシログルカンに特異的なプローブとしてモノクローナル抗体および糖結合モジュール(carbohydrate binding module：CBM)であるFXG-14bを用い、交雑ポプラ(*P. tremula*×*P. tremuloides*)引張あて材におけるキシログルカンの分布を調べた。その結果、キシログルカンは正常材では主として一次壁に分布する(図2-3-3A)のに対して、引張あて材ではG層の内表面に分布することを示した(図2-3-3B)。しかしながら、単離したG層にはいずれの標識も観察されなかった。Mellerowicz *et al.*(2008)、Mellerowicz & Sundberg(2008)、Mellerowicz & Gorshkova(2012)はG層の形成と引張応力発生のメカニズムについて、キシログルカンおよびXET活性の存在をもとにして考察している。Baba *et al.*(2009)はいくつかのendoglycanaseを過剰発現した形質転換ポプラ(*Populus* sp.)を作出し、それらを水平にして幹の立ち上がり方を調べた結果、キシログルカンを分解するキシログルカナーゼを過剰発現したポプラでは引張応力がコント

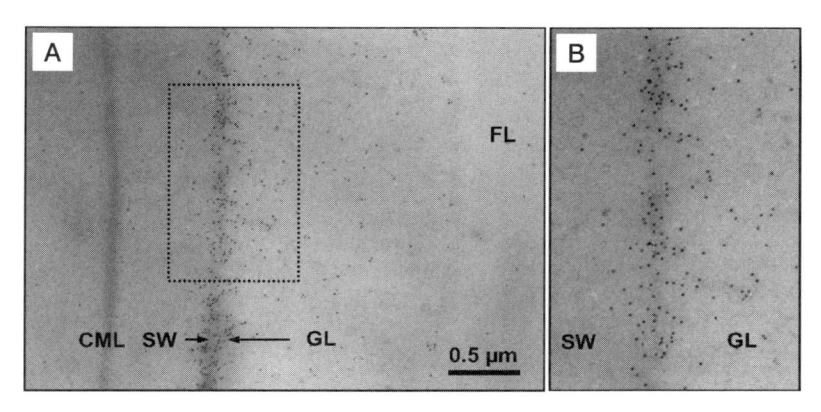

図2-3-4 免疫標識法によって観察した交雑ポプラ（Populus trichocarpa × P. koreana）の引張あて材における(1, 4)-β-ガラクタンの分布（Arend 2008）
A：引張あて材木繊維の細胞壁の一部、B：Aの点線で囲った部分の拡大。G層と隣接する二次壁との境界部分に多数の標識が見られる。G層の中央部には弱い標識が散在している。CML：複合細胞間層、SW：G層以外の二次壁、GL：G層、FL：細胞内腔。

ロールに比べて小さく、幹が立ち上がらないことを見いだし、キシログルカンがG層のセルロースミクロフィブリルに引張応力を発生させるために機能していると考察している。さらに、XETとキシログルカンの分布を二重免疫標識法によって可視化した。その結果、キシログルカンはG層の内表面に分布し、G層中および外表面（G層とS_2層の境界面）にはわずかに分布すること、一方、XETはG層の切断された横断面に分布することを明らかにした。Hayashi et al. (2010)は、キシログルカナーゼを過剰発現した形質転換ポプラ（Populus sp.）が、幹を水平にしたときに立ち上がることができないことから、キシログルカンが一次壁、S_1層、S_2層、G層を固定する役割を持つと考察している。キシログルカンの役割については**3.2**も参照されたい。

引張あて材を加水分解して単糖の組成を調べると、正常材よりも多くのガラクトースを生じることが古くから報告されてきた（Schwerin 1958; Timell 1969; Ruel & Barnoud 1978; Fujii et al. 1982）。ヨーロッパブナ（Fagus sylvatica）については引張あて材から単離されたガラクタンの性質が調べられている（Meier 1962; Kuo & Timell 1969）。ガラクタンはアラビナンとともにペクチン質の抽出の際に付随して得られることが多く、ラムノガラクツロナンI（RG-

I)の側鎖として存在するのか、単独で存在するのかははっきりしていない(桜井ら 1991)。Arend(2008)はモノクローナル抗体を用いて、交雑ポプラ(*P. trichocarpa*×*P. koreana*)の引張あて材における(1,4)-β-ガラクタン、(1,5)-α-L-アラビナン、ホモガラクツロナンの分布を調べた。その結果、ホモガラクツロナンの標識はほとんど見られず、アラビナンの標識はごく弱かったのに対し、ガラクタンの標識はG層とG層以外の二次壁の境界部分に多く見られた(**図2-3-4**)。ガラクタンに富むペクチンはそのガラクタンまたはアラビナン側鎖を通じてセルロースミクロフィブリルと結合することが示されている(Zykwinska *et al.* 2005, 2007)ことから、ガラクタンが引張あて材繊維においてG層とG層以外の二次壁の間を架橋していると考察している。Bowling & Vaughn(2008)はモミジバフウ(*Liquidambar styraciflua*)およびアメリカエノキ(*Celtis occidentalis*)の引張あて材のG層がAGPの他にラムノガラクツロナンI(RG-I)を認識する抗体で標識され、両者がG層に存在すると考察している。一方、これらの樹種のG層はガラクタンやアラビナンを認識する抗体では認識されないことから、G層に存在するRG-Iはガラクタンおよびアラビナン側鎖を持たないと考察している。

あて材とは別に、つる植物の巻きひげや、亜麻の皮層繊維には引張あて材と類似したG繊維が形成される。Meloche *et al.*(2007)は*Brunnichia ovata*(タデ科)の巻きひげにおける皮層の繊維を様々な抗体で免疫標識した結果、G層にRG-Iが存在することを示した。亜麻(*Linum usitatissimum*)の皮層繊維についてはG繊維が存在し、G層にバッファー可溶と不溶の両方のガラクタンが存在すること(Gorshkova *et al.* 2004)、遊離のガラクトースとガラクトシダーゼ活性が存在すること(Mikshina *et al.* 2009)が報告されている。亜麻の皮層繊維におけるガラクタンの役割については2つの総説(Gorshkova & Morvan 2006; Gorshkova *et al.* 2010)にまとめられている。こうした草本またはつる植物のG層を持つ繊維と引張あて材のG繊維で共通点があるかどうかについては、G層の機能を考える上で興味深いが、この点については今後の課題である。

引張あて材にG層が存在することが報告された当初は、G層にはリグニンがほとんど存在しないと考えられてきた(Lange 1954; Wardrop & Dadswell 1955)。しかしながら、場合によってはリグニンその他のフェノール成分が存

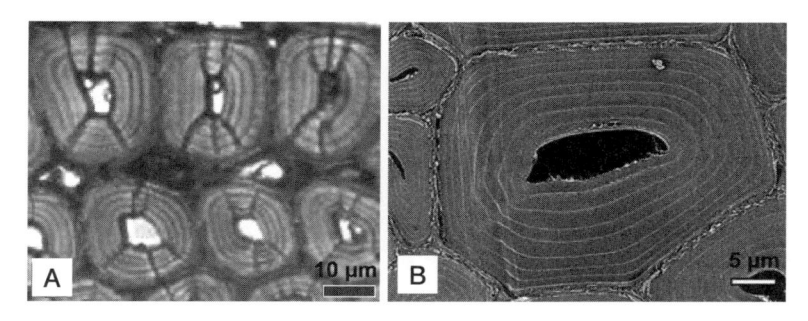

図 2-3-5 多層構造を持つ引張あて材
A：*Casearia javitensis*（ヤナギ科）の引張あて材横断切片の光学顕微鏡像（Clair *et al.* 2006b）、B：*Laetia procera*（イイギリ科）の引張あて材横断面の走査電子顕微鏡像（Ruelle *et al.* 2007）

在することが報告されている。Jutte(1956)は*Ocotea rubra*（クスノキ科）の引張あて材において、G層の中に同心円状にリグニンの存在を示す薄い壁層が存在することを示した。Scurfield & Wardrop(1963)は紫外線顕微鏡法とフロログルシン・塩酸反応により引張あて材細胞壁を観察し、正常材とあて材の移行部ではしばしばG層にリグニンが含まれる場合があることを報告した。移行材におけるリグニン分布については、1.3.2に詳しく記述されている。

Casperson(1967)は*Quercus rubra*（ブナ科）の引張あて材において、早材から晩材へと移行するにつれてG層の一部が木化することを示した。佐伯・小野(1971)は12種の広葉樹の引張あて材におけるG繊維の壁層構造を調べているが、S_1＋Gタイプのものでは早材から晩材への移行に伴ってG層の外側から次第に木化していること、ハリエンジュにおいてG層の内側に過マンガン酸カリウムによく染まる壁層が存在することを報告している。Scurfield(1972)はユーカリ（*Eucalyptus* spp.）と*Tristania conferta*（フトモモ科）の引張あて材について様々な組織化学染色を行った結果、G層にペルオキシダーゼ活性が存在することを示し、フェノール類と過酸化水素を加えると、その働きによりG層が染色されることを示した。その結果、G層がほとんどリグニンを含まないのは、リグニン前駆物質が供給されないことより、むしろG層へのリグニン前駆物質の浸透が遅れるためと考察している。Scurfield(1973)は*Tristania conferta*の引張あて材形成中木部を紫外線顕微鏡で観察し、形成初期のG層の

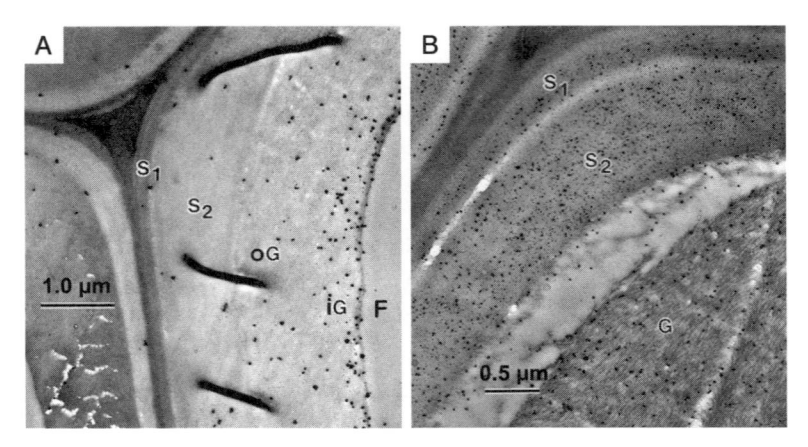

figure 2-3-6 免疫標識法によって観察した交雑ポプラ（*Populus deltoides* × *P. trichocarpa*）の引張あて材におけるリグニンの分布（Joseleau *et al.* 2004）
A：シリンギル型脱水素重合物（DHP）に対する抗体による標識。G層の内層（iG）に多数の標識が見られる。B：非縮合型グアイアシル・シリンギル（GS）-DHPに対する抗体による標識。S_1層、S_2層に加えて、G層にも多数の標識が見られる。S_1：S_1層、S_2：S_2層、oG：G層外層、iG：G層内層、F：木繊維、G：G層。

内腔側が紫外線吸収を示すことを見いだし、これらは試料作製時に細胞質が破壊されて、放出されたフェノール成分によるものと推定している。さらに形成層から離れた部分では、G層に紫外線吸収が見られ、これについては細胞外からリグニン前駆物質がG層へ浸透した結果であると考察している。Prodhan *et al.*（1995）はS_1＋GタイプのG繊維を持つヤチダモ（*Fraxinus mandshurica*, syn. *F. mandshurica* var. *japonica*）の引張あて材において、G層が過マンガン酸カリウムで弱く染色されることを報告している。ハリエンジュ（*Robinia pseudoacacia*）における木化した壁層を含む特異なG層については、正常材からあて材への移行材において存在すること（Araki *et al.* 1982、**1.3.2**参照）が、典型的なあて材部分にも存在すること（Yoshida *et al.* 2002a）が報告されている。なお、移行領域におけるG層のリグニンその他フェノール性成分の存在については、**1.3.2**にも記述されており参照されたい。

　熱帯産の樹木の引張あて材には、木化した壁層を含む特異的な構造を持つG層が存在する場合があることが報告されている。Clair *et al.*（2006b）は21種の熱帯産樹木のあて材におけるG層の存在を調べたところ、*Casearia javitensis*

（ヤナギ科：APG体系による）のG層が厚い層と薄い層が交互に堆積する多層構造を持つことを発見した(**図2-3-5A**)。Ruelle et al.(2007)は*Laetia procera*(ヤナギ科：APG体系による)の引張あて材が多層構造からなるG層を持つことを見いだし(**図2-3-5B**)、厚い層はセルロースミクロフィブリルが軸方向に配列し、リグニンが少なく、薄い層はミクロフィブリルが軸方向に対して大きな角度で配列し、リグニン濃度が高いことを明らかにした。また、この樹種の成長応力は調査した樹種の中では高い範囲に入ることを示した。Daniel & Nilsson (1996)は*Homalium foetidum*(ヤナギ科)において多層構造を持つ引張あて材が菌による分解に与える影響について報告している。このような多層構造を持つG層において、木化した壁層の存在が成長応力の発生にどのように寄与しているかについては不明である。

　従来の顕微鏡法ではリグニンの存在が確認されなかったポプラのG層についても、免疫組織化学的手法および顕微分光測光法によってリグニンの存在が示唆されてきている。Joseleau et al.(2004)は交雑ポプラ(*P. deltoides*×*P. trichocarpa*)のクローンの一つであるRaspaljeを用いて、シリンギルリグニンに特異的なポリクローナル抗体で免疫標識したところ、G層の特に内層(iG層)部分に多量の標識が観察され、G層にシリンギルリグニンが存在することを示した(**図2-3-6A**)。彼らは同様にリグニンの脱水素重合物(DHP)に対する抗体を用いて免疫標識を行い、非縮合型グアイアシル・シリンギル(GS)リグニンがG層中に存在することを示した(**図2-3-6B**)。Gierlinger & Schwanninger (2006)は共焦点顕微ラマン分光法を用いて、交雑ポプラ(*P. nigra*×*P. deltoides*)の引張あて材を特定の細胞壁成分に由来するラマン散乱強度をもとに画像化し、G層の最内層に微量ながらリグニンが存在することを示した。Ma et al.(2013)もまた共焦点顕微ラマン分光法を用いてポプラ(*P. nigra*)のG層に微弱ながらリグニン由来の散乱を見いだしている。Lehringer et al.(2008)は紫外線顕微分光測光法と共焦点ラマン分光法を用いて、*Acer* spp.(ムクロジ科)、ヨーロッパブナ(*Fagus sylvatica*)、オウシュウナラ(*Quercus robur*)(ブナ科)の引張あて材において、G層に芳香族化合物が存在することを示した。Lehringer et al.(2009)はさらに同じ試料を過マンガン酸カリウム染色後、透過電子顕微鏡で観察し、いずれのあて材においてもG層中に同心円状に芳香族化

合物が存在することを示した。ラマンスペクトルの比較から、これらの芳香族化合物はリグニンに類似しており、G層中にリグニンが存在することを示唆した。このような同心円状のリグニン分布は **1.3.2** に述べられている正常材からあて材への移行材に見られるリグニン分布と類似している。G層中にリグニン又は芳香族化合物が場合によって分布するのが、樹種による特徴であるのか、あて材の程度によるものなのか、については不明であり、今後の課題である。

2.3.1.3 細胞壁の形成過程

針葉樹の圧縮あて材に比べ、広葉樹の引張あて材における細胞壁の形成過程に関する研究例は多くない。Scurfield & Wardrop(1962)は、G層の形成において、形成初期にはG層の最内層が複屈折性を示すが、成熟とともに示さなくなること、コンゴーレッドによるG層染色性がG層の形成が進むとともに弱くなることを示した。Wardrop(1964)はコンゴーレッドによるG層の染色性の変化は、形成とともに結晶化度が増加しミクロフィブリルの密度が増加するためと考察している。最近、Clair et al.(2011)は交雑ポプラ(*Populus deltoides*×*P. trichocarpa*)の引張あて材形成中木部を用い、マイクロビーム放射光X線回折法によって形成に伴うセルロースミクロフィブリルの構造変化を調べた。その結果、G層の形成とともにセルロースの格子間隔が増加することを示した。これらのことはG層の構造が堆積・完成するまでに変化していることを示している。なお、G層のセルロースの性質に関しては、**2.1.2** も参照されたい。

Dadswell & Wardrop(1955)は引張あて材において、植物の代謝系がG層を形成するために必要なセルロースの合成へと変化するため、木部繊維の細胞壁の木化は著しく遅れると推察している。Wardrop(1964)は引張あて材の木化過程について、基本的には正常材と同じであると述べている。すなわち、リグニンの沈着はコーナー部細胞間層ではじまり、その後S_1層からS_2層へ広がっていき、G層には沈着しない。Scurfield(1967)はユーカリ(*Eucalyptus globulus*)の引張あて材形成中木部を過マンガン酸カリウムで染色し、G層の形成過程を透過電子顕微鏡で観察している。その結果、形成中のG層に微小な空隙があること、原形質から放出された物質がG層中に堆積すること、G層の肥厚とともに細胞質中の小胞の数が増加し、細胞壁へ送られる電子不透過性の物質の量が増加することを見いだした。Mia(1968)はポプラ(*P. tremuloides*)の引張あて

材形成過程を透過電子顕微鏡で観察した。正常材と引張あて材で細胞小器官の構成は基本的に同じであった。二次壁の堆積開始とともに、小胞体やゴルジ装置・小胞が増加し、同時に多数の微小管が細胞膜付近に現れることを見いだした。微小管の配向は細胞壁最内層の新しく形成されたミクロフィブリルの配向と同様であることから、微小管が直接的あるいは間接的にミクロフィブリルの配向に関与していることを示唆した。Nobuchi & Fujita(1972)はポプラ(*P. euramericana*)の引張あて材形成過程を細胞学的に追跡した。その結果、二次壁中層およびG層形成中の細胞において、微小管の配向が細胞壁のミクロフィブリル配向と完全に一致することを示した。Fujita *et al.*(1974)はポプラ(*P. euramericana*)の引張あて材形成時における微小管を詳細に透過電子顕微鏡により観察した。その結果、微小管と細胞膜の間には架橋構造が存在すること、S_2層からG層への移行時において、微小管の配向変化がミクロフィブリルのそれに先行することを明らかにした。最近、Gritsch *et al.*(2015)はモノクローナル抗体を用いて、交雑ヤナギ(*Salix viminalis* × *S. schwerinii*)の引張あて材G層における(1,4)-β-ガラクタンの分布を調べている。その結果、ガラクタンの標識は形成中のG層に多数見られたが、完成したG層ではG層以外の二次壁の境界部分に見られるようになった。このことは、形成中のG層と完成後のG層において、ガラクタンの分布に変化が生じている可能性を示唆している。Yoshinaga *et al.*(2012)は交雑ポプラ(*P. deltoides* × *P. nigra*)の引張あて材形成中木部を用いて、G層の形成過程と複合細胞間層・S_1層・S_2層の木化過程を調べた。その結果、これらの壁層の木化はG層形成中に進行することを明らかにした。このことと、リグニン前駆物質の挙動について、(1) 前駆物質が細胞内で合成され、木化しないG層を通過してG層以外の二次壁に到達する、あるいは(2) 放射柔細胞等の柔細胞で前駆物質が合成され、G繊維細胞の外側から供給される、の2通りが考えられるが、そのいずれであるのかについては明らかではない。最近、Roussel & Clair(2015)は熱帯産の*Simarouba amara*(ニガキ科)の引張あて材において、細胞壁形成の初期には未木化のG層が確認されるが、壁形成に伴いG層全体が木化することを明らかにした。このことは成熟した細胞ではG層が確認できない樹種においても、典型的なG層を持つ樹種と引張応力の発生メカニズムが同じである可能性を示唆している。このようにG層を持

つ引張あて材の細胞壁形成過程における各細胞壁成分の堆積過程については不明な点が多く残されている。

2.3.2 G層を形成しない広葉樹の傾斜上側に偏心成長する場合

1.2.2で述べたように、G層を形成しないが、傾斜上側に偏心成長する広葉樹が存在する。Yoshizawa et al.(2000)はホオノキ(*Magnolia obovata*)とコブシ(*M. kobus*)の樹幹を傾斜させると、G層は形成されないが、傾斜上側に偏心成長を示し、繊維状仮道管はS_3層を欠き、その最内層のミクロフィブリル傾角がG層と同様に小さくなることを示した。顕微分光測光法を用いてリグニン分布を調べた結果、リグニン量が減少し、特にGリグニンの割合が著しく減少することを示した。Yoshida et al.(2002b)はG層を形成しないユリノキ(*Liriodendron tulipifera*)の傾斜した幹から試料を採取し、紫外線顕微分光測光法を用いて引張応力と細胞壁のリグニン分布との関連性を調べた。その結果、複合細胞間層の紫外線吸収は引張応力の大きさに関わらず一定であったが、二次壁のリグニン濃度は引張応力の増加とともに減少し、一方、二次壁のシリンギル／グアイアシルの量比(S/G比)は引張応力の増加とともに増加することを示した。Hiraiwa et al.(2007)はキンモクセイ(*Osmanthus fragrans* var. *aurantiacus*)の樹幹を30°・50°・70°に傾斜させ、その細胞壁構造とリグニン分布の変化を調べた。その結果、傾斜上側の木部繊維の二次壁とコーナー部細胞間層において、リグニン濃度、特にSリグニンの割合が減少すること、傾斜角度が50°のときにリグニン中のS単位の割合が最も減少することを明らかにした。Qiu et al.(2008)はユーカリ(*Eucalyptus nitens*)の枝を45°に傾斜し、あて材を形成させ、G層は形成されないが、ミクロフィブリル傾角が変化し、リグニン濃度が減少した部分を用いて遺伝子の発現を調べた。その結果、2つの密接に関連するファシクリン様アラビノガラクタンプロテイン(FLA)とβ-チューブリンの遺伝子の発現が傾斜上側で増加していること、ペクチンエステラーゼの遺伝子の発現が傾斜下側で増加していることを示した。Jin & Kwon (2009)はユリノキ(*Liriodendron tulipifera*)を傾斜させてあて材を形成させ、リグニン分布を調べるとともに、リグニン生合成経路におけるいくつかの遺伝子の発現を調べた。その結果、傾斜上側に形成されたあて材ではG層を含まな

いが、上側に偏心成長し、木部繊維の割合が増加し、木部繊維のリグニン中のG・H・S単位の比率がいずれも著しく減少することを示した。さらに、リグニン前駆物質やフラボノイドの両方の生合成に関与するフェニルプロパノイド経路全体の遺伝子や、モノリグノールの重合に関与するとされているラッカーゼの遺伝子の発現が、傾斜刺激によって著しく抑制されることを示した。Sultana et al.(2010)は傾斜上側に偏心成長するが、G層を形成しない日本産9樹種の広葉樹について、フロログルシン・塩酸反応およびモイレ反応と顕微分光測光法を組み合わせて、木部繊維二次壁とコーナー部細胞間層におけるリグニン分布を調べた。その結果、9樹種全てにおいて、二次壁とコーナー部細胞間層のリグニン濃度が減少していることを示した。以上の結果は、上側に偏心成長する樹種ではG層を形成しない場合でもリグニン濃度の減少等、G層を形成する場合と共通するような細胞壁成分の分布に何らかの変化が生じることを示している。

● 文　献

秋松綾美（2004）:「樹木細胞壁成分の安定炭素同位体比に関する研究」、名古屋大学大学院生命農学研究科修士論文。

猪股書恵（1992）:「急速凍結置換固定法による木部細胞壁形成過程の観察」、京都大学農学研究科修士論文。

梅澤俊明（2003）:「抽出成分」、福島和彦・船田　良・杉山淳司・高部圭司・梅澤俊明・山本浩之（編）、『木質の形成　バイオマス科学への招待（初版）』所収、263-324頁、海青社。

尾中文彦（1949）:「アテの研究」、木材研究 1、1-88頁。

小竹敬久（2013）:「構成分子」、西谷和彦・梅澤俊明（編）、『植物細胞壁』所収、62-65頁、講談社。

佐伯　浩・小野克巳（1971）:「引張あて材のゼラチン繊維の細胞膜構成」、京都大学農学部演習林報告 42、210-220頁。

桜井直樹・山本良一・加藤陽治（1991）:『植物細胞壁と多糖類』所収、129-163頁、培風館。

島地　謙（1983）:「あて材の成因を探る：特に針葉樹の圧縮あて材について」、木材研究・資料 18、1-11頁。

幡　克美（1951）:「アカマツ材のパルプに関する研究(IX)アテの化学的組成並びにそのパルプについて」、日本林學會誌 33、136-140頁。

馬場啓一（2003）:「あて材の構造と形成」、福島和彦・船田　良・杉山淳司・高部圭司・梅

澤俊明・山本浩之(編)、『木質の形成 バイオマス科学への招待(初版)』所収、76-80頁、海青社。

馬場啓一 (2011):「あて材の構造と形成」、福島和彦・船田　良・杉山淳司・高部圭司・梅澤俊明・山本浩之(編)、『木質の形成 バイオマス科学への招待(第2版)』所収、105-111頁、海青社。

原田　浩・谷口　粛・喜志暁雄(1971):「*Populus euramericana*の引張あて材のゼラチン層の構造」、京都大学農学部演習林報告 42、221-227頁。

平出秀人・吉田正人・早川真央・大木島敬幸・山本浩之 (2012):「圧縮あて材分化特異的に働くLaccase遺伝子; *CoLac1*」、第62回木材学会大会要旨集、A15-P-AM20。

古屋信子・高橋　敏・宮崎　信(1970):「*Populus euro-americana*引張りあてゼラチン層の化学成分」、木材学会誌 16、26-30頁。

右田伸彦 (1968):「木材の組成」、右田伸彦・米沢保正・近藤民雄(編)、『木材化学 上』、共立出版。

諸星紀幸・榊原　彰 (1971):「あて材リグニンの化学構造について(第1報)」、木材学会誌 17、393-399頁。

Aguayo, M. G., Mendonça, R. T., Martínez, P., Rodríguez, J. and Pereira, M. (2012): "Chemical characteristics and kraft pulping of tension wood from *Eucalyptus globulus* labill", *Revista Árvore* 36, 1163-1171.

Aguayo, M. G., Quintupill, L., Castillo, R., Baeza, J., Freer, J. and Mendonça, R. T. (2010): "Determination of differences in anatomical and chemical characteristics of tension and opposite wood of 8-year old *Eucalyptus globulus*", *Maderas. Cienc. Tecnologia* 12, 241-251.

Aiso, H., Hiraiwa, T., Ishiguri, F., Iizuka, K., Yokota, S. and Yoshizawa, N. (2013): "Anatomy and lignin distribution of "compression-wood-like-reaction wood" in *Gardenia jasminoides*", *IAWA J.* 34, 263-272.

Akiyama, T., Matsumoto, Y., Okuyama, T. and Meshitsuka, G. (2003): "Ratio of *erythro* and *threo* forms of β-O-4 structures in tension wood lignin", *Phytochemistry* 64, 1157-1162.

Alejandro, S., Lee, Y., Tohge, T., Sudre, D., Osorio, S., Park, J., Bovet, L., Lee Y., Gelgner, N., Fernie, A. R. and Martinoa, E. (2012): "AtABCG29 is a monolignol transporter involved in lignin biosynthesis", *Curr. Biol.* 22, 1207-1212.

Araki, N., Fujita, M., Saiki, H. and Harada, H. (1982): "Transition of the fiber wall structure from normal wood to tension wood in *Robinia pseudoacacia* L. and *Populus euramericana* Guinier", *Mokuzai Gakkaishi* 28, 267-273.

Arend, M. (2008): "Immunolocalization of (1,4)-β-galactan in tension wood fibers of poplar", *Tree Physiol.* 28, 1263-1267.

Azuma, J., Fujii, M. and Koshijima, T. (1983): "Studies on hemicelluloses in tension wood II. Structural studies on xylans from tension, opposite and side woods of Japanese beech (*Fagus crenata* Blume)", *Wood Research* 69, 12-21.

Baba, K., Ona, T., Takabe, K., Itoh, T. and Ito, K. (1996): "Chemical and anatomical characterization of the tension wood of *Eucalyptus camaldulensis* L.", *Mokuzai Gakkaishi* 42, 795-798.

Baba, K., Park, Y. W., Kaku, T., Kaida, R., Takeuchi, M., Yoshida, M., Hosoo, Y., Ojio, Y., Okuyama, T., Taniguchi, T., Ohmiya, Y., Kondo, T., Shani, Z., Shoseyov, O., Awano, T., Serada, S., Norioka, N., Norioka, S. and Hayashi, T. (2009): "Xyloglucan for generating tensile stress to bend tree stem", *Mol. Plant* 2, 893-903.

Baillères, H., Castan, M., Monties, B., Pollet, B. and Lapierre, C. (1997): "Lignin structure in *Buxus sempervirens* reaction wood", *Phytochemistry* 44, 35-39.

Bentum, A. L. K., Côté Jr., W. A., Day, A. C. and Timell, T. E. (1969): "Distribution of lignin in normal and tension wood", *Wood Sci. Technol.* 3, 218-231.

Bowling, A. J. and Vaughn, K. C. (2008): "Immunocytochemical characterization of tension wood: Gelatinous fibers contain more than just cellulose", *Am. J. Bot.* 95, 655-663.

Boyd, J. D. (1973): "Helical fissures in compression wood cells: Causative factors and mechanics of development", *Wood Sci. Technol.* 7, 92-111.

Casperson, G. (1967): "Über die Bildung von Zellwänden bei Laubhölzern 4. Mitt.: Untersuchungen an Eiche (*Quercus robur* L.)", *Holzforschung* 21, 1-6.

Casperson, G. and Zinßer, A. (1965): "Über die Bildung der Zellwand bei Reaktionsholz-Dritte Mitteilung: Zur Spaltenbildung im Druckholz von *Pinus sylvestris* L.", *Holz Roh- Werkst* 23, 49-55.

Chang, S.-S., Salmén, L., Olsson, A.-M. and Clair, B. (2014): "Deposition and organisation of cell wall polymers during maturation of poplar tension wood by FTIR microspectroscopy", *Planta* 239, 243-254.

Chow, K. Y. (1947): "A comparative study of the structure and chemical composition of tension wood and normal wood in beech (*Fagus sylvatica* L.)", *Forestry* 20, 62-77.

Clair, B., Alméras, T., Pilate, G., Jullien D., Sugiyama, J. and Riekel, C. (2011): "Maturation stress generation in poplar tension wood studied by synchrotron radiation microdiffraction", *Plant Physiol.* 155, 562-570.

Clair, B., Alméras, T., Yamamoto, H., Okuyama, T. and Sugiyama, J.(2006a): "Mechanical behavior of cellulose microfibrils in tension wood, in relation with maturation stress generation", *Biophys. J.*, 91, 1128-1135.

Clair, B., Ruelle, J., Beauchêne, J., Prévost, M. F. and Fournier, M. (2006b): "Tension wood and opposite wood in 21 tropical rain forest species: 1. Occurrence and efficiency of the G-layer", *IAWA J.* 27, 329-338.

Clermont, L. P. and Bender, F. (1958): "The chemical composition and pulping characteristics of normal and tension wood of aspen poplar and white elm", *Pulp Paper Mag. Canada* 59, 139-143.

Côté, W. A. Jr. and Day, A. C. (1965): "Anatomy and ultrastructure of reaction wood", in *Cellular Ultrastructure of Woody Plants*, Côté, W.A. Jr.(ed.), pp. 391-418, Syracuse University Press, New York.

Côté, W. A. Jr., Day, A. C. and Timmel, T. E. (1969): "A contribution to the ultrastructure of tension wood fibers", *Wood Sci. Technol.* 3, 257-271.

Côté, W. A. Jr., Kutscha, N. P., Simson, B. W. and Timell, T. E. (1968): "Studies on compression wood. VI. Distribution of polysaccharides in the cell wall of tracheids from compression wood of balsam fir (*Abies balsamea* (L.) Mill.)", *Tappi* 51(1), 33-40.

Dadswell, H. E. and Hillis, W. E. (1962): *Wood in Wood Extractives*, Hillis, W. E.(ed.), pp. 3-55, Academic Press, New York.

Dadswell, H. E. and Wardrop, A. B. (1955): "The structure and properties of tension wood", *Holzforschung* 9, 97-104.

Daniel, G. and Nilsson, T. (1996): "Polylaminate concentric cell wall layering in fibres of *Homalium foetidum* and its effect on degradation by microfungi", in *Recent Advances in Wood Anatomy*, Donaldson, L. A., Singh, A. P., Butterfield, B. G. and Whitehouse, L. J.(eds.), pp. 369-372, New Zealand Forest Research Institute, New Zealand.

Decou, R., Lhernould, S., Laurans, F., Sulpice, E., Leplé, J.-C., Déjardin, A., Pilate, G. and Costa, G. (2009): "Cloning and expression analysis of a wood-associated xylosidase gene (*PtaBXL1*) in poplar tension wood", *Phytochemistry* 70, 163-172.

Donaldson, L. (2007): "Cellulose microfibril aggregates and their size variation with cell wall type", *Wood Sci. Technol.* 41, 443-460.

Du, S. and Yamamoto, F. (2007): "An overview of the biology of reaction wood formation", *J. Integrative Plant Biol.* 49, 131-143.

Fisher, J. B. and Stevenson, J. W. (1981): "Occurrence of reaction wood in branches of dicotyledons and its role in tree architecture", *Bot. Gaz.* 142, 82-95.

Foston, M., Hubbell, C. A., Samuel, R., Jung, S., Fan, H., Ding, S. Y., Zeng, Y., Jawdy, S., Davis, M., Sykes, R., Gjersing, E., Tuskan, G. A., Kalluri, U. and Ragauskas, A. J. (2011): "Chemical, ultrastructural and supramolecular analysis of tension wood in *Populus tremula* × *alba* as a model substrate for reduced recalcitrance", *Energy Environ. Sci.* 4, 4962-4971.

Fujii, M., Azuma, J., Tanaka, F., Kato, A. and Koshijima, T. (1982): "Studies on hemicelluloses in tension wood: I. Chemical composition of tension, opposite and side woods of Japanese beech (*Fagus crenata* Blume)", *Wood Research* 68, 8-21.

Fujita, M. (1981): "Deposition of major cell wall components in the differentiating tree xylem cells", Doctor Thesis, Kyoto Univ.

Fujita, M. and Harada H. (1979): "Autoradiographic investigations of cell wall development. II. Tritiated phenylalanine and ferulic acid assimilation in relation to lignification", *Mokuzai Gakkaishi* 25, 89-94.

Fujita, M., Saiki, H. and Harada, H. (1973): "The secondary wall formation of compression wood tracheids. On the helical ridges and cavities", *Bull. Kyoto Univ. For.* 45, 192-203.

Fujita, M., Saiki, H. and Harada, H. (1974): "Electron microscopy of microtubules and microfibrils in secondary wall formation of poplar tension wood fibers", *Mokuzai Gakkaishi* 20, 147-156.

Fujita, M., Saiki, H. and Harada, H. (1978): "The secondary wall formation of compression-wood tracheids. II. Cell wall thickening and lignification", *Mokuzai Gakkaishi* 24, 158-163.

Fukushima, K., Taguchi, S., Matsui, N. and Yasuda, S. (1997): "Distribution and seasonal changes of monolignol glucosides in *Pinus thunbergii*", *Mokuzai Gakkaishi*, 43, 254-259.

Fukushima, K. and Terashima, N. (1991a): "Heterogeneity in formation of lignin: XV. Formation and structure of lignin in compression wood of *Pinus thunbergii* studied by microautoradiography", *Wood Sci. Technol.* 25, 371-381.

Fukushima, K. and Terashima, N. (1991b): "Heterogeneity in formation of lignin: XIV. Formation and structure of lignin in differentiating xylem of *Ginkgo biloba*", *Holzforschung* 45, 87-94.

Gierlinger, N. and Schwanninger, M. (2006): "Chemical imaging of poplar wood cell walls by confocal Raman microscopy", *Plant Physiol.* 140, 1246-1254.

Giordano, G. (1971): *Tecnologia del Legno I, La Material Prima*, Unione Tipographico-Editrice Torinese, Torino.

Gorshkova, T. A., Chmikosova, S. B., Sal'nikov, V. V., Pavlencheva, N. V., Gur'janov, O. P., Stolle-Smits, T. and van Dam, J. E. G. (2004): "Occurrence of cell-specific galactan is coinciding with bast fiber developmental transition in flax", *Ind. Crops Prod.* 19, 217-224.

Gorshkova, T. A., Gurjanov, O. P., Mikshina, P. V., Ibragimova, N. N., Mokshina, N. E., Salnikov, V. V., Ageeva, M. V., Amenitskii, S. I., Chernova, T. E. and Chemikosova,

S.B. (2010): "Specific type of secondary wall formed by plant fibers", *Russ. J. Plant Physiol.* 57, 328-341.

Gorshkova, T. A. and Morvan, C. (2006): "Secondary cell-wall assembly in flax phloem fibres: Role of galactans", *Planta* 223, 149-158.

Goto, T., Harada, H. and Saiki, H. (1975): "Cross-sectional view of microfibrils in gelatinous layer of poplar tension wood (*Populus euramericana*)", *Mokuzai Gakkaishi* 21, 537-542.

Gritsch, C., Wan, Y., Mitchell, R. A. C., Shewry, P. R., Hanley, S. J. and Karp, A. (2015): "G-fibre cell wall development in willow stems during tension wood induction", *J. Exp. Bot.* 66, 6447-6459.

Gustafsson, C., Ollinmaa, P. J. and Saarnio, J. (1952): "The carbohydrates in birchwood", *Acta Chem. Scand.* 6, 1299-1300.

Hayashi, T., Kaida, R., Kaku, T. and Baba, K. (2010): "Loosening xyloglucan prevents tensile stress in tree stem bending but accelerates the enzymatic degradation of cellulose", *Russ. J. Plant Physiol.* 57, 316-320.

Hillis, W. E. (1962): *The Distribution and Formation of Polyphenols within the Tree in Wood Extractives*, pp. 59-131, Academic Press, New York.

Hiraiwa, T., Yamamoto, Y., Ishiguri, F., Iizuka, K., Yokota, S. and Yoshizawa, N. (2007): "Cell wall structure and lignin distribution in the reaction wood fiber of *Osmanthus fragrans* var. *auranticaus* Makino", *Cellulose Chem. Technol.* 41, 537-543.

Hobson, N., Roach, M. J. and Deyholos, M. K. (2010): "Gene expression in tension wood and bast fibres", *Russ. J. Plant Physiol.* 57, 321-327.

Hoffmann, G. C. and Timell, T. E. (1970): "Isolation of a β-1,3-glucan (laricinan) from compression wood of *Larix laricina*", *Wood Sci. Technol.* 4, 159-162.

Horikawa, Y., Clair, B. and Sugiyama, J. (2009): "Varietal difference in cellulose microfibril dimensions observed by infrared spectroscopy", *Cellulose* 16, 1-8.

Inomata, F., Takabe, K. and Saiki H. (1992): "Cell wall formation of conifer tracheid as revealed by rapid-freeze and substitution method", *J. Electron Microsc.* 41, 369-374.

Jayme, G. and Steinhäuser M. H. (1950): "Über die chemische Zusammensetzung des Zugholzes in einem Pappelholz", *Papier* 4, 104-113.

Jin, H. and Kwon, M. (2009): "Mechanical bending-induced tension wood formation with reduced lignin biosynthesis in *Liriodendron tulipifera*", *J. Wood Sci.* 55, 401-408.

Joseleau, J.-P., Imai, T., Kuroda, K. and Ruel, K. (2004): "Detection *in situ* and characterization of lignin in the G-layer of tension wood fibres of *Populus deltoides*", *Planta* 219, 338-345.

Jutte, S. M. (1956): "Tension wood in wane (*Ocotea rubra* Mez)", *Holzforschung* 10, 33-

35.

Kim J. S., Awano, T. Yoshinaga, A. and Takabe, K. (2010a): "Immunolocalization of β-1-4-galactan and its relationship with lignin distribution in developing compression wood of *Cryptomeria japonica*", *Planta* 232, 109-119.

Kim J. S., Awano, T. Yoshinaga, A. and Takabe, K. (2010b): "Temporal and spatial immunolocalization of glucomannans in differentiating earlywood tracheid cell walls of *Cryptomeria japonica*", *Planta* 232, 545-554.

Kim J. S., Awano, T. Yoshinaga, A. and Takabe, K. (2010c): "Immunolocalization and structural variations of xylans in differentiating earlywood tracheid cell walls of *Cryptomeria japonica*", *Planta* 232, 817-824.

Kim J. S., Awano, T. Yoshinaga, A., and Takabe, K.(2012): "Ultrastructure of the innermost surface of differentiating normal and compression wood tracheids as revealed by field emission scanning electron microscopy", *Planta* 235, 1209-1219.

Kim, J. S. and Daniel, G. (2012): "Distribution of glucomannans and xylans in poplar xylem and their changes under tension stress", *Planta* 236, 35-50.

Kuo, C. M. and Timell, T. E. (1969): "Isolation and characterization of a galactan from tension wood of American beech (*Fagus grandifolia* Ehrl.)", *Svensk Papperstidn*.72, 703-716.

Kutscha, N. P. (1968): "Cell wall development in normal and compression wood of balsam fir, *Abies balsamea*(L.) Mill.", Doctor Thesis, State Univ. Coll. For. Syracuse NY.

Lafarguette, F., Leplé, J.-C., Déjardin, A., Laurans, F., Costa, G., Lesage-Descauses, M.-C. and Pilate G. (2004): "Poplar genes encoding fasciclin-like arabinogalactan proteins are highly expressed in tension wood", *New Phytol.* 164, 107-121.

Lange, P. W. (1954): "The distribution of lignin in the cell wall of normal and reaction wood from spruce and a few hardwoods", *Svensk Papperstidn.* 57, 525-532.

Lapierre, C. and Roland, C. (1988): "Thioacidolyses of pre-methylated lignin samples from pine compression and poplar woods", *Holzforschung* 42, 1-4.

Lee, V. P. F. F. (1968): "Structural differences in lignin formation between normal and compression wood of Douglas fir". Doctor thesis, Univ. WA, Seattle.

Lehringer, C., Daniel, G. and Schmitt, U. (2009): "TEM/FE-SEM studies on tension wood fibres of *Acer* spp., *Fagus sylvatica* L. and *Quercus robur* L.", *Wood Sci. Technol.* 43, 691-702.

Lehringer, C., Gierlinger, N. and Koch, G. (2008): "Topochemical investigation on tension wood fibres of *Acer* spp., *Fagus sylvatica* L. and *Quercus robur* L.", *Holzforschung* 62, 255-263.

Ma, J., Zhou, X., Zhang, X. and Xu, F. (2013): "Label-free *in situ* Raman analysis of opposite and tension wood in *Populus nigra*", *BioResources* 8, 2222-2233.

Meier, H. (1962): "Studies on a galactan from tension wood of beech (*Fagus silvatica* L.)", *Acta Chem. Scand.* 16, 2275-2283.

Mellerowicz, E. J. and Gorshkova, T. A. (2012): "Tensional stress generation in gelatinous fibres: A review and possible mechanism based on cell-wall structure and composition", *J. Exp. Bot.* 63, 551-565.

Mellerowicz, E. J., Immerzeel, P. and Hayashi, T. (2008): "Xyloglucan: The molecular muscle of trees", *Ann. Bot.* 102, 659-665.

Mellerowicz, E. J. and Sundberg, B. (2008): "Wood cell walls: Biosynthesis, developmental dynamics and their implications for wood properties", *Curr. Opin. Plant Biol.* 11, 293-300.

Meloche, C. G., Knox, J. P. and Vaughn, K. C. (2007): "A cortical band of gelatinous fibers causes the coiling of redvine tendrils: A model based upon cytochemical and immunocytochemical studies", *Planta* 225, 485-498.

Mia, A. J. (1968): "Organization of tension wood fibres with special reference to the gelatinous layer in *Populus tremuloides* Michx", *Wood Sci.* 1, 105-115.

Mikshina, P. V., Chemikosova, S. B., Mokshina, N. E., Ibragimova, N. N. and Gorshkova, T. A. (2009): "Free galactose and galactosidase activity in the course of flax fiber development", *Russ. J. Plant Physiol.* 56, 58-67.

Müller, M., Burghammer, M. and Sugiyama, J. (2006): "Direct investigation of the structural properties of tension wood cellulose microfibrils using microbeam X-ray fibre diffraction", *Holzforshung* 60, 474-479.

Musha, Y. and Goring, D. A. I. (1975): "Distribution of syringyl and guaiacyl moieties in hardwoods as indicated by ultraviolet microscopy", *Wood Sci. Technol.* 9, 45-58.

Nguema-Ona, E., Bannigan, A., Chevalier, L., Baskin, T. I. and Driouich, A. (2007): "Distribution of arabinogalactan proteins disorganizes cortical microtubules in the root of *Arabidopsis thaliana*", *Plant J.* 52, 240-251.

Nishikubo, N., Awano, T., Banasiak, A., Bourquin, V., Ibatullin, F., Funada, R., Brumer, H., Teeri, T. T., Hayashi, T., Sundberg, B. and Mellerowicz, E. J. (2007): "Xyloglucan *endo*-transglycosylase (XET) functions in gelatinous layers of tension wood fibers in poplar: A glimpse into the mechanism of balancing acts of trees", *Plant Cell Physiol.* 48, 843-855.

Nobuchi, T. and Fujita, M. (1972): "Cytological structure of differentiating tension wood fibres of *Populus euroamericana*", *Mokuzai Gakkaishi*, 18, 137-144.

Norberg, P. H. and Meier, H. (1966): "Physical and chemical properties of the gelatinous layer in tension wood fibres of aspen (*Populus tremula* L.)", *Holzforschung* 20, 174-178.

Okuyama, T., Yamamoto, H., Yoshida, M., Hattori, Y. and Archer, A. A. (1994): "Growth stress in tension wood: Role of microfibrils and lignification", *Ann. For. Sci.* 51, 291-300.

Önnerrud, H (2003): "Lignin structures in normal and compression wood : Evaluation by thioacidolysis using ethanethiol and methanethiol", *Holzforschung* 57, 377-384.

Panshin, A. T. and de Zeeuw, C. (1980): *Textbook of Wood Technology*, pp. 1-722, McGraw-Hill Book Company, New York.

Pillow, M. Y. and Bray, M. W. (1935): "Properties and sulphate pulping characteristics of compression wood", *Pap. Trade J.* 101, 31-34.

Pramod, S., Rao, K. S. and Sundberg, A. (2013): "Structural, histochemical and chemical characterization of normal, tension and opposite wood of sububul (*Leucaena leucocephala* (lam.) De wit.)", *Wood Sci. Technol.* 47, 777-796.

Prodhan, A. K. M. A., Ohtani, J., Funada, R., Abe, H. and Fukazawa, K. (1995): "Ultrastructural investigation of tension wood fibre in *Fraxinus mandshurica* Rupr. var. *japonica* Maxim.", *Ann. Bot.* 75, 311-317.

Qiu, D., Wilson, I. W., Gan, S., Washusen, R., Moran, G. F. and Southerton, S. G. (2008): "Gene expression in *Eucalyptus* branch wood with marked variation in cellulose microfibril orientation and lacking G-layers", *New Phytol.* 179, 94-103.

Rolando, C., Monties, B. and Lapierre, C. (1992): "Thioacidolysis" in *Methods in Lignin Chemistry*, Lin, S. Y. and Dence, C. W.(eds.), pp. 334-349, Springer, Berlin.

Roussel, J.-R. and Clair, B. (2015): "Evidence of late lignification of the G-layer in *Simarouba* tension wood, to assist understanding how non-G-layer species produce tension stress", *Tree Physiol.* 35, 1366-1377.

Ruel, K. and Barnoud, F. (1978): "Recherches sur la quantification du bois de tension chez le Hêtre: Signification statistique de la teneur en galactose", *Holzforschung* 32, 149-156.

Ruelle, J., Yoshida, M., Clair, B. and Thibaut, B. (2007): "Peculiar tension wood structure in *Laetia procera* (Poepp.) Eichl. (Flacourtiaceae)", *Trees* 21, 345-355.

Rünger, H. G. and Klauditz, W. (1953): "Über Beziehungen zwischen der chemischen Zusammensetzung und den Festigkeitseigenschaften des Stammholzes von Pappeln", *Holzforschung* 7, 43-58.

Saito, K. and Fukushima, K. (2005): "Distribution of lignin interunit bonds in the differentiating xylem of compression and normal woods of *Pinus thunbergii*", *J. Wood Sci.* 51, 246-251.

Sandquist, D., Filonova, L., von Schantz, L., Ohlin, M. and Daniel, G. (2010):

"Microdistribution of xyloglucan in differentiating poplar cells", *BioResources* 5, 796–807.
Sardar, H. S., Yang, J. and Showalter, A. M.(2006): "Molecular interactions of arabinogalactan proteins with cortical microtubules and F-actin in bright yellow-2 tobacco cultured cells", *Plant Physiol.* 142, 1469–1479.
Sasaya, T., Takehara, T. and Kobayashi, T. (1980): "Extractives of Todomatsu *Abies sachalinensis* Masters. II. Lignans in the compression and opposite woods from leaning stem", *Mokuzai Gakkaishi* 26, 759–764.
Schwerin, G. (1958): "The chemistry of reaction wood: Part II. The polysaccharides of *Eucalyptus goniocalyx* and *Pinus radiata*", *Holzforschung* 12, 43–48.
Scurfield, G. (1967): "The ultrastructure of reaction wood differentiation", *Holzforschung* 21, 6–13.
Scurfield, G. (1972): "Histochemistry of reaction wood cell walls in two species of *Eucalyptus* and in *Tristania conferta* R. Br.", *Aust. J. Bot.* 20, 9–26.
Scurfield, G. (1973): "Reaction wood: its structure and function", *Science* 179, 647–655.
Scurfield, G. and Wardrop, A. B. (1962): "The nature of reaction wood: VI. The reaction anatomy of seedlings of woody perennials", *Aust. J. Bot.* 10, 93–105.
Scurfield, G. and Wardrop, A. B. (1963): "The nature of reaction wood: VII. Lignification in reaction wood", *Aust. J. Bot.* 11, 107–116.
Sugiyama, J., Otsuka, Y., Murase, H. and Harada, H. (1986): "Toward high resolution observation of cellulose microfibrils in wood", *Holzforschung* 40(Suppl.), 31–36.
Sultana, R. S., Ishiguri, F., Yokota, S., Iizuka, K., Hiraiwa, T. and Yoshizawa, N. (2010): "Wood anatomy of nine Japanese hardwood species forming reaction wood without gelatinous fibers", *IAWA J.* 31, 191–202.
Takabe, K., Miyauchi, T. and Fukazawa, K. (1992): "Cell wall formation of compression wood in todo fir (*Abies sacharinensis*): I. Deposition of polysaccharides", *IAWA Bull. n.s.* 13, 283–296.
Takabe, K., Takeuchi, M., Sato, T., Ito, M. and Fujita, M. (2001): "Immunocytochemical localization of enzymes involved in lignification of the cell wall", *J. Plant Res.* 114, 509–515.
Takehara, T., Kobayashi, T. and Sasaya, T. (1980): "Extractives of Todomatsu *Abies sachalinensis* Masters. I. Lignan esters in the compression and opposite woods from leaning stem", *Mokuzai Gakkaishi* 26, 274–279.
Takeuchi, M. Takabe, K. and Fujita, M. (2005): "Immunolocalization of an anionic peroxidase in differentiating poplar xylem", *J. Wood Sci.* 51, 317–322.
Thiery, J. P. (1967): "Mise en évidence des polysaccharides sur coupes fines en

microscopie électronique", *J. Microsc.* (Paris) 6, 987-1018.
Timell, T. E. (1969): "The chemical composition of tension wood", *Svensk Paperstidn.* 72, 173-181.
Timell, T. E. (1983): "Origin and evolution of compression wood", *Holzforschung* 37, 1-10.
Timell T. E. (1986): "Chemical properties of compression wood", in *Compression Wood in Gymnosperms I*, pp. 289-408, Springer-Verlag, Berlin.
Trenard, Y. (1983): "Étude au microscope électronique à balayage (MEB) des fibres gélatineuses du bois de tension chez le hêtre", *Holzforschung* 37, 157-161.
Wada, M., Okano, T., Sugiyama, J. and Horii, F. (1995): "Characterization of tension and normally lignified wood cellulose in *Populus maximowiczii*", *Cellulose* 2, 223-233.
Wang, Y., Gril, J., Clair, B., Minato, K. and Sugiyama, J. (2010): "Wood properties and chemical composition of the eccentric growth branch of *Viburnum odoratissimum* var. *awabuki*", *Trees* 24, 541-549.
Wardrop, A. B. (1964): "The reaction anatomy of arborescent angiosperms", in *The Formation of Wood in Forest Trees*, Zimmermann, M. H.(ed.), pp. 405-456, Academic Press, New York.
Wardrop, A. B. and Dadswell, H. E. (1950): "The Nature of Reaction Wood: II. The cell wall organization of compression wood tracheids", *Aust. J. Sci. Res. Ser. B* 3, 1-13.
Wardrop, A. B. and Dadswell, H. E. (1955): "The nature of reaction wood: IV. Variations in cell wall organization of tension wood fibres", *Aust. J. Bot.* 3, 177-189.
Wardrop, A. B. and Davies, G. W. (1964): "The nature of reaction wood: VIII. The structure and differentiation of compression wood", *Aust. J. Bot.* 12, 24-38.
Whiting, P. and Goring, D. A. I. (1982): "Chemical characterization of tissue fractions from middle lamella and secondary wall of black spruce tracheids", *Wood Sci Technol.* 16, 261-267.
Xu, F., Sun, R.-C., Lu, Q. and Jones, G. L. (2006): "Comparative study of anatomy and lignin distribution in normal and tension wood of *Salix gordejecii*", *Wood Sci. Technol.* 40, 358-370.
Yasuda, S. and Sakakibara, A. (1975): "Hydrogenesis of protolignin in compression wood. I. Isolation of two dimers with C_β-C_5 and C_β-C_3 compound of *p*-hydroxyphenyl and guaiacyl nuclei and two *p*-hydroxyphenyl nuclei, respectively", *Mokuzai Gakkaishi* 21, 370-375.
Yasuda, S., Tahara, S. and Sakakibara A. (1975): "The phenolic constituents of normal and reaction woods of Karamatsu, *Larix leptolepis* Gord.", *Res. Bull. Coll. Exp. For. Hokkaido Univ.* 32, 55-62.

Yoshida, M., Ohta, H. and Okuyama, T. (2002a): "Tensile growth stress and lignin distribution in the cell walls of black locust (*Robinia pseudoacacia*)", *J. Wood Sci.* 48, 99-105.

Yoshida, M., Ohta, H., Yamamoto, H. and Okuyama, T. (2002b): "Tensile growth stress and lignin distribution in the cell walls of yellow poplar, *Liriodendron tulipifera* Linn.", *Trees* 16, 457-464.

Yoshinaga A., Kusumoto H., Laurans F., Pilate G. and Takabe K. (2012): "Lignification in poplar tension wood lignified cell wall layers", *Tree Physiol.* 32, 1129-1136.

Yoshizawa, N., Inami, A., Miyake, S., Ishiguri, F. and Yokota, S. (2000): "Anatomy and lignin distribution of reaction wood in two *Magnolia* species", *Wood Sci. Technol.* 34, 183-196.

Yoshizawa, N., Ohba, H., Uchiyama, J. and Yokota, S. (1999): "Deposition of lignin in differentiating xylem cell walls of normal and compression wood of *Buxus microphylla* var. *insularis* Nakai", *Holzforschung* 53, 156-160.

Yoshizawa, N., Satoh, M., Yokota, S. and Idei, T.(1993a): "Formation and structure of reaction wood in *Buxus microphylla* var. *insularis* Nakai", *Wood Sci. Technol.* 27, 1-10.

Yoshizawa, N., Watanabe, N., Yokota S. and Idei, T. (1993b): "Distribution of guaiacyl and syringyl lignins in normal and compression wood of *Buxus microphylla* var. *insularis* Nakai", *IAWA J.* 14, 139-151.

Zykwinska, A. W., Ralet, M. C. J., Garnier, C. D. and Thibault, J. F. J. (2005): "Evidence for in vitro binding of pectin side chains to cellulose", *Plant Physiol.* 139, 397-407.

Zykwinska, A., Thibault, J. F. and Ralet, M. C. (2007): "Organization of pectic arabinan and galactan side chains in association with cellulose microfibrils in primary cell walls and related models envisaged", *J. Exp. Bot.* 58, 1795-1802.

第3章　あて材形成の分子生物学

3.1　植物の進化と化学成分

3.1.1　セルロースの進化

　セルロース合成酵素(cellulose synthase; CesA, GT2ファミリー)は、真核生物(Eukaryotes)と原核生物(Prokaryotes)に広く分布しているが(図3-1-1)、セルロース合成は陸生植物の祖先的な真核生物経路ではない。分子生物学的研究により、植物はセルロース合成酵素をシアノバクテリアから獲得したことが示されている(Nobels & Brown 2004)。最近、特性が解明された紅藻(*Porphyra yezoensis*)のセルロース合成酵素の塩基配列は、シアノバクテリアCesAと同じクラスターを形成しており(Roberts & Roberts 2009)、セルロース合成酵素が、アーケプラスチダ巨大系統群(Archaeplastida super group)の基部において一次細胞内生共生の間に獲得されたことを確証している。CesAの系統樹において、卵菌類(oomycetes)と褐藻のセルロース合成酵素は、シアノバクテリアと紅藻のそれらの配列と近いクラスターを形成し、ストラメノピラ類(stramenopiles)が紅藻類からセルロースを生産する能力を獲得したことを示唆している(Michel *et al.* 2010b)。分子生物学的研究結果は、褐藻、紅藻、緑藻、車軸藻緑藻および陸生植物間で見られるセルロース合成酵素・ターミナルコンプレックスの構造的相違と一致している(Tsekos 1999)。セルロース合成酵素は、褐藻からの分岐後、珪藻類によって失われたと思われる(図3-1-1)。

3.1.2　ヘミセルロースの進化

　多くの陸生植物の細胞壁成分は、CesAからセルロース合成酵素様(Csl)遺伝子ファミリーへの多様化によって生じた遺伝子によって合成される(図3-1-1)(Lerouxel *et al.* 2006; Yin *et al.* 2009)。7から8個のCsl遺伝子が種子植物に

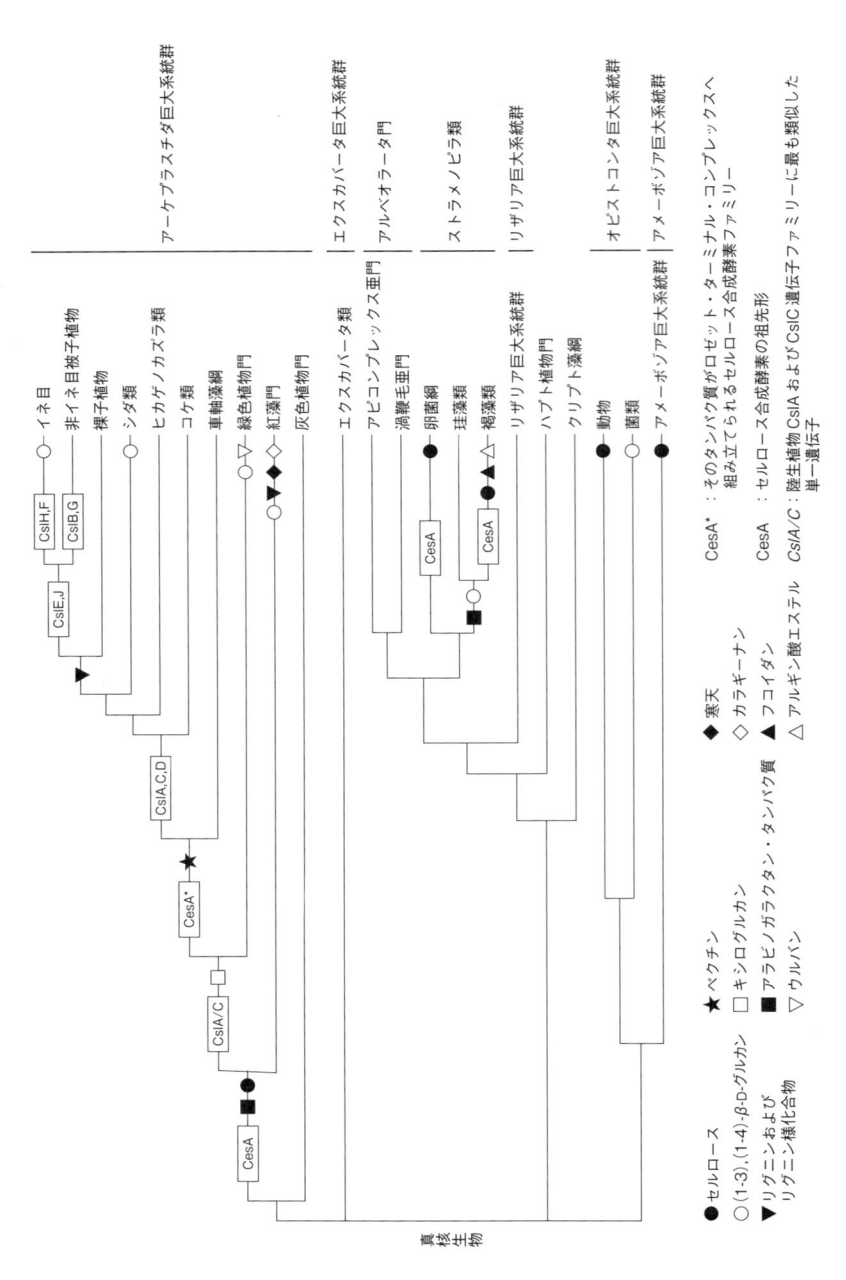

図 3-1-1 真核生物における主要細胞壁構成化学成分の出現に関する系統樹 (Popper et al. 2011 より改変)

見られるが、3個のみが蘚苔類(Csl [ACD])に見出され、CslAとCslCに最も相同性が高いユニークな遺伝子である、1個の遺伝子のみが緑藻に見られる(Yin *et al.* 2009)。このことは、緑藻からの分岐に続いて、陸生植物においてCslAとCslCの共通祖先の重複が生じた可能性を示している。陸生植物において、CslAとCslCはそれぞれマンナンとキシログルカンの合成に関与していることが報告されている(Lerouxel *et al.* 2006)。そのため、マンナンが緑藻の細胞壁に存在しているので、Yin *et al.*(2009)は、祖先的Csl [AC] 遺伝子がマンナン合成酵素であると示唆している。多細胞紅藻もまた、マンナンとグルコマンナンを含んでいることが知られているので(Craigie 1990; Lechat *et al.* 2000)、これらの紅藻がCsl [AC]と高い配列相同性を持つ1個の遺伝子を同様に有するかどうかを知ることは興味深い。褐藻シオミドロ(*Ectocarpus siliculosus*)は、アクチノバクテリア起源の2番目のCslサブファミリーを有しているのだが、この褐藻では、CesAファミリーのこのような多様性は見られない(Michel *et al.* 2010 b)。従って、CesAファミリーの拡大と多様化は、有胚植物に特異的な特徴であると思われ、これはおそらく陸生化に関連していると思われる。

　Csl [BDEG] の機能的役割は不明のままであるが、Csl [FHJ] 遺伝子は、草本類の$(1 \rightarrow 3),(1 \rightarrow 4)$-$\beta$-D-グルカン(MLG)の合成に関与していることが示されてきている。MLGは、イネ目(Poales)の細胞壁に限定されていると以前は考えられており、この分類(科)の実質的な革新として見られていた。しかし、現在では、菌類(Burton & Fincher 2009; Pettolino *et al.* 2009)、褐藻(Popper & Tuohy 2010)、紅藻(Lechat *et al.* 2000)、緑藻(Eder *et al.* 2008)、およびトクサ(*Equisetum* spp.)(Fry *et al.* 2008a; Sørensen *et al.* 2008)にも存在することが報告されている。イネ目を除いて、これら全ての種(分類群)は、Csl [FHJ] の分岐以前に存在していたので、このことは、この高分子の多重起源を支持するが、これらのグループにおいて、MLGが合成される機構の説明に不確実性をもたらす。紅藻において、硫酸化MLGが存在することは、細胞壁成分が、共発生した生合成遺伝子の存在に依存して、異なる様式で修飾されうること、そして、この修飾が環境によって制御される可能性を示唆している。

　幾つかの細胞壁成分およびそれらの生合成酵素の起源は、不明である。例えば、キシログルカン・エンド型加水分解酵素(XEH)とキシログルカン・エン

ドトランスグルコシラーゼ(XET)は、キシログルカン代謝に関わる相同性酵素である。XEHはキシログルカン骨格を加水分解するが、XETは2つのキシログルカン分子間の高分子間重合を行う。XETとXEHの両者は、大きな多特異的ファミリーGH16に属し(Barbeyron *et al.* 1998)、このファミリーは、ラミナリナーゼ、リッチェナーゼ、β-アガラーゼ、κ-カラジナーゼ、および最近発見されたβ-ポリフィラナーゼを網羅する(Hehemann *et al.* 2010)。構造および系統解析により、XETが原始グルコシル加水分解酵素(GH)から後に派生したことが実証されている(Michel *et al.* 2001)。同様に、XEHは、原始XETから二次的に進化したことが示されている。興味深いことに、最近、トクサとcharophytic車軸藻類から一つの酵素が単離されたが、この酵素は、MLG(キシログルカン・エンドトランスグルコシラーゼ(MXE)活性)を有し、MLGをキシログルカンに重合する(Fry *et al.* 2008a)。車軸藻類にMXE活性が存在することは、興味深いことである。何故なら、それらの細胞壁には、キシログルカンが無いと考えられていたからである(Popper & Fry 2003)。免疫細胞化学的研究により、キシログルカンがシャジクモ属(*Chara*)の造精器に局在することが示唆されているので、MXEはこれらの細胞の拡大成長に関与するのかもしれない。MXE活性は、植物細胞壁の原始的特徴の一つであると示唆されてきている(Fry *et al.* 2008b)。この仮説を確証するためには、この新規な活性に相当する遺伝子をクローニングする必要がある。一つの注目すべき仮説は、MXEがファミリーGH16の新しいメンバーであり、XETと近縁な共通の祖先を共有するというものである。Fry *et al.*(2008b)の仮説を調べるための次のステップは、車軸藻緑藻(CGA)におけるMXE遺伝子の存在を確証し、異なるCGAメンバー間で塩基配列を比較することである。最近、接合藻類(*Penium margaritaceum*)のゲノムが解読されたのだが、現在、CGAの2、3のメンバーのみが完全にゲノムが解読され、機能が同定されている(Timme & Delwiche 2010)。

　原始遺伝子の派生および主要な内生共生事象の間における遺伝子移動に加えて、藻類と植物の細胞壁の進化はまた、特異的な系統での水平遺伝子移動によって影響を受けたと思われる。これは、明らかに緑藻(*Micromonas*)の場合であり、この緑藻は、驚くことに、細菌のペプチドグリカンの生合

成に関与する幾つかの遺伝子を持っている (Worden et al. 2009)。シオミドロ (*E. siliculosus*) ゲノムの解析により、重大な水平遺伝子移動が放線菌 (actinobacterium) との間で恐らく生じ、これが、マンニトールに基づく炭素貯蔵用の付加経路のデノヴォ *de novo* 獲得に繋がったことが見出されている (Michel *et al.* 2010a)。また、この水平遺伝子移動により、幾つかの重要な細胞壁多糖類、アルギン酸塩、そしてGT2の新しいサブファミリーによって合成される幾つかのヘミセルロース様高分子の生成に至った。この水平遺伝子移動事象は、複雑な多細胞性を獲得した褐藻における進化の転換期であった (Michel *et al.* 2010b)。

ゲノム遺伝子が解読された植物および藻類由来のGHとGTファミリーのそれぞれの遺伝子数の比較により、細胞壁関連多糖類の進化と多様性に関する付加的な情報が得られる。単細胞紅藻および緑藻に関するデータベース上で利用可能なゲノム情報により、これらの藻類では、顕花植物と比較して細胞壁関連遺伝子が非常に乏しいことが示唆される (Michel *et al.* 2010a, b)。これらの微細藻類は、還元または高度に修飾された細胞壁を持つ特徴があるので、このことは予想されない訳ではない。多細胞褐藻のシオミドロ (*Ectocarpus siliculosus*) は、合計41個のGHと88個のGTを持ち (Michel *et al.* 2010a)、シロイヌナズナ (*Arabidopsis thaliana*, 730個のGHとGTを有する) と比べて、ファミリー当たりのメンバー数がかなり少ない。しかしながら、多くの細胞壁関連ファミリー (GT2、GT8、GT14、GT47、GT48、およびGT64) を植物と共有する。顕著な相違は、GT43とXET/XEH (GH16) が無い点であり、これは、褐藻において、キシログルカンが明らかに存在しないことによって説明できる。

蘚苔類のGT47ファミリーを除いて、蘚類とヒカゲノカズラ (*Lycopodium clavatum*) のゲノムは、小さいGTファミリーサイズを有する (Cantarel *et al.* 2009)。しかしながら、イワヒバ (*Selaginella tamariscina*) は、シロイヌナズナとイネよりも小さいXET/XEHファミリーを持つのだが、ヒメツリガネゴケ (*Physcomitrella patens*) のメンバーの数は、イネ (*Oryza sativa*) のものに匹敵する。これは、ヒカゲノカズラ系統内での消失を反映しているが、XET/XEHファミリーメンバーが、蘚類において幾つかの異なる役割を有していること

を示唆する。イネにおいて多くのメンバーが存在するGT43ファミリーを除いて、顕花植物シロイヌナズナおよびイネは、各ファミリーにおいてほぼ同数の遺伝子を有している。GT43は、ヘミセルロースのキシラン骨格の合成に関与する。イネにおいて、GT43のファミリーサイズが増加していることは、草本細胞壁において高度に構造的な複雑性を持つ(グルクロノアラビノ)キシランが、より高濃度で存在していることに関係していると思われる(Verbruggen *et al*. 1998)。対照的に、キシランおよびペクチン関連ファミリーは少数なのだが、ポプラ(*Populus* spp.)のゲノムはシロイヌナズナよりも1.6倍多いCAZymes(Carbohydrate-Active enZymes)を持ち、大部分のファミリーは比例的に増加している。しかしながら、組織タイプに関連した制御により、CAZymeトランスクリプトームにおいて顕著な変化が生じる(Geisler-Lee *et al*. 2006)。遺伝子ファミリーサイズのもう一つの例として、ヒメツリガネゴケ(*Physcomitrella patens*)は、被子植物において通常見られる4つのエクスパンシン・ファミリーのうち、2つのみを有することが示されている(Carey & Cosgrove 2007)。しかし、これは、蘚類における現存のファミリーからの数と多様性の増加によってバランスが保たれており、このことは、大きな多重遺伝子ファミリーを維持することが、植物にとって機能的な利点となることを暗示している。興味深いことに、シオミドロ(*Ectocarpus siliculosus*)においてエクスパンシンのホモローグが見られないが、このことは、褐藻において細胞壁を再構築するための被子植物とは異なる機構が存在することを示唆している(Michel *et al*. 2010b)。全体的に見ると、ストレプト植物(*Streptophytes*)の出現は、細胞壁関連遺伝子の拡大と派生と関連していると思われる(Popper & Tuohy 2010; Yin *et al*. 2009)。

3.1.3 リグニンの進化

　リグニンの存在は、植物の進化と密接に関連しており、比較的下等な菌類や蘚苔類には殆ど存在しないが、より高等な維管束植物門(シダ植物、裸子植物、被子植物)の全てに分布している(坂井 1985)。

　シルル紀初期の植物化石の調査・分析により、この植物に束状の管があり、これにリグニン様の成分が含まれていたことから、この管が水の通道細胞で

あったと推察されている(Niklas & Pratt 1980)。また、環状からせん状の肥厚および時折見られる末端壁を持つ、並行に整列した結束管が観察されている。これらの結果から、化石中の束状の管は水分通道組織として機能したと考えられ、細胞型の形態学的および化学的基準を大部分満たしていると判断された。このことから、リグニンが、この頃に形成されるようになったと推定される。

キュウリ(*Cucumis sativus*)の実生は、1% O_2(7.6 mmHgに相当)条件でリグニンを合成することができる。この程度のO_2濃度は、およそ中期オルドビス紀に相当し、シルル紀初期に植物がリグニンを合成していた可能性を示唆している(Siegel *et al.* 1972)。実際に、木化した維管束組織を持つ最古の陸生植物として一般的に受け入れられている標本は、シルル紀の化石であり、古生マツバラン(*Psilophyton* および *Rhynia*)である。また、最も原始的な陸上植物のリグニンは、グアイアシル核が大部分を占めていたことが判明している(Sarkanen & Ludwig 1971)。現生の草本植物でも、ヒカゲノカズラやシダ類のリグニンは、針葉樹のリグニンと良く似ている(樋口 1975)。そして進化の過程で、裸子植物から被子植物に進化した際に、リグニンもグアイアシル核とシリンギル核の両方で構成されるようになり、更に草本類、イネ科植物(最も進化した植物グループ)では、グアイアシル核(G)、シリンギル核(S)および*p*-ヒドロキシフェニル核(H)で構成されるように進化したと考えられる。

最近、維管束植物におけるシリンギルリグニンの起源に関して、新たな説が出されている(Weng *et al.* 2008)。ヒカゲノカズラ類は、約4億年前の前期シルル紀に誕生し、シダ類・裸子植物および被子植物と並行して進化した維管束植物の主要な系統を代表するものである。維管束植物の顕著な特徴は、木部および硬質化したタイプの細胞にフェノール性リグニンヘテロポリマーが存在することである。シリンギルリグニンは、被子植物に限定されていると考えられているが、ヒカゲノカズラ類にも検出されている。Weng *et al.*(2008)は、ヒカゲノカズラ類のイヌカタヒバ(*Selaginella moellendorffii*)から得たチトクロームP450依存性モノオキシゲナーゼの特性について調べた。遺伝子発現データ、交雑種相補性試験および *in vitro* 酵素アッセイの結果から、このP450がフェルラ酸/コニフェリルアルデヒド/コニフェリルアルコール 5-ヒドロキシラーゼ(F5H)であり、グアイアシル置換中間体をシリンギルリグニン生合成

に転用する能力があることが明らかになった。系統発生分析の結果は、イワヒバ属(*Selaginella*)のF5Hが植物P450の新しいグループを代表していることを示し、また、裸子植物F5Hとは独立して進化したことを示唆した。即ち、ヒカゲノカズラ類におけるシリンギルリグニンの誕生と被子植物の出現は、独立していた可能性が示唆されたのである。

原始的な緑藻でリグニン様化合物が同定されているが、ごく最近、紅藻の細胞壁にリグニンと二次壁が存在することが報告されている(Martone et al. 2009)。研究対象となったものは、潮間紅藻であるエゾシコロの仲間(*Calliarthron cheilosporioides*)で、リグニンの検出は、derivatization followed by reductive cleavage(DFRC)分解およびGC-MS分析、そしてG・H・S単位に特異的な免疫組織化学的観察により、また、二次壁の存在は電子顕微鏡観察によって、それぞれ行われた。真正紅藻類(*Calliarthron*)が、仮道管や道管を持たない、サンゴモ目の祖先から進化したと考えられるにも関わらず、木化した細胞壁を有していることは驚くべきことである。この研究では、紅藻と維管束植物は、恐らく10億年以上前に分岐したと推測している(図3-1-1)。また、維管束植物が、原始的な生合成経路を緩やかに刺激して水力学的輸送能力を獲得し、この生合成経路を単一層細胞壁の強化のために進化させ、さらに後になって、細胞壁に生物物理学的支持機能を付与させるために、この生合成経路を獲得したと推察されている。何れにしても、この新発見により、リグニンの進化に関して新たな多くの疑問が生じている。

Peter & Neale (2004)は、木部における木化の進化について、リグニン生合成に関与する酵素の遺伝子情報を基に、以下のように考察している。コニフェリルアルコール合成の原始的で主要な経路は陸上植物の間で保存され、一方、シナピルアルコール合成の経路は被子植物で進化した。裸子植物と被子植物の両方において、水分通道組織の細胞壁のリグニンが主としてGリグニンで構成されている事実は、陸上植物の進化の過程で、木部の水分通道細胞におけるGリグニン生合成経路、及び、この生合成の制御を保存するために、強い選択的な圧力があったことを示唆している。Sリグニン合成に特異的に関与する3つの遺伝子(フェルレート5-ヒドロキシラーゼ/コニフェリルアルデヒド5-ヒドロキシラーゼ(F5H/Cald5H)、カフェー酸/5-ヒドロキシフェルラ

酸O-メチルトランスフェラーゼ（COMT）、シナピルアルコールデヒドロゲナーゼ（SAD））の発見と解析により、これらの遺伝子の進化がGリグニン遺伝子よりも最近であることが示された。フェニルアラニンアンモニアリアーゼ（PAL）のプロモーター領域の機能解析によって、木化中の木部細胞におけるリグニン生合成遺伝子の適切な発現に必要かつ重要な*cis*-制御配列として、初めてACエレメントが同定された。最近のバイオインフォマティクス解析により、潜在的にモノリグノール生合成に関与している34個の*Arabidopsis*遺伝子のうち、10個（*PAL1*、*PAL2*、4-クマール酸CoAリガーゼ（*4CL*）*1*、*4CL2*、ヒドロキシシンナモイルCoA:シキミ酸/キナ酸ヒドロキシシンナモイルトランスフェラーゼ遺伝子（*HCT/CST*）、クマール酸3-ヒドロキシラーゼ遺伝子（*C3H*）、カフェオイルCoA O-メチルトランスフェラーゼ遺伝子（*CCoAOMT*）、シンナモイルCoAレダクターゼ遺伝子（*CCR*）*1*、シンナミルアルコールデヒドロゲナーゼ遺伝子（*CAD*）*5*、*CAD6*にAC*cis*エレメントが同定された。対照的に、AC*cis*エレメントは、*F5H/Cald5H*および*COMT*遺伝子には見出されていない。これらの遺伝子は、被子植物繊維細胞におけるSリグニンの生合成に関与している。この解析結果は、木部細胞におけるGリグニン生合成に対する保存された、恐らく原始的な制御ネットワークの存在を示唆している。このような木部におけるGリグニンの合成に関与するモノリグノール遺伝子の保存された制御ネットワークは、進化の間、これらの遺伝子が高度に植物において保存されていたこと、そして、分子系統学的手法によって、各遺伝子に対するホモローグを容易に同定できることを示唆する。Gリグニン生合成経路の分子進化学的解析は、遺伝子が裸子植物と被子植物の間で保存されていることを示す。シロイヌナズナ（*Arabidopsis thaliana*）における275メンバーのチトクロームP450（CYP）スーパーファミリーの系統解析により、C3Hとケイヒ酸4-ヒドロキシラーゼ（C4H）が一つの共通の遺伝子から進化したことが示され、これらの近接関係により、シロイヌナズナにおいてCYP98A3がC3Hであると同定された。F5H/Cald5Hは、C4HおよびC3HチトクロームP450モノオキシゲナーゼに対して、より離れた関係にあり、この遺伝子は、2、3の真正双子葉植物種にのみ同定されており、裸子植物では同定されていない。このことは、Sリグニン合成における、その酵素の役割と一致している。*4CL*遺伝子の多数のコ

ピー、それらの多様性、そして、それらがコードする酵素の異なる基質特異性は、この遺伝子ファミリーが、被子植物と裸子植物の系統が分岐する以前の原始的な重複、また、真正双子葉類のより最近の遺伝子重複の両方を受けたことを示唆する。シンナモイルCoAレダクターゼ(CCR)は、裸子植物と被子植物で高度に保存されており、モノリグノール経路に特異的な、最初の酵素であると考えられている。*CCoAOMT*遺伝子は、裸子植物と被子植物において高度に保存されている。*COMT*および*COMT*様遺伝子は、植物において多様なセットのメチルトランスフェラーゼを形成している。分子進化的および比較機能的研究により、木部におけるモノリグノール生合成に関与し、Gリグニンの形成へと進んだ遺伝子のコアセットが、陸上植物の進化の間、保存されていたこと、そして、被子植物の木部繊維細胞におけるSリグニンの生合成へと繋がった遺伝子の進化は、より最近であるという仮説が支持されている。この多様性は、真正双子葉から草本が分離する以前に、原始的な被子植物で生じたと考えられる。

3.2 あて材細胞分化の分子生物学

　一般的に、広葉樹(被子植物の双子葉類に属する木本植物)は引張あて材、針葉樹(裸子植物に属する木本植物)は圧縮あて材を形成する。分子生物学的には、化学的・生物学的に明らかになっていることに対し、マイクロアレイやプロテオミクスによる後付けのアプローチが現状である。ここでは引張あて材の分子生物学を中心に解説する。

3.2.1 マイクロアレイとプロテオミクス

　あて材を形成している木部分化帯から、遺伝子産物(mRNAまたはタンパク質)を調製して、これらと正常材を形成している組織からのものと比較する。これらあて材形成の組織における遺伝子産物の中で、1) 特異的に発現したもの、2) 発現が強くなったもの、3) 発現が弱くなったものをそれぞれ同定して抽出する。この手法を用いて今までに様々な遺伝子産物が同定されてきた。コントロール(正常材を形成している組織)に比べて十数倍から20％程度発現が増大したものに焦点をあて、引張あて材や圧縮あて材の化学分析の結果に関連

表3-2-1 交雑ポプラ(*Populus tremula* × *P. tremuloides*)およびポプラ(*P. tremuloides*)引張あて材形成において発現が増加する主要な細胞壁関連遺伝子産物

(Andersson-Gunnerås *et al.* 2003, 2006; Bhandari *et al.* 2006)

遺伝子産物	発現量の比 あて材/コントロール材
ファシクリン様アラビノガラクタンプロテイン(PttFLA12)	18.90〜6.79
セルロース合成酵素(PttCesA3-1)	1.32
セルロース合成酵素(PtCesA3-2)	1.30
セルロース合成酵素(PtCesA8-2)	1.19
キシログルカンエンドトランスグリコシラーゼ(PttXTH16C)	1.25
スクロース合成酵素(PttSUS1)	1.57
スクロース合成酵素(PttSUS2)	1.39
COBRAタンパク質	4.54
プロリンリッチタンパク質	2.45
α-アミラーゼ(PttAAMY2)	3.53
フルクトキナーゼ	1.46〜1.49
UDP-グルコースピロフォスフォリラーゼ	2.31
ポリガラクチュロナーゼ(PttGH28A)	1.38
β-ガラクトシダーゼ	1.36
ガラクトシルトランスフェラーゼ	1.57
ラムノガラクチュロナラーゼ	6.95
KORRIGANエンドグルカナーゼ(PtrKOR)	値不明
アミノシクロプロパンカルボキシ酸オキシダーゼ(PttACO1)	値不明

表3-2-2 圧縮あて材形成において発現量が増加する主要な細胞壁関連タンパク質

(McDougall 2000; Plomion *et al.* 2000; Le Provost *et al.* 2003)

タンパク質	機能	樹種
アミノシクロプロパンカルボキシ酸オキシダーゼ	エチレン合成	カイガンショウ(*Pinus pinaster*)
グルタミン合成酵素	窒素同化	カイガンショウ
フルクトキナーゼ	スクロース、およびデンプン代謝	カイガンショウ
カフェ酸*O*-メチルトランスフェラーゼ	リグニン合成	カイガンショウ
カフェオイルCoA-*O*-メチルトランスフェラーゼ	リグニン合成	カイガンショウ
ラッカーゼタイプポリフェノールオキシダーゼ	リグニン合成	トウヒ属種(*Picea sitchensis*)
グリセルアルデヒド-3-リン酸デヒドロゲナーゼ	解糖(エネルギー生産)	カイガンショウ
α-チューブリン	表層微小管	カイガンショウ

したものが取り上げられている。マイクロアレイやプロテオミクスは、ターゲットとなる遺伝子にあたりを付ける強力な目安となる。**表3-2-1**に引張あて材で発現するものを、**表3-2-2**に圧縮あて材で発現するものをまとめる。

3.2.1.1 セルロースの生合成

　セルロースの生合成は、UDP-グルコースからグルコースの転移反応によっ

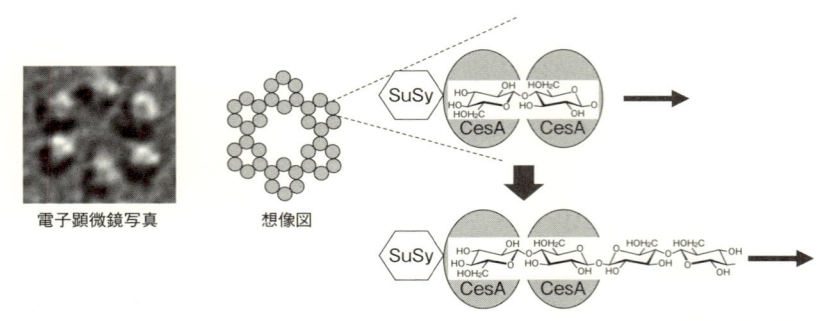

図3-2-1 セルロース合成酵素(CesA)の複合体であるロゼット(25〜35 nm)の推定構造

て生じる。その際、UDP-グルコースのグルコースとリン酸の間の結合エネルギー（高エネルギーリン酸結合とほぼ同じ）が転移に利用される。セルロース(1,4-β-グルカン)生合成は下記の化学反応式(3.1)として示される。

$$(1,4\text{-}\beta\text{-グルカン})_n + \text{UDP-グルコース} = (1,4\text{-}\beta\text{-グルカン})_{n+1} + \text{UDP} \quad (3.1)$$

UDP-グルコースをセルロース合成酵素に供給する仕組みについては、膜結合型のスクロース合成酵素(SuSy)が、セルロース合成酵素に共役して反応する。

スクロース合成酵素を持たない微生物では、1モルのグルコースから1モルのUDP-グルコースを合成するためには、2モルのATPが必要となる。しかし、スクロース合成酵素はスクロース中のグルコースとフラクトースの間の結合エネルギーを利用してUDP-グルコースを合成するため、エネルギーを節約できる。スクロースは高エネルギー化合物であり、その加水分解によって生じる多量の自由エネルギーをセルロース合成反応に利用できることになる。

セルロースが合成される際、1モルのUDP-グルコースから1モルのUDPが生成する。UDPはセルロース合成酵素の阻害物質であるが、スクロース合成酵素はUDPをリサイクルしてUDP-グルコースを再合成するために、UDPの蓄積を抑える。従って、セルロースの合成が酵素的サイクリングのもとに効率よく進行する。セルロース合成酵素反応とスクロース合成酵素反応の連立方程式を立てると、UDP-グルコースとUDPが除かれ、スクロースからセルロースが合成される反応式が導き出される。

$$\frac{(1,4\text{-}\beta\text{-}グルカン)_n + UDP\text{-}グルコース = (1,4\text{-}\beta\text{-}グルカン)_{n+1} + UDP}{スクロース + UDP = UDP\text{-}グルコース + フラクトース} \tag{3.2}$$
$$(1,4\text{-}\beta\text{-}グルカン)_n + スクロース = (1,4\text{-}\beta\text{-}グルカン)_{n+1} + フラクトース$$

セルロース合成酵素(CesA)は細胞膜上に存在し、**図3-2-1**のように巨大なロゼット(25〜35 nm)を構成している。ロゼットは、36か所のセルロース合成酵素複合体から構成され、36本の1,4-β-グルカン鎖が束になって同時に生成する。おのおののグルコース残基中の3番目のヒドロキシル基は5番目の酸素原子と、6番目のヒドロキシル基は2番目のヒドロキシル基と、それぞれ水素結合を形成する。すなわち、隣り合ったグルコース同士は1つの共有結合と2つの分子内水素結合で結びつきながら、グルコース残基は互いに180°回転した位置で安定化する。グルコース残基が180°ずつ回転することから、2つのセルロース合成酵素が180°回転した状態でダイマー(二量体)を構成していることが推察されている。

スクロース合成酵素は、リン酸化されることによりスクロースに対する親和性が増加し、UDP-グルコースの合成が活性化する。すなわち、セルロース生合成前駆体であるUDP-グルコースの合成は、スクロース合成酵素のリン酸化によって制御されていると言える。

マイクロアレイやプロテオミクスの結果から、セルロース合成酵素やスクロース合成酵素の遺伝子産物があて材で同定されている(Andersson-Gunnerås *et al.* 2003, 2006; Bhandari *et al.* 2006)。セルロース合成酵素は、高等植物では3つのCesA遺伝子産物を必要とするが、一次壁および二次壁のセルロース生合成においてそれぞれ異なった3つのCesAを用いている(Ranik and Myburg 2006)。モデル植物シロイヌナズナ(*Arabidopsis thaliana*)では、AtCesA1、AtCesA3とAtCesA6が一次壁セルロース生合成に関与し、AtCesA4、AtCesA7とAtCesA8が二次壁セルロース生合成に関与している。ポプラ(*Populus tremuloides*)では、PtrCesA1、PtrCesA2およびPtrCesA3が二次壁セルロース生合成に関与しているが、これらはあて材形成のセルロース生合成でも働く。ユーカリ(*Eucalyptus grandis*)においては、EgraCesA1、EgraCesA2とEgraCesA3が二次壁セルロース生合成に関与

しているが、EgraCesA1はあて材形成のセルロース合成には関与しない。交雑ポプラ(*Populus tremula* × *P. tremuloides*)では、PttCesA1、PttCesA3-1、PttCesA3-2およびPttCesA9が二次壁セルロース合成に関与しているが、PttCesA3-2とPttCesA8-2があて材形成のセルロース合成において増加する。このPttCesA8-2は、モデル植物シロイヌナズナにおいて一次壁セルロース生合成に関与しているAtCesA1と相同的なものである。すなわち、あて材形成においては、一次壁および二次壁のセルロース生合成酵素が再構築されてセルロースを合成している可能性がある。

あて材形成のスクロース合成酵素としてPttSUS1とPttSUS2が同定されている。これらは、セルロース合成酵素と共役してセルロース生合成を行っていることが考えられる。

3.2.1.2 キシログルカンの生合成

キシログルカンは、ゴルジ膜に存在するキシログルカングルコシルトランスフェラーゼとキシロシルトランスフェラーゼが共役的に作用して、UDP-グルコースからグルコースを、そしてUDP-キシロースからキシロースを転移することによってグルカン鎖が合成される。更に、そこにガラクトシルトランスフェラーゼが、UDP-ガラクトースからガラクトースをキシロース残基に転移し、フコシルトランスフェラーゼがGDP-フコースからフコースをガラクトース残基に転移する。

キシログルカンはゴルジ体で合成され、セルロースは細胞膜で合成される。分泌小胞が細胞膜と融合するやいなや、膜にアンカーされていたセルロース合成酵素はセルロースの合成を始める。同時に分泌されたキシログルカンは、合成中の1,4-β-グルカン鎖に水素結合によって結びついてゆく。セルロースミクロフィブリルが形成される過程であるため、繊維の中心部では結晶化が起こりつつも、表層ではキシログルカン分子の一部が編み込まれて準結晶状態(paracrystal)になる。その結果、隣接するセルロースミクロフィブリル同士はキシログルカンによって架橋される。この架橋複合体からキシログルカンを可溶化させるには、強アルカリでミクロフィブリルを変成させ、セルロース分子間の結合を解く必要がある。

キシログルカンの高分子化がゴルジ体中で完成して分泌されるのか、比較的

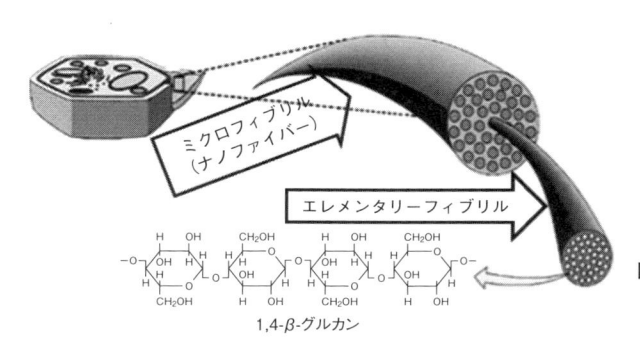

図3-2-2 ミクロフィブリルとエレメンタリーフィブリル

低分子の状態で分泌されてから細胞壁中で高分子化されるのかは、未だ分かっていない。植物細胞壁中には、多量のタンパク質としてキシログルカンエンドトランスグルコシラーゼ（XET）が存在し、これが細胞壁内におけるキシログルカンの高分子化とセルロースの架橋を行っている。

3.2.1.3 キシログルカンエンドトランスグルコシラーゼ（XET）によるセルロースの架橋

セルロースは、グルコースが$1,4\text{-}\beta\text{-}$グリコシド結合で高度に重合したものが束になってミクロフィブリル（微繊維）を形成しているが、直鎖で平面状のコンフォメーションをとるため、分子が寄り集まって分子間水素結合によって束になって結晶化する。同時に全グルカン鎖の非還元末端にグルコースを転移していくため、同調的に生成する$1,4\text{-}\beta\text{-}$グルカン分子は全て同じ方向に配向した平行鎖構造を形成する（図3-2-2）。

最近の研究によると、キシログルカンが一次壁および二次壁のセルロース・エレメンタリーフィブリルの表層に結合することによってミクロフィブリル内に強く編込まれることが分かってきた（Yamamoto et al. 2011）。全てのセルロースミクロフィブリルには、キシログルカンの楔が打ち込まれている様になり、これをXETがつなぎ合せてまとめることによって全てのミクロフィブリルを固定することが可能となる。一次壁、二次壁そしてG層のセルロースミクロフィブリルを固定するために、XETがキシログルカンのジョイントを結合することになる。プロテオミクスにより関与の示されたものとして、ポプラ（*Populus alba*）あて材から単離されたG層から、PttXTH6とPttXTH16Eが同

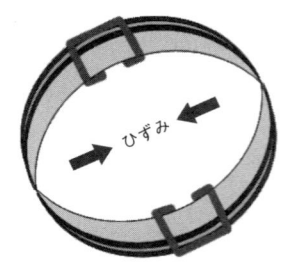

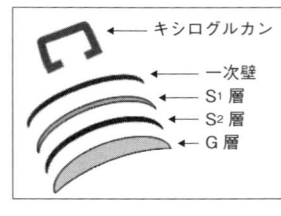

図3-2-3 繊維細胞壁のG層を固定するキシログルカンの概念図

定されている。XET反応からキシログルカンによるセルロースミクロフィブリル固定化のモデルを**図3-2-3**に示す。

3.2.1.4 キシランの生合成とリグニンの生合成

キシランはゴルジ体で合成される。キシランとリグニンは、引張あて材形成には関わっていない。従って、広葉樹ではあて材に関わらない細胞壁成分として一つの基準になっている。圧縮あて材については、リグニン合成があて材形成に関わっている。あて材の形成過程で誘導されるリグニン関連遺伝子を**表3-2-2**に記す。

3.2.1.5 セルラーゼ

ポプラ(*Populus alba*)からクローニングした2種のセルラーゼ(PopCel1とPopCel2)は、セルロース生合成前駆体であるスクロース(ショ糖)によって異なった部位で誘導された(Ohmiya et al. 2003)。これら2つの酵素の発現パターンを合わせたものはセルロース画分におけるスクロースの取り込みと一致した。すなわち、セルロースの合成が活発なところでセルラーゼが発現していると言える。この発現はセルロース生合成の阻害剤によって抑えられた。一方、シロイヌナズナ(*Arabidopsis thaliana*)では、膜結合型セルラーゼ(KOR)のアラビドプシス変異体(korrigan)がセルロースレスの表現型を示すことから、これがセルロースの生合成に関与していることが示唆されている。ポプラ(*Populus tremuloides*)では、PtrKORが膜結合型セルラーゼとして、あて材形成の際に高発現することが示されている(Bhandari et al. 2006)。むろん、樹幹のあて材の反対側では膜結合型セルラーゼの発現は抑えられる。PtrKORの発現は、PtrCesA1、PtrCesA2およびPtrCesA3の発現と共役して木部と師部の繊維細胞で認められている。

最近のゲノムプロジェクトから、たいていのバクテリアはセルロース合成酵素オペロンを有していることが明らかになりつつある。そして、そのオペロン中には、セルロース合成酵素遺伝子とセルラーゼ遺伝子がセットで存在する。セルロースを合成しない大腸菌や枯草菌もセルロース合成酵素遺伝子とセルラーゼ遺伝子をオペロン中にセットで持っている。

3.2.1.6　アラビノガラクタンプロテイン

あて材形成の際に、アラビノガラクタンプロテイン（AGP）が発現することが認められている。G層の内側すなわちG層と細胞膜との間に局在する。発現したプロテインの機能・役割は不明である。

3.2.2　遺伝子組換え体を用いた引張あて材における糖鎖の機能解析

1章および2章で述べたように典型的な引張あて材に存在するG層は、当初比較的純粋なセルロースで構成されていると考えられていたが、1970年、単離されたG層にはセルロースの構成単位であるグルコースの他にガラクトース、マンノース、キシロース、アラビノースなどが含まれていることがわかった（古屋ら1970）。その後、免疫標識による顕微鏡観察などから、G層にはアラビノガラクタンやアラビノガラクタンプロテイン、ラムノガラクツロナンⅡ（Bowling & Vaughn 2008）、キシログルカン（Nishikubo et al. 2007）などの非セルロース性多糖類が含まれていることがわかってきた。また、それら非セルロース性多糖類の代謝に関わる酵素や、その遺伝子が引張あて材を形成中の木部に存在していることも示された（Nishikubo et al. 2007; Lafarguette et al. 2004; Andersson-Gunnerås et al. 2006）。これらの糖鎖は、複数の単糖が複合的に高分子を構成していたり、側鎖構造を持つものが多く、1種類の多糖類であってもその生合成に関わる酵素は何種類もあることが珍しくない。近年、遺伝子の機能を知るためにノックアウト系ミュータントが多く用いられて成果をあげているが、糖鎖の機能を知るには何種類もの酵素の全ての遺伝子が同時にノックアウトされなければならず、現実の実験系としては不可能に近い。糖鎖の機能を遺伝子レベルで解析するには、最終産物の糖鎖を分解する酵素の遺伝子を組換えで導入してやることが効果的である（Park et al. 2004）。

さまざまな糖鎖を加水分解するグリカナーゼの遺伝子をポプラ（*Populus*

210　　　　　　　　　第3章　あて材形成の分子生物学

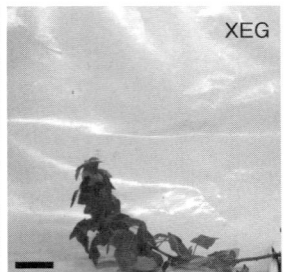

図3-2-4　糖鎖を分解する酵素（グリカナーゼ）の遺伝子を導入したポプラ（*Populus* spp.）を横倒しにした姿勢制御能力試験
XEG：キシログルカンエンドグリコシラーゼ、Xyl：キシラナーゼ、Cel：セルラーゼ、AG：アラビノガラクタナーゼ。XEG組換えポプラで姿勢制御能力が顕著に阻害されている。(Baba *et al.* 2009)

spp.)に導入し、作出された組換えポプラの幹を横倒しにして、二次木部形成中の樹幹の重力屈性を観察することで引張あて材の成長応力発生に関与している糖鎖は何なのかを調べる研究が行われた（**図3-2-4**、Baba *et al.* 2009）。遺伝子組換えで導入された加水分解酵素は、キシログルカンエンドグリコシラーゼ(XEG)、キシラナーゼ(Xyl)、セルラーゼ(Cel)、アラビノガラクタナーゼ(AG)であった。セルラーゼは、切ることができるのはセルロースの全てではなく非結晶性の部分のみであり、アラビノガラクタナーゼはアラビノガラクタンプロテイン(AGP)側鎖のアラビノガラクタンを分解するものである。遺伝子を発現させるプロモーターにはカリフラワーモザイクウィルスの35Sプロモーターを用いて、構成的に発現させた。それぞれの構造遺伝子の直前には、原形質膜にアンカリングしたままタンパク質が細胞外へ輸送されるシグナルペプチドが結合された。こうすることによって、導入された遺伝子の発現産物である酵素タンパク質を原形質膜の外、すなわち形成中の細胞壁で機能させることができる。いろいろ試された中で、キシログルカンを分解するキシログルカンエンドグリコシラーゼ(XEG)を導入した組換え体において、顕著に起き上がることのできない表現型を示した。このXEG組換えポプラ（*Populus alba*）

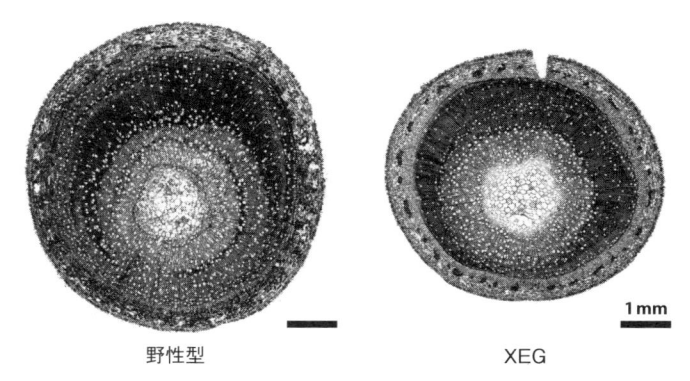

図3-2-5 横倒しにして姿勢制御試験したあとのポプラ (*Populus alba*) 樹幹の横断面観察
野性型、XEG組換え体のいずれも横倒しした幹の上側に引張あて材が形成されている。
(Baba *et al.* 2009)

の幹の上側には野生株同様に引張あて材が形成されており（**図3-2-5**）、重力に対する姿勢制御が不能になったのは、あて材が形成されないのではなく、形成されたあて材が十分に機能していないことによるものであることが示唆された。傾斜固定して生育させ、ひずみゲージを用いて、あて材部の応力解放ひずみを測定したところ、XEG組換えポプラでは野性型よりも解放ひずみの大きさが有意に小さかった。XEG組換えポプラの引張あて材のメチル化分析の結果から、XEG組換えポプラのあて材ではキシログルカンがほとんど含まれておらず、導入したXEGは非常に良く効いていることがわかった。これらのことから、キシログルカンを欠いたまま横からの重力刺激を受けた場合、姿勢制御の反応として引張あて材を形成するため、G層形成には影響しないが、形成された引張あて材は引張の成長応力の発生が弱いことがわかった。

　G層を持つ引張あて材の横断面を顕微鏡で観察すると、G層が周囲の壁層より強く収縮して、切断面から落ち込むことなどから（Clair *et al.* 2005）、あて材における引張の応力を発生させている源はG層であることが容易に推測できる（**4章**参照）。このG層には、正常木部にほとんど見られないキシログルカンが比較的多く含まれていることが確かめられている（Nishikubo *et al.* 2007）。キシログルカンは、植物の一次壁における主要なヘミセルロースであり、セルロースミクロフィブリル相互間を強い水素結合によって架橋していることが

知られている (Hayashi 1989)。G層中においても、その分子の性質から一次壁中と同様にセルロースミクロフィブリル相互間を架橋しているものと思われる。そして、弾性体であるセルロースとセルロースがキシログルカンで架橋され、セルロースミクロフィブリル相互が引っ張り合うことによって、G層全体さらには細胞壁全体が弾性を獲得し、成長応力を発生させているのだと考えられる。XEG組換えポプラ(*Populus alba*)では、G層中でセルロースミクロフィブリルが相互につなぎ止められずバラバラになっており、細胞壁にかかった力が、架橋されていない個々のミクロフィブリルの間で少しずつ解放されてしまい、G層全体あるいは細胞全体として応力を発生させる能力が極度に低下したと考えられる。

● 文　献

坂井克己 (1985):「III. リグニン 1. リグニンの存在」、原口隆英・寺島典二・臼田誠人・越島哲夫・坂井克己・諸星紀幸・寺谷文之・甲斐勇二・志水一允・榊原　彰(共著)、『木材の化学』、111-116頁、文永堂出版。

樋口隆昌 (1975):「リグニンの生合成、植物の進化と関連して」、化学と生物 13、206-214頁。

古屋信子・高橋　敏・宮崎　信 (1970):「*Populus euro-americana* 引張りあてゼラチン層の化学成分」、木材学会誌 16、26-30頁。

Andersson-Gunnerås, S., Hellgren, J. M., Björklund, S., Regan, S., Moritz, T. and Sundberg, B. (2003): "Asymmetric expression of a poplar ACC oxidase controls ethylene production during gravitational induction of tension wood", *Plant J.* 34, 339-349.

Andersson-Gunnerås, S., Mellerowicz, E. J., Love, J., Segerman, B., Ohmiya, Y., Coutinho, P. M., Nilsson, P., Henrissat, B., Moritz, T. and Sundberg, B. (2006): "Biosynthesis of cellulose-enriched tension wood in *Populus*: Global analysis of transcripts and metabolites identifies biochemical and developmental regulators in secondary wall biosynthesis", *Plant J.* 45, 144-165.

Baba, K., Park, Y. W., Kaku, T., Kaida, R., Takeuchi, M., Yoshida, M., Hosoo, Y., Ojio, Y., Okuyama, T., Taniguchi, T., Ohmiya, Y., Kondo, T., Shani, Z., Shoseyov, O., Awano, T., Serada, S., Norioka, N., Norioka, S. and Hayashi, T. (2009): "Xyloglucan for generating tensile stress to bend tree stem", *Mol. Plant* 2, 893-903.

Barbeyron, T., Gerard, A., Potin, P., Henrissat, B. and Kloareg, B. (1998): "The kappa-carrageenase of the marine bacterium *Cytophaga drobachiensis*: Structural and phylogenetic relationships within family-16 glycoside hydrolases", *Mol. Biol. Evol.*

15, 528-537.
Bhandari, S., Fujino, T., Thammanagowda, S., Zhang, D., Xu, F. and Joshi, C. P. (2006): "Xylem-specific and tension stress-responsive coexpression of KORRIGAN endoglucanase and three secondary wall-associated cellulose synthase genes in aspen trees", *Planta* 224, 828-837.
Bowling, A. J. and Vaughn, K. C. (2008): "Immunocytochemical characterization of tension wood: Gelatinous fibers contain more than just cellulose", *Am. J. Bot.* 95, 655-663.
Burton, R. A. and Fincher, G. B. (2009): "(1,3;1,4)-β-D-Glucans in cell walls of the Poaceae, lower plants, and fungi: A tale of two linkages", *Mol. Plant* 2, 873-882.
Cantarel, B. L., Coutinho, P. M., Rancurel, C., Bernard, T., Lombard, V. and Henrissat, B. (2009): "The Carbohydrate-Active EnZymes database (CAZy): An expert resource for Glycogenomics", *Nucleic Acids Res.* 37, D233-D238.
Carey, R. E. and Cosgrove, D. J. (2007): "Portrait of the expansin superfamily in *Physcomitrella patens*: Comparisons with angiosperm expansins", *Ann. Bot.* 99, 1131-1141.
Clair, B., Gril, J., Baba, K., Thibaut, B. and Sugiyama, J. (2005): "Precautions for the structural analysis of the gelatinous layer in tension wood", *IAWA J.* 26, 189-195.
Craigie, J. S. (1990): "Cell walls", in *Biology of the Red Algae*, Cole, K. M. and Sheath, R. G.(eds.), pp. 221-257, Cambridge Univ. Press, Cambridge.
Eder, M., Tenhaken, R., Driouich, A. and Lütz-Meindl, U. (2008): "Occurrence and characterization of arabinogalactan-like proteins and hemicelluloses in *Micrasterias* (Streptophyta)", *J. Phycol.* 44, 1221-1234.
Fry, S. C., Mohler, K. E., Nesselrode, B. H. W. A. and Franková, L. (2008a): "Mixed-linkage β-glucan: xyloglucan endotransglucosylase, a novel wall-remodeling enzyme from *Equisetum* (horsetails) and charophytic algae", *Plant J.* 55, 240-252
Fry, S. C., Nesselrode, B. H. W. A., Miller, J. G. and Mewburn, B. R. (2008b): "Mixed-linkage (1→3,1→4)-β-D-glucan is a major hemicellulose of *Equisetum* (horsetail) cell walls", *New Phytol.* 179, 104-115.
Geisler-Lee, J., Geisler, M., Coutinho, P. M., Segerman, B., Nishikubo, N., Takahashi, J., Aspeborg, H., Djerbi, S., Master, E., Andersson-Gunnerås, S., Sundberg, B., Karpinski, S., Teeri, T. T., Kleczkowski, L. A., Henrissat, B. and Mellerowicz, E. J. (2006): "Poplar carbohydrate-active enzymes: Gene identification and expression analyses", *Plant Physiol.* 140, 946-962.
Hayashi, T. (1989): "Xyloglucans in the primary cell wall", *Annu. Rev. Plant Physiol. Plant Mol. Biol.* 40, 139-168.

Hehemann, J.-H., Correc, G., Barbeyron, T., Helbert, W., Czjzek, M. and Michel, G. (2010): "Transfer of carbohydrate-active enzymes from marine bacteria to Japanese gut microbiota", *Nature* 464, 908-912.

Lafarguette, F., Leplé, J.-C., Déjardin, A., Laurans, F., Costa, G., Lesage-Descauses, M.-C. and Pilate, G. (2004): "Poplar genes encoding fasciclin-like arabinogalactan proteins are highly expressed in tension wood", *New Phytol.* 164, 107-121.

Le Provost, G., Paiva, J., Pot, D., Brach, J. and Plomion, C. (2003): "Seasonal variation in transcript accumulation in wood-forming tissues of maritime pine (*Pinus pinaster* Ait.) with emphasis on a cell wall glycine-rich protein", *Planta* 217, 820-830.

Lechat, H., Amat, M., Mazoyer, J., Buléon, A. and Lahaye, M. (2000): "Structure and distribution of glucomannan and sulfated glucan in the cell walls of the red alga *Kappaphycus alvarezii* (Gigartiales, Rhodophyta)", *J. Phycol.* 36, 891-902.

Lerouxel, O., Cavalier, D. M., Liepman, A. H. and Keegstra, K. (2006): "Biosynthesis of plant cell wall polysaccharides: A complex process", *Curr. Opin. Plant Biol.* 9, 621-630.

McDougall, G. J. (2000): "A comparison of proteins from the developing xylem of compression and non-compression wood of branches of Sitka spruce (*Picea sitchensis*) reveals a differentially expressed laccase", *J. Exp. Bot.* 51, 1395-1401.

Martone, P. T., Estevez, J. M., Lu, F., Ruel, K., Denny, M. W., Somerville, C. and Ralph, J. (2009): "Discovery of lignin in seaweed reveals convergent evolution of cell-wall architecture", *Curr. Biol.* 19, 169-175.

Michel, G., Chantalat, L., Duee, E., Barbeyron, T., Henrissat, B., Kloareg, B. and Dideberg, O. (2001): "The κ-carrageenase of *P. carrageenovora* features a tunnel-shaped active site: A novel insight in the evolution of clan-B glycoside hydrolases", *Structure* 9, 513-525.

Michel, G., Tonon, T., Scornet, D., Cock, J. M. and Kloareg, B. (2010a): "Central and storage carbon metabolism of the brown alga *Ectocarpus siliculosus*: Insights into the origin and evolution of the storage carbohydrates in Eukaryotes", *New Phytol.* 188, 67-81.

Michel, G., Tonon, T., Scornet, D., Cock, J. M. and Kloareg, B. (2010b): "The cell wall polysaccharide metabolism of the brown alga *Ectocarpus siliculosus*. Insights into the evolution of the extracellular matrix polysaccharides in Eukaryotes", *New Phytol.* 188, 82-97.

Niklas, K. J. and Pratt, L. M. (1980): "Evidence for lignin-like constituents in early Silurian (Llandoverian) plant fossils", *Science* 209, 396-397.

Nishikubo, N., Awano, T., Banasiak, A., Bourquin, V., Ibatullin, F., Funada, R., Brumer,

H., Teeri, T. T., Hayashi, T., Sundberg, B. and Mellerowicz, E. J. (2007): "Xyloglucan *endo*-transglycosilase (XET) functions in gelatinous layers of tension wood fibers in poplar: A glimpse into the mechanism of balancing acts of trees", *Plant Cell Physiol.* 48, 843-855.

Nobels, D. R. Jr. and Brown, Jr. R. M. (2004): "The pivotal role of cyanobacteria in the evolution of cellulose synthases and cellulose synthase-like proteins", *Cellulose* 11, 437-448.

Ohmiya, Y., Nakai, T., Park, Y. W., Aoyama, T., Oka, A., Sakai, F. and Hayashi, T. (2003): "The role of PopCel1 and PopCel2 in poplar leaf growth and cellulose biosynthesis", *Plant J.* 33, 1087-1097.

Park, Y. W., Baba, K., Furuta, Y., Iida, I., Sameshima, K., Arai, M. and Hayashi, T. (2004): "Enhancement of growth and cellulose accumulation by overexpression of xyloglucanase in poplar", *FEBS Lett.* 564, 183-187.

Peter, G. and Neale, D. (2004): "Molecular basis for the evolution of xylem lignification", *Curr. Opin. Plant Biol.* 7, 737-742.

Pettolino, F., Sasaki, I., Turbic, A., Wilson, S. M., Bacic, A., Hrmova, M. and Fincher, G. B. (2009): "Hyphal cell walls from the plant pathogen *Rhynchosporium secalis* contain $(1,3/1,6)$-β-D-glucans, galacto- and rhamnomannans, $(1,3/1,4)$-β-D-glucans and chitin", *FEBS J.* 276, 3698-3709.

Plomion, C., Pionneau, C., Brach, J., Costa, P. and Baillères, H. (2000): "Compression wood-responsive proteins in developing xylem of maritime pine (*Pinus pinaster* Ait.)", *Plant Physiol.* 123, 959-970.

Popper, Z. A. and Fry, S. C. (2003): "Primary cell wall composition of bryophytes and charophytes", *Ann. Bot.* 91, 1-12.

Popper, Z. A. and Tuohy, M. G. (2010): "Beyond the green: Understanding the evolutionary puzzle of plant and algal cell walls", *Plant Physiol.* 153, 373-383.

Popper, Z. A., Michel, G., Hervé, C., Domozych, D. S., Willats, W. G. T., Tuohy, M. G., Kloareg, B. and Stengel, D. B. (2011): "Evolution and diversity of plant cell walls: from algae to flowering plants", *Ann. Rev. Plant Biol.* 62, 567-590.

Ranik, M. and Myburg, A. A. (2006): "Six new cellulose synthase genes from *Eucalyptus* are associated with primary and secondary cell wall biosynthesis", *Tree Physiol.* 26, 545-556.

Roberts, E. and Roberts, A. W. (2009): "A cellulose synthase (CesA) gene from the red alga *Porphyra yezoensis* (Rhodophyta)", *J. Phycol.* 45, 203-212.

Sarkanen, K. V. and Ludwig, C. H. (1971): *Lignins: Occurrence, Formation, Structure and Reactions*, pp. 1-916, Wiley-Interscience. New York, London, Sydney, Toronto.

Siegel, S. M., Carrol, P., Umeno, I. and Corn, C. (1972): "The evolution of lignin: experiments and observations", *Recent Adv. Phytochem.* 4, 223-238.

Sørensen, I., Pettolino, F. A., Wilson, S. M., Doblin, M. S., Johansen, B., Bacic, A. and Willats, W. G. T. (2008): "Mixed-linkage (1→3),(1→4)-β-D-glucan is not unique to the Poales and is an abundant component of *Equisetum arvense* cell walls", *Plant J.* 54, 510-521.

Timme, R. E. and Delwiche, C. F. (2010): "Uncovering the evolutionary origin of plant molecular processes: Comparison of *Coleochaete* (Coleochaetales) and *Spirogyra* (Zygnematales) transcriptomes", *BMC Plant Biol.* 10, 96.

Tsekos, I. (1999): "The sites of cellulose synthesis in algae: Diversity and evolution of cellulose-synthesising enzyme complexes", *J. Phycol.* 35, 635-655.

Verbruggen, M. A., Spronk, B. A., Schols, H. A., Beldman, G., Voragen, A. G. J., Thomas, J. R., Kamerling, J. P. and Vliegenthart, J. F. G. (1998): "Structures of enzymically derived oligosaccharides from sorghum glucuronoarabinoxylan", *Carbohydr. Res.* 306, 265-274.

Weng, J.-K., Li, X., Stout, J. and Chapple, C. (2008): "Independent origins of syringyl lignin in vascular plants", *Proc. Natl. Acad. Sci. USA* 105, 7887-7892.

Worden, A. Z., Lee, J.-H., Mock, T., Rouzé, P., Simmons, M. P., Aerts, A. L., Allen, A. E., Cuvelier, M. L., Derelle, E., Everett, M. V., Foulon, E., Grimwood, J., Gundlach, H., Henrissat, B., Napoli, C., McDonald, S. M., Parker, M. S., Rombauts, S., Salamov, A., Von Dassow, P., Badger, J. H., Coutinho, P. M., Demir, E., Dubchak, I., Gentemann, C., Eikrem, W., Gready, J. E., John, U., Lanier, W., Lindquist, E. A., Lucas, S., Mayer, K. F. X., Moreau, H., Not, F., Otillar, R., Panaud, O., Pangilinan, J., Paulsen, I., Piegu, B., Poliakov, A., Robbens, S., Schmutz, J., Toulza, E., Wyss, T., Zelensky, A., Zhou, K., Armbrust, E. V., Bhattacharya, D., Goodenough, U. W., Van de Peer, Y. and Grigoriev, I. V. (2009): "Green evolution and dynamic adaptations revealed by genomes of the marine Picoeukaryotes *Micromonas*", *Science* 324, 268-272.

Yamamoto, M., Saito, T., Isogai, A., Kurita, M., Kondo, T., Taniguchi, T., Kaida, R., Baba, K. and Hayashi, T. (2011): "Enlargement of individual cellulose microfibrils in transgenic poplars overexpressing xyloglucanase", *J. Wood Sci.* 57, 71-75.

Yin, Y., Huang, J. and Xu, Y. (2009): "The cellulose synthase superfamily in fully sequenced plants and algae", *BMC Plant Biol.* 9, 99.

第4章　あて材形成と成長応力

4.1　成長応力と残留応力

4.1.1　成長応力(残留応力)に起因する諸問題

　木材は、建築物や家具などの構造部材や紙の原料として重要な生物資源である。木材を加工する場合、まず立木の樹幹を伐採し、その後適当な長さの丸太へと切断する(玉切り)。続いて板や柱などの製材品に挽き分ける。伐採や玉切りの工程で丸太の切断面には心割れや心裂けが生じ、製材の工程で板材や柱材は反ったり曲がったりする(4.5の図4-5-1および6.3を参照)。これらの加工障害から、樹幹の二次木部内にはある種の力学的な緊張状態(残留応力)が生じているのが分かる。これは、樹幹内残留応力(residual stress inside trunk)と呼ばれている。

　では、どのようなメカニズムによって樹幹内に残留応力が発生するのだろうか。このことを理解するために、樹幹(二次木部)を図4-1-1のようにモデル化する。表面の薄層は、若い二次木部細胞からなる層(新生木部)であり、これが成熟して完成木部の一部となったのち、その外側に新たな新生木部の層が生じる。この過程を繰り返すことによって木部は肥大成長(二次成長)していく。まず、一回の二次成長の過程(新生木部の薄層が生じ、これが成熟する過程)を考えてみる。鉛直に生育する樹幹では、新生木部は成熟の過程で繊維軸に沿う方向に収縮し、接線方

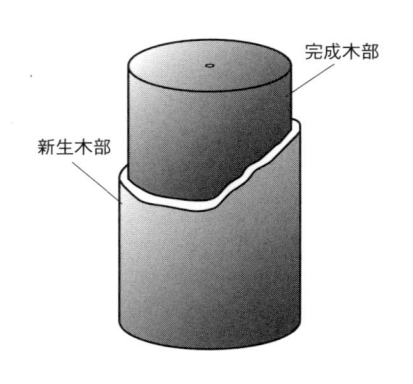

図4-1-1　樹幹二次木部の2層複合円筒近似

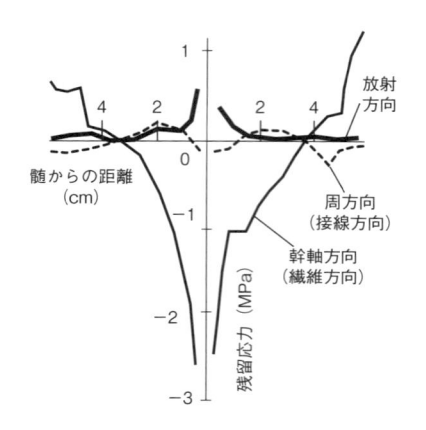

図 4-1-2 ポプラ(*Populus* sp.)の樹幹(丸太)内の残留応力分布(奥山・木方 1975b)

元応力分布が生じるが、これが、以前から存在していた残留応力に重ね合わされる。この過程を繰り返すことによって、樹幹丸太内には、**図 4-1-2** に示すような幹軸方向・接線方向・放射方向のそれぞれを主方向とするような3次元残留応力分布が形成される(奥山・木方 1975b)。

　結果的にではあるが、成長応力(および樹幹内残留応力)は樹木自身の生命活動に役立っている。傾斜して生育する樹幹や枝の基部には、それ自体の重量に加えて、一次枝から伸長する二次枝・三次枝や繁茂する葉の重量のために、大きな曲げモーメントが作用している。何の手だても講じないまま成長し続ければ、いずれ自己破壊してしまう。そのため、樹木は、樹幹や枝の傾斜部位にあて材を形成し、そこに大きな成長応力を発生させることにより、この問題に対処している。**図 4-1-3B** に示すように、針葉樹は、傾斜している樹幹や枝の下側に沿って圧縮あて材(compression wood：CW)を形成する。そこでは、繊維方向に圧縮の成長応力が発生する(**4.2 を参照**)。このことによって自重による曲げモーメントを相殺し、さらには傾斜している幹軸を鉛直方向へと押し上げている。一方、**図 4-1-3A** に示す広葉樹は、多くの場合傾斜している樹幹や枝の上側に沿って引張あて材(tension wood：TW)を形成し、そこに大きな引張応力を発生することによって姿勢制御を行っている(本章 **4.3** と **4.4** を参照)。

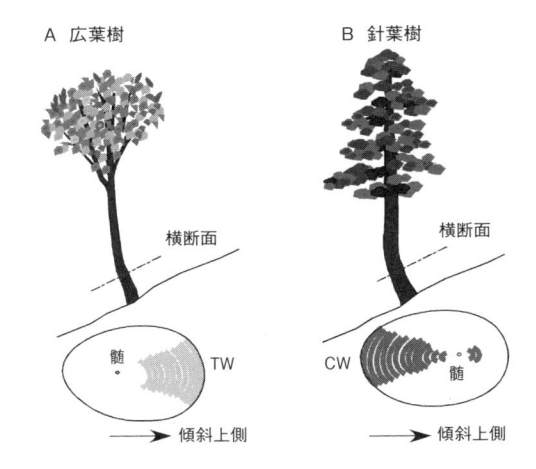

図 4-1-3
樹木の幹におけるあて材の形成
広葉樹は樹幹の傾斜部分の上側に沿って、針葉樹は下側に沿って"あて材"を形成する。広葉樹のあて材(TW)では軸方向に大きな引張応力が発生し、針葉樹のあて材(CW)では軸方向に大きな圧縮応力が発生する。その結果、傾斜して生育する樹幹において、負重力屈性の発現や形状制御が可能となる。

冒頭に述べたように、樹幹内残留応力が引き起こす加工障害は、木材の(林産物の)用材としての利用歩留まりを著しく低下させる。樹幹内残留応力に原因する経済的損失は、潜在的ではあるが大きいと言わざるを得ない。なお、あて材を含む樹幹では、大きな成長応力が局所的に発生するため、樹幹内残留応力は非軸対称分布を示し、さらに複雑なものとなる。それゆえ、製材工程で生じる加工障害も一層激しさを増す。あて材は、成長応力以外にも様々な材質的特異性を示すが(**6章**参照)、これらも含めて、あて材が引き起こす諸問題を解決することは、木材工業における大きな課題の一つである。以上を背景に、本章では"あて材形成部位に発生する特異な成長応力"に焦点を当て、あて材形成のバイオメカニックス的意義を解説する。

4.1.2 成長応力とは

4.1.2.1 応力とひずみ

本章では、頻繁に"応力"や"ひずみ"など、力学あるいは機械学分野での学術用語が現れる。これらはどのような物理量なのだろうか。すべての材料は、外力(荷重)負荷を受けると変形する。固体材料は内部に内力を発生することによって変形(伸縮やせん断)に抵抗する。材料が静的平衡にあれば、内力と外力とは釣合っている。単位面積あたりの内力を応力(stress)という。たとえ

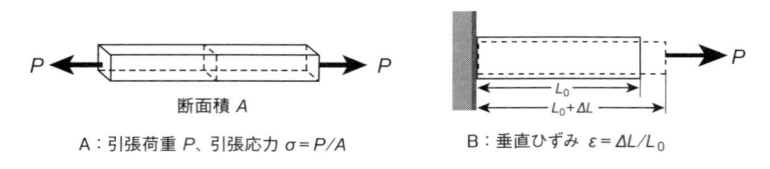

図4-1-4　応力とひずみ（引張の場合）

ば、横断面積が A [m^2] である一様な丸棒を長軸方向に荷重 P [N] で引っ張るとき（圧縮するとき）、任意の横断面には $\sigma = P/A$ [N/m^2 = Pa] の引張応力（圧縮応力）が生じる（**図4-1-4A**）。引張応力と圧縮応力は、垂直荷重（引張荷重と圧縮荷重のこと）を加えることによって生じる応力であって、まとめて垂直応力（normal stress）と呼ばれている。垂直応力の符号は、引張応力には正(+)を、圧縮応力には負(-)をあてる。

材料に外部から荷重が作用したり、熱膨張や乾燥収縮が生じたりすることよって材料には変形が生じる。この変形は、通常、ひずみ（strain）として測られる。荷重作用前（あるいは熱膨張前）の棒の長さを L_0 とし、棒の長さ方向に垂直荷重を作用させたとき（あるいは熱膨張や冷却収縮させたとき）の伸縮量（寸法変化）を ΔL とすると、垂直ひずみ（伸縮のひずみ）ε は

$$\varepsilon = \Delta L / L_0 \tag{4-1-1}$$

で与えられる（**図4-1-4B**）。ひずみは材料に生じた変形量（伸縮やせん断）を相対化したものであり、無次元量である。したがって、単位はないが、ゴム弾性のように大変形する材料を除けば、たいてい微小量となるから、便宜的に×10^{-6} を μ·strain（マイクロ・ストレインと読む）と表して、これを単位として用いるか、あるいは％表示する。符号の付け方は、定義式(4-1-1)により、伸びた場合を正(+)、縮んだ場合を(-)とする。たとえば、$L_0 = 1$ [m] の材料が、引張荷重の作用によって $\Delta L = 0.0015$ [m] の伸びを示したならば、生じた伸びひずみは $\varepsilon = \Delta L / L_0 = 0.0015 = 1500 \times 10^{-6} = 1500$ [μ·strain] $= 0.15$ [％] となる。

4.1.2.2　弾性法則と弾性係数

多くの固体材料では、外力除去によって応力とひずみの双方とも消失する。すなわち、外力負荷以前の状態に戻る。このような性質を弾性（elasticity）という。また、弾性限度内であれば、応力とひずみとの間には比例的関係が成り立

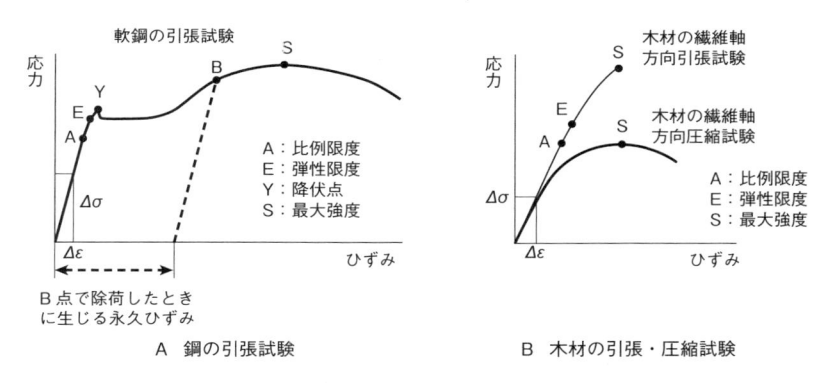

図 4-1-5 材料の応力ひずみ線図。ただし、軸のスケールは任意。

つ。これを弾性法則（law of elasticity）あるいはフックの法則（Hook's law）という。

図 4-1-5は、棒状試料の引張試験（あるいは圧縮試験）によって得られる、応力−ひずみ線図である。比例域における応力−ひずみ曲線の傾き$E(=\Delta\sigma/\Delta\varepsilon)$を、縦弾性係数（modulus of longitudinal elasticity）あるいはヤング率（Young's modulus）という。ヤング率は材料に固有な物理量であり、負荷（垂直荷重、曲げ荷重）を与えたときの材料の変形しにくさの指標となる。

断面が一様な棒状試料を弾性限度内で引っ張ると、棒は長軸方向（荷重の方向）に伸び、荷重と直角な方向にはやせる（縮む）。逆に、軸方向に圧縮した場合には、棒は長軸方向に縮み、直角な方向に太る（伸びる）。この現象をポアソン効果（Poisson's effect）という。荷重負荷を取り除くとこれらの変形は回復する。長軸方向（荷重の方向）に生じたひずみをε_1とし、ポアソン効果によって直角方向に生じたひずみをε_2とすれば、棒を構成する材料のポアソン比（Poisson's ratio）ν_{12}は、

$$\nu_{12} = -\varepsilon_2/\varepsilon_1 \tag{4-1-2}$$

で定義される。ヤング率E、せん断弾性係数G（横弾性係数ともいう）と同様にポアソン比νは材料に固有の物理量である。E、G、νをまとめて、材料の弾性定数（elastic constant）という。

4.1.2.3 残留応力と残留応力解放ひずみ

応力は、外部からの負荷がない場合でも生じることがある。熱膨張（あるいは乾燥収縮）や結晶変態が材料内で不均一（場所によって大きさが異なること）に生じれば、物体内部に応力が発生する。この場合は残留応力と呼ばれ、便宜上、外力負荷によって生じる応力（負荷応力）とは区別される。物体内部に残留応力が生じているかどうかは、物体内に微小なブロック状領域を設定し、これを周囲から切り出したときに、ひずみを生じるかどうかで判断できる。これを残留応力解放ひずみ（released strain of the residual stress）（あるいは解放ひずみ、released strain）と呼ぶ。

応力の符号の付け方は、それが残留応力であろうと負荷応力であろうと、引張応力に正（+）を、圧縮応力には負（-）があてられる。なお、ひずみは、物体の形状あるいは寸法の変化を記述するための純粋に幾何学的な概念である。それゆえ、計測されたひずみが応力負荷によって引き起こされたものであろうと、残留応力を解放することによって得られたものであろうと、伸びの変形に対しては正（+）の符号を、縮みの変形に対しては負（-）の符号をあてる。

発生している残留応力が、引張であるかあるいは圧縮であるかは、測定された解放ひずみの符号から判断できる。縮みの解放ひずみ（符号は負）が計測されたのであれば、引張応力が残留していたことを示し、伸び（符号は正）であれば、圧縮応力が残留していたことを示している。

残留応力の大きさは、ある領域では引張（tensile）、その他の領域では圧縮（compressive）というように材料内の位置によって異なるが、材料全体としては静的な釣合いを保っている。樹幹内残留応力はその好例である。樹幹内残留応力の発生のメカニズムについては上述した通りである。

4.1.2.4 表面成長応力

前述したように、樹木は、二次成長によって新たに増殖した木部細胞からなる薄い層（新生木部）に、2次元応力（表面成長応力あるいは単に成長応力と呼ばれる）を発生する。成長応力発生の微視的機構は以下のように説明される。形成層始原細胞から派生して分化した木部繊維細胞は、二次壁の形成と成熟（多糖類の堆積と木化）の過程で長軸方向および直径方向に寸法変化しようとする。拘束がないと仮定したときに実現するであろう自由寸法変化をひずみで表

わし、これを成長ひずみ(growth strain)という。木部繊維細胞の成長ひずみが現実の木部内では拘束されているため、結果として新生木部の層には表面成長応力が生じる。このように、表面成長応力の発生は、樹体外からの力の作用によるもの(負荷応力)ではなく、個々の木部繊維細胞壁における物理的・生化学的反応の結果であり(山本・奥山 1988; 奥山 1993; Yamamoto 1998)、繊維細胞の代謝機能が消失した後も残留する。このような意味で成長応力は残留応力なのである。成長応力発生の微視的機構についての詳細は、類書(例えば、山本 2011)を参照のこと。

4.1.3　成長応力の測定方法
4.1.3.1　ひずみゲージ法

　成長応力解放ひずみ(単に、解放ひずみと呼ぶこともある)の測定には、電気抵抗線式ひずみゲージ(electric-wire strain gauge)が多く使用される。電気抵抗線式ひずみゲージは、金属線が長さの変化に応じて電気抵抗値を変化させるという性質を応用して、ひずみを計測するセンサーである。抵抗値Rのひずみゲージが、ひずみεを受けて抵抗値を$\varDelta R$だけ増したとすれば、K_Sを比例定数(ゲージ率と呼ばれる)として、以下の関係が成り立つことが知られている。

$$\frac{\varDelta R}{R} = K_S \cdot \varepsilon \qquad (4\text{-}1\text{-}3)$$

　比例定数K_Sは、ひずみゲージの一般的素材である銅・ニッケルあるいはニッケル・クロム合金ではほぼ2である。現在では、これらの合金を素材とする箔ゲージ(薄い金属箔からフォトエッチング技術によってグリッドをくり抜き、これをポリイミドシートのベース材に接着したのち、ラミネートフィルムで保護・固定したもの)が製造・市販されている(図4-1-6)。木材の試験では、電気抵抗値としては120 Ωのものが多く使用され、ゲージ長としては2 mmから10 mm程度まで様々なものが用いられている。計測対象への貼付には、シアノアクリレート系瞬間接着剤が使用される。

　ひずみゲージに生じる抵抗変化は極めて微小であるため、その検出にはホイートストンブリッジ回路(Wheatstone bridge circuit)を用いる(図4-1-7A)。ひずみの発生によって、抵抗値R_Gのひずみゲージの抵抗値に$\varDelta R$の変化

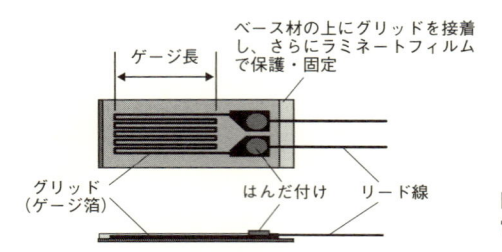

図 4-1-6
電気抵抗線方式ひずみゲージの構造

が生じ、その結果、ホイートストンブリッジ回路の平衡が破れ、出力電圧 e_0 が発生する。これを検出し、ひずみゲージが感知したひずみ(ε)へと換算する。ブリッジに入力する電圧を E_0 とすれば、**図 4-1-7A** のブリッジ(1ゲージ法)は、以下の式を満たさなければならない。

$$e_0 = \frac{(R_G + \Delta R)R_2 - R_1 R_3}{(R_G + \Delta R + R_3)(R_1 + R_2)} \cdot E_0 \tag{4-1-4}$$

多くは、$R_G = R_1 = R_2 = R_3 = R$ であるようにブリッジが作られているので、

$$e_0 = \frac{R\Delta R}{(2R + \Delta R)2R} \cdot E_0 \approx \frac{1}{4}\frac{\Delta R}{R} \cdot E_0 = \frac{1}{4} K_S \cdot \varepsilon \cdot E_0 \tag{4-1-5}$$

となる。したがって、ゲージが検出したひずみ ε は、入出力電圧比(e_0/E_0)をもとに、

$$\varepsilon = \frac{4}{K_S}\left(\frac{e_0}{E_0}\right) \tag{4-1-6}$$

で与えられる。なお、ブリッジに組み込むひずみゲージは、長いリード線を通じてブリッジへと接続されるが、ひずみゲージに通電を行う際にジュール熱が発生し、このことがひずみの測定に誤差を与えることがある。これを防止するために3線式結線法(three wire method)などの対策がとられている(**図 4-1-7B**)。3線式結線法を行う際には、リード線の温度影響を同一にするため3本のリード線は種類、長さ、断面積が同一のものを、また、直射日光に曝されるような計測条件下では被覆の色についても同一のものを使用する必要がある。

以下、ひずみゲージ法に基づいて、表面成長応力解放ひずみの測定手順を解説する。これはKikata (1972)、奥山・木方(1975b)、Sasaki et al. (1978)、Okuyama et al. (1981)、山本ら(1989)、Yoshida & Okuyama (2002)によって

図4-1-7 ホイートストーンブリッジに組み込んだひずみゲージによる計測

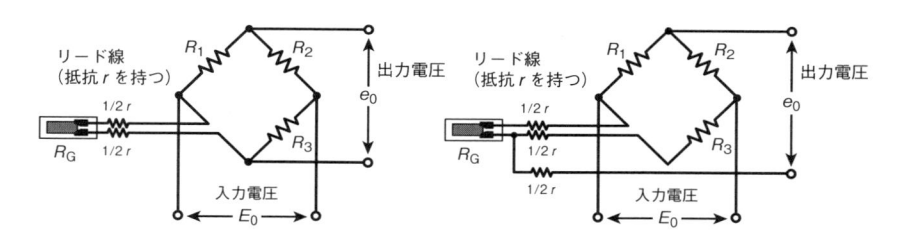

A 2線結線方式による1ゲージ法　　B 3線結線方式による1ゲージ法

Aの2線式結線法では、ひずみゲージとブリッジとをつなぐ長いリード線の持つ抵抗値(r)が、ひずみ計測値に誤差を及ぼすが、Bの3線式結線法ではその影響が補正される(実際にはリード線の長さは同じでなければならない)。

発展・確立された手順である。ひずみゲージの貼付から表面応力の解放までの作業を、立木の状態で行う。これは、樹体を伐倒する際に生じるスプリングバックの影響(傾斜重力刺激による曲げモーメントが消失することによって、二次的に負荷ひずみが生じること)を避けるためである(山本ら1989)。立木状態の丸太において、ノミ等を用いて測定点付近の樹皮および木部分化帯を除去し、完成木部を露出させる。水分等をよく拭き取ったのち、電気抵抗線式ひずみゲージを、その長さ方向を繊維の長軸方向(繊維方向)、および直角方向(以下、接線方向)に合せて、シアノアクリレート系瞬間接着剤を用いて貼付する。ひずみゲージの接着を確認したのち、これをひずみ計(ブリッジ回路および測定値の演算・出力装置からなる)に接続し、手鋸等を用いて、ひずみゲージ周囲になるべく近いところで切込みを入れ、表面応力を解放する(**図4-1-8**)。切れ込みの深さは0.5〜1 cmほどであれば十分であることが確認されている(Yoshida & Okuyama 2002)。これによって、ひずみゲージが、繊維および接線方向にν_L、ν_Tのひずみを示したとすると、それらは、それぞれ、繊維方向解放ひずみ、接線方向解放ひずみと呼ばれる。

解放ひずみ(ε_L、ε_T)測定後、ひずみゲージ近辺から試験片を採取し、繊維方向ヤング率(E_L)およびポアソン比(ν_{LT})、接線方向ヤング率(E_T)およびポアソン比(ν_{TL})を測定する。平面応力状態を仮定し、以下の式を用いて成長応力の繊維方向成分(σ_L)および接線方向成分(σ_L)を算出する(Sasaki *et al.* 1978)。

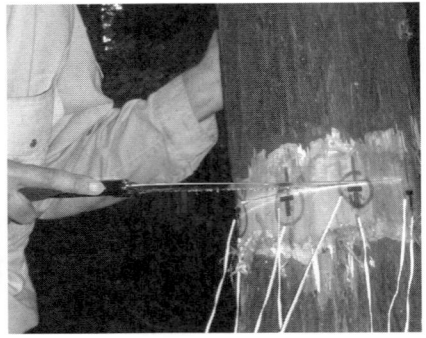

図4-1-8 ひずみゲージ法による木部表面成長応力解放ひずみの測定
左写真：剥皮したのち木部最外層（完成木部表面）を露出し、ひずみゲージ（ゲージ長10mm）を貼付したところ（撮影　児嶋美穂）。右写真：手鋸を用いてひずみゲージ周囲を切り込んで、表面応力を解放しているところ（撮影　鳥羽景介）。

$$\sigma_L = -\frac{E_L}{1-\nu_{TL}\nu_{LT}}(\varepsilon_L + \nu_{TL}\varepsilon_T), \quad \sigma_T = -\frac{E_T}{1-\nu_{TL}\nu_{LT}}(\varepsilon_T + \nu_{LT}\varepsilon_L) \quad (4\text{-}1\text{-}7)$$

以上が、ひずみゲージ法による表面成長応力の測定手順である。一般に、$\nu_{TL}\varepsilon_{LT}$は1に比べて微小であることと、$\nu_{TL}\varepsilon_L$はε_Lに比べて微小であることから近似的に

$$\sigma_L = -E_L\varepsilon_L \quad (4\text{-}1\text{-}8)$$

が成り立つ。また、測定対象樹木において、場所によるE_Lのばらつきを無視すれば、繊維方向解放ひずみ（ε_L）を繊維方向成長応力（σ_L）の大小の目安に用いることができる（Archer 1987）。一方で、接線方向ではε_Tをσ_T大小の目安に用いるのは、必ずしも妥当ではない。なぜなら、式4-1-7の第2式において、$\nu_{LT}E_L$は、ε_Tに比べて微小であるとは限らないからである。繊維方向については、得られた解放ひずみが負（縮み）であった場合には、解放前にはひずみゲージに沿って引張応力が、一方、正（伸び）の解放ひずみが得られたならば、圧縮応力が作用していたと考えてよい。

4.1.3.2　実測例

Sasaki *et al.*（1978）は、ひずみゲージ法を用いて、日本産樹種13種15個体を対象に表面成長応力を測定した。それによれば、応力の大きさは樹種依存性を示すものの、鉛直に生育する樹幹では繊維方向成分はすべて引張であり、1

〜10 MPa（平均3.62 MPa）の値が得られている。一方、接線方向成分はすべて圧縮であり、-0.2〜-1 MPa（平均-0.38 MPa）であった。解放ひずみは、繊維方向の場合-0.02〜-0.1 %（平均-0.043 %）であり、接線方向については0.04〜0.15 %（平均0.091 %）であった。なお、1 MPaという応力の単位であるが、これは、1 m^{2}の断面に1,000,000 N（ほぼ、100,000 kgfに等しい）の引張荷重が作用しているような状態をいう。作用断面積を1 cm^{2}あたりに換算すれば100 N（ほぼ、10 kgf）となる。

なお、あて材が形成されている場合、表面成長応力の大きさや符号は特異的なものとなる。これについては、**4.2**以降で詳しく解説する。

4.2 圧縮あて材と成長応力

4.2.1 圧縮あて材の組織的特徴と成長応力

第1章で述べたように、木本性の裸子植物（針葉樹類とイチョウ類）では、樹幹の傾斜下側にあて材（圧縮あて材）が形成される。圧縮あて材は、正常材よりも色が濃い、仮道管壁が厚い、仮道管の横断面形状が円みを帯びている、二次壁中層（S_2）のミクロフィブリル傾角が大きい、リグニン含有率が高い、などの特徴を有する。さらに、木材組織学の多くの教科書では、圧縮あて材の特徴として、細胞間隙があること、細胞内腔面にはらせん状の裂け目（helical cavity）が見られること、ミクロフィブリル傾角が45°にも達することなど、あての発達程度の高い場合の特徴が挙げられている（**1.1**参照）。しかしながら、一口に圧縮あて材と言っても、木部の色など肉眼で見ただけでそれと判断できるものから、光学顕微鏡観察のみでは正常材との違いが見出し難いものまで、"あての発達程度"にはばらつきが見られる。すなわち、細胞間隙やらせん状の裂け目がほとんど見られなくてもミクロフィブリル傾角が正常材部分よりも多少大きくなる仮道管（20〜30°程度）も存在し、軽度のあて材を形成していると考えられる（Yumoto *et al*. 1983; Yamamoto *et al*. 1991; Huang *et al*. 2005; Yamashita *et al*. 2008）。

圧縮あて材部で発生している軸方向の圧縮の成長応力（前節**4.1.1**参照）についても同様のことが言える。すなわち、測定部位が正常材部であるか圧縮あ

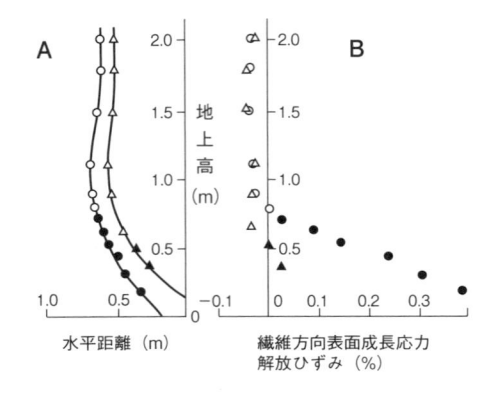

図4-2-1
傾斜地に生育し、根曲がりを有していた18年生ヒノキ（*Chamaecyparis obtusa*）の樹幹形（A）と、傾斜上側と下側の樹幹表面における繊維方向成長応力解放ひずみの樹高分布（B）
(Yamamoto et al. 1991)
凡例： ○、△：正常材部
●：圧縮あて材部
▲：オポジット材部

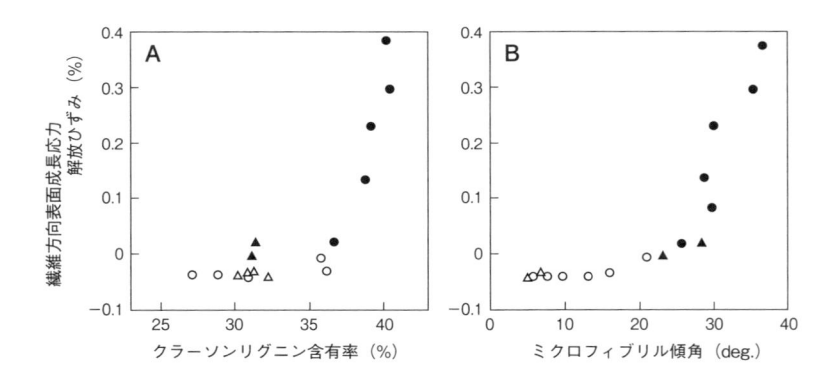

図4-2-2 傾斜地に生育していた18年生ヒノキ（*Chamaecyparis obtusa*）における、(A)クラーソンリグニン含有率と繊維方向表面成長応力解放ひずみとの関係、(B)仮道管S_2層のミクロフィブリル傾角と解放ひずみとの関係(Yamamoto et al. 1991)
凡例） ○、△：正常材部 ●：圧縮あて材部 ▲：オポジット材部

て材部であるかで成長応力の大きさ（および符号）が不連続に変わるわけではなく、正常材部から軽度のあて材部、さらには発達程度の高いあて材部へと成長応力の大きさは連続的に変化する。そこで、本項では、圧縮あて材の解剖学的特徴の発現程度と成長応力の大きさとの関係について解説する。

最初に、傾斜地に生育し、樹幹が地際付近で湾曲していた18年生のヒノキ（*Chamaecyparis obtusa*）について、繊維方向表面成長応力解放ひずみ（以下、解放ひずみ）の大きさや組織・化学的特徴を樹幹表面の複数箇所で調べた結果

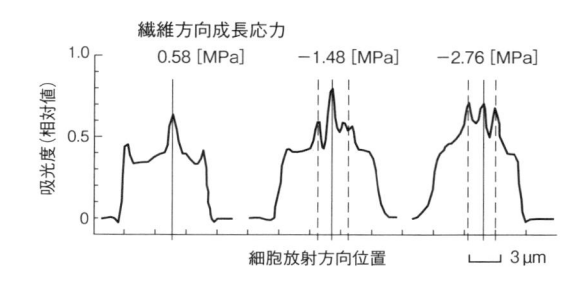

図4-2-3 仮道管壁(横断面)における紫外線吸光度の分布(傾斜して生育する11年生スギ (*Cryptomeria japonica*)樹幹、当年輪晩材での測定)
中央のピーク(縦実線)は、細胞間層による吸収であり、その両サイドに現れるピーク(点線)は、二次壁中層外周部(S_2(L)層)によるものである。(Okuyama *et al.* 1998)

を紹介する(Yamamoto *et al.* 1991)。**図4-2-1**は、このヒノキの樹幹形と解放ひずみの地上高分布を示したものである。鉛直部位では、解放ひずみはすべて−0.05％以下の縮みの値(引張応力が発生)を示したが、地上高0.8m以下の樹幹部位は湾曲しており、その部分での傾斜下側の解放ひずみは、すべて伸びの値(圧縮応力が発生)を示していた。最も傾斜角度の大きい地際付近の値が最大であり、その大きさは0.38％に達しているのが分かる。なお、傾斜上側のオポジット材(**1.1.1**を参照)では、最も地際に近い2カ所において、解放ひずみは微弱な伸びの値を示していた。

図4-2-2Aは、**図4-2-1**中の各測定点におけるクラーソンリグニン含有率と解放ひずみとの関係を示している。リグニン含有率が高くなるほど、伸びの解放ひずみも大きくなっていることが分かる。このことは、Sugiyama *et al.*(1993)によるスギ(*Cryptomeria japonica*)を用いた実験でも確かめられている。**図4-2-2B**は、S_2層のミクロフィブリル傾角と解放ひずみとの関係を示している。リグニン含有率の場合と同様に、大きなミクロフィブリル傾角が測定された部位ほど伸びの解放ひずみが大きくなっていることが分かる。

Okuyama *et al.*(1998)は、圧縮あて材部におけるリグニン濃度の増加が、仮道管細胞壁のどこで起きているのかを紫外線顕微分光法により調べている。**図4-2-3**がその結果である。これは、リグニンが280nm付近に紫外線吸収の極大を持つことを利用したものである(**2.2.3**をも参照のこと)。傾斜して生育す

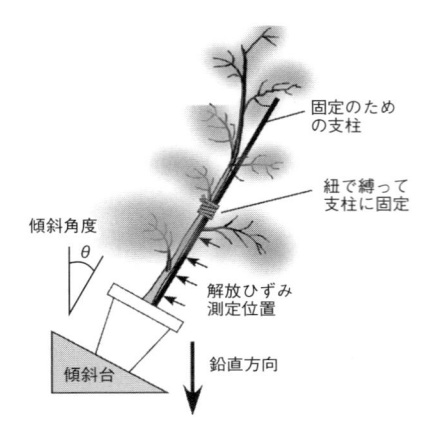

図4-2-4
2年生スギ(*Cryptomeria japonica*)苗木を用いた傾斜生育実験
傾斜下側の矢印の部位(4か所)で成長応力解放ひずみを測定した。
(Yamashita et al. 2007)

る11年生のスギ樹幹の当年輪から横断面切片を作製し、仮道管二次壁中のリグニン濃度分布を紫外線顕微鏡観察によって調べると、圧縮の成長応力が発生していた部位(すなわち、圧縮あて材部)では、二次壁中層の外縁部(すなわち、$S_2(L)$層)において紫外線吸収のピークが見られ、そのピーク(吸光度)の高さは、大きな圧縮の成長応力が測定された部位ほど大きな値を示した。

人為的に苗木を傾斜し、角度を変えて生育させた実験によっても、圧縮あて材の発達程度と成長応力の大きさは対応することが確認されている。苗木を用いた実験は、傾斜刺激の強さを思い通りにコントロールできるという利点がある。以下に、2年生のスギ苗木を用いた実験を紹介する(Yamashita et al. 2007)。

図4-2-4に、実験用の苗木の模式図を示す。鉢植ポットの台は傾斜させることができ、角度の調節が可能である。この実験では、鉛直方向からの傾斜角度が0、10、20、30、40、50°になるように6種類の条件を設定し、それぞれにつき5個体ずつ、5月から11月まで苗木を生育させた。なお、生育期間中、与えた傾斜角度が変わらないように、樹幹を紐で支柱に縛り付けることによって固定した。

当年成長終了後の11月に、樹幹の傾斜部分の圧縮あて材を形成していると思われる下側4か所(図中の矢印、基部から7、14、21、28 cmの位置)において、立木の状態で繊維方向表面成長応力解放ひずみを測定し、その後、円盤試料を採取して横断面の組織・構造を観察した。**図4-2-5A**は、解放ひずみ測定後の

4.2 圧縮あて材と成長応力 231

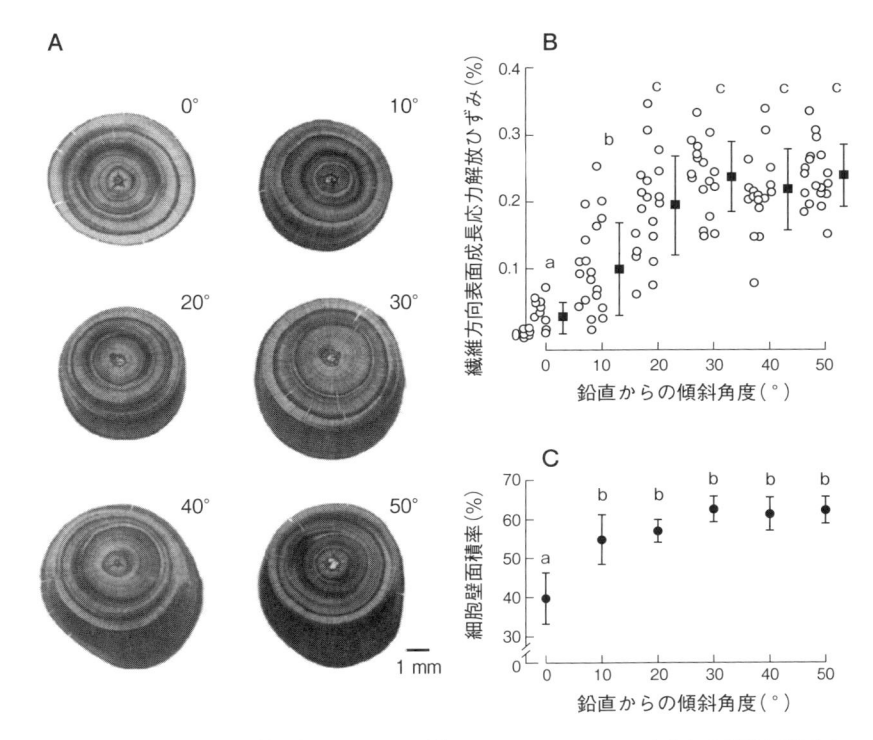

図4-2-5 A：様々な傾斜角度を与えたスギ(Cryptomeria japonica)苗木の樹幹に形成されたあて材の様子。各写真の下側が樹幹の傾斜下側にあたる。
B：傾斜角度と繊維方向成長応力解放ひずみの関係。○はひずみの実測値で、各傾斜角度につき4か所×5個体(計20か点)を測定した。■は平均値、エラーバーは標準偏差。
C：傾斜角度と当年輪における細胞壁面積率の関係。●は5個体の平均値、エラーバーは標準偏差。B、Cの図中の異なるアルファベットは、危険率5％で有意差が認められることを示す。(Yamashita et al. 2007)

苗木樹幹の横断面を、与えた角度条件ごとに示したものである。生育期間は同じであるにも関わらず、大きな傾斜角度を与えた苗木ほど、樹幹の傾斜下側で最外年輪幅が広くなっていることが分かる。

図4-2-5Bに、傾斜角度と解放ひずみとの関係を示す。傾斜角度条件が0°から30°までは、与えた傾斜角度が大きくなるにつれて、伸びのひずみは増加する。傾斜角度が30°を超えると、それよりも大きな傾斜刺激を与えても解放

ひずみは増加せずにほぼ一定となっていることが分かる。

図4-2-5Cは、最外年輪の早材中央部を光学顕微鏡で観察し、一定面積（0.01 mm²）に占める細胞壁の割合を計測した結果である。細胞壁面積率が高いということは、すなわち、仮道管壁が厚いということを意味している。成長応力の大きさの場合（図4-2-5B）と同様、細胞壁面積率も傾斜条件20～30°までは増加し、その後は一定となっていた。ちなみに、あて材の発達程度が傾斜角度30°を境に頭打ちになるという現象は、トウヒ属種（*Picea glauca*）の若齢木を用いた研究（Yumoto & Ishida 1982）のほか、広葉樹であるユリノキ（*Liriodendron tulipifera*）とエドヒガン（*Cerasus spachiana*, syn. *Prunus spachiana* f. *ascendens*）を用いた研究（Yoshida et al. 2000a）でも確認されている。

以上の結果をまとめると、以下の結論が得られる。形成された圧縮あて材仮道管の解剖学的特徴には様々な発達程度が見られ、それは、細胞壁面積率（つまり、仮道管壁の厚さ）やミクロフィブリル傾角のほか、細胞壁中に含まれるリグニン含有率の変化などから総合的に判断される。また、これらの組織・構造的・化学成分的な変化に対応して、木部表面で発生している軸方向の成長応力の大きさが変化する。このことから、成長応力解放ひずみの値を測定すれば、立木の状態で圧縮あて材の発達程度を簡便に推定することが可能である。

4.2.2　圧縮あて材の発達程度と遺伝子発現量の対応

樹木の姿勢制御がどのようにして行われているのかを知ることは重要である。まず、傾斜刺激が感知されると、木部分化帯において関連遺伝子の発現が促される。その結果、適切な発達程度を持つ圧縮あて材が形成され、それに応じて必要な大きさの圧縮の成長応力が発生する。樹木個体は、これを利用することによって自らの姿勢を制御しているものと考えられる。前項（4.2.1）では、圧縮あて材で発生している成長応力の大小が、仮道管壁の厚さやリグニン含有率の増減など、組織・化学的な特徴の変化と対応していることを示した。これらの組織・化学的な特徴の変化は、元をたどれば遺伝子発現の変化が原因となって生じる。そこで本項では、圧縮あて材の発達程度に対応して発現量が変化する遺伝子に着目し、その挙動について調べた結果を紹介する。

実験結果の紹介に入る前に、簡単に遺伝子の発現について述べる。遺伝子の

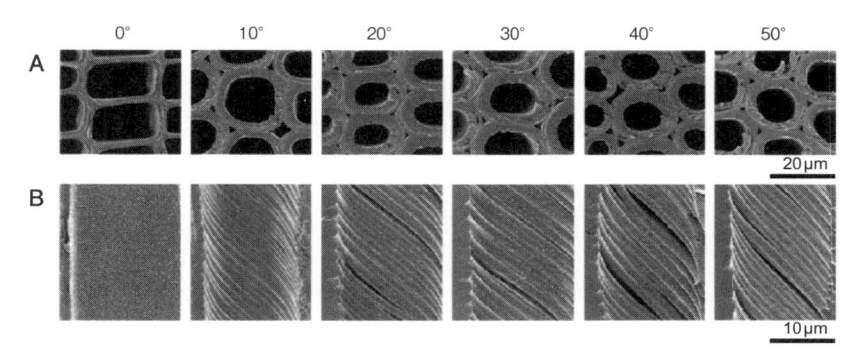

図4-2-6 走査型電子顕微鏡による鉛直または傾斜生育させたヒノキ(*Chamaecyparis obtusa*)苗木の観察結果
A:横断面、B:内腔面(接線壁)。(Yamashita *et al.* 2009)

本体はDNA(deoxyribonucleic acid)であり、酵素などのタンパク質はDNAの持つ情報に従って合成される。DNAは細胞内の核に存在する。DNAの遺伝情報は、まず核内で伝令RNA(messenger ribonucleic acid)に写し取られ(転写)、核外へ移動する。次に、この伝令RNAの情報をもとにアミノ酸が順々につながり、タンパク質が合成される(翻訳)。転写と翻訳によって遺伝子産物が生じることを遺伝子発現と呼ぶ。以下に紹介する実験では、転写産物である伝令RNAの量を調べることで、着目した遺伝子がどのくらい活発に働いているかを調べている。

3年生のヒノキ(*Chamaecyparis obtusa*)の苗木を、**図4-2-4**の場合と同様に、0、10、20、30、40、50°の傾斜条件を与えて生育させた幹を材料として、組織・構造の変化と遺伝子発現量を解析した(Yamashita *et al.* 2009)。遺伝子発現量を調べるには生きている細胞からRNAを抽出する必要があるため、試料採取は木部分化帯の活動が活発な7月に行った。最初に、圧縮あて材の発達程度を確認するため、各苗木の傾斜下側から木部試料を採取し、横断面と接線面を走査電子顕微鏡で観察した(**図4-2-6**)。前項のスギ(*Cryptomeria japonica*)苗木の実験の場合と同様、苗木に与えた傾斜角度が大きくなるほど、横断面での細胞壁面積率が高くなり、仮道管横断面の円みが増すことが分かる。接線面では、苗木の傾斜角度が大きい個体ほど、仮道管二次壁内腔面のらせん状の裂け目が発達している様子が観察される。発達程度の高い圧縮あて材では、

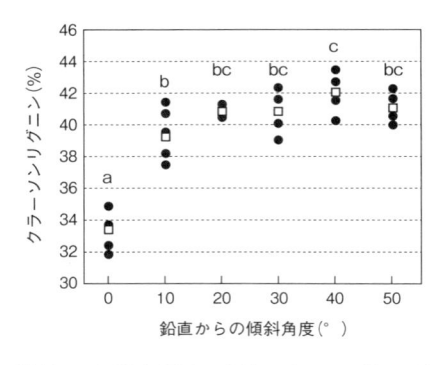

図4-2-7
ヒノキ(*Chamaecyparis obtusa*)苗木の傾斜角度とクラーソンリグニン含有率の関係
□は各測定値(●)の平均値。アルファベットは、異なっているもの同士に、危険率5％で平均値に有意な差があることを示している。(Yamashita *et al.* 2009)

仮道管二次壁中層(S_2層)にらせん状の裂け目が生じることは、Yumoto *et al.* (1983)も報告している。また、これまでの報告例と同様、幹の傾斜角度が大きくなるにつれて、クラーソンリグニン含有率も増加することが確認された(図4-2-7)。

図4-2-8Aは、様々な傾斜刺激下で生育した苗木の、傾斜下側部位におけるラッカーゼ遺伝子の転写産物量を、逆転写PCR(polymerase chain reaction)法によって調べた結果を示している。苗木に与えた傾斜角度が大きくなるにつれ、図中の黒色の線(バンド)が太くなっていることが分かる。これは、核酸を試薬により染色したもので、調べたい遺伝子の転写産物量が多いほど、バンドは濃く見えることになる。ラッカーゼは、ペルオキシダーゼと同様、モノリグノールの脱水素重合に関わると考えられている酵素であり(O'Malley *et al.* 1993; Sato *et al.* 2001)、圧縮あて材の発達程度が高くなることに伴うリグニン含有率の増加とこの転写産物量の増加は関連していると考えられる。また、正常材部、圧縮あて材部から抽出したタンパク質を比較した実験においても、圧縮あて材部においてラッカーゼと相同性の高いタンパク質の量が増加していることが報告されている(McDougall 2000、**表2-3-2**を参照)。

もちろん、今回紹介したラッカーゼひとつだけで圧縮あて材の発達程度が決定されるとは考えられない。これ以外に様々な因子が圧縮あて材の形成に関わっているはずである。ラッカーゼ自体の発現が何を引き金に促進されているのかも含め、傾斜刺激の感知から圧縮あて材の発達に至るまでのメカニズムについては、今後も引き続き研究する必要がある。

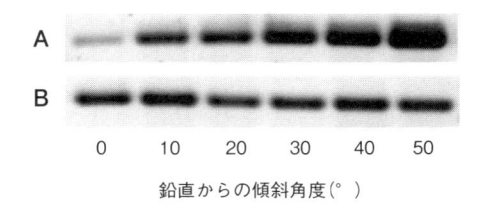

図4-2-8 様々な角度で傾斜生育させたヒノキ(*Chamaecyparis obtusa*)苗木の傾斜下側部位における遺伝子発現量の比較
Aはラッカーゼ、Bはサイクロフィリンの転写産物量を逆転写PCR法によって調べた結果である。サイクロフィリンはハウスキーピング遺伝子(注1)のひとつであり、コントロールとして用いられている。サイクロフィリンでは苗木の傾斜角度が変わっても発現量がほぼ一定であるのに対し、ラッカーゼでは傾斜角度が大きくなるにつれて発現量が増加している。(Yamashita *et al.* 2009)。
(注1) 細胞の維持に必要な基本的役割を担い、多くの組織に共通してほぼ一定量発現している遺伝子群をハウスキーピング遺伝子と呼ぶ。サイクロフィリンの他に、β-アクチン、β-グルクロニダーゼなどが知られている。

4.3 引張あて材と成長応力

4.3.1 広葉樹の系統分類とあて材の多様性

広葉樹とは、真正中心柱を持つ被子植物の内で(すなわち、双子葉植物類の内で)、維管束形成層の分裂増殖によって二次肥大成長する多年生の樹木を言う。しかしながら、双子葉類という植物分類概念は、従来考えられてきたような単系統群(一つの共通祖先から分岐した子孫すべてを含む分類群)ではないことが、葉緑体DNA解析に基づく被子植物の系統分類法(APG植物分類体系第3版 - The Angiosperm Phylogeny Group、APG IIIと略記)から明らかとなっている。すなわち、双子葉類は、被子植物の基底群(共通祖先に直接つながっているグループ)とみなされているアンボレラ目(Amborellales)やアウストロバイレヤ目(Austrobaileyales)など、初期に分岐した多系統の原始的被子植物のグループ(見かけは双子葉類)と、その後に分岐したモクレン類(Magnoliids)と、より後になって分岐した単系統群である真正双子葉類(Eudicotyledon)とから成る多系統な分類群である(APG III 2009)。図4-3-1に、APG IIIに基づく被子植物の系統分類を示す(大山 2011による図を改編)。この分類方式に

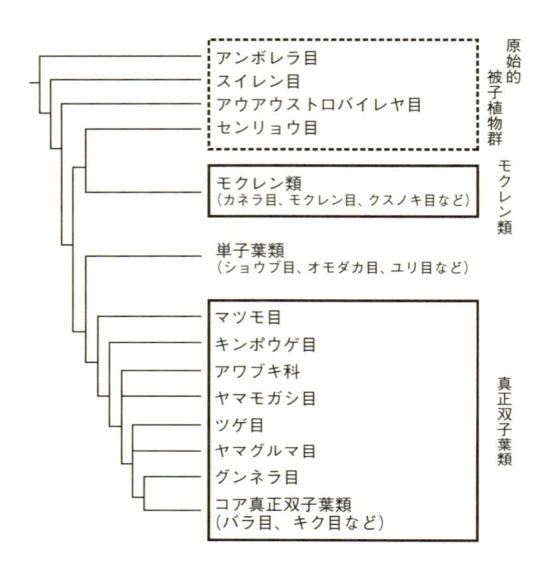

```
                ┌─────────────────────────────┐  原
            ┌───┤ アンボレラ目                │  始
          ┌─┤   │ スイレン目                  │  的
          │ │   │ アウアウストロバイレヤ目    │  被
          │ └───┤ センリョウ目                │  子
          │     └─────────────────────────────┘  植
          │                                       物
          │     ┌─────────────────────────────┐  群
        ┌─┤     │ モクレン類                  │  モ
        │ └─────┤ (カネラ目、モクレン目、    │  ク
        │       │  クスノキ目など)           │  レ
        │       └─────────────────────────────┘  ン
        │                                        類
        │       単子葉類
        ├───────(ショウブ目、オモダカ目、ユリ目など)
        │
        │       ┌─────────────────────────────┐
        │     ┌─┤ マツモ目                    │
        │     ├─┤ キンポウゲ目                │
        │     ├─┤ アワブキ科                  │  真
        │     ├─┤ ヤマモガシ目                │  正
        └─────┼─┤ ツゲ目                      │  双
              ├─┤ ヤマグルマ目                │  子
              ├─┤ グンネラ目                  │  葉
              └─┤ コア真正双子葉類            │  類
                │ (バラ目、キク目など)        │
                └─────────────────────────────┘
```

図 4-3-1
被子植物の分類体系(APG III を参考にして大山 2011の作図を改編)
ゲノム解析を用いた研究の結果、かつて双子葉植物綱としてまとめられていた植物分類群は、単系統ではなく、モクレン類、真正双子葉類という2つの単系統群(実線で囲んだグループ)と、多系統の原始的被子植物群(点線で囲んだ植物群)からなることが分かった。

よれば、ハリエンジュ(*Robinia pseudoacacia*)(コア真正双子葉類マメ目)は、同じ"広葉樹"であるホオノキ(*Magnolia obovata*)(モクレン類モクレン目)よりも、単子葉類に属するモウソウチク(*Phyllostachys edulis*)(単子葉類イネ目)により近縁であるということになる。

　真正双子葉類のうちでも特に進化しているグループは、コア真正双子葉類(core eudicots)と呼ばれる。この分類群に属する広葉樹の多くは、G繊維を有する引張あて材を形成する。G繊維では、繊維長軸に沿う方向にきわめて大きな引張応力が発生することが知られているが、その原因としてG層の関与を指摘する報告が多い(Okuyama *et al.* 1990, 1994; Yamamoto *et al.* 1992, 1993, 2005, 2009; Yoshida *et al.* 2002a; Clair *et al.* 2003, 2005)。

　モクレン類(Magnoliids)と呼ばれる単系統群は、APG植物分類体系によれば、アンボレラ目(Amborellales)やスイレン目(Nymphaeales)などの原始的被子植物に次いで分岐した分類群であり、その中でもモクレン目(Magnoliales)(この中にモクレン科Magnoliaceaeが含まれる)は(**図 4-3-1**参照)、形態的にも初期に現れた被子植物の特徴を保存している。モクレン科の樹種(ユリノキやホオノキなどが属する)は、引張あて材相当部位に、明確なG繊維を形成し

ないことが知られている(尾中1949、**1.2.2.1**を参照)。しかしながら、引張あて材相当部位の木部繊維二次壁では、セルロース量が増加し、ミクロフィブリル傾角が減少するなど、正常材の木部繊維二次壁とは明確な相違を生じる。そこでは、後述するように、正常材よりも強い引張の成長応力が発生する。このことから、これを一種のあて材(引張あて材)とみなす研究者は多い。面白いことに、同じモクレン類に属するクスノキ目(Laurales)では、傾斜樹幹の上側に沿ってG繊維の形成が認められている(尾中1949)。被子植物の基底群と考えられているアンボレラ目やその他の原始的被子植物では、G繊維は作られるのかどうか、あるいは、あて材相当部位に形成される木部繊維二次壁の構造・化学成分・成長応力に、正常材繊維との差異が認められるかどうか。これらについてはまだわかっていない。

4.3.2 引張あて材部の成長応力
4.3.2.1 G繊維を形成する樹種

図4-3-2A〜Cは、傾斜して生育する23年生ハリエンジュ(*Robinia pseudoacacia*)、55年生 *Quercus rubra*(ブナ科)、53年生アメリカハナノキ(*Acer rubrum*)樹幹の、胸高部位における繊維方向解放ひずみおよびG層発達率(横断面における面積率)の円周分布を示している(山本・奥山1994)。コア真正双子葉類の樹幹では、傾斜の最も上側となる方位角0°付近で、大きな縮みの解放ひずみが測定され、また、G繊維を伴う引張あて材が形成されることが多い。一般に、G層発達率(あるいは、木部繊維に占めるG繊維の占有率)が大きくなるほど繊維方向の縮みの解放ひずみも大きくなる傾向が認められている(Okuyama *et al.* 1990, 1994; Yamamoto *et al.* 2005)。

図4-3-2A〜Cの例では、縮みの繊維方向解放ひずみの最大値は、ハリエンジュで-0.49％、*Q. rubra*で-0.29％、アメリカハナノキでは-0.19％に達していた。別途測定したヤング率を用いてこれらのひずみを引張応力に換算すると、それぞれ70MPa、35MPa、24MPaの値となる。なお、鉛直に生育する日本産樹木の樹幹での平均的な値は、繊維方向解放ひずみでは-0.043％、表面成長応力で3.62MPa程度である(**4.1.3.2**参照)。これらと比べても、G繊維が発達している引張あて材では、繊維方向に極めて大きな引張応力が発生してい

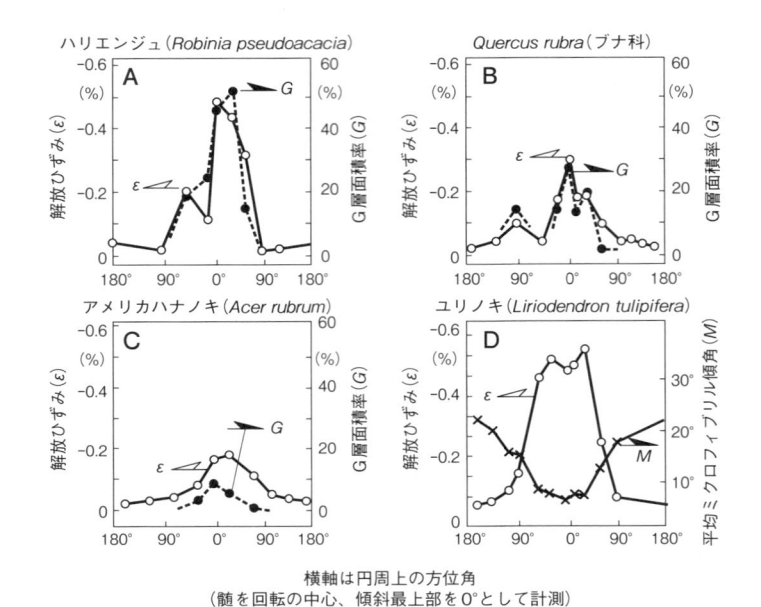

図4-3-2 傾斜して成育する広葉樹樹幹における、繊維方向表面成長応力解放ひずみ(ε)およびG層発達率(G)の円周分布の実測例
ただし、G繊維を形成しないユリノキについては二次壁中層(S_2層)におけるミクロフィブリル傾角(MFA)を測定(山本・奥山 1994)。

ることが分かる。

　以上の結果は、引張の成長応力発生におけるG層の関与を強く示唆している。しかしながら、以下の理由からこれを疑問視する研究者は多い。G層は、ミクロトームを用いた横断切削によってしばしば木化した二次壁の壁層から剥離する。また、温水煮沸したブロックから採取した横断切片では、剥がれたG層が周方向に膨潤し、しゅう曲さえ生じている様子が観察される。これらのことから、G層は形態的には軟らかい(したがって応力を負担し得ない)という印象を受け易い。しかしながら、これらの現象は、切片採取時のミクロトーム刃による応力集中が引き起こすのであって、生材中ではG層と木化層とは強固に結合していること、乾燥後もブロック状の試験片内部では剥離は生じないことを示した実験例がある(Clair *et al.* 2005)。このことを考慮するならば、G繊維

表 4-3-1 クヌギ(*Quercus acutissima*)成木 2 個体について推定された木部繊維(正常繊維と G 繊維)および壁層(木化層、G 層)のヤング率、成長ひずみ及び成長応力(平均値及び標準偏差)(Yamamoto *et al.* 2009)

A ヤング率	75 年生個体	40 年生個体
繊維レベル (GPa)		
正常繊維	14.79(± 0.30)	22.79(± 0.55)
G 繊維	15.98(± 0.42)	25.02(± 0.70)
壁層レベル (GPa)		
木化層	19.49(± 0.52)	24.86(± 0.75)
G 層	27.88(± 4.97)	38.10(± 2.01)
B 成長ひずみ	75 年生個体	40 年生個体
繊維レベル (%)		
正常繊維	−0.0167(± 0.0051)	−0.0334(± 0.0056)
G 繊維	−0.3222(± 0.0182)	−0.2499(± 0.0322)
壁層レベル (%)		
木化層	−0.0192(± 0.0041)	−0.0334(± 0.0091)
G 層	−0.4625(± 0.0389)	−0.3206(± 0.0552)
C 成長応力	75 年生個体	40 年生個体
繊維レベル (MPa)		
正常繊維	2.47(± 0.43)	7.61(± 0.82)
G 繊維	51.49(± 4.26)	62.52(± 5.78)
壁層レベル (MPa)		
木化層	3.74(± 0.51)	8.30(± 1.39)
G 層	128.94(± 28.42)	122.15(± 16.96)

注：カッコ内の数値は平均値に対する標準偏差(±)

における引張の成長応力の発生原因を G 層の性質に求めるのは自然である。これらのことから、G 層にはどのくらいの大きさの引張応力が発生しているのか、そもそも G 層は、内部応力の発生を分担し得るに十分な弾性率(ヤング率)を有しているのか、非常に興味深い。ここでは、傾斜して生育しているクヌギ(*Quercus acutissima*)の成木 2 個体を用いたヤング率および成長応力の推定例を紹介する(Yamamoto *et al.* 2009)。

この実験では、まず木部表面における繊維方向解放ひずみ(ε_L)と繊維方向ヤング率(生材状態)(E_L)を実測した。別途、横断面組織観察用切片を作製し、木部を木部繊維・道管・放射および軸方向柔組織の 3 組織に分けて、横断面全体に占めるそれぞれの面積比率を測定した。続いて、木部繊維領域に占める細胞壁の面積比率を測定した。さらに、木部繊維の細胞壁全体に占める G 層の面積比率をも測定した。

木部繊維領域に占める細胞壁が木化層とG層との並列複合体であるものとし、これに単純複合則を応用すると、面積比率の測定結果から木化層およびG層の繊維軸に沿う方向のヤング率と、それぞれに発生する成長ひずみを算出することができる。ヤング率について得られた結果を**表4-3-1A**に、成長ひずみについての結果を**表4-3-1B**に示す。これらの結果を見ると、供試したクヌギ2個体の生材状態でのG層のヤング率は、木化層に比べて特に高いわけではないが、1.5倍程度の値を示すことが分かる。さらに、繊維軸に沿う方向の成長応力を、ヤング率と成長ひずみの積として算出した。結果を**表4-3-1C**に示す。それによれば、クヌギ引張あて材のG層には、繊維軸に沿う方向に120～130 MPaもの大きさの引張応力が発生しており、それは木化層の15～35倍にも達していることが分かる。これらの結果から、G層は繊維軸に沿う方向に大きな引張応力を発生しており、このことがG繊維における大きな成長ひずみの発生原因であると結論される。

4.3.2.2 モクレン科の樹種

すでに述べたように、ユリノキ(*Liriodendron tulipifera*)やホオノキ(*Magnolia obovata*)などのモクレン科の樹種は、G繊維を形成しないにもかかわらず(**1.2.2**参照)、傾斜樹幹の上側において正常材よりも強い引張の成長応力を発生する。そのような部位(以下、引張あて材相当部位)では、鉛直な樹幹や傾斜樹幹の下側に比べてミクロフィブリル傾角(以下、MFA)は小さくなる(51年生ユリノキ、**図4-3-2D**参照)。また、セルロースの含有率と結晶化度は高くなり、さらに、木化度が低下するなど正常材やオポジット材とは明らかに異なる特徴を有している(Okuyama *et al.* 1990, 1994; Yamamoto *et al.* 1992; Sugiyama *et al.* 1993; 山本・奥山 1994; Yoshizawa *et al.* 2000; Yoshida *et al.* 2002b)。しかしながら、引張あて材相当部位での縮みの解放ひずみは、最大でも-0.15％(51年生ユリノキ)であり(Okuyama *et al.* 1994; 山本・奥山 1994; Yoshida *et al.* 2002b)、明確なG繊維を形成する樹種における値(**図4-3-2**の例では、23年生ハリエンジュ(*Robinia pseudoacacia*)の最大-0.49％)に比べれば小さい。これを応力に換算すると、**図4-3-2**の例では、ハリエンジュの最大値70 MPaに対し、51年生ユリノキにおける最大値は15～16 MPaとなる。ただし、個体によっては37 MPaという測定例も見られるが、ユリノキに

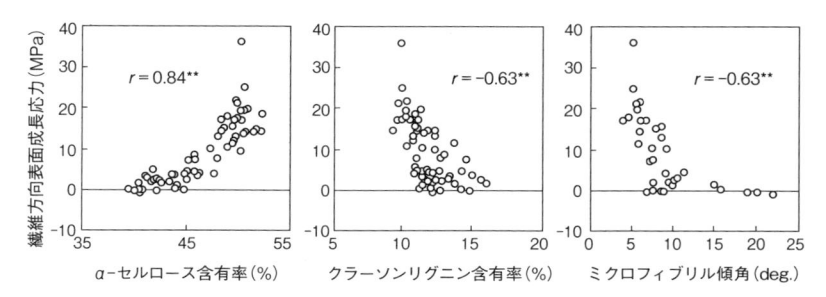

図4-3-3 傾斜して生育する51年生ユリノキ(*Liriodendron tulipifera*)3個体の樹幹における表面成長応力と α-セルロース含有率、クラーソンリグニン含有率および二次壁中層の平均ミクロフィブリル傾角との関係 (Okuyama et al. 1994)

おける成長応力は最大で20 MPaを超える程度である (Okuyama et al. 1994) (**図4-3-3**参照)。

図4-3-3は、傾斜して生育する51年生ユリノキ3個体の樹幹における、繊維方向成長応力と木部の α-セルロース含有率、クラーソンリグニン含有率およびS_2層における平均MFAとの関係を示している (Okuyama et al. 1994)。傾斜の上側ではしばしば大きな引張応力が発生すること、成長応力はセルロース含有率との間で正の相関関係を示すこと、一方、クラーソンリグニン含有率との間では負の相関関係を示すこと、さらに、MFAとの間でも負の相関関係を示すことが確認されている。繊維方向の引張成長応力がMFAと負の相関関係を示すことは、同じモクレン科の樹木であるホオノキについても確認されている (Okuyama et al. 1990)。

Yoshida et al. (2002b) は、紫外線顕微分光法を用いて、51年生ユリノキ(*L. tulipifera*)の木部繊維壁におけるリグニン濃度分布を測定した。その結果、引張あて材相当部位では二次壁のリグニン濃度が相対的に減少すること、しかも、その減少の程度は、縮みの繊維方向表面応力解放ひずみの増加(すなわち、引張の成長応力の増加)に対応していることを見出している(**図4-3-4**参照)。

以上のことから、ユリノキやホオノキなどのモクレン科の樹種は、MFAを小さくすると同時にセルロース含有率を高くすることによって、G層(セルロース純度と結晶化度は高く、セルロースミクロフィブリルはほぼ繊維軸方向に配向)の分化と同様な効果を発揮していると考えられる。あるいは、これら

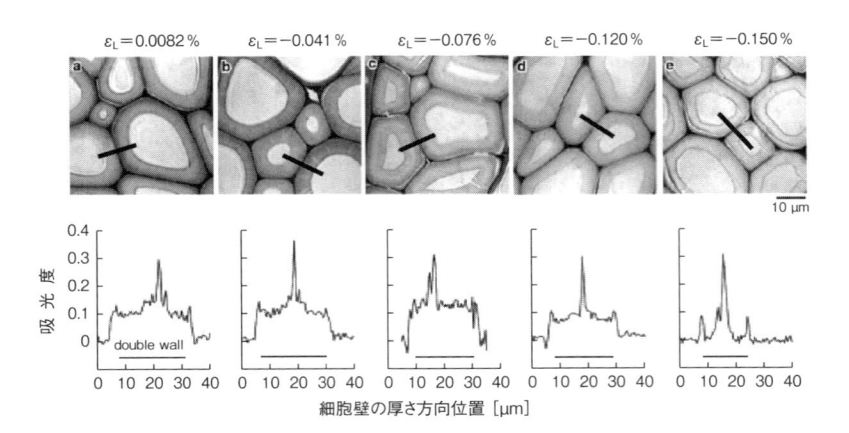

図4-3-4 傾斜して生育する51年生ユリノキ(*Liriodendron tulipifera*)樹幹における紫外線顕微鏡写真と細胞壁における紫外線吸収スペクトル(写真中の実線に沿って走査測光を行った)。写真上部の数値は、繊維方向表面応力解放ひずみ(Yoshida et al. 2002b)。

の樹種は、G繊維を持たないタイプの「引張あて材」を形成すると言ってもよい。すなわち、モクレン科の樹種の引張あて材繊維は、真正双子葉類やその他のより進化したモクレン類(たとえば、クスノキ目)に見られるような明確なG繊維を形成する前段階、すなわち、平行進化の途上にあるものと考えられる。

4.3.2.3 "原始的な"真正双子葉類

ツゲ目(Buxales)やヤマグルマ目(Trochodendralos)は、真正双子葉類のうちでも初期に分岐したグループであり(**図4-3-1**参照)、コア真正双子葉類に比べれば原始的な形質を持つ。ツゲ属(*Buxus* spp.)は繊維状仮道管と小径の道管からなる散孔材であるが、傾斜して生育する樹幹の下側では、繊維状仮道管と道管の双方とも、針葉樹の圧縮あて材に見られる特徴(二次壁の肥厚、リグニン含有量の増加、繊維長の減少、MFAの増加)を帯び、また、リグニンのモノマー構成についてもグアイアシル単位の比率が目立って増加するほか(Yoshizawa et al. 1993, 1999)(**1.2.2.3**、**2.1.4.3**参照)、*p*-ヒドロキシフェニルプロパン単位や縮合型構造(炭素間結合)が出現する(Baillères et al. 1997)。興味深いことに、そのような木部では、繊維方向に圧縮の表面成長応力が発生し、その大きさも通常の針葉樹あて材と同程度を示すという報告がある(Baillères et al. 1997)。

無道管広葉樹であるヤマグルマ(*Trochodendron aralioides*)では、仮道管が二次木部の主な構成細胞となっている。しかしながら、この樹種は、傾斜して生育する樹幹や枝の上側に沿って仮道管二次壁の大部分がG層化するような引張あて材を形成し(**図1-2-20**参照)、そこでは、繊維方向に大きな引張の表面成長応力が発生することが確認されている(Kuo-Huang *et al.* 2007; Hiraiwa *et al.* 2013)。

4.4 あて材形成による樹形のコントロール

4.4.1 重力環境と高等植物の成長
4.4.1.1 一次成長と二次成長

　海から陸上へと生活の場を広げた植物は、地球の重力環境に抗いながら自身の体を上方へとのばす仕組みを獲得した。そして、ついに地上で最も巨大な生物である樹木へと進化をとげた。巨大化の秘密は、重力環境に適用した樹木の成長様式にある。樹木の成長は、幹や枝の頂端が上方へ伸びる伸長成長(一次成長)と伸長停止部位における肥大成長(二次成長)からなっている。樹木は、一次成長による伸長速度と二次成長による肥大速度との比を一定に保つことで、細長い円錐形状のまま幹や枝を伸ばし続ける。一次成長は草本植物と共通であるが、二次成長を長い年月に亘って継続することが、樹木の成長の最大の特色となっている。樹木は、二次成長の過程で厚く木化した二次壁を持つ繊維細胞を生みだし、これを蓄積することによって強固な二次木部を作る。米国カリフォルニア州に生育するマツ(*Pinus longaeva*)のある個体は、4,700年にも亘って生存し続けており、同じくカリフォルニア州に生育するセコイアオスギ(*Sequoiadendron giganteum*)は推定重量1,385トンに達する。さらに、同じカリフォルニア州の*Sequoiadendron sempervirens*(ヒノキ科)では、樹高120 mを超えるものがある。このような巨大化と長寿化は、二次成長によって形成される二次木部の蓄積によって可能となったと言える。

4.4.1.2 植物の成長と屈性
　植物は、生育環境からさまざまな刺激を受ける。受けた刺激に応答して、茎(幹や枝)や根を屈曲させたり、それらの伸長成長の方向を変化させたりする。

この性質を屈性(tropism)という。伸長成長の方向が刺激源に向かうように屈性が発現するときは、これを正の屈性といい、刺激源から遠ざかるように発現するときは負の屈性という。樹木の成長にとって光と地球重力は重要な環境刺激であり、両者に対する屈性を、それぞれ光屈性(phototropism)、重力屈性(gravitropism)と呼ぶ。なお、重力屈性については、刺激源は鉛直下方であると考え(すなわち、地球重心が物体に引力を及ぼすと考え)、それゆえ、伸長成長が鉛直下方に向かう場合を正の重力屈性とする。

　樹木の主な器官は、それぞれ独自の屈性を有している。茎(幹と枝)の先端付近(伸長成長帯)は二次成長していない部位であるが、これらは光に対しては正の、重力刺激に対しては負の屈性を示す。茎の伸長停止帯(二次成長を行う部位)についても、多くの場合、負の重力屈性の発現(屈曲挙動)が認められる。なお、樹木の枝は傾斜光屈性(plagio-phototropism)と傾斜重力屈性(plagio-gravitropism)を示すことが多い。傾斜屈性とは、伸長成長の方向が、光源の方向や重力方向(鉛直軸)に対してある特定の角度の方向へと向くようなものをいう。以上は、樹木の茎の場合についてであるが、根では重力刺激の方向(鉛直下方)へと成長する正の重力屈性(positive gravitropism)が認められる。

4.4.1.3　植物の茎が負の重力屈性を発現する仕組み

　本項では、樹木の茎が負の重力屈性を発現する仕組みを考えてみる(**図4-4-1**)。それまで鉛直上方に向かって生育していた茎を突発的に傾斜させると、まず、頂端の伸長成長帯に変化が現れる。傾斜させる前は左右どちらの側も均等に伸長成長しているが、傾斜刺激を与えることによって、地面に近い側(傾斜下側)の細胞の伸長速度が地面とは反対側(傾斜上側)よりも増加する。結果として、伸長成長帯は鉛直上方に曲がって立ち上がる。これが偏差成長による負の重力屈性の発現であり、仕組みは木本植物と草本植物とで共通である。伸長成長帯の傾斜下側において伸長が促進されるのは、重力によってオーキシンの濃度分布に偏りが生じるためと考えられている(Yamamura & Hasegawa 2001)(**5.1**参照)。一方、伸長成長が停止し、二次成長を行っている部分(すなわち、肥大成長中の幹)では、二次木部が"強固かつ巨大な芯"として中央に存在する。この二次木部を、大きな力(曲げ応力)によって、鉛直上方に屈曲させる必要があるのだが、この大きな力を生み出す仕組みが、あて材の形成による

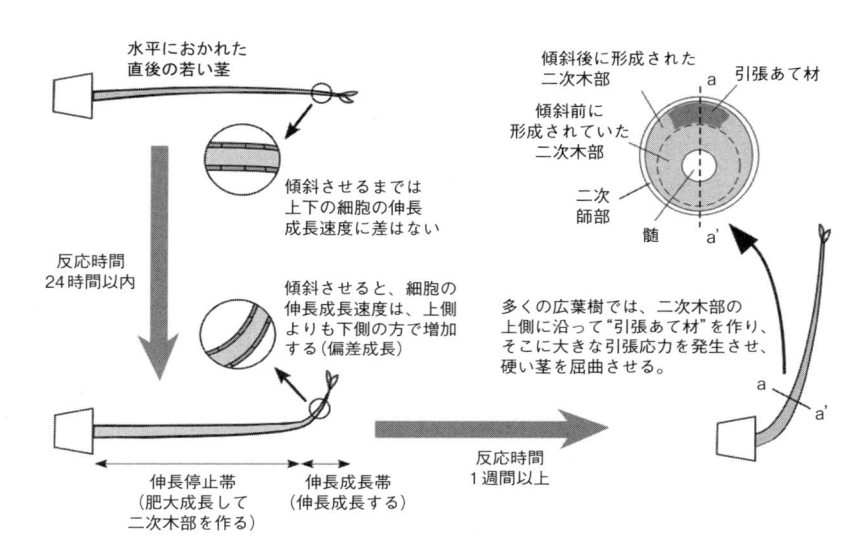

図4-4-1　樹木の茎の負重力屈生発現挙動の模式図（双子葉類の例）
針葉樹類では、あて材は茎の傾斜下側に沿って生じる（図4-2-5参照）。

偏心成長とそこに発生する特異な成長応力である。

　あて材は、二次木部全体に亘って形成されるわけではなく、針葉樹では傾斜部分の下側（地面に近い側）に沿って、一方、広葉樹では傾斜部分の上側（地面とは反対側）に沿って、局所的に形成されることが多い（図4-1-3参照）。そこでは特異的に大きな成長応力が発生するため、二次成長を続けた後に樹幹内の残留応力分布は非軸対称となり、これが、傾斜した樹幹を鉛直上方に屈曲させるような曲げモーメント（傾斜回復モーメント）を発生させる。なお、二次木部の横断面において、あて材の面積割合が大きい程姿勢の立ち上がり効果が高まる。そのため、あて材形成部位では二次成長の促進を伴うことが多い。樹幹や枝の傾斜部分ではしばしば偏心成長が見られるが、これは上記の理由によるものと考えられる。

　樹幹が傾斜重力刺激を感知してから実際に屈曲を開始するまでの時間は、一次成長においては、数時間から数十時間以内であり、二次成長においては、細い幹でも数日から数週間、堅い二次木部が横断面の多くを占める太い幹では数年以上となる場合もある。

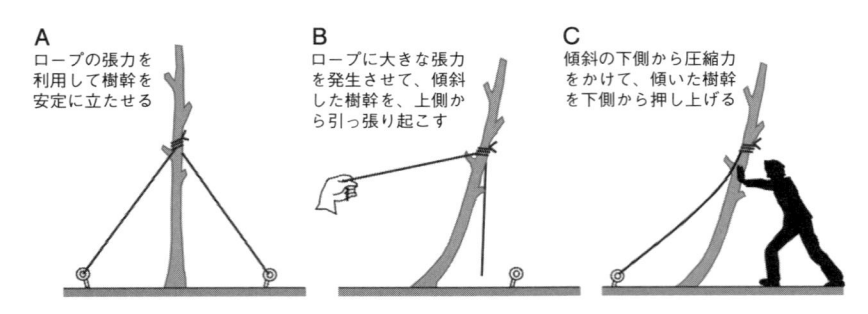

図4-4-2 樹木の力学的安定性と成長応力の働き
A：細長い樹幹が安定に立っていられるのは、木部表面に引張応力が発生し、これが樹幹を支えているからである。これは四方からロープをかけて引張力を加えることに相当する。B：広葉樹の傾斜した樹幹には、傾斜の上側に沿って強い引張の成長応力が発生し、これが樹幹を鉛直方向に引張り上げる。C：針葉樹の傾斜した樹幹では、傾斜の下側に強い圧縮応力が発生し、これが樹幹を鉛直方向に押し上げる。

4.4.2 あて材の形成と成長応力による樹形のコントロール
4.4.2.1 樹幹における傾斜の回復の力学

　高等植物は、激しい生存競争と長い進化の結果、自身を高く伸ばして太陽光をより多く受けられるように、樹幹と枝という形を獲得した。樹木は、体積一定の条件下では、直径成長よりも伸長成長を優先することによって（肥大成長を少なくした分を伸長成長に割り振ることによって）、樹高をより高くすることができる。結果的にではあるが、樹木の幹は極端に細長い円錐形状を取ることとなった。その反面、幹は形態的には安定性を欠くものとなっており、直立した姿勢を安定化するための仕組みが必要になった。その仕組みは、真っ直ぐで細長い棒を鉛直に立てて安定させるため、四方八方からロープをかけて、そこに張力をかけるのと同様な方法である（**図4-4-2A**）。実際の樹木においては、木部表面に生じている成長応力がロープの張力の役割を果たしている。ロープ（新生木部）に張力（成長応力）をかけると、棒（内側の古い木部）は軸方向に圧縮される。そのために、木部内側の髄付近では圧縮応力が反力として生じることになる。これが樹幹内残留応力である（**図4-1-2**を参照）。

　では、直立した姿勢が乱れた場合（すなわち、傾斜させられた場合）、どうすれば姿勢を修正できるのだろうか。個体の特定の側においてのみ枝葉が多量に欠損したり、常時一方向から強風が当たるような立地であったり、あるいは地

滑りで地面が傾くなど、生育中に樹幹の姿勢が乱されるような事態はいくらでも生じ得る。傾斜したまま成長を続けると、増加し続ける自重のために、最終的に樹体は深刻なダメージを被ることになる。**図4-4-2B**において、右に大きく傾いた樹幹を左方へ起き上がらせたいなら、左方から掛けたロープの張力を大きくすれば良い(すなわち、強く引っ張ればいい)。このことは、実際の樹木では、樹幹の左側の木部表面に生じた引張の成長応力を、通常よりも(あるいは、右側よりも)大きくすることに相当する。この方法を選んだものが広葉樹である。広葉樹では、樹幹の傾斜部分の上側に沿って引張あて材を形成し、そこに大きな引張の成長応力を発生させることによって、傾斜している樹幹を鉛直上方に引張り起こすのである。一方、針葉樹では、傾斜部分の下側(図では右側)から押し上げる力を発生させ、これを利用して負の重力屈性を発現している(**図4-4-2C**)。押し上げる力は、現実の樹木では、傾斜部分の下側に沿って形成された圧縮あて材とそこに発生する大きな圧縮の成長応力である。

4.4.2.2 枝における形状パターンの制御

枝はその基部だけで樹幹につながり、そして支えられている。これは、片持ち梁と呼ばれる構造と同じであり、力学的には不安定な状態である。自然な状態においてそれぞれの枝が目指す形状パターン(最適な3次元的姿勢)は平衡位置(equilibrium position)と呼ばれる。枝は、自重の増加によって枝垂れようとするので、これを防ぐために、常に枝を平衡位置に持ち上げるような曲げモーメント(回復モーメント)を発生させている。枝の成長においても、樹幹の場合と同じく、あて材の形成と特異な成長応力が重要な役割を演じている。このことを証明するために、Yoshida *et al.* (1999)は、エドヒガン(*Cerasus spachiana*)系の園芸品種である枝垂性(しだれしょう)サクラ(*Prunus spachiana* f. *spachiana* cv. *Plenarosea*)の当年枝を用いて、成長応力による枝の姿勢制御を調べた。枝垂性サクラでは、当年枝の芽生えは斜め上向きに生じるが、伸長成長とともに自身の重みに耐えきれずに、枝垂れてしまう。その原因は、植物成長ホルモンの一つであるジベレリンの代謝異常であることが分かっている(5.3参照)。枝垂性の枝では、枝先端部の伸長成長に対してはジベレリンが過剰に供給され、逆に枝の基部に対しては供給不足となった結果、成長速度がアンバランスとなり成長相関が損なわれて枝は自重を支え切れなくな

る(すなわち、枝垂れる)(中村1995; 中村・吉田2000)。Yoshida et al.(1999)は、枝垂性サクラの当年枝の基部に、その成長初期から十分な量のジベレリンを投与し続け、これによって枝垂性の個体の枝を立ち性(たちしょう)の枝へと転換させ、これを用いて以下のことを明らかにした。ジベレリン投与によって立ち性となった枝では、肥大成長が促進されること、また、枝の基部において引張あて材がより発達すること、さらに、そこでは大きな引張の成長応力が発生していることなどである。このことから、あて材部に発生する成長応力が枝の自重増加によるたわみを防ぎ、上向きの姿勢を維持していることを実験的に証明した。なお、あて材形成とジベレリンの関係については5.3も参照されたい。

また、Yoshida et al.(2000b)は、エドヒガン(Cerasus spachiana)の枝垂性品種(Prunus spachiana f. spachiana cv. Plenarosea)当年枝に着目し、自重増加によって生じるたわみを解消するように、また、枝が常にその初期の伸長成長の方向を保つように、枝を紐で支持し続けながら1年間生育させた。その後、成長応力を測定するとともに、基部横断面におけるあて材形成の様子を調べた(図4-4-3)。その結果、以下のことが確認された。自然の枝は、自重増加が引き起こすたわみを補償するためにあて材を形成し、そこに特異な成長応力を発生することによって平衡位置を回復しようとしていること、一方、紐で支持してたわみを人為的に抑えながら生育させた枝ではあて材が形成されないこと、その場合、測定される成長応力も小さいこと、また、当年枝の平衡位置は芽生え時の伸長成長の方向であることが明らかになった。

Yamamoto et al.(2002)は、枝や樹幹が伸長・肥大成長する過程を構造力学的にモデル化し、鉛直面内における枝の形状パターンの発現過程をシミュレートしている(図4-4-4)。その結果、伸長成長の方向指向性(空間内の特定の方向を目指して伸長成長すること)の有無、伸長成長量、肥大成長量および成長応力を枝の姿勢に係わる因子として考慮することにより、実際に観察される複雑な枝の形状を再現できること、また、自重増加のためにたわまざるを得ない枝を上向ける(すなわち、枝が傾斜重力屈性を発現する)ためには、あて材部に発生する特異な成長応力が絶対に欠かせないものであることが明らかにされている。

図4-4-4Aは、コブシ(Magnolia kobus)の4年生の下垂枝、同Bは、カ

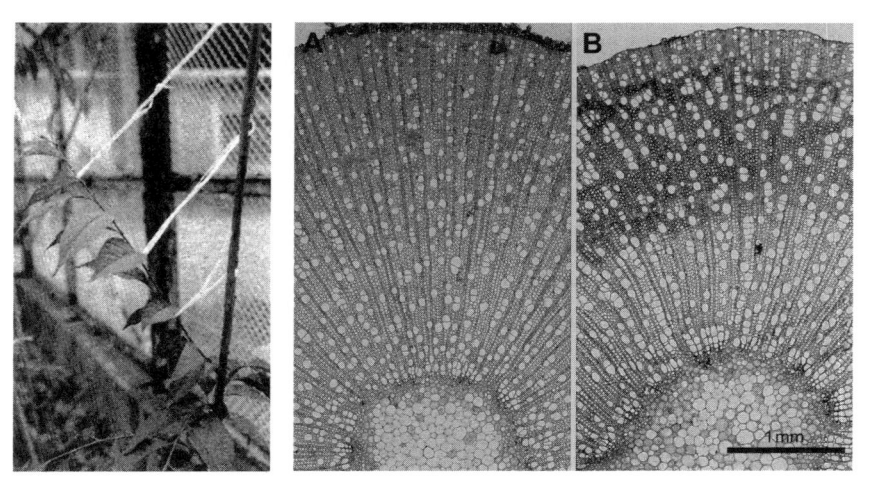

図 4-4-3 枝の平衡位置とあて材形成との関係を調べた実験(Yoshida *et al.* 2000b)
写真左は、枝が常に平衡位置を保つように、紐で支持しながら生育させている様子(エドヒガン(*Cerasus spachiana*)の枝垂性品種(*Prunus spachiana* f. *spachiana* cv. *Plenarosea*)の当年枝)。右の2枚の写真は、1年間成長させた後の枝基部における横断面顕微鏡写真。Aは紐によって支持し続けたものであり、Bは支持しなかったもの。Bでは傾斜の上側に引張あて材が形成されている(ゼラチン繊維が濃く染色されている)。

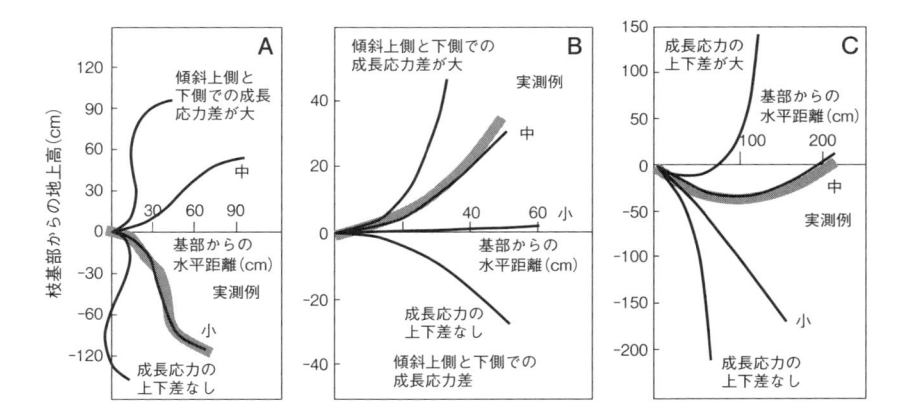

図 4-4-4 若い枝の空間的形状パターンとその構造力学モデルによるシミュレーション
A:コブシ(*Magnolia kobus*)4年生下垂枝、B:カイヅカイブキ(*Juniperus chinensis*)5年生枝、C:トドマツ(*Abies sachalinensis*)9年生枝
(Yamamoto *et al.* 2002)

**図 4-4-5
平地に孤立して生育する広葉樹の樹形**
枝は樹幹から水平に伸び、そのために大きな樹冠を作る。樹幹の水平方向の幅は、しばしば樹高をも上回る。写真は *Albizia saman*（マメ科）の単木（日立グループ提供）。

イヅカイブキ（*Juniperus chinensis*）の5年生の枝、同Cは、トドマツ（*Abies sachalinensis*）の9年生の枝についてについて、枝が示す空間的形状パターンをシミュレーションによって再現したものである（Yamamoto et al. 2002）。図Aの樹種では、傾斜の上側に引張あて材組織が、BおよびCの樹種では下側に圧縮あて材組織が形成され、そこでは特異的に大きな成長応力（前者は引張応力、後者は圧縮応力）が発生するものと推測されている。Aのコブシ4年生の枝は、実際にはS字状の形状を示しながら下方に枝垂れていたが、上下に比較的小さな成長応力差を仮定することによって、その形状パターンを表現することができる。B（カイヅカイブキ5年生枝）の場合、傾斜の上下での成長応力に差が無いと仮定すると、シミュレーションによる枝の形状パターンは水平面より下方となり、その形状は上偏成長的（epinasty）となる。しかしながら、ある程度の成長応力差を仮定することによって、形状パターンは水平面より上方に持ち上がり、形状は実測されるような下偏成長的（hyponasty）なものとなる。C（トドマツ9年生枝）についても同様である。

4.4.2.3　樹形制御に関するトピックス

図4-4-5に示す例のように、平地に孤立して生育する広葉樹では、しばしば枝は幹より水平方向に遠くへ伸び、そこに展開する葉が多くの太陽光を集められるようになっている。また、森林の中では、個々の樹木個体の枝の空間配置は最適化されており、林冠を下から仰ぎ見ると、林冠構成木の枝は個体同士ではもちろん、個体内でもあまり重なることなく、また絡まり合うことなく配置される例が見られる（図4-4-6）。また、図4-4-7に示すような、孤立して

図 4-4-6　林床から見た林冠の様子
左写真はリュウノウジュ(*Dryobalanops aromatica*、フタバガキ科)の純林(天然林)。個体相互で樹冠が互いに接触しないように発達する。そのため、青空が林冠に生じたひび割れのように見える(撮影　木方洋二)。右写真は、パラナマツ(*Araucaria angustifolia*、ナンヨウスギ科)人工林。樹幹から放射状に生じた枝が、互いに干渉し合うことなく伸張している様子が窺える(撮影　小堀光)。

図 4-4-7　スプルース(*Picea* sp.)の樹体を水平方向から眺めた写真
右では、垂直断面内での主な枝の形状パターンが描き加えられている。梢端に近い高い部位の枝は上方を向き、低い部位の枝ほど傾斜を増し(水平に近くなり)、そして長くなる。(http://www.tree-pictures.com より転載)

生育する針葉樹では、これを水平方向から見ると、より梢端に近い高い部位の枝は上方を向き、低い部位の枝ほど傾斜を増し(水平に近くなり)、そして長くなるが、これも樹冠全体として、それぞれの枝に茂る葉がお互いに重なり合わないようにするための工夫であると思われる。

　樹幹内におけるそれぞれの枝の平衡位置は、時間の経過(個体の成長)とともに変わる。若い樹幹に生じた枝は、10年、20年という時間経過の後には、樹幹の相対的に下部に位置することになる。着生当初は鉛直上方向を向いているが、長年に亘る成長の後には斜め下を向く(図4-4-7)。1年という相対的に短い時間幅においては、瑞々しい葉を多く蓄える成長が旺盛な時期と落葉する成長休止期では、枝にかかる重力は異なり、枝先端の位置も大きく変化し、1mの差を計測する場合もある(吉田正人未発表)。1日というさらに短い時間幅においても、昼間は蒸散によって葉と枝の水分量が減少するため枝の位置は高くなり、夜間は蒸散の停止が水膨れを引き起こすために重量が増加し、その結果、枝の位置は低くなる。樹冠下部に着生する大きな枝では、1日において枝先端の高低差が数十cmを計測する場合もある(吉田正人未発表)。これらの例で分かるように、傾斜重力屈性を示す枝の平衡位置、すなわち最適な姿勢は固定されているのではなく、時間とともに変化する。以上のように、傾斜重力屈性という難しい姿勢制御をしなければならない枝にとって、日々年々、微調整を繰り返して成長していると言える。

　ある時点で同じ方向を向いている2本の枝があったとする。1本は下がりすぎた姿勢を上方へ向ける途中の枝で、もう1本は姿勢を下げようとしている枝であると想定する。前者は重力に逆らい姿勢を上向けるためにあて材を形成しているが、後者は、成長による自重の増加に任せて正常材を形成している(敢えてあて材を形成しない)場合もあれば、早急に姿勢を下げたいために通常とは反対側にあて材を形成している場合もある。以上は、枝の鉛直方向位置についての姿勢の修正であるが、実際の枝では上下の重なりを避けるために水平方向に姿勢を修正することもあり、これには光屈性など重力屈性以外の挙動が関わっている可能性がある。以上のように、枝の形状とあて材の形成とは必ずしも一対一に対応するわけではなく、したがって、あて材の分布パターンのみで枝の形状を説明することはできない。また、ある時点であて材が形成されてい

ない枝があっても、その時点での姿勢がその枝の平衡位置とは言い切れず、枝における姿勢制御とあて材形成との関係には注意を払う必要がある。

4.5 植林早生樹木の成長応力

4.5.1 早生樹植林とその意義

　早生樹植林(fast-growing tree plantation)とは、一般的に単一樹種の植林(人工林)であって、1haあたりの年平均成長量が丸太換算で15 m³以上であり、それゆえ短伐期(短ければ6年、長くて20年単位)で経営されるような森林のことを言う(Cossalter & Pye-Smith 2003)。

　早生樹植林に用いられる樹木(これを早生樹fast-growing tree、あるいは早生樹種fast-growing tree speciesという)としては、熱帯原産のものでは、アカシア類(*Acacia mangium*、*Acacia auriculiformis*など)、モルッカネム(木材名：ファルカータ)(*Falcataria moluccana*, syn. *Paraserianthes falcataria*)などのマメ科に属する樹種の他、シソ科のキダチヨウラク(木材名：メリナ)(*Gmelina arborea*)や、フトモモ科のカユプテ類(*Melaleuca* spp.)がよく知られている。各種ユーカリ類(*Eucalyptus* spp. フトモモ科)は、オーストラリア大陸およびその周辺島嶼が原産地であるが、これも世界各地で早生樹植林に用いられている。温帯原産のヤナギ科ヤマナラシ属(*Populus*)のある種(*P. nigra*や*P. euramericana*など)は、中国の華東地方で早生樹木として盛んに植林されている。以上は広葉樹であるが、針葉樹の早生樹種としては熱帯原産の各種マツ属(*Pinus*)類が知られており、これにはラジアータマツ(*P. radiata*)、*P. merkusii*、テーダマツ(*P. taeda*)、*P. elliottii*、*P. caribaea*などが含まれる。

　これら早生樹植林の丸太換算による1年・1haあたりの成長速度は、植林条件にもよるが、マツ属で25 m³、アカシア(*A. mangium*)およびポプラ(*Populus* sp.)で35 m³、モルッカネム、キダチヨウラク、ユーカリ属(*Eucalyptus*)の一部の樹種では40〜60 m³にもなる場合がある。我が国の代表的な植林樹種であるスギ(*Cryptomeria japonica*)は最大で10 m³、ヒノキ(*Chamaecyparis obtusa*)では4.5 m³程度とされることからも、早生樹種の成長がいかに速いかが分かる。成長速度がやや遅いために早生樹種には分類されな

図 4-5-1 成長応力(残留応力)が引き起こす加工障害
17年生ユーカリ(*Eucalyptus grandis*, ブラジル南部に植林されたもの)。(左写真)伐採後の玉切りによって横断面に生じた心割れ。(右写真)水平方向に心割れ(小さい矢印)を生じていた丸太を、帯鋸を用いて製材したところ、心割れのところから分離し、それぞれが樹皮側に(写真では上下方向に)開いて行き、段差が生じた(大きな矢印)(撮影 児嶋美穂)。

いが、チーク(*Tectona grandis*、シソ科)、マホガニー(*Swietenia* spp., センダン科)、ナンヨウスギ属種(*Agathis* spp.、ナンヨウスギ科)なども、高級木材を生産する樹種として、古くから熱帯地域で植林されている。

　現状では、早生樹植林の主な目的は、パルプ材や薪炭材などの安価な原料を迅速に供給することにあると言える。今後、より市場価値の高い建築・家具部材など、用材としての供給が可能になれば、早生樹の経済価値は高まり、このことが持続的な植林事業の拡大へと繋がり、結果として、植林面積は増大するものと期待される。このことは、今後予想される木材需要の急増に応える上でも、天然林の乱開発で増え続けてきた荒地を再森林化する上でも、極めて有意義である。しかしながら、早生樹植林資源については、用材利用の実績は少なく、用材特性や加工方法に関する知見は限られている。そのため、用材生産を意識した植林のモチベーションは必ずしも高くない。そこで、早生樹植林資源の"用材適性"を調べ、得られた結果をデータベース化する作業が進んでいる。とくに、本節で取り上げるように、多くの早生樹種では伐採による丸太の心割れや製材工程での板の反り・曲がりなど、深刻な加工障害が生じる(**図 4-5-1**)(Malan 1988; Okuyama *et al.* 2004; Kojima 2009a)(**6章参照**)。これらの障害は、木部表面に発生する成長応力によるものであり、これが早生樹資源を用材利用する上で問題点の一つとなっている。本節では、産業植林(木材資源の供給を

表4-5-1 早生広葉樹種の表面成長応力解放ひずみの実測例[1]

樹　種	樹齢 (年)	解放ひずみ(%) 平均[2] (個体数)	最小値と最大値[3]	植林地(緯度 経度)、 平均気温、平均年間降水量
アカシア (*Acacia mangium*)	11	−0.080 (39)	−0.001〜−0.273	マレーシア(5.93°N 116.00°E)、 26.7℃、2648mm
アカシア (*Acacia auriculiformis*)	11	−0.116 (40)	0.035〜−0.301	同上
交雑アカシア[4]	11	−0.075 (39)	0.025〜−0.243	同上
モルッカネム[5] (*Falcataria moluccana*)	6	−0.076 (49)	−0.006〜−0.319	インドネシア(7.17°S 112.45°E)、 27.8℃、1500mm [7]
モルッカネム[6]	7	−0.067 (49)	−0.014〜−0.231	同上
ユーカリ (*Eucalyptus globulus*)	11	−0.096 (29)	−0.012〜−0.212	オーストラリア(34.19°S 115.09°E)、 16.8℃、1002.8mm
ユーカリ (*Eucalyptus grandis*)	14	−0.073 (30)	−0.013〜−0.190	オーストラリア(26.11°S 152.38°E)、 20.6℃、1143.2mm
同上	18	−0.053 (18)	−0.018〜−0.154	ブラジル(5°5′S 47°39′W)、 25.5℃、1473mm
同上	17	−0.060 (21)	0.028〜−0.118	ブラジル(18°05′S 39°33′W)、 22℃、775mm
同上	16	−0.084 (20)	0.038〜−0.160	ブラジル(30°05′S 51°10′W)、 19.4℃、1332.6mm
同上	9	−0.087 (15)	−0.009〜−0.152	アルゼンチン(33°39′S 58°35′W)、 17℃、989.2mm
キダチヨウラク (*Gmelina arborea*)	12	−0.073 (3)	−0.071〜−0.074	インドネシア(1°24′S 118°21′E)、 23.2℃、2134mm
同上	7	−0.074 (36)	−0.043〜−0.097	同上

1) Kojima *et al.*(2009a, b, c)より作成　2) 胸高部位における東西南北4箇点の平均値を、さらに植林地全体で平均したもの　3) すべての測定点のうちの最小値および最大値　4) 交雑アカシア(*A. mangium*×*A. auriculiformis*)　5) ソロモン群島からの導入種　6) ジャワ島従来種　7) スラバヤでの気象データ

目的に造成される植林)されている広葉樹の早生樹について、成長応力の実態とその問題点について解説する。

4.5.2　早生樹の成長応力
4.5.2.1　肥大成長が成長応力に及ぼす影響
表4-5-1に、代表的な早生樹種について、繊維方向表面成長応力解放ひず

表4-5-2 その他の樹種の表面成長応力解放ひずみの実測例

樹　　種	樹齢(年)	平均値[9](個体数)	最小値と最大値[10]
熱帯原産植林樹木			
ダンマルジュ(*Agathis dammara*)[1], [6]	23	−0.0175(9)	−0.006〜0.485
同上(圧縮あて材を除外)[1]	23	−0.0407(9)	−0.006〜−0.077
チーク(*Tectona grandis*)[2]	38年以上	−0.046(7)	−0.006〜−0.152
チーク[3]	15	−0.058(6)	−0.002〜−0.164
チーク[4]	—	−0.062(11)	—
Terminalia ivorensis[4] (シクシン科)	—	−0.128(4)	—
Terminalia superba[4] (シクシン科)	—	−0.095(9)	—
温帯原産樹木[5]			
スギ(*Cryptomeria japonica*)	27〜32	−0.0348(3)	−0.0148〜−0.0561
アカマツ(*Pinus densiflora*)	27	−0.0256(1)	−0.0092〜−0.0554
ソヨゴ(*Ilex pedunculosa*)	40	−0.0198(3)	−0.0046〜−0.0427
ホオノキ(*Magnolia obovata*)	70	−0.0465(1)	−0.0285〜−0.0661
コブシ(*Magnolia kobus*)[7]	40	−0.0679(1)	−0.0137〜−0.1182
コナラ(*Quercus serrata*)	27	−0.0382(1)	−0.0023〜−0.1116
ミズナラ(*Quercus crispula*)	60	−0.0607(1)	−0.0383〜−0.0921
ケヤキ(*Zelkova serrata*)[8]	35	−0.0906(1)	−0.0585〜−0.1390
イヌシデ(*Carpinus tschonoskii*)	35	−0.0433(1)	−0.0038〜−0.0838
ヤマザクラ(*Cerasus jamasakura*)	20	−0.0461(1)	−0.0281〜−0.0694

1) インドネシア東カリマンタン州(山本浩之ら、未発表データ)　2) インドネシア中部ジャワ州(Wahyudi *et al.* 2001)　3) インドネシア西部ジャワ州(Wahyudi *et al.* 2001)　4) コートジボワール(Gueneau & Kikata 1973)　5) 愛知県および岐阜県(Sasaki *et al.* 1978)　6) 圧縮あて材を含む個体あり　7) 引張あて材を含む個体　9) 供試樹木毎に個体内平均を求め、さらにそれらについて平均値を求めた。　10) すべての測定点のうちでの最小値および最大値

み(以下、解放ひずみ)の実測例を示す。あわせて、熱帯および温帯に生育していた早生樹種以外の樹木についても調査結果をいくつか紹介する(**表4-5-2**)。表からわかるように、熱帯原産樹種の成長応力は温帯産樹種に比べて大きくなることが多い。なかでも早生樹種は、ほとんどの場合大きな成長応力を発生する。温帯原産樹種の解放ひずみは、あて材を含まなければ−0.03〜−0.05％程度であるが、傾斜している広葉樹の樹幹など、局所的に引張あて材が形成されている場合では、個体内での平均値はしばしば−0.06〜−0.1％となる(すなわち絶対値が大きくなる)。一方早生樹では、鉛直に生育している部位であってもしばしば大きな縮みの解放ひずみが計測され、それゆえ、個体内平均値は

4.5 植林早生樹木の成長応力

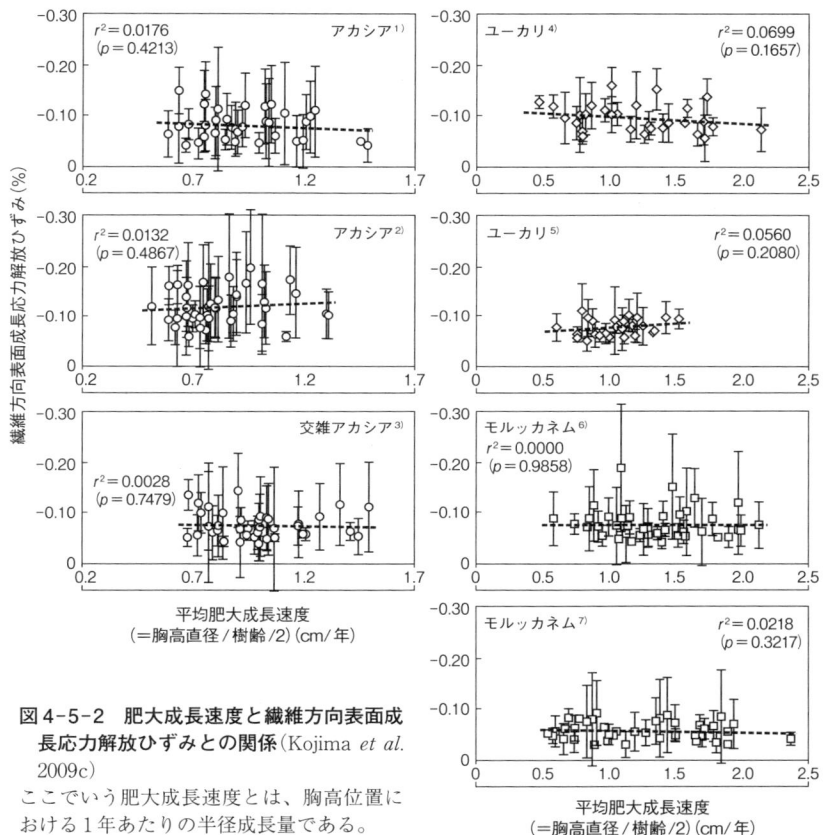

図4-5-2 肥大成長速度と繊維方向表面成長応力解放ひずみとの関係(Kojima et al. 2009c)

ここでいう肥大成長速度とは、胸高位置における1年あたりの半径成長量である。
1) *Acacia mangium* 11年生
2) *A. auriculiformis* 11年生
3) *A. mangium* × *A. auriculiformis* 11年生
4) *Eucalyptus globulus* 11年生
5) *E. grandis* 14年生
6) *Falcataria moluccana*, syn. *Paraserianthes falcataria*（ソロモン群島からの導入種）6年生
7) ジャワ島従来種 7年生

−0.06～−0.1％程度にもなる。このように、早生樹の解放ひずみの絶対値が大きくなるのは、早生樹が他の広葉樹に比べて、より速く肥大成長することと関連しているかも知れないが、このことについてははっきりとした説明は与えられていない。

では、早生樹の各樹種において、肥大成長速度が速くなると解放ひずみは大きくなるのだろうか。このことを検証するために、執筆者らは、植林早生樹木の肥大成長速度(胸高部位における年当たりの半径成長量)が胸高部位の解放ひずみに及ぼす影響を調査した(Wahyudi et al. 1999, 2000; Kojima et al. 2009 a, b, c)。図4-5-2は結果の一例である。この図から明らかなように、どの樹種についても、解放ひずみの大きさは肥大成長速度には影響されないようである。早生樹種ではないが、チーク(*Tectona grandis*)についても同様の結果が得られている(Wahyudi et al. 2001)。なお、Wilkins & Kitahara(1991)は、オーストラリア・クイーンズランド州に植栽された22年生ユーカリ(*Eucalyptus grandis*)の調査を行い、肥大成長速度は解放ひずみに影響を及ぼすと結論づけたが、それは、肥大成長速度が大きくなると解放ひずみの絶対値は小さくなるというものだった。以上のことを総合すれば、早生広葉樹種は、同一樹種、同一植林地内、同一樹齢においては、肥大成長速度が大きくなっても、引張応力は大きくならないと結論できる。

4.5.2.2 同属内での種による違い ── *Acacia*属、*Eucalyptus*属を例として

 解放ひずみは、同属であっても種によって異なることがある。たとえば、マレーシア・サバ州の同じ植林地内においてアカシア属3樹種を対象に行った調査では、*Acacia auriculiformis*の解放ひずみ(絶対値)が最も大きく、続いて、*A. mangium*、そして両種の交雑アカシア*A. mangium*×*A. auriculiformis*の順であった(Kojima et al. 2009c)(表4-5-1)。*A. auriculiformis*は、樹幹形状が通直でないものや、樹高の低いところで樹幹が二股に分かれている個体が多く見られた。それゆえ、樹幹がわずかに傾斜することで引張あて材が形成され、そこに大きな引張応力が発生したと考えられる。交雑アカシアは、*A. mangium*の良好な樹幹形状(通直単幹性)と、*A. auriculiformis*の高い木材密度の双方を兼ね備えており、さらに、これらの樹種よりも小さな成長応力解放ひずみ(絶対値)を示すなど、ある種の雑種強勢効果が生じたと考えられる。

 植栽地は異なるが、オーストラリアに植栽されていたユーカリ属2樹種についての調査では*Eucalyptus globulus*のほうが*E. grandis*よりも大きい解放ひずみ(絶対値)を示した(Kojima et al. 2009c)(表4-5-1)。これは、*E. globulus*では、G繊維を伴う引張あて材が形成されやすいからと考えられる。

4.5.2.3 同一種内での植林地による違い —— ユーカリ（*Eucalyptus grandis*）を例として

ここでは、南米において、緯度・気候区分が異なる4か所（熱帯2か所、亜熱帯2か所）に植林されていたユーカリ（*Eucalyptus grandis*）の成長応力解放ひずみ（解放ひずみ）についての調査結果を紹介する（Kojima *et al.* 2009a）。

解放ひずみの測定結果を植林地の緯度別に整理すると、赤道付近の植林地（南緯5°05′）において絶対値は最小であり、ついでやや南の熱帯（南緯18°05′）、亜熱帯（南緯30°05′）、同じく亜熱帯（南緯33°39′）の順に（すなわち緯度の増加とともに）、解放ひずみは大きくなった（Kojima *et al.* 2009a）（**表4-5-1**）。その他の材質についても緯度による違いがみられ、木部表面の気乾密度は赤道付近の熱帯で最も高く、ついでやや南の熱帯、そして亜熱帯の順に低くなっていた。ミクロフィブリル傾角は、赤道付近で最も大きく、ついでやや南の熱帯、亜熱帯の順に小さくなっていた。繊維長については、緯度による違いは見られなかった。また、伐採により生じた丸太断面の心割れの程度を、赤道付近の熱帯（南緯5°05′）と亜熱帯（南緯30°05′）とで比較したところ、より大きな負の解放ひずみが測定された亜熱帯で心割れの発生が多く見られた。

ちなみに、オーストラリア・ブリスベン近郊（南緯26°06′）での解放ひずみの調査結果は、ブラジルにおけるやや南の熱帯（南緯18°05′）と亜熱帯（南緯30°05′）との中間の値を示した（**表4-5-1**）。

以上で得られた、成長応力解放ひずみをはじめとする材質指標の相違が、植林地の緯度・気候区分の相違（すなわち、日照量や降水量などの違い）によるのか、あるいは土壌の水分状態あるいは栄養の違いが原因となっているのかについて、今後さらなる調査が必要である。

4.5.2.4 樹齢による解放ひずみの違い

インドネシア西部ジャワ州に植林されたアカシア（*A. mangium*, 4年生6個体、6年生5個体、8年生6個体、10年生7個体）、同じくモルッカネム（*Falcataria moluccana*, syn. *Paraserianthes falcataria*, 3年生3個体、4年生6個体、5年生3個体、6年生9個体）、さらに、インドネシア中部スラウェシ州および東カリマンタン州に植林されたキダチヨウラク（*Gmelina arborea*, 3.5年生50個体、7年生36個体、12年生3個体）について、樹齢と解放ひずみと

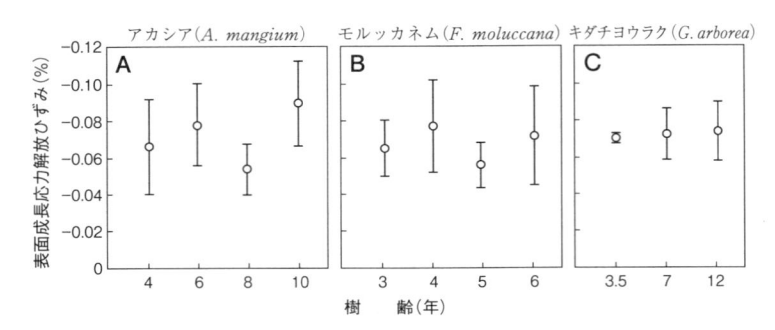

図4-5-3 樹齢が、繊維方向表面成長応力解放ひずみに及ぼす影響
A：アカシア(*Acacia mangium*, インドネシア、西ジャワ州)、B：モルッカネム(*Falcataria moluccana*, syn. *Paraserianthes falcataria*, 同、西ジャワ州)、C：キダチヨウラク(*Gmelina arborea*, 同、中部スラウェシ州、東カリマンタン州)。どの樹種についても、供試樹木の胸高位置での解放ひずみの個体内平均を求め、さらにこれを樹齢グループごとに平均した(○印)。縦棒(Bar)は±1標準偏差。

の関係を調査した(Wahyudi *et al.* 1999, 2000; Kojima *et al.* 2009b)。結果を**図4-5-3**に示す。これらの樹種では、樹齢は解放ひずみに影響を与えないようである。チーク(*Tectona grandis*, 15、38、77年生植林、インドネシア、西ジャワ州および中部ジャワ州)においても、同様な結果を示すことが確認されている(Wahyudi *et al.* 2001)。

Trugilho & Oliveira(2008)は、ブラジルに植林されたユーカリ(*E. dunnii*)を対象に調査を行い、樹齢とともに引張応力が増加することを報告しているが、むしろ若齢時における値がそれ以後に比べて有意に低い値を示していると考えられ、一定の樹齢あるいは直径にまで成長すれば、引張応力は以後一定になると見ることもできる。しかしながら、樹齢が成長応力に及ぼす影響についてはまだ報告事例が少ないので、今後の調査が必要である。

● 文　献
中村輝子 (1995):「ジベレリンによるサクラのしだれ性枝の屈曲阻止現象」、植物の化学調節 30、82-91頁。
中村輝子・吉田正人 (2000):「樹木と重力」、宇宙生物科学 14、123-131頁。
奥山　剛 (1993):「樹木の成長応力」、木材学会誌 39、747-756頁。
奥山　剛・木方洋二 (1975a):「樹幹の残留応力発生機構に関する考察」、木材学会誌 21、

335-341頁。
奥山　剛・木方洋二（1975b）:「薄層除去法によって測定した樹幹の残留応力分布について」、材料24、845-848頁。
尾中文彦（1949）:「アテの研究」、木材研究1、1-88頁。
大山幹成（2011）:「木材の構造と進化」、福島和彦・船田　良・杉山淳司・高部圭司・梅澤俊明・山本浩之（編）、『木質の形成　バイオマス科学への招待（第2版）』所収、21-25頁、海青社。
山本浩之（2011）:「木質のバイオメカニックス」、福島和彦・船田　良・杉山淳司・高部圭司・梅澤俊明・山本浩之（編）、『木質の形成　バイオマス科学への招待（第2版）』所収、473-529頁、海青社。
山本浩之・奥山　剛（1988）:「細胞壁における生長応力発生機構に関する一考察」、木材学会誌34、788-793頁。
山本浩之・奥山　剛（1994）:「あての程度の定量化（その2）-広葉樹あて材の成長応力と組織」、木材工業49、20-23頁。
山本浩之・奥山　剛・井口真輝（1989）:「傾斜して生育する樹幹の表面生長応力の測定」、木材学会誌35、595-601頁。
The Angiosperm Phylogeny Group (2009): "An update of the Angiosperm Phylogeny Group classification for the orders and families of flowering plants: APG III", *Bot. J. Linn. Soc.* 161, 105-121.
Archer, R. R. (1987): *Growth Stresses and Strains in Trees*, pp. 1-240, Springer-Verlag, Berlin.
Baillères, H., Castan, M., Monties, B., Pollet, B. and Lapierre, C. (1997): "Lignin structure of *Buxus sempervirens* reaction wood", *Phytochemistry* 44, 35-39.
Clair, B., Ruelle, J. and Thibaut, B. (2003): "Relationship between growth stress, mechanical-physical properties and proportion of fibre with gelatinous layer in chestnut (*Castanea sativa* Mill.)", *Holzforschung* 57, 189-195.
Clair, B., Thibaut, B. and Sugiyama, J. (2005): "On the detachment of the gelatinous layer in tension wood fiber", *J. Wood Sci.* 51, 218-221.
Cossalter, C. and Pye-Smith, C. (2003): *Fast-Wood Forestry: Myths and Realities*, pp. 1-50, Center for International Forestry Research, Jakarta, Indonesia.
Guéneau, P. and Kikata, Y. (1973): "Contraintes de croissance, *Bois For. Trop.* 49, 21-30.
Hiraiwa, T., Toyoizumi, T., Ishiguri, F., Iizuka, K., Yokota, S. and Yoshizawa, N. (2013): "Characteristics of *Trochodendron aralioides* tension wood formed at different inclination angles", *IAWA J.* 34, 273-284.
Huang, Y. S., Chen, S. S., Kuo-Huang, L. L. and Lee, C. M. (2005): "Growth strain in the trunk and branches of *Chamaecyparis formosensis* and its influence on tree form",

Tree Physiol. 25, 1119-1126.

Kikata, Y. (1972): "The effect of lean on level of growth stress in *Pinus densiflora*", *Mokuzai Gakkaishi* 18, 443-449.

Kojima, M., Yamaji, F. M., Yamamoto, H., Yoshida, M. and Nakai, T. (2009a): "Effects of the lateral growth rate on wood quality parameters of *Eucalyptus grandis* from different latitudes in Brazil and Argentina", *For. Ecol. Manag.* 257, 2175-2181.

Kojima, M., Yamamoto, H., Marsoem, S. N., Okuyama, T., Yoshida, M., Nakai, T., Yamashita, S., Saegusa, K., Matsune, K., Nakamura, K., Inoue, Y. and Arizono, T. (2009b): "Effects of the lateral growth rate on wood quality parameters of *Gmelina arborea* from 3.5 -, 7 - and 12 - year - old plantations", *Ann. For. Sci.* 66, 507.

Kojima, M., Yamamoto, H., Okumura, K., Ojio, Y., Yoshida, M., Okuyama, T., Ona, T., Matsune, K., Nakamura, K., Ide, Y., Marsoem, S. N., Sahri, M. H. and Hadi, Y. S. (2009c): "Effect of the lateral growth rate on wood properties in fast-growing hardwood species", *J. Wood Sci.* 55, 417-424.

Kuo-Huang L. L., Chen, S. S., Huang, Y. S, Chen, S. J. and Hsieh, Y. I. (2007): "Growth strains and related wood structures in the leaning trunks and branches of *Trochodendron aralioides* - A vessel-less dicotyledon", *IAWA J.* 28, 211-222.

Malan, F. S. (1988): "Relationships between growth stress and some tree characteristics in South African grown *Eucalyptus grandis*", *South African For. J.* 144: 43-46.

McDougall, G. J. (2000): "A comparison of proteins from the developing xylem of compression and non-compression wood of branches of sitka spruce (*Picea sitchensis*) reveals a differentially expressed laccase", *J. Exp. Bot.* 51, 1395-1401.

Okuyama, T., Yamamoto, H., Iguchi, M. and Yoshida, M. (1990): "Generation process of growth stresses in cell walls. II. Growth stress in tension wood", *Mokuzai Gakkaishi* 36, 797-803.

Okuyama, T., Yamamoto, H., Yoshida, M., Hattori, Y. and Archer, R. R. (1994): "Growth stresses in tension wood: Role of microfibrils and lignification", *Ann. For. Sci.* 51, 291-300.

Okuyama, T., Sasaki, Y., Kikata, Y. and Kawai, N. (1981): "The seasonal change in growth stress in the tree trunk", *Mokuzai Gakkaishi* 27, 350-355.

Okuyama, T., Takeda, H., Yamamoto, H. and Yoshida, M. (1998): "Relation between growth stress and lignin concentration in the cell wall: Ultraviolet microscopic spectral analysis", *J. Wood Sci.* 44, 83-89.

Okuyama, T., Doldán, J., Yamamoto, H. and Ona, T. (2004): "Heart splitting at crosscutting of eucalypt logs", *J. Wood Sci.* 50, 1-6.

O'Malley, D. M., Whetten, R., Bao, W., Chen, C.-L. and Sederoff, R. R. (1993): "The role of

laccase in lignifications", *Plant J.* 4, 751-757.
Sasaki, Y., Okuyama, T. and Kikata, Y. (1978): "The evolution process of the growth stress in the tree: The surface stresses on the tree", *Mokuzai Gakkaishi* 24, 149-157.
Sato, Y., Wuil, B., Sederoff, R. and Whetten, R. (2001): "Molecular cloning and expression of eight laccase cDNAs in loblolly pine (*Pinus taeda*)", *J. Plant Res.* 114, 147-155.
Sugiyama, K., Okuyama, T., Yamamoto, H. and Yoshida, M. (1993): "Generation process of growth stresses in cell walls: Relation between longitudinal released strain and chemical composition", *Wood Sci. Technol.* 27, 257-262.
Trugilho, P. F. and Oliveira, J. T. S. (2008): "Relationships and estimates of longitudinal growth stress in *Eucalyptus dunnii* at different ages", *Rev. Árvore* 32, 723-729
Wahyudi, I., Okuyama, T., Hadi, Y. S., Yamamoto, H., Yoshida, M. and Watanabe, H. (1999): "Growth stresses and strains in *Acacia mangium*", *For. Prod. J.* 49(2), 77-81.
Wahyudi, I., Okuyama, T., Hadi, Y. S., Yamamoto, H., Yoshida, M. and Watanabe, H. (2000): "Relationship between growth rate and growth stresses in *Paraserianthes falcataria* grown in Indonesia", *J. Trop. For. Prod.* 6, 95-105.
Wahyudi, I., Okuyama, T., Hadi, Y. S., Yamamoto, H., Watanabe, H. and Yoshida, M. (2001): "Relationships between released strain and growth rate in 39 year-old *Tectona grandis* planted in Indonesia", *Holzforschung* 55, 63-66.
Wilkins, A. P. and Kitahara, R. (1991): "Relationship between growth strain and rate of growth in 22-year-old *Eucalyptus grandis*", *Australian For.* 54, 95-98.
Yamamoto, H. (1998): "Generation mechanism of growth stresses in wood cell walls: Roles of lignin deposition and cellulose microfibril during cell wall maturation", *Wood Sci. Technol.* 32, 171-182.
Yamamoto, H., Okuyama, T., Yoshida, M. and Sugiyama, K. (1991): "Generation process of growth stresses in cell walls: III. Growth stress in compression wood", *Mokuzai Gakkaishi* 37, 94-100.
Yamamoto, H., Okuyama, T., Sugiyama, K. and Yoshida, M. (1992): "Generation process of growth stresses in cell wall: IV. Action of the cellulose microfibril upon the generation of the tensile stresses", *Mokuzai Gakkaishi* 38, 107-113.
Yamamoto, H., Okuyama, T. and Yoshida, M. (1993): "Generation process of growth stresses in cell walls: V. Model of tensile stress generation in gelatinous fibers", *Mokuzai Gakkaishi* 39, 118-125.
Yamamoto, H., Yoshida, M. and Okuyama, T. (2002): "Growth stress controls negative gravitropism in woody plant stems", *Planta* 216, 280-292.
Yamamoto, H., Abe, K., Arakawa, Y., Okuyama, T. and Gril, J. (2005): "Role of the gelatinous layer (G-layer) on the origin of the physical properties of the tension

wood of *Acer sieboldianum*", *J. Wood Sci.* 51, 222-233.
Yamamoto, H., Ruelle, J., Arakawa,Y., Yoshida, M., Clair, B. and Gril, J. (2009): "Origins of abnormal behaviors of gelatinous layer in tension wood fiber, A micromechanical approach", in *Proceedings of the 6th Plant Biomechanics Conference, Cayenne*, pp. 297-305.
Yamamura, S. and Hasegawa, K. (2001): "Chemistry and biology of phototropism: Regulating substances in higher plants", *Chem. Rec.* 1, 362-372.
Yamashita, S., Yoshida, M., Takayama, S. and Okuyama, T. (2007): "Stem-righting mechanism in gymnosperm trees deduced from limitations in compression wood development", *Ann. Bot.* 99, 487-493.
Yamashita, S., Yoshida, M., Yamamoto, H. and Okuyama, T. (2008): "Screening genes that change expression during compression wood formation in *Chamaecyparis obtusa*", *Tree Physiol.* 28, 1331-1340.
Yamashita, S., Yoshida, M. and Yamamoto, H. (2009): "Relationship between development of compression wood and gene expression", *Plant Sci.* 176, 729-735.
Yoshida, M., Nakamura, T., Yamamoto, H. and Okuyama, T. (1999): "Negative gravitropism and growth stress in GA_3-treated branches of *Prunus spachiana* Kitamura f. *spachiana* cv. *Plenarosea*", *J. Wood Sci.* 45, 368-372.
Yoshida, M., Ohta, H. and Okuyama, T. (2002a): "Tensile growth stress and lignin distribution in the cell walls of black locust (*Robinia pseudoacacia*)", *J. Wood Sci.* 48, 99-105.
Yoshida, M., Ohta, H., Yamamoto, H. and Okuyama, T. (2002b): "Tensile growth stress and lignin distribution in the cell walls of yellow poplar, *Liriodendron tulipifera* Linn.", *Trees* 16, 457-464.
Yoshida, M., Okuda, T. and Okuyama, T. (2000a): "Tension wood and growth stress induced by artificial inclination in *Liriodendron tulipifera* Linn. and *Prunus spachiana* Kitamura f. *ascendens* Kitamura", *Ann. For. Sci.* 57, 739-746.
Yoshida, M. and Okuyama, T. (2002): "Techniques for measuring growth stress on the xylem surface using strain and dial gauges", *Holzforschung* 56, 461-467.
Yoshida, M., Yamamoto, H. and Okuyama, T. (2000b): "Estimating the equilibrium position by measuring growth stress in weeping branches of *Prunus spachiana* Kitamura f. *spachiana* cv. *Plenarosea*", *J. Wood Sci.* 46, 59-62.
Yoshizawa, N., Satoh, M., Yokota, S. and Idei, T. (1993): "Formation and structure of reaction wood in *Buxus microphylla* var. *insularis* Nakai", *Wood Sci. Technol.* 27, 1-10.
Yoshizawa, N., Ohba, H., Uchiyama, J. and Yokota, S. (1999): "Deposition of lignin in differentiating xylem cell walls of normal and compression wood of *Buxus microphylla* var. *insularis* Nakai.", *Holzforschung* 53, 156-160.

Yoshizawa, N., Inami, A., Miyake, S., Ishiguri, F. and Yokota, S. (2000): "Anatomy and lignin distribution of reaction wood in two *Magnolia* species", *Wood Sci. Technol.* 34, 183-196.

Yumoto, M. and Ishida, S. (1982): "Studies on the formation and structure of the compression wood cells induced by artificial inclination in young trees of *Picea glauca*: III. Light microscopic observation on the compression wood cells formed under five different angular displacements", *J. Fac. Agric. Hokkaido Univ.* 60, 337-351.

Yumoto, M., Ishida, S. and Fukazawa, K. (1983): "Studies on the formation and structure of the compression wood cells induced by artificial inclination in young trees of *Picea glauca*: IV. Gradation of the severity of compression wood tracheids", *Res. Bull. Coll. Exp. For. Hokkaido Univ.* 40, 409-454.

コラム

裸子植物グネモンノキの傾斜樹幹にできる"あて材"は"圧縮あて材"か?

(山本浩之)

　グネモンノキ(*Gnetum gnemon*)という東南アジア原産の裸子植物がある。グネツム目のグネツム科に属し、樹高15mほどの高木となる。グネツム目は、裸子植物4グループ(ソテツ目、イチョウ目、針葉樹目、グネツム目)のうちでも、もっとも新しく分化したグループであるとされ、ウェルウィッチア科(かの有名なキソウテンガイ1種のみ)、マオウ科(トクサの様な外観の灌木)、グネツム科(グネツム属1属のみ)の3科からなっている。

　グネモンノキは、裸子植物であるにも拘わらず、広葉樹のような網状葉脈を持つ葉をたわわに繁らせる。生殖器官も花に類似した構造を持つ。また、硬い材(二次木部)には道管要素や多列の放射組織が形成される(写真参照)。すなわち、一見して広葉樹の様な形態的特徴を有している。これらの特徴から、グネツム目こそが被子植物の祖先に近縁なのだと考えられたこともあった。その後の分子系統学の進歩により、グネツム目と被子植物との系統的類縁性は否定され、現在では針葉樹目に最も近縁なグループであるとされている。

　さてグネモンノキは、傾斜して生育する樹幹に、どのようなあて材組織を形成するのだろうか。裸子植物であるゆえ、傾斜の下側に沿って圧縮あて材を作るのだろうか。あるいは広葉樹のような二次木部を形成することから、傾斜の上側にあて材繊維を作り、そこに大きな引張応力を発生するのだろうか。筆者が所属するグループは、インドネシア・東カリマンタン州に植栽されたグネモンノキの成木数個体の樹幹について、傾斜部位に形成される木部の組織形態と成長応力の特徴を調べた。その結果、以下のことが分かった(Shirai *et al.* 2015)。

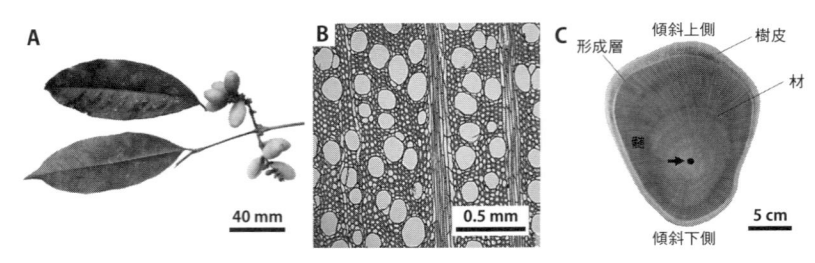

写真　グネモンノキ　A：葉と種子、B：横断面の光学顕微鏡観察像、樹幹傾斜部位横断面、C：成木、傾斜して生育する樹幹横断面

　(1) 樹幹の横断面では、傾斜の上側に顕著な肥大成長の促進が見られた。しかしながら顕微鏡観察では、傾斜の上側と下側とで何ら違いを見出すことはできなかった。化学成分比(リグニン、セルロース)についても違いは見出されなかった。
　(2) 繊維方向成長応力には違いが見られた。引張の成長応力の大きさは、鉛直な樹幹に比べて、傾斜の上側でやや大きくなっており、同時に、傾斜の下側では明らかに小さくなっていた(ほとんど消失)。
　(3) 二次壁中層のミクロフィブリル傾角を測定したところ、鉛直な樹幹に比べて、傾斜の上側でやや小さくなっており、同時に、傾斜の下側では明らかに大きくなっていた。成長応力との間には、ある程度の相関関係が認められた。

　これらの結果から言えるのは、グネモンノキは裸子植物であるにもかかわらず、圧縮あて材は作らないこと、どちらかと言えば、ゼラチン層を形成しないタイプのあて材繊維を作るユリノキやホオノキに類似していること、などである。
　さらに、グネモンノキに見られる面白い特徴として、厚い二次師部(樹皮)の役割があげられるかも知れない。グネモンノキの樹皮には多量の靭皮繊維が存在し、傾斜部位では"ゼラチン繊維化"しているという報告がある(Tomlinson 2001)。これらの"ゼラチン繊維"が軸方向に大きな引張応力を発生するのだとしたら、その影響は無視できないだろう。事実、樹幹の傾斜部位では、傾斜上側で樹皮が厚くなっているからである(写真C)。しかしながら、樹皮の成長応力に関する実証的研究例はまだ無い。これも早急に検討しなければならない課題である。

文　献

Tomlinson, P. B. (2001): "Reaction tissues in *Gnetum gnemon*—A preliminary report". *IAWA J.* 22, 401-413.
Shirai, T. *et al.* (2015): "Eccentric growth and growth stress in inclined stems of *Gnetum gnemon*". *IAWA J.* 36, 365-377.

第5章 あて材形成と植物ホルモン

5.1 植物ホルモンと木部形成

　樹木は、伸長成長と肥大成長により樹体の大きさを増加させる。肥大成長は、二次分裂組織である形成層の並層分裂(樹幹の表面に対し平行面での分裂)により行われ、樹幹が半径方向に太ることである(Catesson 1990; Larson 1994; Chaffey 1999; Funada 2000, 2008; 船田 2011 a, b)。形成層は、樹皮のすぐ内側に存在し、横断面で見た時、樹幹や根の木部を環状に包囲しており、概念的には分裂能力の高い1層の細胞(形成層始原細胞)の集合体である(**図5-1-1**)。形成層始原細胞は、並層分裂により木部母細胞と師部母細胞を形成する。形成層始原細胞と同様な分裂能力をもつ母細胞を、形態や細胞学的な違いで形成層始原細胞と区別することはできない。したがって、形成層始原細胞、木部母細胞、師部母細胞を一括して形成層帯と呼ぶことが多い。形成層という用語が形成層始原細胞のみを指すのか、形成層帯の細胞全体を指すのかは、意見が依然分かれている(船田 2011 b)。形成層は並層分裂により内側に二次木部(以下、木部と略する)の細胞を生産しながら形成層自体は外側に押し出され、形成層の外側には二次師部(以下、師部と略する)の細胞を生産する。また形成層は、垂層分裂(樹幹の表面に対し垂直な面での分裂)を行い形成層細胞の数を増加させ、形成層自体の円周を拡大する。形成層から派生した新生細胞は、分裂能力を失うと同時に伸長や拡大し始め、根から葉までの水分の通道、重い樹幹の力学的な支持、長期間にわたる養分の貯蔵や供給などの機能を担っている木部と、葉で作られた光合成同化産物の転流や養分の貯蔵を行っている師部を形成する。

　日本のような温帯や冷温帯に生育する樹木には、形成層細胞の分裂活動に季節性が認められ、活動期と休止期という周期性が存在する。気温や日照時間などの樹木が生育する場所の環境要因の違いが、形成層活動の周期性を引き起こ

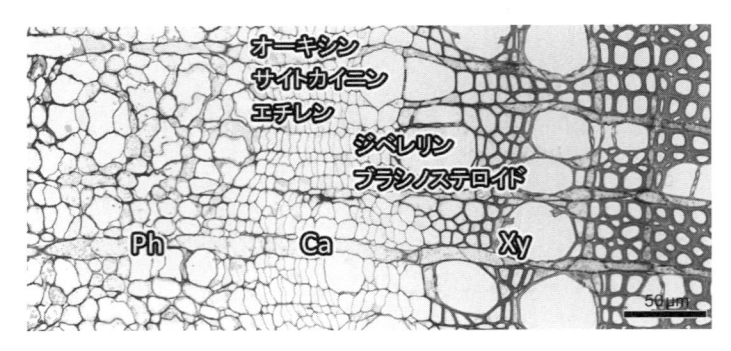

図5-1-1 形成層細胞および分化中の二次木部と二次師部における植物ホルモンの局在
Ph：二次師部、Ca：形成層細胞、Xy：二次木部。オーキシンとジベレリンの局在は、Uggla et al. (1996) と Israelsson et al. (2005) を基に作成した。他の植物ホルモンの局在は想定図である。（写真提供：Begum, S氏）

しているといえる。また、形成層細胞の分裂速度にも季節的な違いが認められ、分裂活動期を通じて一定ではない。形成層細胞の分裂速度は、春から初夏にかけてピークを迎え、その後徐々に低下し、最終的に休眠する（久保1985; Funada et al. 1990a）。

樹幹の形成層は、初春になると分裂活動を再開する。最初に分裂を開始する形成層細胞の位置は、樹種により異なる。マロニエ（*Aesculus hippocastanum*）やトドマツ（*Abies sachalinensis*）では、師部側の形成層細胞において最初に分裂が起こり（Barnett 1992; Oribe et al. 2001）、セイヨウトネリコ（*Fraxinus excelsior*）、ハリエンジュ（*Robinia pseudoacacia*）、交雑ポプラ（*Populus sieboldii* × *P. grandidentata*）では、前年に形成された木部から2層目の形成層細胞で最初の分裂が起こる（Funada & Catesson 1991; Farrar & Evert 1997; Begum et al. 2007）。また、交雑ポプラ（*P. sieboldii* × *P. grandidentata*）では形成層細胞の分裂に先行して、師部細胞の分裂が起こる（Begum et al. 2007）。半径方向への形成層細胞数は、季節や樹木の生育状態の違いなどで異なる。分裂活動を停止している休眠中の形成層帯（**図0-1-5参照**）の細胞は、樹幹の半径方向に2～5層であり、分裂活動が活発な時期には10層以上にもなる。

形成層活動は、植物ホルモンなどの成長調整物質により制御される（船田1994, 2004; Little & Pharis 1995; Aloni et al. 2000; Aloni 2013）。樹木の生育環

境の変化が植物ホルモンの量的・質的な変化を引き起こし、その結果、形成層活動に影響を及ぼすと考えられる。また、形成層細胞の植物ホルモンに対する反応性も季節的に変化し、形成層活動に影響を及ぼす。植物ホルモンは、植物体内に極微量に存在し、植物体内を移動する。植物ホルモンとしては、オーキシン、サイトカイニン、アブシシン酸、ジベレリン、エチレン、ブラシノステロイド、ジャスモン酸が知られており、さまざまな特異的な生理作用をもつ。また、植物ホルモンは単独ではなく、複数の植物ホルモンが相互作用して形成層活動を制御している可能性も高い(Ursache *et al.* 2013)。

　植物ホルモンのなかでも、成長を促進する働きのあるオーキシンが形成層活動の制御に重要な役割を担っている。主要なオーキシンであるインドール酢酸(indole-3-acetic acid; 以下IAAと略する)は、シュート(頂端)などで主に生成されるため、形成層領域(形成層細胞と形成層細胞に隣接した分化中木部や師部細胞)に含まれるIAAレベルは樹冠量が減ると減少する(Funada *et al.* 1987, 2001; Sundberg *et al.* 1993)。また、貯蔵型のIAAが形成層領域に存在することから、樹幹内で貯蔵型のIAAから活性の高いIAAへの変換が起きている可能性も高い。IAAは、1時間当たり5〜7mmの速度で樹幹内を求底的に極性移動し、主要な移動場所は形成層帯である(Odani 1985; Sundberg & Uggla 1998)。オーキシンの細胞間の移動には、細胞膜に存在するAUXなどオーキシン取り込み運搬体(influx carrier)とPINなどオーキシン排出運搬体(efflux carrier)が関与している。特に、オーキシンの極性移動は排出運搬体が細胞内で一方向に局在することにより引き起こされる。

　初春、形成層活動が始まる前に、IAAの生成場所であるシュート頂を取り除くと形成層活動は阻害されるが、シュート頂に代わりにIAAを供与すると形成層活動は維持される(Little & Pharis 1995)。また、IAAを樹幹に供与すると形成層活動は促進され、供与した部位の木部生産量はIAA供与量に依存して増加する(Sundberg & Little 1990)。一方、N-1-ナフチルフタラミン酸(NPA)などIAA極性移動阻害剤を樹幹に供与すると、供与部より下側では内生IAAレベルが低下し、形成層活動が阻害される(Sundberg *et al.* 1994)。また、IAAに対する反応性を低下させた組換え交雑ポプラ(*P. tremula* × *P. tremuloides*)では、形成層細胞の分裂活動が抑制される(Nilsson *et al.* 2008)。したがって、

IAAは形成層活動の維持にとり不可欠な物質といえる。

　形成層領域に含まれる内生IAAレベルは、明らかな季節的変化を示す(Little & Wareing 1981; Savidge *et al.* 1982; Savidge & Wareing 1984; Sundberg *et al.* 1987; Funada *et al.* 2001)。内生IAAレベルは、春から初夏にかけて増加してピークを迎え、秋にかけて急激に減少して春とほぼ同じレベルとなる。冬期においてもIAAは低レベルながらも形成層領域に存在するが、量的な変化はほとんど示さない。内生IAAレベルが急激に増加する時期と形成層細胞の分裂が活発になる時期はよく一致する。内生IAAレベルの変化パターンと形成層細胞の分裂速度の季節的な変化パターンが一致することから、IAAが形成層細胞の分裂速度を制御する主要因であると考えられる。なお、形成層領域に含まれる植物ホルモンのレベル(level)を表すには、全体量(total amount：採取した試料全体に含まれる全植物ホルモン量)と濃度［concentration：採取した試料の重量あたりの全体量(全体量÷試料の重量)］という2つの方法があるが、試料の採取方法の違いにより試料の重量は大きく異なり、また植物ホルモン量は形成層領域において均一には存在しないため、異なるタイプの組織が混在する形成層領域に含まれる植物ホルモンレベルを表すには、全体量の方が適した表示方法である。

　分化中師部・形成層・分化中木部に含まれる内生IAAレベルは、半径方向への勾配を示す(**図** 5-1-1; Uggla *et al.* 1996, 1998, 2001; Tuominen *et al.* 1997)。形成層領域の内生IAAレベルの半径方向の勾配は、針葉樹と広葉樹のどちらにも認められることから、すべての樹木に共通の現象と考えられる。IAAレベルは、細胞分裂を行っている形成層帯で最も高く、師部または木部に向かって山の裾野が広がるように減少するため、二次壁形成中の木部細胞のIAAレベルは非常に低い。形成層帯を主に移動するIAAが形成層領域から半径方向へ広がるためには、AUX1やPIN1のようなIAAの移動に関わる運搬体の分布が関与している(Schrader *et al.* 2003)。内生IAAレベルが高い領域の半径方向幅と形成層帯細胞数との間に高い正の相関関係が認められることから、内生IAAレベルの勾配パターンが分裂能力をもつ形成層細胞の数を決定し、生産される木部細胞数を制御すると考えられる(Uggla *et al.* 1998)。例えば、アグロバクテリウムのIAA合成遺伝子を導入した組換え交雑ポプラ(*P. tremula* × *P.*

```
樹冠でのIAA(オーキシン)の生成量増加
        ↓
    IAAの樹幹への極性移動
        ↓
  樹幹の形成層帯へのIAA供給量の増加
        ↓
形成層帯でのIAA量の半径方向の勾配(ある一定以上のIAA量が存在する領域の幅)の増加
        ↓
  形成層帯の幅(分裂能力をもつ形成層細胞の数)の増加
     (IAAがpositional signalingとして働く)
        ↓
  生産される二次木部細胞数の増加(活発な肥大成長)
```

図 5-1-2　オーキシンによる形成層活動の制御仮説

tremuloides)では、IAAの生合成経路が変化して、内生IAAレベルが高い領域の半径方向幅が減少する。その結果、形成層帯の細胞数の減少が起こり、木部細胞の生産活動が低下する(Tuominen *et al.* 1997)。IAAが十分に存在する細胞は形成層細胞として分裂能力を維持するが、IAAがあるレベル以下になると形成層細胞は分裂能力を失って分化を開始すると考えられることから、IAAは細胞の位置情報シグナル(positional signaling)として機能しているといえる。

　形成層領域に存在する総IAA量と内生IAAレベルが高い領域の半径方向幅との間には高い相関関係が認められること(Uggla *et al.* 1998)から、総IAA量が増加するに伴い内生IAAレベルが高い領域が半径方向に広がり、その結果形成層細胞数は増加して木部細胞の生産活動が活発になると考えられる。春から初夏にかけて樹冠で充分にIAAが生成され、極性移動により樹幹の形成層に多くのIAAが供給されると、形成層を中心にIAAレベルが高い領域の半径方向への勾配が広がる。その結果、分裂能力をもつ形成層細胞が増加し、木部細胞の生産が活発になるといえる(**図 5-1-2**)。

　形成層細胞の分裂能力を維持するためにはIAAの連続的な供給が必要であることから、内生IAAレベルの変化が形成層活動の開始時期や停止時期を制御している可能性が考えられる。例えば、枝打ちなどで樹冠量が減少し、IAAの供給が早期に抑制されると、形成層活動は早期に停止する(Funada *et al.* 1987, 2001)。しかしながら、樹冠が十分に存在する場合は、形成層活動の停止が起こる初秋においても、形成層領域に含まれる内生IAAレベルは比較的高い(Little & Wareing 1981; Sundberg *et al.* 1987; Funada *et al.* 2001)。また、形

成層活動の停止時期にIAAを樹幹に外から供与しても、停止を妨げることはできない(Denne & Wilson 1977; Little & Wareing 1981)。これらの結果は、樹冠から形成層に充分にIAAが供給されていても、ある時期になると形成層活動は必然的に停止することを示しており、内生IAAレベル以外の要因が形成層活動の停止を制御していると考えられる。

　分裂活動停止直後の形成層は、樹木を生育に適した環境下においてIAAを外から供与しても細胞分裂が誘導されないことから、自発休眠(rest)中である。自発休眠中は、形成層の耐寒性が高い。内生IAAはピーク時に比較すると少量だが、依然形成層に充分が存在することから、形成層のIAAに対する反応性が自発休眠中では著しく低下していると考えられる。反応性の低下は、形成層細胞の構造や組織化学的変化に起因すると推測されており(Lachaud *et al.* 1999; Samuels *et al.* 2006)、耐寒性の上昇に伴う形成層細胞の質的変化がIAAに対する反応性の変化と深く関わっているといえる。形成層細胞のIAAへの反応性の変化は、気温や日長時間の変化により誘導され、遺伝子レベルで制御されている。IAAのシグナル伝達に関与すると考えられている*IAA/Aux*遺伝子の形成層細胞内での発現量が、自発休眠中には減少する(Moyle *et al.* 2002)。さらに、休眠中はオーキシン排出運搬体を制御する遺伝子の発現量が減少することから、IAAの形成層細胞内の移動様式が変化している可能性が考えられる(Schrader *et al.* 2003, 2004)。また、自発休眠中の形成層においては、IAAに対する反応性に関与する要因(auxin response factors)の発現も低下する(Baba *et al.* 2011)。

　一方、休眠中の樹木をある一定期間の低温環境下におくと、形成層はIAAへの反応性を回復する。この時期の形成層は、気温が低いなど、生育環境が形成層活動に適していないため分裂活動を休止していると考えられ、他発休眠(quiescence)中である。休眠中の形成層は、やがて初春になると分裂活動を再開する。分裂再開に先立って、*AUX*や*PIN*などのオーキシン運搬体に関わる遺伝子の発現量が増加しており、IAAは形成層を十分極性移動することができる(Schrader *et al.* 2003)。しかしながら、形成層活動の再開時期と形成層領域の内生IAAレベルの変化との間に明確な関連性は認められない(Sundberg *et al.* 1991; Funada *et al.* 2001, 2002)。したがって、IAAの存在は形成層細胞

の分裂再開には不可欠であるが、春における他発休眠から形成層再活動への移行は内生IAAレベルの増加によるものではなく、他の要因に制御されているといえる。

　形成層が他発休眠中である冬期に、常緑針葉樹であるスギ(*Cryptomeria japonica*)やトドマツ(*Abies sachalinensis*)などの樹幹を局部的に加温処理すると、数日〜10日後に、加温した樹幹のみにおいて局部的に形成層細胞が分裂を開始する(Oribe & Kubo 1997; Oribe *et al.* 2001, 2003; Gričar *et al.* 2006; Begum *et al.* 2010a,b, 2012a)。また、落葉広葉樹である交雑ポプラ(*P. sieboldii* × *P. grandidentata*)やコナラ(*Quercus serrata*)の樹幹に同様な加温処理を行っても、スギ(*C. japonica*)やトドマツ(*A. sachalinensis*)に比べて長い加温期間が必要だが、形成層細胞の分裂が誘導される(Begum *et al.* 2007; Kudo *et al.* 2014)。したがって、加温処理に対する感受性は常緑針葉樹と落葉広葉樹では異なるが、形成層活動の再開は、樹幹温度の上昇が直接的な引き金になっているといえる。

　晩冬から初春にかけての樹幹温度の上昇は形成層活動の再開時期に影響するため、その時期の気温が高いと形成層活動の再開も早く起こる(Begum *et al.* 2008, 2010a)。晩冬から初春の気温の上昇と形成層再活動との関連性を解析したところ、形成層細胞の分裂開始には、ある閾値以上の最高気温や平均気温が一定期間以上累積することが必要である(Rossi *et al.* 2007, 2008; Begum *et al.* 2008, 2010a; Deslauriers *et al.* 2008; Seo *et al.* 2008)。閾値には樹種特性があり、交雑ポプラ(*P. sieboldii* × *P. grandidentata*)では15℃以上の最高気温が、スギ(*C. japonica*)では10〜11℃以上の最高気温が一定期間以上続くと形成層活動が再開する。閾値の違いが、形成層活動の再開時期の樹種による違いを生じさせていると考えられる。最高気温と閾値との差を累積加算した値は、形成層活動の再開時期を気象データから予想する上で有効な指標(cambial reactivation index)である(Begum *et al.* 2008, 2010a)。地球温暖化が進行し、晩冬や初春の気温がこれまでよりも上昇した場合、形成層の再開時期が早くなる可能性は高い(Begum *et al.* 2013)。形成層の再開時期が早くなることにより肥大成長を行う期間は長くなるが、形成層活動が再開し耐寒性が低下した後の急激な気温低下により、形成層が傷害を受ける可能性も充分考えられる(Begum *et al.* 2012b)。

交雑ポプラ(*P. sieboldii*×*P. grandidentata*)の樹幹に人為的に加温処理を行い形成層活動を誘導した際に、開芽や開葉などは認められない(Begum *et al.* 2007)。樹幹の形成層再活動と樹冠の活動開始は独立しており、形成層再活動に開芽や開葉に伴うシグナルは必要ではないといえる。一方、加温処理による形成層細胞の分裂にはエネルギーや細胞壁成分の前駆体を必要とするが、交雑ポプラ(*P. sieboldii*×*P. grandidentata*)のような落葉樹の場合、葉が存在しない冬期には光合成による同化産物の生産と樹幹への供給を行うことができない。しかしながら、形成層再活動にともない形成層に近い師部柔細胞に含まれる貯蔵デンプン量が減少することから、樹幹温度の上昇に伴いデンプンからショ糖(スクロース)への変換が起き、形成層にエネルギーや細胞壁成分の前駆体が供給されているといえる(Begum *et al.* 2007)。また、常緑樹のスギ(*C. japonica*)においても、形成層活動の再開に伴い、形成層や師部に貯蔵されたデンプンや脂質の量が減少する(Begum *et al.* 2010b)。春の形成層再活動時期前に、形成層領域に含まれる糖や脂質の代謝に関わる遺伝子の発現が上昇することが報告されており(Schrader *et al.* 2004)、加温処理による形成層活動の再開においても同様な代謝活性の上昇が起こっていることが予想される。晩冬から初春にかけての形成層細胞の分裂と引き続いて起こる木部形成の維持には、前年の光合成により蓄積した貯蔵物質の利用が不可欠といえる(Druart *et al.* 2007)。

　以上、オーキシンは形成層活動の制御に主要な役割を担っている。しかしながら、形成層活動の季節的変化は、形成層細胞における内生オーキシンレベルの増加や減少だけで制御されているわけではなく、オーキシンに対する形成層細胞の反応性の変化も重要な制御要因である。形成層細胞のオーキシンに対する反応性の季節的変化は、多年生植物である樹木特有の生理学的反応といえる。また、気温の上昇などの生育環境の変化も形成層活動を直接制御しているといえる。

　一方、ジベレリンやサイトカイニンなどのオーキシン以外の植物ホルモンも、それぞれ異なる生理作用をもち、形成層活動の制御に重要である。これらの植物ホルモンを樹幹に供与すると、形成層活動の促進や抑制が認められる(Little & Pharis 1995)。また、オーキシン以外の植物ホルモンが形成層領域に存在することも報告されている。しかしながら、これら植物ホルモンの形成層領域に

おける内生レベルと形成層活動との間には明確な関連性が認められない場合も多く、形成層活動の制御における役割は明確ではない。

　ジベレリンは、形成層細胞の分裂や細胞分化を制御する。また、ジベレリンはオーキシンと相互作用(cross-talk)しており、ジベレリンを樹幹に供与するとオーキシンの極性移動が促進し、形成層活動が活発になる(Björklund et al. 2007)。

　ジベレリン生合成に関与するGA20-酸化酵素遺伝子を過剰発現させた組換え交雑ポプラ(*P. tremula* × *P. tremuloides*)では、形成層の分裂活動や木部細胞の形態が変化する(Eriksson et al. 2000; Dünisch et al. 2006)。また、GA20-酸化酵素遺伝子が形成層活動再開時期に一時的に上昇することから、形成層の活発な細胞分裂には内生ジベレリンレベルの増加が必要であるといえる(Druart et al. 2007)。内生ジベレリンは、オーキシン同様に形成層領域において半径方向に局在する(Israelsson et al. 2005)。しかしながら、ジベレリンの局在はジベレリンの種類により異なり、活性型ジベレリンであるGA_1やGA_4の内生量は、形成層細胞ではなく若干髄側にシフトした木部細胞の伸長・拡大帯にピークを示す(**図5-1-1**)。また、活性型ジベレリン生合成の最終段階に関与するGA20-酸化酵素遺伝子の発現も木部細胞の伸長・拡大帯にピークが認められる。したがって、ジベレリンは細胞の伸長などの木部分化の初期段階に重要な役割を担っているといえる。一方、ジベレリン生合成の初期段階に関与する酵素遺伝子やGA_1やGA_4の前駆体であるGA_9やGA_{20}は、師部細胞に発現や量的ピークが認められる。したがって、ジベレリンの前駆体は師部細胞により生合成され、形成層を通って分化中木部細胞に向かって水平方向に移動し、最終的に活性型ジベレリンに変換されると推測される(Israelsson et al. 2005)。

　サイトカイニンも、オーキシン同様に細胞の分裂や分化に必須な物質である。形成層領域には、数種類のサイトカイニンが存在することが報告されている(Funada et al. 1992, 2002; Moritz & Sundberg 1996)。サイトカイニンのシグナル伝達に関与する遺伝子の発現を抑制した組換え交雑ポプラ(*P. tremula* × *P. tremuloides*)では、形成層細胞の分裂活動が抑制されたことから、形成層活動の維持にはサイトカイニンが重要といえる(Nieminen et al. 2008)。しかしながら、形成層細胞の分裂が活発な時期と休止時期では内生サイトカイニンレベル

の大きな違いは認められず、形成層活動の開始や停止にサイトカイニンの量的違いが直接関与しているとはいえない(Moritz & Sundberg 1996; Funada et al. 2002)。

アブシシン酸は、成長阻害物質や休眠誘導物質として知られており、樹幹に供与すると形成層活動は抑制される。しかしながら、内生アブシシン酸のレベルは季節的にほとんど変化せず、形成層活動の開始や停止時期に対応した量的変化も示さない(Little & Wareing 1981; Savidge & Wareing 1984; Funada et al. 1988, 2001)。内生アブシシン酸は、形成層活動の季節的変化ではなく、水ストレスなど一次的な環境変化に対応していると考えられる。

エチレン、ブラシノステロイド、ジャスモン酸など他の植物ホルモンも形成層活動の制御に何らかの重要な役割を担っていると考えられる。エチレンの生成を促進したポプラ形質転換体では、形成層活動が促進する(Love et al. 2009)。またエチレンは、オーキシンとの相互作用が認められ、特にあて材形成における重要性が以下の 5.4 に述べるように報告されている(Savidge 1988; Little & Eklund 1999; Du & Yamamoto 2007)。

今後、サイトカイニンやエチレンなど植物ホルモンの形成層活動制御における役割をさらに明確にするためには、オーキシンやジベレリンと同様に、形成層領域における詳細な局在を明らかにすることが重要である。

5.2　オーキシン

重力刺激があて材の形成を誘導する過程に、植物ホルモンが密接に関与していると考えられている。特に、オーキシン、ジベレリン、エチレンの役割が多く報告されている(Timell 1986; Du & Yamamoto 2007)。以下の節で、各植物ホルモンの役割を詳細に説明する。

5.2.1　針葉樹の圧縮あて材

傾斜していない針葉樹の樹幹に、ラノリンなどに溶かした高レベルのオーキシンを塗布すると、塗布部に圧縮あて材が形成される。一方、オーキシン塗布部の反対側の樹幹にラノリンだけを与えても圧縮あて材は誘導されな

表5-2-1　傾斜していない針葉樹およびイチョウ樹幹へのオーキシン供与による圧縮あて材の誘導

著　者	樹　種	オーキシンの種類
尾中 (1940)	アカマツ、イチョウ、イチイ、ナギ、コウヤマキ、イヌマキ、ヒノキ、コノテガシワ、ヒマラヤシーダー、スギ、チョウセンゴヨウマツ、カラマツ、モミ、ツガ、トウヒ	0.5% IAA
尾中 (1940)	クロマツ	1/128%から2%IAA
Wershing & Bailey (1942)	ストローブマツ	1% IAA
Balch (1952)	バルサムモミ	1% IAA
Nečesaný (1958)	ヨーロッパモミ・ヨーロッパアカマツ	0.01% IAA
Larson (1962)	マツ (Pinus resinosa)	1000 µg IAA
Casperson (1963)	ドイツトウヒ	500 ppm IAA
Wardrop & Davies (1964)	ラジアータマツ	1.5% IAA or 1.5% NAA
Casperson and Hoyme (1965)	ドイツトウヒ	100, 500 and 1000 ppm IAA
Balatinecz & Kennedy (1968)	オウシュウカラマツ	1000 ppm IAA
Blum (1970)	ドイツトウヒ	200, 500, 1000 and 2000 ppm IAA
Fahn & Zamski (1970)	マツ (Pinus halepensis)	0.3% NAA

IAA: Indole-3-acetic acid (インドール酢酸)、NAA: 1-Naphthaleneacetic acid (1-ナフタレン酢酸)

い。尾中 (1940) は、アカマツ (*Pinus densiflora*) など多くの針葉樹やイチョウ (*Ginkgo biloba*) の直立した樹幹にオーキシン (尾中の論文ではヘテロオーキシン：heteroauxin) を塗布し、横断面の外形が丸みをおび、細胞間隙が多い典型的な圧縮あて材仮道管の形成を誘導することに初めて成功した。また、クロマツ (*Pinus thunbergii*) の直立した樹幹に異なる濃度のオーキシンを与え、1%以上のIAAを与えた場合は発達したあて材が形成されることを報告している。さらに、クロマツの樹幹を傾斜させ、傾斜上側にオーキシンを供与したところ、傾斜下側と同様に傾斜上側でも圧縮あて材が誘導された。さらに、尾中 (1942, 1949) は、クロマツの樹幹傾斜下側にはオーキシン様物質 (尾中の論文ではアベナ屈曲試験法による成長素) 量が傾斜上側に比べて多いことを報告している。その後多くの研究者により、オーキシンを供与するのみで、傾斜していない針葉樹やイチョウ (*Ginkgo biloba*) の樹幹に圧縮あて材が誘導されることが報告されている (**表5-2-1**)。したがって、高レベルのオーキシンは、傾斜していない樹幹の形成層細胞や分化中の木部細胞に傾斜刺激と同様の生理学的な反応

を引き起こし、圧縮あて材の形成を誘導するといえる。

　Casperson & Hoyme (1965)は、100 ppmから1,000 ppmまでのIAAを直立したドイツトウヒ(*Picea abies*)の樹幹に供与したところ、オーキシン濃度の増加に伴い、発達した圧縮あて材が形成されることを報告した。さらにBlum (1970)は、直立したドイツトウヒ(*P. abies*)の樹幹の両側に同じ濃度のIAAを供与したところ、両側にほぼ同じ量の圧縮あて材仮道管が形成されることを報告した。これらの報告は、高レベルのオーキシンの供与が圧縮あて材の形成を誘導すると共に、樹幹内のオーキシンレベルの違い(偏差)が圧縮あて材を誘導するのではなく、オーキシンの絶対量の増加が圧縮あて材を誘導することを示している。

　さらにBlum(1970)は、傾斜していないドイツトウヒ(*P. abies*)の樹幹に1,000 ppmのIAAを塗布し、IAAの塗布部の樹幹下部にはオーキシン移動阻害剤の2,3,5-triiodobenzoic acid(TIBA)を1％塗布したところ、IAAを塗布したところでは圧縮あて材が誘導されるが、TIBA塗布部においては圧縮あて材が誘導されないことを報告している。TIBAによりオーキシンの極性移動が阻害されたため、IAA塗布の効果が失われ、圧縮あて材が誘導されなかったと考えられる。

　一方、樹幹を環状剥皮(girdling)すると、環状剥皮の上側で圧縮あて材が形成される(Wilson 1968)。環状剥皮によりオーキシンの樹幹上部から下部への極性移動が阻害され、環状剥皮部の上側で一時的にオーキシンレベルが高くなるため、圧縮あて材が誘導されたと推測される。

　その後、モルファクチンやN-1-naphthylphthalamic acid(NPA)などのオーキシンの極性移動を選択的に阻害する薬剤が開発され、これらの阻害剤を樹幹に塗布したところ、塗布部上側において圧縮あて材が誘導されることが報告されている。まずPhelps *et al.*(1974、1977)は、モルファクチン(morphactin IT 3456)をヨーロッパアカマツ(*Pinus sylvestris*)、トウヒ属種(*Picea excelsa*)、ニオイヒバ(*Thuja occidentalis*)の樹幹に塗布したところ、塗布上側で圧縮あて材が誘導された。さらに、Yamaguchi *et al.*(1980)は、傾斜していないスギ(*Cryptomeria japonica*)の樹幹にNPAを塗布したところ、塗布部において圧縮あて材が形成された。モルファクチンやNPAの塗布による圧縮あて材の誘

5.2 オーキシン

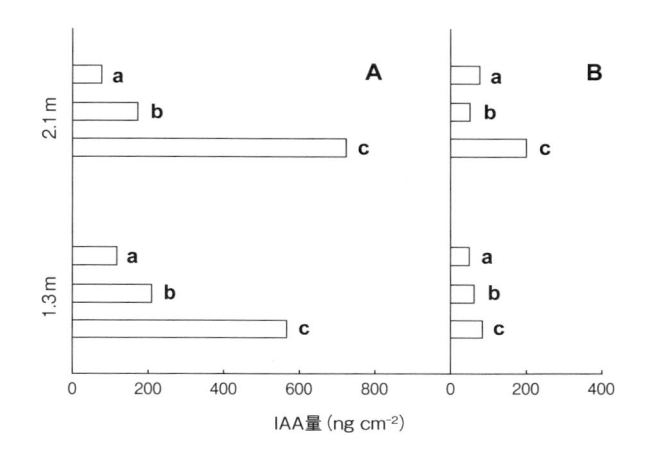

図 5-2-1 人為的に傾斜させたスギ(*Cryptomeria japonica*)樹幹(地上高1.3mと2.1m部位)の形成層領域に含まれる内生オーキシン(IAA)量
A:傾斜1週間後、B:傾斜4週間後. a:傾斜樹幹上側、b:傾斜樹幹横側、c:傾斜樹幹下側(Funada *et al.* 1990b)

導は、直立したヨーロッパアカマツ(*P. sylvestris*)の樹幹でも報告されている(Sundberg *et al.* 1994)。モルファクチンなどによりオーキシンの樹幹上部から下部への極性移動が妨げられて、塗布部上側はオーキシンレベルが一時的に増加し、圧縮あて材の形成が誘導されたと考えられる。一方、Yamaguchi *et al.* (1983)は、カラマツ(*Larix kaempferi*, syn. *L. leptolepis*)の樹幹に傾斜刺激を与えると圧縮あて材の形成が誘導されるが、モルファクチンを塗布した樹幹より下側では圧縮あて材が形成されないことを報告している。傾斜刺激に伴いオーキシンが樹幹傾斜上部から樹幹横側を通って傾斜下部に移動し、傾斜下部において高レベルになることが圧縮あて材の形成には必須であるが、モルファクチンによりオーキシンの移動が阻害されたため、圧縮あて材の形成が阻害されたと推測している。

以上の多くの報告から、傾斜した樹幹下部の形成層細胞や分化中の木部細胞に含まれる内生オーキシンレベルが増加し、その結果圧縮あて材の形成が誘導されると推測される。そこでFunada *et al.*(1990b)は、スギ(*C. japonica*)の樹幹を人為的に傾斜させて傾斜下側に圧縮あて材を形成させ、内生オーキシンレベルを測定した(**図 5-2-1**)。傾斜させて1週間後の樹幹の傾斜下側、傾斜横側、

傾斜上側から形成層領域を含む試料を地上高1.3 mと2.1 mの両部位から採取し、重水素標識したIAAを内部標準に用い、内生IAAをGC-MS-SIM(選択イオンモニタリング)法で精度良く測定したところ、傾斜下側の内生IAA量は傾斜横側や上側に比べ数倍多かった。傾斜刺激により、傾斜下側に向けてIAAが移動したと考えられる。しかしながら、傾斜させて4週間後においては、傾斜下部の内生IAA量は傾斜横側や上側に比べ多かったが、その差はわずかであった。したがって、傾斜直後の内生IAA量の急激な増加によって、圧縮あて材の形成は誘導されるが、圧縮あて材形成の維持にはIAA以外の内的要因も重要と考えられる。また、Du & Yamamoto(2003)も、傾斜させたメタセコイア(*Metasequoia glyptostroboides*)樹幹の形成層領域に含まれる内生IAAレベルをGC-MSで測定したところ、樹幹下側に含まれるIAA量とIAA濃度が傾斜上側に比べて2倍以上高いことを報告している。したがって、圧縮あて材形成中の形成層細胞や分化中木部細胞内に含まれるオーキシンレベルは正常材に比べて高く、高レベルのオーキシンが重力刺激を伝達し、圧縮あて材の形成を誘導するといえる。

　一方、樹幹傾斜下側の形成層細胞や分化中木部細胞内に含まれるオーキシンレベルは、圧縮あて材形成を誘導するために十分な高レベルではないという指摘もある。Wilson *et al.*(1989)は、傾斜したベイマツ(*Pseudotsuga menziesii*)の枝の分化中木部に含まれる内生IAAレベルを高速液体クロマトグラフィー(HPLC)で測定したところ、樹幹傾斜下側のIAAレベルは上部に比べて高くはなかったことを報告している。また、Sundberg *et al.*(1994)らは、ヨーロッパアカマツ(*P. sylvestris*)の樹幹にオーキシン移動阻害剤であるNPAを供与すると圧縮あて材が形成されるが、NPA供与上部の形成層領域の内生IAAは増加しないことを報告し、NPAによる圧縮あて材の誘導は内生IAAレベルの上昇では説明出来ないとしている。さらにHellgren *et al.*(2004)は、ヨーロッパアカマツ(*P. sylvestris*)の樹幹傾斜下側の形成層領域に含まれるIAAレベルを詳細に測定し、樹幹下側の形成層領域に含まれるIAAレベルは樹幹上側より高いが、ほとんど差がない場合も存在すること、また圧縮あて材形成中の形成層領域に含まれるIAAも正常材と同様の半径方向への量的勾配パターンを示すことを報告し、圧縮あて材の形成機構が内生IAAレベルや形成層領域での

IAAの局在の違いだけでは説明出来ないと結論づけている。

　高レベルのオーキシンを直立した樹幹に供与するだけで圧縮あて材が形成されることから、オーキシンは形成層細胞や分化中木部に対して傾斜刺激と同様な生理学的な変化を引き起こすといえる。しかしながら、圧縮あて材の誘導や維持を内生オーキシンレベルの上昇だけでは充分に説明出来ず、細胞内に存在するオーキシン受容体の量的・質的変化、細胞間のオーキシン極性移動様式の変化、オーキシンに反応する遺伝子の発現様式の変化など、圧縮あて材の形成には形成層細胞や分化中木部細胞のオーキシンに対する反応性の変化も関与していると考えられる。また、圧縮あて材形成の誘導や維持には、エチレンなど他の植物ホルモンとオーキシンとの相互作用も重要であるといえる。

5.2.2　広葉樹の引張あて材

　以上述べたように、針葉樹の圧縮あて材形成にはオーキシンが密接に関係していると考えられるが、広葉樹の引張あて材形成には高レベルのオーキシンは阻害的であることが報告されている。例えば、ポプラ(*Populus monilifera*)(Nečesaný 1958)やマロニエ(*Aesculus hippocastanum*)(Casperson 1965)およびアメリカハナノキ(*Acer rubrum*)(Cronshaw & Morey 1968)の樹幹を傾斜させ、傾斜上側にIAAを処理すると、引張あて材形成は抑制される。また、ポプラ(*Populus tremula*)(Blum 1970)やマロニエ(Casperson 1965)では、直立した樹幹の片側にIAAを塗布すると、処理部位と反対側に引張あて材が形成されることが報告されている。さらに、アメリカハナノキ(Cronshaw & Morey 1965)やアメリカニレ(*Ulmus americana*)(Kennedy & Farrar 1965)では、IAA移動阻害剤であるTIBAを樹幹に環状に塗布すると、塗布部位の下部に引張あて材が形成される。これらの結果から、広葉樹の引張あて材は、樹幹内のIAAレベルに偏差分布が存在し、他の部位に比べて低い部位やIAAレベル自体が極めて低い部位に形成されると考えられる(Timell 1986)。しかしながらHellgren et al.(2004)は、傾斜させたポプラ(*P. tremula*)の形成層細胞や分化中木部細胞内に含まれるIAAレベルを詳細に測定し、樹幹上側の内生IAAレベルは樹幹下側より高いことを報告しており、IAAレベルが低い部位で引張あて材が形成される、という仮説を否定している。

一方、近年、あて材形成中の二次木部に特異的に発現する遺伝子やタンパク質の網羅的な解析が行われており、交雑ポプラ(*P. tremula* × *P. tremuloides*)やユリノキ(*Liriodendron tulipifera*)などの引張あて材形成中の分化中二次木部において、オーキシンやエチレンなど植物ホルモン関連遺伝子群の発現量の変化が報告されており、引張あて材形成と植物ホルモンとの密接な関係を示唆している。Moyle *et al.*(2002)は、交雑ポプラ(*P. tremula* × *P. tremuloides*)の樹幹を傾斜させ、傾斜上側の形成層領域におけるオーキシンのシグナル伝達に関与すると考えられている Auxin-responsive 遺伝子(*aux/IAA: PttIAA*)の発現パターンを調べたところ、*PttIAA1* や *PttIAA2* の発現量が傾斜6時間後には減少するのに対し、*PttIAA7* の発現量は傾斜24時間後に増加し始め、11日目には最大に達した。一方、傾斜上側の形成層領域に含まれる IAA 濃度は、傾斜後も有意な変化を示さなかった。また、Andersson-Gunnerås *et al.*(2006)も、同じく傾斜させた交雑ポプラ(*P. tremula* × *P. tremuloides*)の形成層領域に含まれる多くのオーキシン関連遺伝子が異なる発現パターンを示すこと、オーキシンの細胞内への流入に関与する *PttLax1* や *aux/IAA* の一種である *PttIAA5* の発現量が減少することを報告しており、引張あて材形成中の木部細胞ではオーキシンに対する反応性が経時的に変化することを報告している。さらにJin *et al.*(2011)は、ユリノキ(*L. tulipifera*)の樹幹を傾斜させ、傾斜6時間後の形成層領域に含まれる遺伝子の発現パターンを調べたところ、傾斜上側におけるオーキシン関連遺伝子の発現量が傾斜下側に比べて有意に低いことを報告している。

したがって、傾斜刺激により広葉樹の形成層領域に含まれるオーキシンレベルは大きくは変化しないが、ある特定の分化中木部細胞のオーキシンに対する感受性や反応性が変化し、引張あて材の形成が誘導される可能性が考えられる。また、圧縮あて材と同様に、オーキシンとオーキシン以外の植物ホルモンとの相互作用も重要であると考えられる。

オーキシン以外の植物ホルモンで、引張あて材形成に重要な役割を担っていると考えられているのはジベレリンである(船田 2013)。サクラ属の枝垂れ性の品種である枝垂性エドヒガン(*Cerasus spachiana*, syn. *Prunus spachiana* cv. *Plenarosea*)や枝垂性モモ(*Prunus persica* cv. *Zansetsushidare*)の新芽の先

端にジベレリン(GA₁やGA₃)の溶液を滴下処理するとシュートの枝垂性が消失し、直立して成長することが報告されている(Nakamura *et al.* 1994)。この直立性の回復は、シュート基部の上側に発達した引張あて材が形成されることによって生じる(Baba *et al.* 1995)。また、水平に位置したヤチダモ(*Fraxinus mandshurica*, syn. *F. mandshurica* var. *japonica*)の苗木にジベレリン生合成阻害剤であるウニコナゾール-P(uniconazol-P)を処理すると、上方への屈曲が阻止されるが、この現象はジベレリン(GA₃やGA₄)を供与することによって完全に回復する(Jiang *et al.* 1998a, b)。さらに Nugroho *et al.*(2012, 2013)は、土壌中にジベレリン生合成阻害剤[パクロブトラゾール(paclobutrazole)やウニ

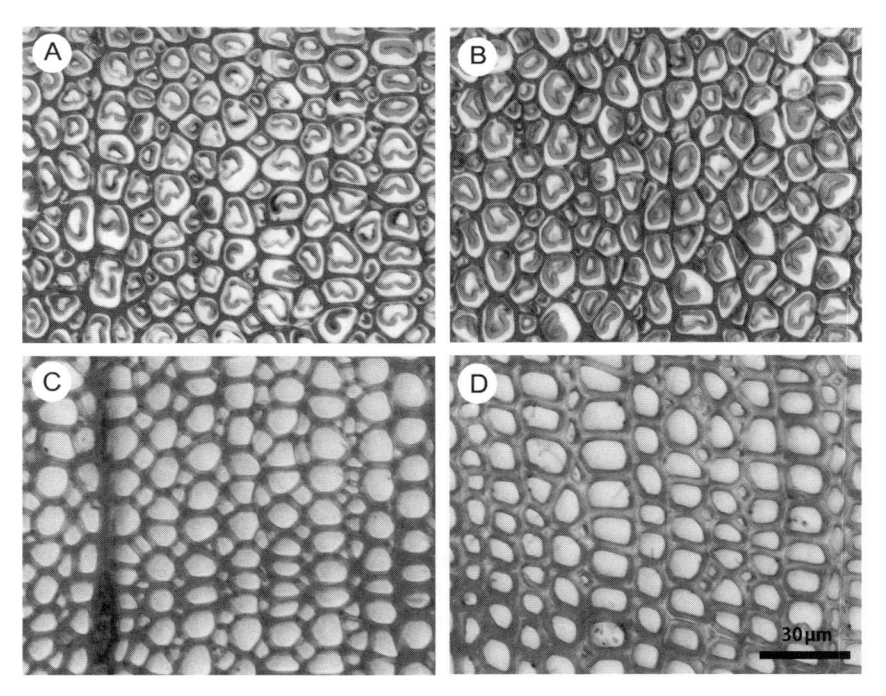

図5-2-2 人為的に傾斜させたアカシア(*Acacia mangium*)樹幹上側の木部繊維(傾斜2週間後)
A:コントロール樹幹(ゼラチン繊維が形成される)、B:ジベレリンを供与した樹幹(ゼラチン繊維が形成される)、C:パクロブトラゾールを供与した樹幹(ゼラチン繊維が形成されない)、D:ウニコナゾールを供与した樹幹(ゼラチン繊維が形成されない)
(Nugroho *et al.* 2012)

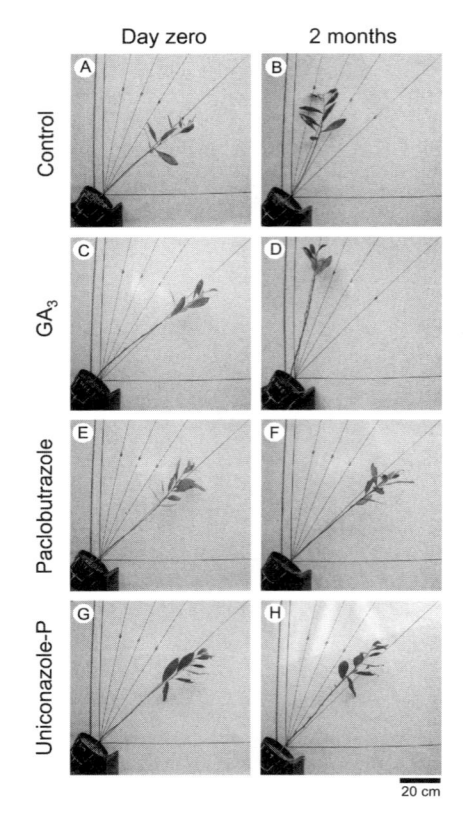

図5-2-3 人為的に傾斜させたアカシア（*Acacia mangium*）樹幹の重力屈性（傾斜2カ月後）
AとB：コントロール樹幹（正常な重力屈性が起こる）、CとD：ジベレリンを供与した樹幹（正常な重力屈性が起こる）、EとF：パクロブトラゾールを供与した樹幹（重力屈性が起こらない）、GとH：ウニコナゾールを供与した樹幹（重力屈性が起こらない）（Nugroho *et al.* 2013）

コナゾール〕を供与した後、アカシア（*Acacia mangium*）の樹幹を傾斜させたところ、傾斜樹幹上部における引張あて材の形成が著しく阻害され（**図5-2-2**）、樹幹の負の屈性（傾斜から直立への回復）が起こらないこと（**図5-2-3**）を報告している。一方、土壌中にジベレリンを与えると、アカシアの樹幹傾斜上側に、より発達した引張あて材が形成される。これらの結果は、広葉樹の引張あて材形成にはジベレリンも重要な役割を果たしていることを示唆している。ジベレリン（GA$_4$）を交雑ポプラ（*P. tremula* × *P. tremuloides*）に供与するとオーキシンの生合成や樹幹内の極性移動を促進し、内生IAA量の増加を引き起こす（Björklund *et al.* 2007）。したがって、傾斜刺激に伴う内生ジベレリンとオーキシンの生合成のバランスの変化が、引張あて材の形成に密接に関与している可能性が考えられる。

5.3 ジベレリン

ジベレリンは、最初はイネ馬鹿苗病の病原菌（*Gibberella fujikuroi*）の原因毒素として注目され、1938年に結晶として取り出された（山口 2006）。イネ馬鹿

苗病は、イネ(*Oryza sativa*)が徒長しすぎて枯死する病気として江戸時代の日本の文献にすでに記載されている(倉石 1976)。その後の研究によって、植物自身がジベレリンを生産していることが明らかとなった。ジベレリンはジテルペン化合物で、*ent-*ジベレラン骨格(図 5-3-1)を母核として有

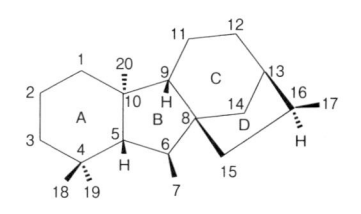

図 5-3-1　*ent-*ジベレラン骨格

しており、多数の同族体が存在するため、各ジベレリンには登録申請順に番号をつけて表記される。植物自身がジベレリンを生産していることが明らかとなってから、さまざまな植物種からジベレリンが単離され、2005年時点で120種以上のジベレリンが同定されている(山口 2006)。植物一般に見られるジベレリンの生理作用としては、最初に見つかったイネ馬鹿苗病のように、まず伸長成長促進があげられる。その他に、細胞分裂の促進や花芽形成の促進、葉の成長促進、休眠打破、無受精での果実肥大、老化阻止など、さまざまな生理作用が報告されているが、植物種により異なるものなども多い。また、オーキシンとの共存で相乗効果を示すものなどもあり、直接的にそれぞれの生理機能を活性化しているというより、基本的は生化学反応に作用し、その結果として、ある時は細胞分裂を促進したり、ある時は細胞伸長を促進したりするものと考えられる(倉石 1976)。

　長い間、ジベレリンは木部の形成量を増やす作用はあるが、あて材形成を誘導することはないと考えられていた(Cronshaw & Morey 1968)。しかしその後、ジベレリンによって引張あて材の形成が誘導されることが示された。ジベレリン投与によって引張あて材を誘導した最初の報告は枝垂性サクラを用いた研究である。若い枝の先端にジベレリンの一種であるGA_3を投与しつつ成長させると、枝垂れるはずの枝が立ち性の品種同様に斜め上方に向かって成長していった(Nakamura *et al.* 1994)。この時、エドヒガン(*Cerasus spachiana*)の枝垂性品種(*Prunus spachiana* f. *spachiana* cv. *Plenarosea*)において、枝垂性の当年枝、立ち性の当年枝、ジベレリン処理の当年枝の横断面切片を用いてあて材の形成を観察したところ、立ち性と同様の引張あて材がGA_3処理した枝内部に形成されていた(Baba *et al.* 1995)。ちなみにGA_4で処理したしだれ

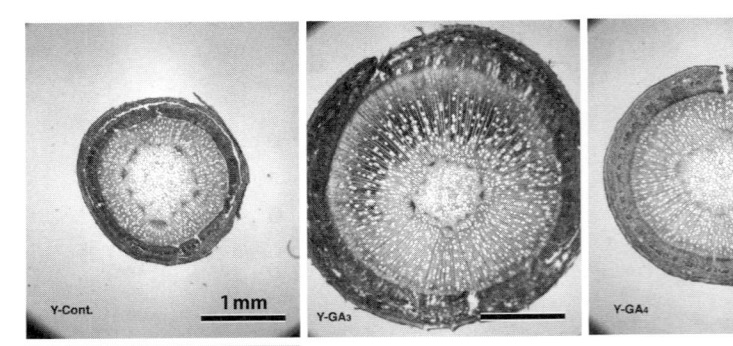

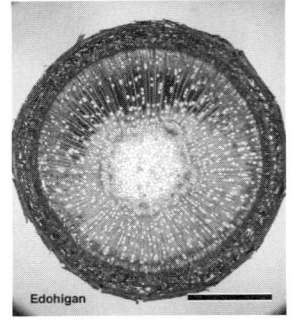

図5-3-2 ジベレリンを投与しつつ成長させたエドヒガン(*Cerasus spachiana*)の枝垂性品種(ヤエベニシダレ、*Prunus spaciana* f. *spaciana* cv. *Plenarosea*)(Y)の枝の断面と、立ち性(エドヒガン:Edohigan)の枝の断面の顕微鏡写真

Y-Cont.: ヤエベニシダレ無処理、Y-GA$_3$: ヤエベニシダレ GA$_3$処理、Y-GA$_4$: ヤエベニシダレGA$_4$処理、Edohigan: エドヒガン(立ち性)無処理。木部では引張あて材と未木化分化中木部が濃い部分になっている。ヤエベニシダレGA$_3$処理とエドヒガン無処理だけで上側に引張あて材が形成されている。ヤエベニシダレGA$_4$処理では、わずかに肥大成長が促進され未木化な分化中木部の厚みも多くなっているが、あて材の形成は認められない。ヤエベニシダレ無処理では木部形成量も少ないが引張あて材の形成は認められない。
(Baba *et al.* 1995)

性の枝では、上方への成長もみられず、引張あて材も形成されなかった。このように形成された木部の横断面顕微鏡写真を図5-3-2に示す。また、枝垂れ性エドヒガンの枝にGA$_3$処理した場合、無処理のものより応力解放ひずみが大きくなり、引張の成長応力も大きくなっていることが示された(Yoshida *et al.* 1999)。その後、ヤチダモ(*Fraxinus mandshurica*, syn. *F. mandshurica* var. *japonica*)、ミズナラ(*Quercus crispula*, syn. *Q. mongolica* var. *grosseserrata*)、ハリギリ(*Kalopanax septemlobus*, syn. *K. pictus*)、ヤマナラシ(*Populus tremula* var. *sieboldii*, syn. *P. sieboldii*)の4種類の広葉樹を用いて鉛直な樹幹の片面にジベレリンを塗布したところ、塗布直下の側でいずれの樹種でもG層と識別される細胞壁の形成が誘導されることが報告され(Funada *et al.* 2008)、枝垂性エドヒガンにおける実験結果を支持した。ジベレリンには化学構造の異なるものが数多く見出されており、いずれも似通った生理作用を示すが、全ての化学構造が共通して全ての生理作用を示すわけではない。長い間あて材の形

成にジベレリンが関与しないと考えられていた背景には、あて材形成に寄与しない化学構造をもつジベレリンが実験に使われた可能性も考えられる。実際にエドヒガンの枝垂性品種の場合、GA_3 は引張あて材形成に効果があるが GA_4 は効果がなかった。Cronshaw & Morey(1968)の研究では、論文中にGAの番号が記載されておらず、どのタイプのジベレリンが与えられたのか不明である。一方、ジベレリンの生合成阻害剤として知られるウニコナゾール-P（uniconazole-P）を投与しても引張あて材が形成されたという実験結果も報告されている（Jiang et al. 1998a, b）。2年生ヤチダモを水平に置くと樹幹の上方への屈曲が観察され、当年シュートの基部にウニコナゾール-Pを投与すると、上方への屈曲が抑制された。しかしながら、ウニコナゾール-P処理で上方への屈曲が抑制された樹幹の横断面を観察すると、上側に引張あて材の形成が認められた。ただし、木部形成量は抑制されており、上方への屈曲には上側の偏心成長量も重要であると論じられている。同様に水平にしてジベレリンを投与する実験も行われており、GA_3 と GA_4 ともに無処理よりも上方への屈曲が大きくなった。また、トチノキ（*Aesculus turbinata*）では、ウニコナゾール-Pとオーキシンの阻害剤を同時に投与することで引張あて材形成の抑制に相乗効果を示したことから、ジベレリン単独ではなくオーキシンの共存が必要であることが示唆された（Du et al. 2004b）。一方、**図5-2-3**に示すように土壌中にジベレリン生合成阻害剤を供与すると、アカシア（*A. mangium*）における引張あて材の形成と上方への屈曲が著しく阻害された。ジベレリン生合成阻害剤の供与方法の違いが生理作用に影響している可能性がある。

　ジベレリンの圧縮あて材形成に関する報告については、現在のところ、検索しても見あたらない。一般に頂芽を除去すると次の枝が上方へ屈曲する現象が見られるが、*Cupressus arizonica*（ヒノキ科）においてこの屈曲がジベレリンと強光の相互作用によって促進されたという報告がある（Blake et al. 1980）が、残念ながら枝内部の木部の観察はなされていない。この報告では、ジベレリンが直接に働くというよりも、ジベレリンと強光を重ねる条件ではエチレンの生合成が促進され、その結果として枝の屈曲が生じると論じている。針葉樹では、通常の木部の形成に関連したジベレリンの報告例がいくつかある。形成層における細胞分裂の促進や伸長成長の促進が報告されている一方、ジベレリン

単独ではなくオーキシンとの相互作用があって初めてそれらの生理作用が現れるとするが、バルサムモミ(*Abies balsamea*)を用いた実験でGA$_1$・GA$_{4/7}$、またはGA$_9$ではIAAと共存させても仮道管形成に影響は認められなかった(Little & Savidge 1987)。ヨーロッパアカマツを用いた研究でも、ジベレリン単独では形成層活動に影響を及ぼさないが、オーキシンとの共存で促進作用があるとしており、ジベレリンによってオーキシンの輸送が促進されると報告している(Hejnowicz & Tomaszewski 1969)。広葉樹においても、ジベレリンはオーキシンとの共存で相乗的に木部や師部の形成を促すことが古くから知られている(Digby & Wareing 1966)。交雑ポプラ(*P. tremula* × *P. tremuloides*)においてジベレリンによってオーキシン輸送が活性化され、その結果としてオーキシン量が増加するという報告がある(Björklund *et al.* 2007)。また、キランジソ(*Coleus scutellarioides*, syn. *C. blumei*)を用いた実験では、ジベレリンとオーキシンの量比の違いによってリグニンのS/G比が変わるとする報告がある(Aloni *et al.* 1990)。ジベレリンのレベルが低く、かつオーキシンのレベルが高い時には、シリンギル核が少なくなる。形成層や木部分化帯でジベレリン合成系の遺伝子やジベレリンで誘導される遺伝子の発現が認められることから、形成層および木部分化帯のその場においてジベレリンが生合成されていることも報告された(Israelsson *et al.* 2005)。一方、遺伝子組換え技術によって植物の内生ジベレリンの生合成量を増やす試みもなされている。いずれもジベレリン合成経路の最後の方で作用しているGA20-酸化酵素(gibberellin 20-oxidase)を過剰発現させている。木部形成に関しては交雑ポプラ(*Populus tremula* × *P. tremuloides*)(Eriksson *et al.* 2000, Dünisch *et al.* 2006)とタバコ(*Nicotiana tabacum*)(Biemelt *et al.* 2004)で報告がある。いずれの場合も成長が促進されて木部形成量が増加したが、木部組織の顕微鏡観察像からはG層の形成は認められなかった。また、繊維長は野生株より長くなったと報告されている。

5.4 エチレン

植物に外界から刺激が与えられると、体内のエチレン(ethylene)濃度が急増することが知られている(Abeles *et al.* 1992)。エチレンは植物の生育過程

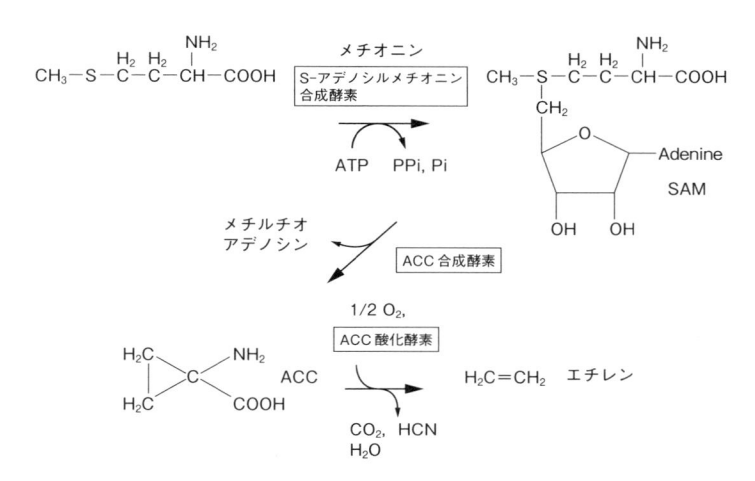

図 5-4-1　エチレンの生合成経路(幸田 2003)

において多岐にわたる生理作用を持つ。たとえば病害や微生物感染などのさまざまなストレス因子に対する応答、葉の老化と脱落、果実の熟化、不定根形成、形成層活動の制御(Yamamoto & Kozlowski 1987a; Yamamoto *et al.* 1987a, 1995a, b)などをあげることができる。樹木のあて材形成は、重力ストレス(gravitational stress)に対する形成層の特異的なストレス応答と考えられるが、これにもまたエチレンが関与している。

　樹木のあて材形成は、樹木が傾斜すると樹皮内の特定の細胞が重力ベクトルの変化を感知することによって引き起こされる。ヤマザクラ(*Cerasus jamasakura*)幼植物を用いた実験では、内皮デンプン鞘細胞の沈降性アミロプラストが傾斜した細胞の下部に移動することによって、重力ベクトル変化を感知するようである(中村 2003)。エチレンは、このような刺激シグナルの伝達に関与する植物ホルモンのひとつである。トマトなどの草本植物の胚軸を傾斜させると、重力屈性反応によって1時間程度で姿勢を回復するが、これにはエチレンはほとんど関与しない(Abeles *et al.* 1992)。一方、傾斜した木本植物は、針葉樹であれ広葉樹であれ、形成層活動の変化により、長時間をかけて姿勢を回復していく。エチレンはこの形成層活動の変化に重要な役割を果たしている。

　エチレンは炭素原子が二重結合した簡単な構造をもつアルケン(alkene、不

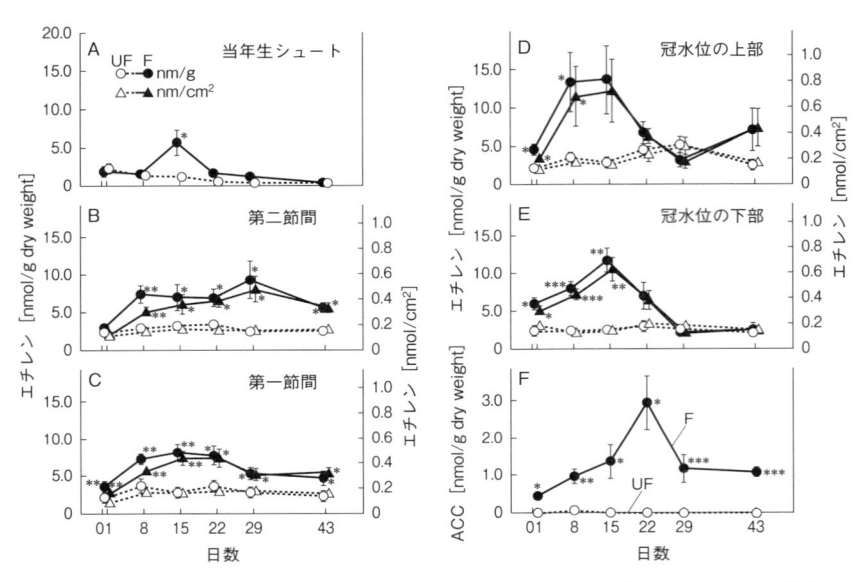

図 5-4-2 冠水環境に置かれたマツ (*Pinus halepensis*) 苗木の根系内における ACC 量 (A〜E) と地上部の樹幹からのエチレン放出量 (F) の変化 (Yamamoto et al. 1987b)

飽和炭化水素）であり、アミノ酸の一種のメチオニン (methionine) から**図5-4-1**のようなプロセスを経て生合成される (Adams & Yang 1979; Bradford & Yang 1981; Abeles et al. 1992; 幸田 2003)。この経路では、まずメチオニンからS-アデノシルメチオニン (S-adenosylmethionine, SAM) が生じる。このSAMは、植物体に乾燥、酸素欠乏、傾斜、物理化学的傷害、微生物感染などのさまざまなストレス因子が作用することによってアミノシクロプロパンカルボン酸 (1-aminocyclo-propane-1-carboxylic acid, ACC) に転換されるが、このときACC合成酵素 (ACC synthase) が触媒する。さらにACCは酸素が充分な環境においてACC酸化酵素 (ACC oxydase) の触媒によりエチレンに転換する。このACCこそがエチレンの直接的な前駆物質であり、さまざまな外界からの刺激にともなうエチレンの生合成には、ACC合成酵素およびACC酸化酵素の役割が重要な鍵となっている。

一般に生育に不適な環境がもたらす強いストレスは、上記のSAM→ACCのプロセスが進行して植物の諸器官に顕著なエチレンの生成を促す。例えば根

圏が冠水した樹木では、樹幹から多量のエチレンが放出される(Yamamoto & Kozlowski 1987a; Yamamoto et al. 1987b, 1995a, b)。マツ(Pinus halepensis)の例では、冠水は根圏の酸化還元電位を急速に低下させるため、根系は強い酸素欠乏ストレスにさらされることになる。このとき根系内では、急速なACCの生合成が進行する(図5-4-2、Yamamoto et al. 1987b)。根で増加したACCは蒸散流に乗って地上部に移動するが、酸素の充分な地上部の樹幹内では、ACCからエチレンへの転換が急速に行われる。冠水したマツ(Pinus halepensis)では、根におけるACCの増減と地上部におけるエチレンの増減はほぼ同調的に生じており、とくにエチレン生成は樹幹基部の水際部位で顕著である。この部位は、やがて形成層活動が急速に活発化し、圧縮あて材の構造に類似した仮道管が多量に形成され、過剰肥大した樹幹となる(Yamamoto et al. 1987b)。

5.4.1 針葉樹の圧縮あて材

圧縮あて材形成とエチレンの生理作用に関する直接的な研究は、形成層におけるACCの分析が端緒となった。Savidge et al.(1983)はガスクロマトグラフ質量分析計(GC-MS)を用いて、コントルタマツ(Pinus contorta)の枝の上側と下側の形成層のACCを分析した。この結果、圧縮あて材が作られる下側の形成層部位ではACCが検出されるが、上側からは検出されなかった。またカイガンショウ(Pinus pinaster)のあて材形成部位では、ACCからエチレンへの転換を触媒するACC酸化酵素も確認されている(Plomion et al. 2000)。さらにLittle & Eklund(1999)は、傾斜したバルサムモミ(Abies balsamea)の幹の下側には圧縮あて材が形成されるとともにエチレン放出量が多くなること、オーキシンの転流抑制剤であるNPA(N-1-ナフチルフタラミン酸)を処理すると、処理部とその上方ではエチレン発生量が増加するとともに、仮道管の形成が促進されることを述べている。

5.2.1で述べたようにオーキシン(その代表はインドール酢酸、IAA)は求基的に極性移動する植物ホルモンであり、傾斜あるいは水平に置かれた植物体内では重力刺激側(下側)に集積する(藤井・高橋 2003)。傾斜した針葉樹の樹幹下側の圧縮あて材形成におけるオーキシンの関与については、すでに多くの研

図 5-4-3 メタセコイア(*Metasequoia glyptostroboides*)苗木の 2 週間傾斜処理後の模式図

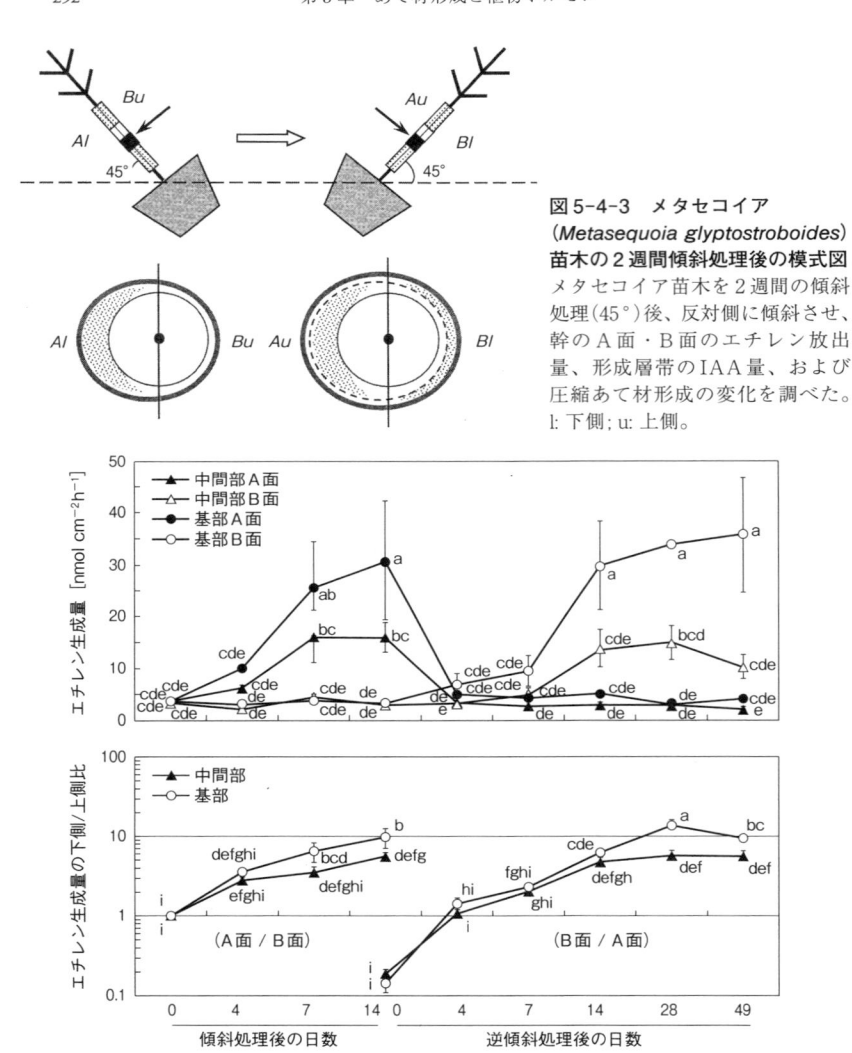

メタセコイア苗木を 2 週間の傾斜処理(45°)後、反対側に傾斜させ、幹のA面・B面のエチレン放出量、形成層帯のIAA量、および圧縮あて材形成の変化を調べた。l: 下側; u: 上側。

図 5-4-4 メタセコイア(*Metasequoia glyptostroboides*)苗木を 2 週間の傾斜処理後、逆に傾斜させたとき(図 5-4-3)の幹のA面、B面のエチレン放出量(上図)と、エチレン量の「下側／上側」比の変化(下図)

メタセコイア苗木を 2 週間の傾斜処理後、逆に傾斜させたとき(図 5-4-3)の幹のA面、B面のエチレン放出量(上図)と、エチレン量の「下側／上側」比の変化(下図)。分析試料は苗木の中間部(△, ▲)と基部(○, ●)から採取。 エチレン放出は傾斜した幹の下側で多くなる。(Du & Yamamoto 2003)

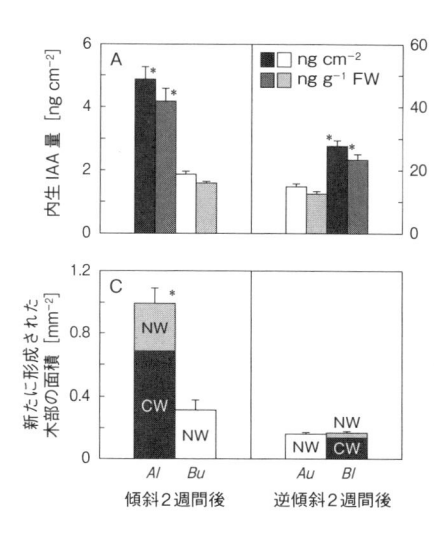

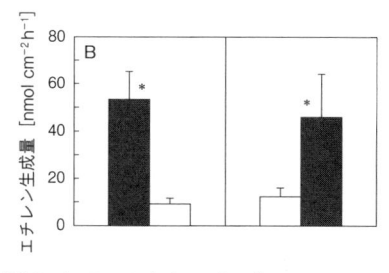

図5-4-5 メタセコイア(*Metasequoia glyptostroboides*)苗木を2週間の傾斜処理後、逆に2週間傾斜させたときの幹のA面(各棒グラフの左)、B面(同右)のIAA量(A)、エチレン放出量(B)、および木部形成量(C)

IAAは形成層の面積あたり(ng cm^{-2})、または生重量あたり(ng g^{-1}FW)で表示。CW：圧縮あて材断面積、NW：正常材断面積。

究報告がある(Timell 1986)。一方、Hellgren *et al.*(2004)は、傾斜したヨーロッパアカマツ(*Pinus sylvestris*)では、内生IAAの偏差分布がないことを報告しており、針葉樹では高IAAレベルの樹幹下側で圧縮あて材が形成される、というモデルに疑問を呈している。そこで圧縮あて材形成におけるオーキシンとエチレンとの関係をより詳細に調べるため、Du & Yamamoto(2003)はメタセコイア(*Metasequoia glyptostroboides*)の苗木を用いて、一定期間の傾斜処理ののち、樹幹を急に反転させることによって幹の上下のエチレン生成変化と圧縮あて材形成との関係を調べた(図5-4-3)。この結果、前半の傾斜処理ではエチレンは樹幹の下側から活発に放出されるが、上側からはほとんど発生しないこと、反転後は新たに下側となった樹幹からただちに発生し始めるようになることなどを認めた(図5-4-4)。このとき、反転に連動して圧縮あて材形成の部位も逆転することを報告している。さらにDu *et al.*(2004a)は、メタセコイア苗木を同様に傾斜させ、その後に反転させることにより、IAA集積とエチレン発生量を同時に調べた(図5-4-5)。この結果、メタセコイアの樹幹では、IAAとエチレンが常に圧縮あて材の形成される樹幹の下側で同調的に増加することが明らかとなった。これらの結果から、針葉樹の圧縮あて材の形成には傾斜した樹幹の下側におけるオーキシンの集積とエチレンの生成が重要な役割

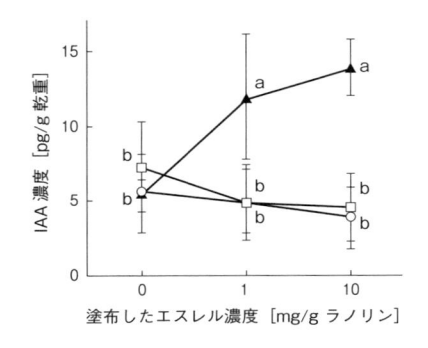

図5-4-6　エスレル処理を行ったコントルタマツ (*Pinus contorta*) の幹のIAA濃度
局所的にIAA濃度が増加した。○：処理部の上；▲：処理部；□：処理部の下。(Eklund & Little 1996)。

を果たしているといえる。オーキシンとエチレンとの関係については、高濃度のオーキシンがエチレン生成を誘導することが多くの植物で報告されている (森 2004)。針葉樹の場合、傾斜樹幹の下側でのオーキシンの集積は、エチレンの生合成に促進的に作用している可能性がある。

　以上のようなエチレンの分析に対して、針葉樹の樹幹にエチレン発生剤のエセフォン［ethephon、エスレル (ethrel) ともいう：2-chloroethylphosphonic acid］を直接処理すると、形成層活動の促進と過剰な木部形成を促すことができる (Brown & Leopold 1973; Barker 1979; Eklund & Little 1996, 1998; Eklund & Tiltu 1999; Kalev & Aloni 1999)。例えばEklund & Little (1996) は、コントルタマツ (*Pinus contorta*) の幹にエスレルを処理すると、処理部位の形成層で局所的にIAAレベルが増加することを認めた (図5-4-6)。エスレル処理によるIAAレベルの上昇は、処理によって発生したエチレンがIAAの求基的転流の阻害とレベル上昇を引き起こし、この結果、木部の形成が促進されたものと解釈されている。このようなエセフォンやエチレンの処理が、処理部位でのIAA転流抑制や局所的な濃度増加をもたらすことは、双子葉類で広葉樹に近いエンドウ (*Pisum sativum*) などの多くの植物で知られている (Abeles 1992)。また土壌の冠水の影響に関する研究でも、ヒマワリ (*Helianthus annuus*) の例では、冠水が不定根の形成と幹の肥大を引き起こすとともに、エチレンの放出量の増加と ^{14}C-IAAの転流および代謝を抑制することが明らかになっている (Wample & Reid 1979)。しかしながら、エスレル処理によって形成される仮道管は圧縮あて材仮道管に類似するものの同一ではない (Eklund & Little 1996;

Yamamoto & Kozlowski 1987a; Little & Eklund 1999)。特に Yamamoto & Kozlowski(1987a)は、1％のエスレルを傾斜したアカマツ(*Pinus densiflora*)苗木の幹の下側に処理すると、圧縮あて材の形成はむしろ抑制され、細胞壁に S_3 層を持つ正常形に近い仮道管が形成されることを確認している。これらの結果からは、針葉樹の圧縮あて材形成にはオーキシンとエチレンがともに重要な役割を果たしているといえるものの、あて材仮道管の形成機構の解明には両者の最適濃度や濃度バランスなど、なお解明すべき課題が残されている。

5.4.2 広葉樹の引張あて材

多くの広葉樹で、樹幹や枝が曲げられたり水平におかれたりすると、樹幹からのエチレン生成が活発となる。例えばセイヨウリンゴ(*Malus domestica*)(Robitaille & Leopold 1974; Robitaille 1975)、カバノキ属2種(*Betula pubescens, B. pendula*)(Rinne 1990)、ノルウェーカエデ(*Acer platanoides*)(Yamamoto & Kozlowski 1987b)、ナシ属種(*Pyrus malus*)とモモ(*Amygdalus persica*, syn. *Prunus persica*)(Leopold et al. 1972)、ユーカリ(*Eucalyptus gomphocephala*)(Nelson & Hillis 1978)、トチノキ(*Aesculus turbinata*)(Du & Yamamoto 2003)などで確かめられている。リンゴを用いた実験では、幹を水平にしたとき、エチレン生成は樹幹の下側で多くなることが報告されている(Robitaille & Leopold 1974)。またノルウェーカエデ苗木の傾斜による実験でも、エチレン放出は下側でやや大きくなる(Yamamoto & Kozlowski 1987b)。これとは逆に、水平においたユーカリ(*E. gomphocephala*)の樹幹では、下側よりも上側でエチレン放出が増加した(Nelson & Hillis 1978)。さらに Du & Yamamoto(2003)は、トチノキ苗木を前述のメタセコイア(*Metasequoia glyptostroboides*)と同様に傾斜させ、その後、急激に反転させることによってエチレン発生部位の変化を調べた。この結果、傾斜した樹幹では上側からのエチレン放出が活発になるが、樹幹の上下を逆転させると、エチレン放出は新たな上側で急増することを認めた(図5-4-7)。

これらに対して Andersson-Gunnerås et al.(2003)は、傾斜させたポプラ(*Populus tremula*)を用いてACCおよびその化合物、さらにACC酸化酵素の分析を行い、1) ACCは引張あて材が形成される上側よりもむしろ反対側に多

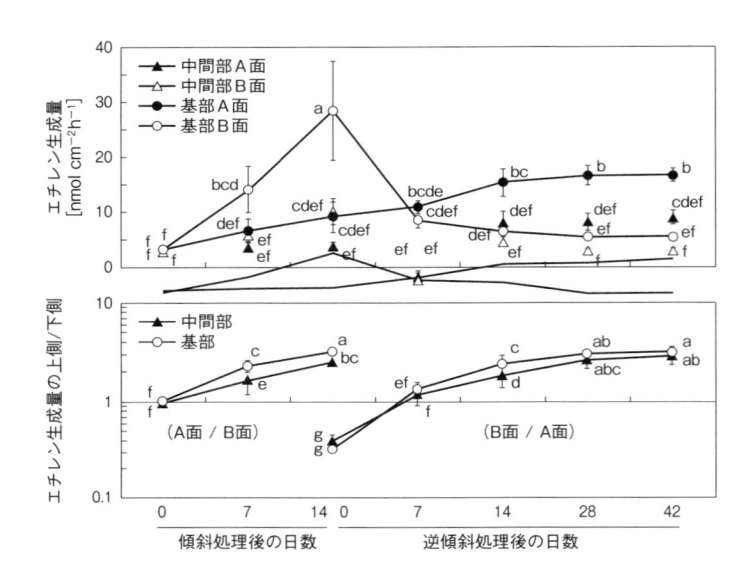

図5-4-7 トチノキ（*Aesculus turbinata*）苗木を2週間の傾斜処理後、逆に傾斜させたときの幹のA面・B面のエチレン放出量（上図）と、エチレン量の「上側／下側」比の変化（下図）
分析試料は苗木の中間部（△，▲）と基部（○，●）から採取。　エチレン放出は図5-4-4のメタセコイアとは逆に、傾斜した幹の上側で多くなる。（Du & Yamamoto 2003）

い、2）上側では、ACC→エチレンを触媒するACC酸化酵素活性が高い、の2点を明らかにした。このことから、エチレン生成量は上側で活発であり、これを律速するのは組織内のACC濃度ではなく、ACC酸化酵素の活性であると結論している。

　以上のように、傾斜した広葉樹の幹におけるエチレン生成は樹種や実験の条件によってさまざまな結果が報告されてきたが、現在のところ、引張あて材が形成される傾斜樹幹の上側でエチレン生成活性が高くなるといえる。傾斜による樹幹内のIAAレベルの偏差分布については、広葉樹のヨーロッパヤマナラシ（*Populus tremula*）や針葉樹のヨーロッパアカマツ（*Pinus sylvestris*）で否定的な結果も報告されている（Hellgren *et al.* 2004）が、少なくともエチレンは、引張あて材の形成に一定の役割を果たしている、と考えてよい。

　一方、エチレン生成剤であるエセフォンやエスレル処理が針葉樹と同様

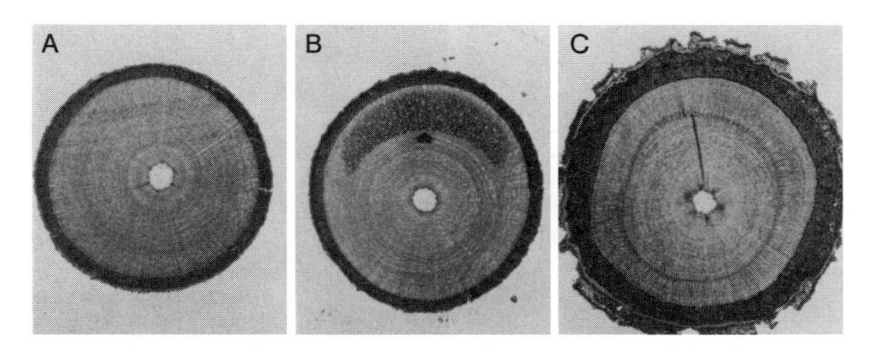

図5-4-8 傾斜させたノルウェーカエデ(Acer platanoides)苗木の幹
傾斜させたノルウェーカエデ苗木の幹には引張あて材(TW)が形成されるが、1％エスレルのラノリンペーストの表面処理によって引張あて材の形成は阻害され、木部形成と樹皮の肥厚は促進される(矢印)。A：直立した対照区、B：傾斜区、C：傾斜＋エスレル処理区 (Yamamoto and Kozlowski 1987b)。

に広葉樹の木部の過形成(過剰肥大)を引き起こすことは、イヌエンジュ (*Maackia amurensis*, syn. *Maackia floribunda*)(山本 1984)、ノルウェーカエデ(*Acer platanoides*)(Yamamoto & Kozlowski 1987b)、アメリカニレ(*Ulmus americana*)(Yamamoto et al. 1987a)など、多くの例が報告されている。しかしながら、傾斜させたノルウェーカエデ苗木の樹幹にエスレルを処理することにより、傾斜上部と下部ともに形成層活動が活発化し、樹皮の肥厚と木部の過形成が引き起こされるが、引張あて材に特有のいわゆるG繊維(ゼラチン繊維)とは全く異なる構造の壁の厚い木繊維からなる組織が形成されることが報告されている(**図5-4-8**)(Yamamoto & Kozlowski 1987b)。これらの結果から、エチレンは広葉樹の形成層における細胞分裂に促進的に作用しているが、G繊維の分化と形成にはむしろ阻害的である可能性が高い。この点については、前述の針葉樹の圧縮あて材形成におけるエチレンの作用とも共通するといえる。

● 文　献

尾中文彦(1940):「樹木の肥大成長特にアテの形成に及ぼすHeteroauxinの影響に就て」、日本林学会誌 22、573-580頁。
尾中文彦(1942):「樹木の肥大成長と成長素の分布」、日本林学会誌 24、341-355頁。
尾中文彦(1949):「アテの研究」、木材研究 1、1-88頁。
久保隆文(1985):「針葉樹の年輪構造とその形成に関する基礎的研究」、東京農工大学農

学部演習林報告 21、1-70 頁。
倉石　晋 (1976):「ジベレリン」、『UP BIOLOGY 植物ホルモン』所収、52-76 頁、東京大学出版会。
幸田泰則 (2003):「植物の成長と植物ホルモン」、幸田泰則・桃木芳枝(編著)、『植物生理学　分子から個体へ』所収、101-141 頁、三共出版。
中村輝子 (2003):「樹木形態形成の重力による制御」、宇宙生物科学 17、144-148 頁。
藤井伸治・高橋秀幸 (2003):「キュウリ芽ばえのオーキシンを介した重力応答」、宇宙生物科学 17、126-134 頁。
船田　良 (1994):「植物ホルモンによる早材・晩材形成の制御」、樋口隆昌(編著)、『木質分子生物学』所収、187-197 頁、文永堂出版。
船田　良 (2004):「樹木の肥大成長」、小池孝良(編著)、『樹木生理生態学』所収、125-137 頁、朝倉書店。
船田　良 (2011a):「樹木の伸長成長と肥大成長」、「あて材の形成」、日本木材学会(編)、『木質の構造』所収、109-123 頁、207-216 頁、文永堂出版。
船田　良 (2011b):「木材の構造と形成」、福島和彦・船田　良・杉山淳司・高部圭司・梅澤俊明・山本浩之(編)、『木質の形成　バイオマス科学への招待(第 2 版)』所収、15-144 頁、海青社。
船田　良 (2013):「重力刺激応答」、西谷和彦・梅澤俊明(編)、『植物細胞壁』所収、199-203 頁、講談社。
森　仁志 (2004):「エチレンの生合成」、福田裕穂・町田泰則・神谷勇治・柿本辰男(監修)、『植物ホルモンのシグナル伝達−生理機能からクロストークへ』所収、138-150 頁、秀潤社。
山口信次郎 (2006):「ジベレリン」、小柴恭一・神谷勇治・勝見允行(編)、『植物ホルモンの分子細胞生物学』所収、32-44 頁、講談社。
山本福壽 (1984):「エスレル処理が樹木の肥大成長に及ぼす影響」、日林九支研論 37、83-84 頁。
Abeles, F. B., Morgan, P. W. and Saltveit, M. E. Jr. (1992): *Ethylene in Plant Biology*, pp. 120-181, Academic Press.
Adams, D. O. and Yang, S. F. (1979): "Ethylene biosynthesis: Identification of 1-aminocyclopropane-1-carboxylic acid as an intermediate in the conversion of methionine to ethylene", *Proc. Natl. Acad. Sci. USA* 76, 170-174.
Aloni, R. (2013): "Wood formation in deciduous hardwood trees", in *Cellular Aspects of Wood Formation*, Fromm, J.(ed.), pp. 99-139, Springer-Verlag, Heidelberg.
Aloni, R., Feigenbaum, P., Kalev, N. and Rozovsky, S. (2000): "Hormonal control of vascular differentiation in plants: The physiological basis of cambium ontogeny and xylem evolution", in *Cell and Molecular Biology of Wood Formation*, Savidge, R. A.,

Barnett, J. R. and Napier, R.(eds.), pp. 223-236, BIOS Scientific Publisher, Oxford.
Aloni, R., Tollier, M. T. and Monties, B. (1990): "The role of auxin and gibberellin in controlling lignin formation in primary phloem fibers and in xylem of *Coleus blumei* stems", *Plant Physiol.* 94, 1743-1747.
Andersson-Gunnerås, S., Hellgrer, J. M., Björklund, S., Regan, S., Moritz, T. and Sundberg, B. (2003): "Asymmetric expression of a poplar ACC oxidase controls ethylene production during gravitational of tension wood", *Plant J.* 34, 339-349.
Andersson-Gunnerås, S., Mellerowicz, E. J., Love, J., Segerman, B., Ohmiya, Y., Coutinho, P. M., Nilsson, P., Henrissat, B., Moritz, T. and Sundberg, B. (2006): "Biosynthesis of cellulose-enriched tension wood in *Populus*: Global analysis of transcripts and metabolites identifies biochemical and developmental regulators in secondary wall biosynthesis", *Plant J.* 45, 144-165.
Baba, K., Adachi K., Take, T., Yokoyama, T., Itoh, T. and Nakamura, T. (1995): "Induction of tension wood in GA_3-treated branches of the weeping type of Japanese cherry, *Prunus spachiana*", *Plant Cell Physiol.* 36, 983-988.
Baba, K., Karlberg, A., Schmidt, J., Schrader, J., Hvidsten, T. R., Bako, L. and Bhalerao, R. P. (2011): "Activity-dormancy transition in the cambial meristem involves stage-specific modulation of auxin response in hybrid aspen", *Proc. Natl. Acad. Sci. USA* 108, 3418-3423.
Balatinecz, J. J. and Kennedy, R. W. (1968): "Mechanism of earlywood-latewood differentiation in *Larix decidua*", *Tappi* 51, 414-422.
Balch, R. E. (1952): "Studies of the balsam woolly aphid, *Adelges piceae* (Ratz), and its effects on balsam fir, *Abies balsamea* (L) Mill.", *Dept. Agric. Can. Publ.* 867, pp. 1-76.
Barker, J. E. (1979): "Growth and wood properties of *Pinus radiata* in relation to applied ethylene", *N. Z. J. For. Sci.* 9, 15-19.
Barnett, J. R. (1992): "Reactivation of the cambium in *Aesculus hippocastanum* L.: A transmission electron microscope study", *Ann. Bot.* 70, 169-177.
Begum, S., Nakaba, S., Bayramzadeh, V., Oribe, Y., Kubo, T. and Funada, R. (2008): "Temperature responses of cambial reactivation and xylem differentiation in hybrid poplar (*Populus sieboldii* × *P. grandidentata*) under natural conditions", *Tree Physiol.* 28, 1813-1819.
Begum, S., Nakaba, S., Oribe, Y., Kubo, T. and Funada, R. (2007): "Induction of cambial reactivation by localized heating in a deciduous hardwood hybrid poplar (*Populus sieboldii* × *P. grandidentata*)", *Ann. Bot.* 100, 439-447.
Begum, S., Nakaba, S., Oribe, Y., Kubo, T. and Funada, R. (2010a): "Cambial sensitivity

to rising temperatures by natural condition and artificial heating from late winter to early spring in the evergreen conifer *Cryptomeria japonica*", *Trees*, 24, 43-52.

Begum, S., Nakaba, S., Oribe, Y., Kubo, T. and Funada, R. (2010 b): "Changes in the localization and levels of starch and lipids in cambium and phloem during cambial reactivation by artificial heating of main stems of *Cryptomeria japonica* trees", *Ann. Bot.* 106, 885-895.

Begum, S., Nakaba, S., Yamagishi, Y., Oribe, Y. and Funada, R. (2013): "Regulation of cambial activity in relation to environmental conditions: understanding the role of temperature in wood formation of trees", *Physiol. Plant.* 147, 46-54.

Begum, S., Nakaba, S., Yamagishi, Y., Yamane, K., Islam, Md. A., Oribe, Y., Ko, J.H., Jin, H.O. and Funada, R. (2012a): "A rapid decrease in temperature induces latewood formation in artificially reactivated cambium of conifer stems", *Ann. Bot.* 110, 875-885.

Begum, S., Shibagaki, M., Furusawa, O., Nakaba, S., Yamagishi, Y., Yoshimoto, J, Jin, H. O, Sano, Y. and Funada, R. (2012b): "Cold stability of microtubules in wood-forming tissues of conifers during seasons of active and dormant cambium", *Planta* 235, 165-179.

Biemelt, S., Tschiersch, H. and Sonnewald, V. (2004): "Impact of altered gibberellin metabolism on biomass accumulation, lignin biosynthesis, and photosynthesis in transgenic tobacco plants", *Plant Physiol.* 135, 254-265.

Björklund, S., Antti, H., Uddestrand, I., Moritz, T., and Sundberg, B. (2007): "Cross-talk between gibberellin and auxin in development of *Populus* wood: Gibberellin stimulates polar auxin transport and has a common transcriptome with auxin", *Plant J.* 52, 499-511.

Blake, T. J., Pharis, R. P. and Reid, D. M. (1980): "Ethylene, gibberellins, auxin and the apical control of branch angle in a confer, *Cupressus arizonica*", *Planta* 148, 64-68.

Blum, W. (1970): "Über die experimentelle Beeinflussung der Reaktionsholzbildung bei Fichten und Papeln", *Ber. Schweiz. Bot. Ges.* 80, 225-252.

Bradford, K. J. and Yang, S. F. (1981): "Physiological responses of plants to waterlogging", *Hort. Sci.* 16, 25-30.

Brown, K. M. and Leopold, A. C. (1973): "Ethylene and the regulation of growth in pine", *Can. J. For. Res.* 3, 143-145.

Casperson, G. (1963): "Über die Bildung der Zellwand bei Reaktionsholz. II. Zur Physiologie des Reaktionsholzes", *Holztechnologie* 4, 33-37.

Casperson, G. (1965): "Über endogene Faktoren der Reaktionsholzbildung I. Wuchsstoffapplikation an Kastanienepikotylen", *Planta* 64, 225-240.

Casperson, G. and Hoyme, E. (1965): "Über endogene Faktoren der Reaktionsholzbildung 2.Mitt.: Untersuchung an Fichte (*Picea abies* Karst.)", *Faserforsch. Textiltech.* 16, 352-359.

Catesson, A. M. (1990): "Cambial cytology and biochemistry", in *The Vascular Cambium*, Iqbal, M.(ed.), pp. 63-112, Research Studies Press, Hertfordshire.

Chaffey, N. (1999): "Cambium: Old challenges–new opportunities", *Trees* 13, 138-151.

Cronshaw, J. and Morey, P. R. (1965): "Induction of tension wood by 2,3,5-tri-iodobenzoic acid", *Nature* 205, 816-818.

Cronshaw, J. and Morey, P. R. (1968): "The effect of plant growth substances on the development of tension wood in horizontally inclined stems of *Acer rubrum* seedlings", *Protoplasma* 65, 379-391.

Denne, M. P. and Wilson, J. E. (1977): "Some quantitative effects of indoleacetic acid on the woood production and tracheid dimensions of *Picea*", *Planta* 134, 223-228.

Deslauriers, A., Rossi, S., Anfodillo, T. and Saracino, A. (2008): "Cambial phenology, wood formation and temperature thresholds in two contrasting years at high altitude in Southern Italy", *Tree Physiol.* 28, 863-871.

Digby, J. and Wareing, P. F. (1966): "The effect of applied growth hormones on cambial divid ion and the differentiation of the cambial derivatives", *Ann. Bot.* 30, 539-548.

Druart, N., Johansson, A., Baba, K., Schrader, J., Sjödin, A., Bhalerao, R. R., Resman, L., Trygg, J., Moritz, T. and Bhalerao, R. P. (2007): "Environmental and hormonal regulation of the activity-dormancy cycle in the cambial meristem involves stage-specific modulation of transcriptional and metabolic networks", *Plant J.* 50, 557-573.

Du, S., Sugano, M., Tsushima, M., Nakamura, T. and Yamamoto, F. (2004a): "Endogenous indole-3-acetic acid and ethylene evolution in tilted *Metasequoia glyptostroboides* stems in relation to compression-wood formation", *J. Plant Res.* 117, 171-174.

Du, S., Uno, H. and Yamamoto, F. (2004b): "Roles of auxin and gibberellin in gravity-induced tension wood formation in *Aesculus turbinata* seedlings", *IAWA J.* 25, 337-347.

Du, S. and Yamamoto, F. (2003): "Ethylene evolution changes in the stems of *Metasequoia glyptostroboides* and *Aesculus turbinata* seedlings in relation to gravity-induced reaction wood formation", *Trees* 17, 522-528.

Du, S. and Yamamoto, F.(2007): "An overview of the biology of reaction wood formation", *J. Integrative Plant Biol.* 49, 131-143.

Dünisch, O., Fladung, M., Nakaba, S., Watanabe, Y. and Funada, R. (2006): "Influence of overexpression of a gibberellin 20-oxidase gene on the kinetics of xylem cell development in hybrid poplar (*Populus tremula* L. and *P. tremuloides* Michx.)", *Holzforschung* 60, 608-617.

Eklund, L. and Little, C. H. A. (1996): "Laterally applied ethrel causes local increases in radial growth and indole-3-acetic acid concentration in *Abies balsamea* shoots", *Tree Physiol.* 16, 509-513.

Eklund, L. and Little, C. H. A. (1998): "Ethylene evolution, radial growth and carbohydrate concentrations in *Abies balsamea* shoots ringed with Ethrel", *Tree Physiol.* 18, 383-391.

Eklund, L. and Tiltu, A. (1999): "Cambial activity in 'normal' spruce *Picea abies* Karst (L.) and snake spruce *Picea abies* (L.) Karst f. *virgata* (Jacq.) Rehd in response to ethylene", *J. Exp. Bot.* 50, 1489-1493.

Eriksson, M. E., Israelsson, M., Olsson, O. and Moritz, T. (2000): "Increased gibberellin biosynthesis in transgenic trees promotes growth, biomass production and xylem fiber length", *Nature Biotech.* 18, 784-788.

Fahn, A. and Zamski, E.(1970): "The influence of pressure, wind, wounding and growth substances on the rate of resin duct formation in *Pinus halepensis* wood", *Isr. J. Bot.* 19, 429-446.

Farrar, J. J. and Evert, R. F. (1997): "Seasonal changes in the ultrastructure of the vascular cambium of *Robinia pseudoacacia*", *Trees* 11, 191-202.

Funada, R.(2000): "Control of wood structure", in *Plant Microtubules: Potential for Biotechnology*, Nick, P.(ed.), pp. 51-81, Springer-Verlag, Heidelberg.

Funada, R. (2008): "Microtubules and the control of wood formation", in *Plant Microtubules*, Nick, P.(ed.), pp. 83-119, Springer Verlag, Heidelberg.

Funada, R. and Catesson, A. M. (1991): "Partial cell wall lysis and the resumption of meristematic activity in *Fraxinus excelsior* cambium", *IAWA Bull. n.s.* 12, 439-444.

Funada, R., Kubo, T. and Fushitani, M.(1990a): "Early- and latewood formation in *Pinus densiflora* trees with different amounts of crown", *IAWA Bull. n.s.* 11, 281-288.

Funada, R., Kubo, T., Sugiyama, T. and Fushitani, M. (2002): "Changes in levels of endogenous plant hormones in cambial regions of stems of *Larix kaempferi* at the onset of cambial activity in springtime", *J. Wood Sci.* 48, 75-80.

Funada, R., Kubo, T., Tabuchi, M., Sugiyama, T. and Fushitani, M. (2001): "Seasonal variations in endogenous indole-3-acetic acid and abscisic acid in the cambial region of *Pinus densiflora* Sieb. et Zucc. stems in relation to earlywood-latewood transition and cessation of tracheid production", *Holzforschung* 55, 128-134.

Funada, R., Miura, T., Shimizu, Y., Kinase, T., Nakaba, S., Kubo, T. and Sano, Y. (2008): "Gibberellin-induced formation of tension wood in angiosperm trees", *Planta* 227, 1409-1414.

Funada, R., Mizukami, E., Kubo, T., Fushitani, M. and Sugiyama, T. (1990b): "Distribu-

tion of indole-3-acetic acid and compression wood formation in the stems of inclined *Cryptomeria japonica*", *Holzforschung* 44, 331-334.
Funada, R., Sugiyama, T., Kubo, T. and Fushitani, M.(1987): "Determination of indole-3-acetic acid levels in *Pinus densiflora* using the isotope dilution method", *Mokuzai Gakkaishi* 33, 83-87.
Funada, R., Sugiyama, T., Kubo, T. and Fushitani, M. (1988): "Determination of abscisic acid in *Pinus densiflora* by selected ion monitoring", *Plant Physiol.* 88, 525-527.
Funada, R., Sugiyama, T., Kubo, T. and Fushitani, M. (1992): "Identification of endogenous cytokinins in the cambial region of *Cryptomeria japonica*", *Mokuzai Gakkaishi* 38, 317-320.
Gričar, J., Zupančič, M., Čufar, K., Koch, G., Schmitt, U. and Oven, P. (2006): "Effect of local heating and cooling on cambial activity and cell differentiation in the stem of Norway spruce (*Picea abies*)", *Ann. Bot.* 97, 943-951.
Hejnowicz, A. and Tomaszewski, M. (1969): "Growth regulators and wood formation in *Pinus silvestris*", *Physiol. Plant.* 22, 984-992.
Hellgren, J. M., Olofsson, K. and Sundberg, B. (2004): "Patterns of auxin distribution during gravitational induction of reaction wood in popular and pine", *Plant Physiol.* 135, 212-220.
Israelsson, M., Sundberg, B. and Moritz, T. (2005): "Tissue-specific localization of gibberellins and expression of gibberellin-biosynthetic and signaling genes in wood-forming tissues in aspen", *Plant J.* 44, 494-504.
Jiang, S., Furukawa, I., Honma, T., Mori, M., Nakamura, T. and Yamamoto, F. (1998a): "Effects of applided giberellins and uniconazole-P on gravitropism and xylem formation in horizontally positioned *Fraxinus mandshurica* seedlings", *J. Wood Sci.* 44, 385-391.
Jiang S., Honma, T., Nakamura, T., Furukawa, I. and Yamamoto, F. (1998b): "Regulation by uniconazole-P and gibberellins of morphological and anatomical responses of *Fraxinus mandshurica* seedlings to gravity", *IAWA J.* 19, 311-320.
Jin. H., Do, J., Moon, D., Noh, E. W., Kim, W. and Kwon, M. (2011): "EST analysis of functional genes associated with cell wall biosynthesis and modification in the secondary xylem of the yellow poplar(*Liriodendron tulipifera*)stem during early stage of tension wood formation", *Planta* 234, 959-977.
Kalev, N. and Aloni, R. (1999): "Role of ethylene and auxin in regenerative differentiation and orientation of tracheids in *Pinus pinea* seedlings", *New Phytol.* 142, 307-313.
Kennedy, R. W. and Farrar, J. L. (1965): "Induction of tension wood with the antiauxin

2,3,5-tri-iodobenzoic acid", *Nature* 208, 406-407.
Kudo, K., Nabeshima, E., Begum, S., Yamagishi, Y., Nakaba, S., Oribe, Y., Yasue, K. and Funada, R. (2014): "The effects of localized heating and disbudding on cambial reactivation and formation of earlywood vessels in seedlings of the deciduous ring-porous hardwood, *Quercus serrata*", *Ann. Bot.* 113, 1021-1027.
Lachaud, S., Catesson, A. M. and Bonnemain, J. L. (1999): "Structure and functions of the vascular cambium", *CR Acad. Sci.* 322, 633-650.
Larson, P. R. (1962): "Auxin gradients and the regulation of cambial activity", in *Tree Growth*, Kozlowski, T. T. (ed.), pp. 97-117, Ronald Press, New York.
Larson, P. R. (1994): *The Vascular Cambium: Development and Structure*, Springer, Berlin, Heidelberg, New York.
Leopold, A. C., Brown, K. M. and Emerson, F. H. (1972): "Ethylene in the wood of stressed trees", *Hort. Sci.* 7, 175.
Little, C. H. A. and Eklund, L. (1999): "Ethylene in relation to compression wood formation in *Abies balsamea* shoots", *Trees* 13, 173-177.
Little, C. H. A. and Pharis, R. P. (1995): "Hormonal control of radial and longitudinal growth in the tree stem", in *Plant Stems*, Gartner, B. L.(ed.), pp. 281-319, Academic Press, San Diego.
Little, C. H. A. and Savidge, R. A. (1987): "The role of plant growth regulators in forest tree cambial growth", *Plant Growth Regul.* 6, 137-169.
Little, C. H. A. and Wareing, P. F. (1981): "Control of cambial activity and dormancy in *Picea sitchensis* by indol-3-ylacetic and abscisic acids", *Can. J. Bot.* 59, 1480-1493.
Love, J., Björklund, S., Vahala, J., Hertzberg, M., Kangasjärvi, J. and Sundberg, B. (2009): "Ethylene is an endogenous stimulator of cell division in the cambial meristem of Populus", *Proc. Natl. Acad. Sci. USA* 106, 5984-5989.
Moritz, T. and Sundberg, B.(1996): "Endogenous cytokinins in the vascular cambial region of *Pinus sylvestris* during activity and dormancy", *Physiol. Plant.* 98, 693-698.
Moyle, R., Schrader, J., Stenberg, A., Olsson, O., Saxena, S., Sandberg, G. and Bhalerao, R. P. (2002): "Environmental and auxin regulation of wood formation involves members of the *Aux/IAA* gene family in hybrid aspen", *Plant J.* 31, 675-685.
Nakamura, T., Saotome, M., Ishiguro, Y., Itoh, R., Higurashi, S., Hosono, M. and Ishii, Y. (1994): "The effects of GA_3 on weeping of growing shoots of the Japanese cherry, *Prunus spachiana*", *Plant Cell Physiol.* 35, 523-527.
Nečesaný, V. (1958): "Effects of β-indoleacetic acid on the formation of reaction wood", *Phyton* 11, 117-127.

Nelson, N. D. and Hills, W. E. (1978): "Ethylene and tension wood formation in *Eucalyptus gomphocephala*", *Wood Sci. Technol.* 12, 309-315.

Nieminen, K., Immanen, J., Laxell, M., Kauppinen, L., Tarkowski, P., Dolezal, K., Tähtiharju, S., Elo, A., Decourteix, M., Ljungd, K., Bhalerao, R., Keinonen, K., Albert, V. A. and Helariutta, Y. (2008): "Cytokinin signaling regulates cambial development in poplar", *Proc. Natl. Acad. Sci. USA* 105, 20032-20037.

Nilsson, J., Karlberg, A., Antti, H., Lopez-Vernaza, M., Mellerowicz E., Perrot-Rechenmann C., Sandberg, G. and Bhalerao R. P. (2008): "Dissecting the molecular basis of the regulation of wood formation by auxin in hybrid aspen", *Plant Cell* 20, 843-855.

Nugroho, W. D., Nakaba, S., Yamagishi, Y., Begum, S., Marsoem, S. N., Ko, J. H., Jin, H. O. and Funada, R. (2013): "Gibberellin mediates the development of gelatinous fibers in the tension wood of inclined *Acacia mangium* seedlings", *Ann. Bot.* 112, 1321-1329.

Nugroho, W. D., Yamagishi, Y., Nakaba, S., Fukuhara, S., Begum, S., Marsoem, S. N., Ko, J. H., Jin, H. O. and Funada, R. (2012): "Gibberellin is required for the formation of tension wood and stem gravitropism in *Acacia mangium* seedlings", *Ann. Bot.* 110, 887-895.

Odani, K.(1985): "Indole-3-acetic acid transport in pine shoots under the stage of true dormancy", *J. Jpn. For. Soc.* 67, 332-334.

Oribe, Y., Funada, R. and Kubo, T. (2003): "Relationships between cambial activity, cell differentiation and the localization of starch in storage tissues around the cambium in locally heated stems of *Abies sachalinensis* (Schmidt) Masters", *Trees* 17, 185-192.

Oribe, Y., Funada, R., Shibagaki, M. and Kubo, T. (2001): "Cambial reactivation in locally heated stems of the evergreen conifer *Abies sachalinensis* (Schmidt) Masters", *Planta* 212, 684-691.

Oribe, Y. and Kubo, T. (1997): "Effect of heat on cambial reactivation during winter dormancy in evergreen and deciduous conifers", *Tree Physiol.* 17, 81-87.

Phelps, J. E., McGinnes, E. A. Jr., Smoliński, M., Saniewski, M. and Pieniążek, J. (1977): "A note on the formation of compression wood induced by morphactin IT 3456 in *Thuja* shoots", *Wood Fiber* 8, 223-227.

Phelps, J. E, Saniewski, M., Smoliński, M., Pieniążek, J. and McGinnes, E. A. Jr. (1974): "A note on the structure of morphactin-induced wood in two coniferous species", *Wood Fiber* 6, 13-17.

Plomion, C., Pionneau, C., Brach, J., Costa, P. and Baillères, H. (2000): "Compression wood-responsive proteins in developing xylem of maritime pine (*Pinus pinaster* Ait.)", *Plant Physiol.* 123, 959-969.

Rinne, P.(1990): "Effects of various stress treatments on growth and ethylene evolution in seedlings and sprouts of *Betula pendula* Roth and *B. pubescens* Ehrh", *Scand. J. For. Res.* 5, 155-167.

Robitaille, H. A. (1975): "Stress ethylene production in apple shoots", *J. Amer. Soc. Hort. Sci.* 100, 524-527.

Robitaille, H. A. and Leopold., A. C. (1974): "Ethylene and the regulation of apple stem growth under stress", *Physiol. Plant.* 32, 301-304.

Rossi, S., Deslauriers, A., Anfodillo, T. and Carraro, V. (2007): "Evidence of threshold temperatures for xylogenesis in conifers at high altitudes", *Oecologia* 152, 1-12.

Rossi, S., Deslauriers, A., Griçar, J., Seo, J. W., Rathgeber, C. B. K., Anfodillo, T., Morin, H., Levanic, T., Oven, P. and Jalkanen, R. (2008): "Critical temperatures for xylogenesis in conifers of cold climates", *Global Ecol. Biogeogr.* 17, 696-707.

Samuels, A. L., Kaneda, M. and Rensing, K. H. (2006): "The cell biology of wood formation: From cambial divisions to mature secondary xylem", *Can. J. Bot.* 84, 631-639.

Savidge, R. A. (1988): "Auxin and ethylene regulation of diameter growth in trees", *Tree Physiol.* 4, 401-414.

Savidge, R. A., Heald, J. K. and Wareing, P. F. (1982): "Non-uniform distribution and seasonal variation of endogenous indol-3yl-acetic acid in the cambial region of *Pinus contorta* Dougl.", *Planta* 155, 89-92.

Savidge, R. A., Mutumba, G. M. C., Heald, J. K. and Wareing, P. F. (1983): "Gas chromatography-mass spectroscopy identification of 1-aminocyclopropane-1-carboxylic acid in compressionwood vascular cambium of *Pinus contorta* Dougl.", *Plant Physiol.* 71, 434-436.

Savidge, R. A. and Wareing, P. F.(1984): "Seasonal cambial activity and xylem development in *Pinus contorta* in relation to endogenous indol-3-yl-acetic and (S)-abscisic acid levels", *Can. J. For. Res.* 14, 676-682.

Schrader, J., Baba, K., May, S. T., Palme, K., Bennett, M., Bhalerao, R. P. and Sandberg, G. (2003): "Polar auxin transport in the wood-forming tissues of hybrid aspen is under simultaneous control of developmental and environmental signals", *Proc. Natl. Acad. Sci. USA* 100, 10096-10101.

Schrader, J., Moyle, R., Bhalerao, R., Hertzberg, M., Lundeberg, J., Nilsson, P. and Bhalerao, R. P. (2004): "Cambial meristem dormancy in trees involves extensive remodelling of the transcriptome", *Plant J.* 40, 173-187.

Seo, J. W., Eckstein, D., Jalkanen, R., Rickebusch, S. and Schmitt, U. (2008): "Estimating the onset of cambial activity in scots pine in Northern Finland by means of the heat-sum approach", *Tree Physiol.* 28, 105-112.

Sundberg, B., Ericsson, A., Little, C. H. A., Näsholm, T. and Gref, R.(1993): "The relationship between crown size and ring width in *Pinus sylvestris* L. stems: Dependence on indole-3-acetic acid, carbohydrates and nitrogen in the cambial region", *Tree Physiol.* 12, 347-362.

Sundberg, B. and Little, C. H. A.(1990): "Tracheid production in response to changes in the internal level of indole-3-acetic acid in 1-year-old shoots of scots pine", *Plant Physiol.* 94, 1721-1727.

Sundberg, B., Little, C. H. A., Cui, K. and Sandberg, G. (1991): "Level of endogenous indole-3-acetic acid in the stem of *Pinus sylvestris* in relation to the seasonal variation of cambial activity", *Plant Cell Environ.* 14, 241-246.

Sundberg, B., Little, C. H. A., Riding, R. T. and Sandberg, G. (1987): "Levels of endogenous indole-3-acetic acid in the vascular cambium region of *Abies balsamea* trees during the activity–rest–quiescence transition", *Physiol. Plant.* 71, 163-170.

Sundberg, B., Tuominen, H. and Little, C. H. A. (1994): "Effects of the indole-3-acetic acid (IAA) transport inhibitors N-1-naphthylphtalamic acid and morphactin on endogenous IAA dynamics in relation to compression wood formation in 1-year-old *Pinus sylvestris* (L.) shoots", *Plant Physiol.* 106, 469-476.

Sundberg, B. and Uggla, C. (1998): "Origin and dynamics of indoleacetic acid under polar transport in *Pinus sylvestris*", *Physiol. Plant.* 104, 22-29.

Timell, T. E. (1986): *Compression Wood in Gymnosperms. 1* and *2*, Springer, Berlin.

Tuominen, H., Puech, L., Fink, S. and Sundberg, B.(1997): "A radial concentration gradient of indole-3-acetic acid is related to secondary xylem development in hybrid aspen", *Plant Physiol.* 115, 577-585.

Uggla, C., Magel, E., Moritz, T. and Sundberg, B. (2001): "Function and dynamics of auxin and carhydrates during earlywood/latewood transition in scots pine", *Plant Physiol.* 125, 2029-2039.

Uggla, C., Mellerowicz, E. J. and Sundberg, B.(1998): "Indole-3-acetic acid controls cambial growth in scots pine by positional signaling", *Plant Physiol.* 117, 113-121.

Uggla, C., Moritz, T., Sandberg, G. and Sundberg, B.(1996): "Auxin as a positional signal in pattern formation in plants", *Proc. Natl. Acad. Sci. USA* 93, 9282-9286.

Ursache, R., Nieminen, K. and Helariutta, Y. (2013): "Genetic and hormonal regulation of cambial development", *Physiol. Plant.* 147, 36-45.

Wample, R. L. and Reid, D. M. (1979): "The role of endogenous auxin and ethylene in the formation of adventitious roots and hypocotyl hypertrophy in flooded sunflower plants(*Helianthus annuus*)", *Physiol. Plant.* 45, 219-226.

Wardrop, A. B. and Davies, G. W. (1964): "The nature of reaction wood: Ⅷ. The struc-

ture and differentiation of compression wood", *Aust. J. Bot.* 12, 24-38.
Wershing, H. F. and Bailey, I. W. (1942): "Seedlings as experimental material in the study of "redwood" in conifers", *J. For.* 40, 411-414.
Wilson, B. F. (1968): "Effect of girdling on cambial activity in white pine", *Can. J. Bot.*, 46, 141-146.
Wilson, B. F., Chien, C. T. and Zaerr, J. B. (1989): "Distribution of endogenous indole-3-acetic acid and compression wood formation in reoriented branches of Douglas fir", *Plant Physiol.* 91, 338-344.
Yamaguchi, K., Itoh, T. and Shimaji, K. (1980): "Compression wood induced by 1-N-naphthylphthalamic acid (NPA), an IAA transport inhibitor", *Wood Sci. Technol.* 14, 181-185.
Yamaguchi, K., Shimaji, K. and Itoh, T. (1983): "Simultaneous inhibition and induction of compression wood formation by morphactin in artificially inclined stems of Japanese larch(*Larix leptolepis* Gordon)", *Wood Sci. Technol.* 17, 81-89.
Yamamoto, F. and Kozlowski, T. T. (1987a): "Effects of flooding, tilting of stems, and ethrel application on growth, stem anatomy, and ethylene production of *Pinus densiflora* seedlings", *J. Exp. Bot.* 38, 293-310.
Yamamoto, F. and Kozlowski, T. T. (1987b): "Effects of flooding, tilting of stems, and ethrel application on growth, stem anatomy, and ethylene production of *Acer platanoides* seedlings", *Scand. J. For. Res.* 2, 141-156.
Yamamoto, F., Angeles, G. and Kozlowski, T. T. (1987a): "Effect of ethrel on stem anatomy of *Ulmus americana* seedlings", *IAWA Bull. n.s.* 8, 3-9.
Yamamoto, F., Kozlowski, T. T. and Wolter, K. E. (1987b): "Effect of flooding on growth, stem anatomy, and ethylene production of *Pinus halepensis* seedlings", *Can. J. For. Res.* 17, 69-79.
Yamamoto, F., Sakata, T. and Terazawa, K. (1995a): "Physiological, morphological, and anatomical responses of *Fraxinus mandshurica* seedlings to flooding", *Tree Physiol.* 15, 713-719.
Yamamoto, F., Sakata, T. and Terazawa K. (1995b): "Growth, morphology, stem anatomy, and ethylene production in flooded *Alnus japonica* seedlings", *IAWA J.* 16, 47-59, 1995.
Yoshida, M., Nakamura, T. Yamamoto, H. and Okuyama, T. (1999): "Negative gravitropism and growth stress in GA_3-treated branches of *Prunus spachiana* Kitamura f. *spachiana* cv. *Plenarosea*", *J. Wood Sci.* 45, 368-372.

第6章　あて材の材質特性

6.1　物理的性質

　木材は生物材料であるが故に、その物理的性質は木材の組織・構造に大きな影響を受ける(**序章**参照)。正常材とあて材の物理的性質の違いは、そのほとんどが組織・構造の違いに起因する(**1章**参照)。本節では、あて材の物理的性質とその組織・構造との関係について述べる。

6.1.1　圧縮あて材

　圧縮あて材の物理的性質に大きく関与する組織・構造因子として、仮道管の形態変化および化学成分量変化、S_2層ミクロフィブリル傾角の変化が挙げられる。圧縮あて材の仮道管二次壁にS_3層を欠くが、二次壁全体では正常材と比べて厚い(**1.1.1**参照)。これにより、材の密度は大きくなる。また、圧縮あて材では、正常材と比べてリグニン濃度が高く、セルロースの割合が減少する(**2章**参照)。さらに、仮道管S_2層ミクロフィブリル傾角が約45°になり、正常材と比べて非常に大きい(吉澤1994、**1.1.1**参照)。このことは、正常材で無視できるほど小さい繊維方向収縮率を大きくする。この繊維方向収縮率の増加が乾燥による材の反りや狂い、割れの原因となる。

　このように、あて材を含む製材品などでは、材質が不均一になり、特に、構造用材として用いるときには、あて材の存在に注意を払う必要がある(平川2001)。

6.1.1.1　材の密度

　木材の密度は、細胞壁の量的指標であり、最も基本的な物理的性質であるとともに、種々の木材物性に大きく関与する因子である(**0.3.2**参照)。一般に、密度が大きいということは、単位体積当たりの木材実質量が多いため、強さや

表6-1-1 圧縮あて材と正常材の容積密度の比較(Timell 1986 より抜粋)

樹　種	容積密度(g/cm^3) CW	容積密度(g/cm^3) NW	CW/NW
バルサムモミ(*Abies balsamea*)	0.63	0.29	2.17
ヨーロッパアカマツ(*Pinus sylvestris*)	0.61	0.32	1.91
ベイマツ(*Pseudotsuga menziesii*)	0.61	0.36	1.69
ニオイヒバ(*Thuja occidentalis*)	0.59	0.28	2.11
カナダツガ(*Tsuga canadensis*)	0.58	0.35	1.66

注）CW＝圧縮あて材、NW＝正常材

ヤング率などの木材の力学的性質を向上させ、木材を利用する場面で有利になる。さらに、地球温暖化防止に果たす森林の役割が重要視される場合には、樹木がより多くの二酸化炭素を吸収し、木材としてより長期間に渡って炭素を貯蔵することが求められる。すなわち、成長が良く、木材の密度が高い樹木は、地球温暖化防止に大きく貢献する。

表6-1-1に圧縮あて材と正常材の容積密度の比較を示す。材の密度は、正常材と比較して、圧縮あて材において高い値を示す(Panshin & de Zeeuw 1980; Timell 1986)。Timell(1986)は、圧縮あて材が形成されると、細胞間隙の増加やらせん状の裂目などの空隙が増加するが、S_2層の著しく肥厚した仮道管の存在により、材の密度が増加し、例えば、同部位で同年輪位置の正常材と比較すると圧縮あて材で材密度が約2倍となることを指摘している。

圧縮あて材の密度は大きいが、同じ密度の正常材と比べると、圧縮強さはやや低く(渡辺 1978)、あるいは生材では大差ないが気乾材では低い(森林総合研究所 2004)とされる(**6.2.1参照**)。また、密度の増加に対する強さの増加割合は低い(堤 1985)。さらに後述する通り、S_2層のミクロフィブリル傾角が大きいためヤング率も小さい(渡辺 1978)。これらの理由から、木材の利用に際して材質が低いと評価される。

6.1.1.2　収縮率

乾燥に伴って木材の含水率が下がり、繊維飽和点(fiber saturation point)以下になると、セルロースミクロフィブリルの非晶領域に吸着(adsorption)していた結合水(bound water)が脱着(desorption)し、細胞壁の寸法が収縮する。

表6-1-2　あて材の収縮率(Panshin & de Zeeuw 1980; Watanabe & Norimoto 1996; 森林総合研究所 2004; Ishiguri *et al.* 2012 より抜粋および一部改変)

種類	樹種	収縮率(%) 繊維方向 あて材	正常材	放射方向 あて材	正常材	接線方向 あて材	正常材	文献
針葉樹	ポンデローサマツ (*Pinus ponderosa*)	0.71	0.18	2.2	4.6	2.6	6.3	森林総合研究所 (2004)
	セコイア (*Sequoia sempervirens*)	1.19	0.14	1.4	1.5	2.4	3.5	
	アカマツ (*Pinus densiflora*)	2.03	0.24	2.6	2.6	3.9	8.4	
	スギ (*Cryptomeria japonica*)	0.94	0.23	1.8	2.2	3.6	6.4	Watanabe & Norimoto (1996)
	ヒノキ (*Chamaecyparis obtusa*)	0.92	0.21	2.8	3.7	5.1	6.7	
	シトカトウヒ (*Picea sitchensis*)	0.58	0.25	2.4	4.7	4.5	7.6	
	Agathis bornensis (ナンヨウスギ科)	1.04	0.27	2.6	5.0	5.1	8.3	
	Podocarpus imbricatus (マキ科)	0.64	0.24	4.3	2.8	7.7	8.6	
広葉樹	ギンヨウカエデ (*Acer saccharinum*)	1.00	0.41	3.6	4.1	8.8	9.6	Panshin & de Zeeuw (1980)
	クリ (*Castanea crenata*)	0.97	0.30	6.6	6.6	10.6	13.4	Ishiguri *et al.* (2012)
	ヤマザクラ (*Cerasus jamasakura*)	0.90	0.17	5.2	5.1	13.1	12.5	
	ウリカエデ (*Acer crataegifolium*)	0.83	0.32	3.0	3.5	7.2	7.9	
	ミズキ (*Cornus controversa*)	0.75	0.23	5.3	5.4	10.6	9.6	
	マルバアオダモ (*Fraxinus sieboldiana*)	0.82	0.61	3.2	2.8	10.0	7.2	

　木材の収縮(shrinkage)には異方性があり、繊維方向、放射方向、接線方向で収縮する割合は著しく異なる。一般に、その比は0.5～1：5：10であり、実用的には繊維方向の収縮は無視されることがある(**0.3.3**参照)。この収縮異方性が乾燥に伴う割れや狂いの原因となる。
　表6-1-2に圧縮あて材の収縮率を示す。正常材に比べて、圧縮あて材の収

縮率は、繊維方向において著しく増加し、放射方向と接線方向では小さい。例えば、正常材の繊維方向の収縮率が0.1〜0.2％であるのに対して、圧縮あて材では1〜2％に達し、放射方向、接線方向の収縮率は正常材より小さい（渡辺 1978）。放射方向・接線方向に比べて繊維方向の収縮率が異常に大きいため、材の反り、狂い、割れが生じやすい（吉澤 1994）。繊維方向収縮率は、最大で正常材の10倍となる（森林総合研究所 2004）。

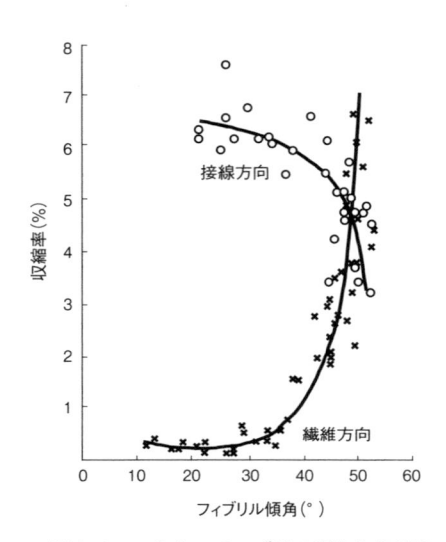

図6-1-1　ミクロフィブリル傾角と収縮率
（Meylan 1968）

　繊維方向収縮率が増加する原因として、S_2層のミクロフィブリル傾角が大きいことが上げられる。乾燥するとミクロフィブリル間に吸着していた結合水が脱着するため、ミクロフィブリル間は縮まるが、ミクロフィブリルの長軸方向には変化がほとんどない。すなわち、細胞壁の大部分を占めるS_2層のミクロフィブリル傾角が小さいとき、細胞の繊維方向の収縮率はほとんど無視できるが、繊維直角方向のそれは大きい。しかし、ミクロフィブリル傾角が大きくなると繊維方向の収縮が大きくなる。Barber & Meylan(1964)は、S_2層のミクロフィブリル傾角が大きくなるほど繊維方向収縮率は大きくなることを報告している。Meylan(1968)は、マツ（*Pinus jefferyi*）において、S_2層のミクロフィブリル傾角が約50°のところで繊維方向と接線方向の収縮率が同程度になることを明らかにした（図6-1-1）。針葉樹材では、S_2層のミクロフィブリル傾角が25〜30°以下では繊維方向収縮率は無視できるほど小さいが、これを越えて大きくなると収縮率は急激に増加し、それに伴って接線方向収縮率が減少する。

　圧縮あて材の繊維方向収縮率と密度との関係では、密度の増加に伴って大きなミクロフィブリル傾角を持った木材実質が増えるため、繊維方向収縮率は

大きくなること、正常材の放射方向収縮率は密度の増加に伴って大きくなるが、圧縮あて材では明確な関係がないこと、接線方向収縮率では正常材と圧縮あて材ともに明確な関係がないことが報告されている(Watanabe & Norimoto 1996)。

6.1.1.3 透過性

木材の透過性(permeability)は、薬剤注入性や乾燥性に影響する物理的性質である。木材は多孔性であるが、透過性はそれほど大きくない。針葉樹材では流体はほとんど仮道管の内腔(lumen)を通り、仮道管と仮道管の連絡路は有縁壁孔対(bordered pit pair)のみである。したがって、有縁壁孔対の壁孔膜(pit membrane)の状態、すなわち、有縁壁孔の閉塞(aspiration)、心材であれば心材成分の沈着(encrustation)が透過性に影響を与える(松村ら 1995, 1996; Fujii et al. 1997)。

圧縮あて材の透過性に関する研究は少ないが、Tarmian & Perré(2009)は、ドイツトウヒ(*Picea abies*)において、圧縮あて材の繊維方向透過性は正常材より低く、1/30であることを報告している。この原因として、有縁壁孔対の違いに原因を求めている。すなわち、正常材に比べて圧縮あて材の有縁壁孔数が少ないこと、さらに、孔口(pit aperture)の平均直径が小さく、正常材で15 μmであるのに対して圧縮あて材では9 μmであることが透過性の違いの原因と考察している。放射方向の透過性も正常材より低く、1/1.5であることが報告されている。

6.1.2　引張あて材

引張あて材と正常材の物理的性質の違いもまたその組織・構造が正常材と異なることに起因する。引張あて材の物理的性質に影響する組織・構造や化学的性質として、高度に結晶化し、ミクロフィブリル傾角の極めて小さい、厚いG層が木繊維二次壁の最内層に存在や、道管径が小さくその数が少なく、また壁孔の道管数も少ないことが挙げられる(**1.2.1** 参照)。

6.1.2.1　材の密度

表6-1-3に引張あて材と正常材の容積密度の比較を示す。G層が形成され

表6-1-3　G層を形成する引張あて材と正常材の容積密度の比較(上田 1973; Jourez *et al.* 2001; Ishiguri *et al.* 2012 から抜粋)

樹　種	容積密度(g/cm³) TW	容積密度(g/cm³) NW	TW/NW	文　献
ポプラ(*Populus euramericana* cv. Ghoy)	0.40	0.38*	1.05	Jourez *et al.*(2001)
ポプラ(*Populus tremula* var. *sieboldii*, syn. *P. sieboldii*)	0.49	0.42	1.17	上田(1973)
ヤチダモ(*Fraxinus mandshurica*, syn. *F. mandshurica* var. *japonica*)	0.69	0.65	1.06	
クリ(*Castanea crenata*)	0.55	0.52	1.04	
ヤマザクラ(*Cerasus jamasakura*)	0.51	0.53	0.95	Ishiguri *et al.*(2012)
ウリカエデ(*Acer crataegifolium*)	0.49	0.47	1.04	

注) TW＝引張あて材、NW＝正常材、＊＝オポジット材を使用したデータ

る樹種の場合、G層の発達により木繊維の細胞壁が厚くなるため材の密度が大きくなる(Panshin & de Zeeuw 1980)。厚いG層が形成される場合、引張あて材の密度は、正常材と比較して30％まで増加するが、薄いG層が形成される場合には、その増加率は5～10％程度であることが知られている(Panshin & de Zeeuw 1980)。一方、G層が形成されるにもかかわらず、正常材と比較して、引張あて材の容積密度が低い値を示す場合もある(Panshin & de Zeeuw 1980)。

　一般に、引張あて材では、正常材で言われる密度と力学的性質との正の関係は成立しないことが多い。これは、G層ではセルロースは多いがリグニンが少ないこと、G層のミクロフィブリル傾角が小さいこと(1.2参照)が理由とされ、乾燥材の縦圧縮強さは正常材より小さく、縦引張強さは大きいとされている。生材では引張強さも小さいことが認められている(渡辺 1978; 吉澤 1994; 馬場 2003)。一方、同じ密度の引張あて材と正常材を比較すると、衝撃曲げ吸収エネルギーを除いて、引張あて材の強度は小さいことが認められている(森林総合研究所 2004、**6.2.2**参照)。

6.1.2.2　収縮率

　表6-1-2に引張あて材の収縮率を示す。正常材に比べて引張あて材の繊維

方向収縮率は大きく、圧縮あて材ほどではないが1％以上に達する。森林総合研究所(2004)によれば、繊維方向収縮率は正常材の約5倍大きいとしている。Manwiller(1967)は、ギンヨウカエデ(*Acer saccharinum*)の正常材で木部繊維のS$_2$層ミクロフィブリル傾角がより小さく、繊維方向収縮率が0.1〜0.3％であるのに対して、引張あて材ではG層のミクロフィブリル傾角が小さいにも関わらず、繊維方向収縮率は1.55％に達すること、G繊維の含有率が増すほど繊維方向収縮率は大きくなることを報告している。

6.1.2.3 透過性

広葉樹では流体はほとんど道管を通るため、道管を塞ぐチロースのほか道管相互壁孔が透過性に影響を与える(Fujii *et al.* 2001)。

引張あて材の透過性に関する研究は少ないが、Tarmian & Perré(2009)は、ヨーロッパブナ(*Fagus sylvatica*)において、引張あて材の透過性は正常材より低く、繊維方向で最大1/6、放射方向で1/4の差があること、繊維方向において透過性が低くなる原因として、引張あて材の道管内腔径が小さいことを指摘している。また、放射方向における透過性の違いについては、正常材と引張あて材において放射組織の構成要素率に差が認められないことから、道管相互壁孔の違いに原因を求めている。すなわち、階段壁孔の径が引張あて材で6.7μm、正常材で10.8μm、対列壁孔では引張あて材で4.3μm、正常材で6.0μmと、それぞれ引張あて材の方が小さい。言い換えれば、道管相互壁孔径が小さく、数が少ないことが引張あて材の放射方向の透過性を低下させるとしている(Tarmian *et al.* 2009)。

6.2 あて材の力学的性質

あて材の力学的性質は、あて材形成に伴う組織・構造の変化および化学的成分の変化に大きく影響を受けている。本節では、圧縮あて材および引張あて材ごとに、実用上重要な機械的性質である、縦圧縮・縦引張および曲げ物性(bending property)に関して、正常材と比較しながら、組織・構造および化学的特徴と関連づけて解説する。

表6-2-1 あて材と正常材の力学的性質の比較(Panshin & de Zeeuw 1980より改変)

あて材の種類	樹　種	部位	含水率(%)	密度	MOR (MPa)	MOE (GPa)	CS (MPa)	TS (MPa)
圧縮あて材 (CW)	コロラドモミ (*Abies concolor*)	CW	109 12	0.47 0.51	52.2 87.6	6.78 7.64	24.7 40.7	— —
		NW	187 12	0.35 0.38	41.6 72.1	8.14 9.15	19.2 36.0	— —
	トウヒ属種 (*Picea glauca*)	CW	生材 10	0.39 0.39	36.5 66.3	— —	16.5 36.3	— —
		NW	生材 10	0.32 0.33	31.8 63.9	— —	13.7 34.4	— —
	ポンデローサマツ (*Pinus ponderosa*)	CW	87 13	0.47 0.50	42.2 80.7	5.81 7.03	22.8 41.2	66.8 —
		NW	133 12	0.35 0.37	32.0 67.8	7.40 9.27	16.1 35.9	81.2 —
	マツ (*Pinus resinosa*)	CW	生材 10	0.42 0.45	36.9 70.9	— —	16.5 38.5	— —
		NW	生材 10	0.38 0.40	33.3 72.6	— —	14.7 37.2	— —
	ベイマツ (*Pseudotsuga menziesii*)	CW	43 12	0.51 0.53	55.2 86.2	7.01 8.19	28.6 49.2	75.0 88.3
		NW	58 12	0.43 0.46	46.7 89.3	9.44 11.49	22.6 49.8	95.5 91.0
	Sequoia gigantea (ヒノキ科)	CW	135 14	0.54 0.59	74.1 96.0	7.52 7.86	36.3 48.5	83.8 118.7
		NW	180 13	0.34 0.35	45.0 67.7	7.58 8.55	25.2 37.1	73.6 65.4
	セコイア (*Sequoia sempervirens*)	CW	102 11	0.51 0.51	51.5 61.3	4.72 5.43	32.0 50.0	40.7 52.1
		NW	114 10	0.38 0.38	50.4 70.4	7.65 8.64	27.2 49.4	69.9 61.0
引張あて材 (TW)	サトウカエデ (*Acer saccharum*)	TW	生材 10	0.59 —	56.5 102.9	7.50 10.87	— 48.8	— —
		NW	生材 10	0.60 —	75.2 122.4	10.59 12.84	— 52.7	— —
	ポプラ (*Populus deltoides*)	TW	12	0.44	—	—	32.4	—
		NW	12	0.43	—	—	34.9	—
	ポプラ (*Populus regenerata*)	TW	生材 気乾	— 0.40	— —	— —	— —	52.4 103.4
		NW	生材 気乾	— 0.39	— —	— —	— —	64.1 65.5

注) MOR＝曲げ強さ、MOE＝曲げヤング率、CS＝縦圧縮強さ、TS＝縦引張強さ。
　原著では、各力学的性質の値の単位にpsiが用いられているが、著者によりSI単位に変換した。

6.2.1 圧縮あて材

表6-2-1に、圧縮あて材の力学的性質を示す。多くの樹種において、圧縮あて材は、正常材と比較して、縦圧縮強さ(compression strength parallel to grain)が増加することが報告されてきている(Panshin & de Zeeuw 1980; Timell 1986)。上田ら(1972)は、トドマツ(*Abies sachalinensis*)における、圧縮あて材とオポジット材の気乾状態の縦圧縮強さは、それぞれ47.9および36.5 MPaであったことを報告している。前述したように、針葉樹の場合、圧縮あて材の形成にともなって、仮道管の二次壁が肥厚することが知られている。この仮道管壁の肥厚は、材密度の増加をもたらし、結果として材密度の増加が、圧縮あて材における縦圧縮強さの増加に大きな影響を与えていると考えられる。このことは、強さの値を密度で除することによって求められる比強度(specific strength)の一つである比縦圧縮強さは、縦圧縮強さ(tensile strength parallel to grain)とは反対に、圧縮あて材の方が正常材と比較してほとんど同じか、小さい値を示すことからも推測される。縦引張強さにおいては、圧縮あて材と正常材で比較した場合、圧縮あて材において小さい値を示すことが知られている(Panshin & de Zeeuw 1980; Timell 1986)。例えば、ポンデローサマツ(*Pinus ponderosa*)においては、生材状態の縦引張強さは、正常材では81.2 MPaであったのに対して、圧縮あて材では66.8 MPaであり、約20％減少することが報告されている(Timell 1986)。また、大迫(1975)は、5年生のクロマツ(*Pinus thunbergii*)を人為的に傾斜し、あて材を形成させた試料を用いて、形成層帯から順に髄側に向かって試験片を作製して縦引張試験を行った結果、縦引張強さは圧縮あて材の形成と平行して急激に減少することを報告している。さらに、比縦引張強さにおいては、いずれも圧縮あて材の方が正常材と比較して小さい値を示すことが多い。一方、曲げ強さ(modulus of rupture in static bending)においては、圧縮あて材と正常材を比較した場合、圧縮あて材において大きい値を示す場合と、反対に小さい値を示す場合があり、樹種によって様々である(Timell 1986)。

ヤング率(Young's modulus)においては、縦圧縮ヤング率(Young's modulus in compression parallel to grain)、縦引張ヤング率(Young's modulus in tensile

parallel to grain)および曲げヤング率(modulus of elasticity in static bending)
ともに、正常材と比較した場合、圧縮あて材において小さい値を示すこと
が多い(Timell 1986)。上田ら(1972)は、トドマツ(*Abies sachalinensis*)にお
ける気乾状態の縦圧縮ヤング率は、圧縮あて材で6.21 GPa、オポジット材で
9.98 GPaであることを報告している。また、ヤング率と密度の関係を調査した
結果、オポジット材や未成熟材(juvenile wood)においては、両者の間に関係
が認められるが、圧縮あて材においては、認められないことを明らかにしてい
る。このことから、圧縮あて材における縦ヤング率は、密度以外の因子に影
響を受けていることが推測される。一般に、縦ヤング率は、ミクロフィブリ
ル傾角の増加とともに低下することが知られている(Cave 1969)。圧縮あて材
においては、仮道管二次壁S_2層のミクロフィブリル傾角は、約45°を示すこ
とが知られており、成熟材(mature wood)の正常材において認められる約10°
以下の値と比較すると、著しく大きい値を示している。このため、圧縮あて材
においてヤング率が低い値を示すと考えられる。Gindl(2002)は、ドイツトウ
ヒ(*Picea abies*)において、圧縮あて材と正常材の縦圧縮強さおよびヤング率と
細胞壁のリグニン濃度およびミクロフィブリル傾角との関係を調査した結果
(図6-2-1)、縦圧縮強さおよびヤング率は、それぞれ主に、リグニン濃度お
よびミクロフィブリル傾角の影響を受けていることを明らかにしている。なお、
圧縮あて材のヤング率とミクロフィブリル傾角およびリグニン濃度との関係は、
4.2に詳細に記述されているので、参照されたい。

　このように、圧縮あて材の力学的性質において、"強さ"は主に細胞壁の肥
厚による密度の増加やリグニン濃度の増加に影響を受け、"縦ヤング率"は、
主にミクロフィブリル傾角の影響を受けていると考えられる。なお、本節で述
べた以外の、衝撃強さ(toughness)、せん断強さ(shearing strength)および硬
さ(hardness)などの機械的性質については、圧縮あて材と正常材を比較すると、
樹種や試験時の含水率によって、増加するものや減少するもの、ほとんど同じ
値を示すものなど様々であり、これまでのところ一定の傾向は得られていない
(Timell 1986)。

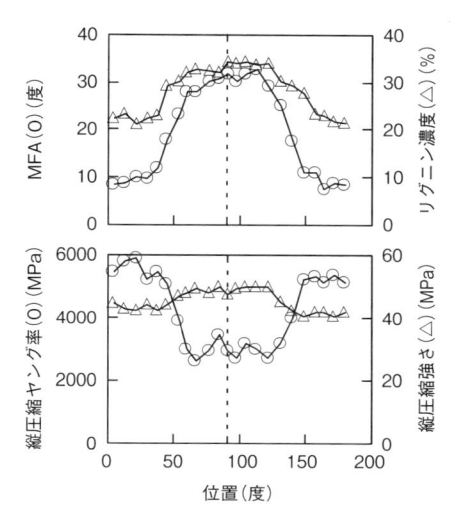

図6-2-1 ドイツトウヒ(*Picea abies*)あて材におけるミクロフィブリル傾角、リグニン濃度、圧縮強さおよび圧縮ヤング率の関係(Gindl 2002より改変)

注) 30年生ドイツトウヒの傾斜した幹の下側について円周に沿って各データを採取した例。90°の位置(図中の点線の部位)が下側で圧縮あて材が形成されている部位であり、0°および180°の位置がラテラルとなり正常材に近い値の材が形成されている部位である。

6.2.2 引張あて材

引張あて材では、正常材と比較すると、縦圧縮強さが小さく、縦引張強さが大きい値を示すことが知られている(**表6-2-1**)(Côté & Day 1965; Panshin & de Zeeuw 1980)。例えば、クリ(*Castanea crenata*)、ヤマザクラ(*Cerasus jamasakura*)、ウリカエデ(*Acer crataegifolium*)、ミズキ(*Cornus controversa*)およびマルバアオダモ(*Fraxinus sieboldiana*)において、同一個体内の引張あて材、オポジット材もしくはラテラル材における生材状態の縦圧縮強さを調査した結果、オポジット材もしくはラテラル材と比較して、引張あて材において統計的に有意に低い値を示すことが報告されている(**表6-2-2**)(Ishiguri *et al.* 2012)。一方、縦ヤング率については、引張あて材の方が正常材よりも大きい値を示すことが知られている。Ruelle *et al.*(2007)は、フレンチギアナで生育した10種の広葉樹について、振動法により縦ヤング率を調査した結果、5種

表6-2-2 同一個体の引張あて材とオポジット材もしくはラテラル材における縦圧縮強さ
(Ishiguri et al. 2012)

樹種	縦圧縮強さ(MPa)				TW/NW	有意差
	TW		NW			
	平均	SD	平均	SD		
クリ (*Castanea crenata*)	16.4	1.1	19.4	1.0	0.85	*
ヤマザクラ (*Cerasus jamasakura*)	14.8	0.8	23.5	0.6	0.63	**
ウリカエデ (*Acer crataegifolium*)	19.0	0.7	23.6	2.4	0.81	*
ミズキ (*Cornus controversa*)	18.7	1.1	22.4	2.0	0.87	*
マルバアオダモ (*Fraxinus sieboldiana*)	19.8	0.3	25.7	1.3	0.77	**

注) TW=引張あて材、NW=オポジット材もしくはラテラル材、SD=標準偏差。* = 5%有意、** = 1%有意。それぞれ3個の生材状態の試験片を用いて実験した。

において、縦ヤング率は、引張あて材の方が正常材よりも統計的に有意に高い値を示したことを報告している(**表6-2-3**)。Coutand et al.(2004)は、1年生のポプラ(*Populus* cv. I4551)を用いて、同一個体内の引張あて材部とオポジット材部の静的曲げヤング率を比較した場合、試験片の含水率が生材状態および気乾状態において、引張あて材部の方が正常材部よりも2～3倍大きい値を示すことを明らかにしている(**表6-2-4**)。引張あて材の曲げヤング率が正常材と比較して高い値を示す傾向は、ヤマナラシ(*P. tremula* var. *sieboldii*, syn. *P. sieboldii*)およびヤチダモ(*Fraxinus mandshurica*, syn. *F. mandshurica* var. *japonica*)においても同様に認められている(**表6-2-4**)(上田1973)。

　これらの引張あて材の力学的性質の特徴は、引張あて材の最大の特徴である木繊維G層の性質に大きく影響を受けていると考えられる。G層は、ほぼセルロースから成る層であり、そのミクロフィブリル傾角はほぼ軸方向に配向している(**1.2.1参照**)。また、あて材形成に伴って木繊維にG層を形成する場合、木繊維壁厚が正常材と比較して厚くなる傾向があり、そのため、木材の密度が高くなることが知られている(Panshin & de Zeeuw 1980、**6.1.2.1参照**)。上田(1973)は、ヤマナラシ(*P. tremula* var. *sieboldii*, syn. *P. sieboldii*)およびヤチダモにおいて、曲げヤング率と密度の関係を調査した結果、正常材においては密度の増加に伴って曲げヤング率は一様もしくは減少するが、引張あて材においては密度の増加とともに曲げヤング率が増加することを報告している。このことから、引張あて材においては、G層の形成による密度の増加が

表6-2-3 フレンチギアナで生育した広葉樹10種の引張あて材とオポジット材の気乾状態の縦ヤング率(Ruelle *et al.* 2007 より抜粋)

科 名	種 名	縦ヤング率(MPa) TW	縦ヤング率(MPa) OW	TW/OW	有意差
イラクサ科(Urticaceae)	*Cecropia sciadophylla*	13577	15169	0.90	*
マメ科(Fabaceae)	*Eperua falcata*	20974	14588	1.44	*
ヤナギ科(Salicaceae)	*Laetia procera*	18242	14041	1.30	*
クスノキ科(Lauraceae)	*Ocotea guyanensis*	17702	11465	1.54	*
サガリバナ科(Lecythidaceae)	*Eschweilera decolorans*	24441	19890	1.23	*
ノボタン科(Melastomataceae)	*Miconia fragilis*	23073	19930	1.16	*
センダン科(Meliaceae)	*Carapa procera*	19305	14927	1.29	
ニクズク科(Myristicaceae)	*Virola surinamensis*	11152	13186	0.85	*
ニガキ科(Simaroubaceae)	*Simarouba amara*	9508	8176	1.16	
ウォキシア科(Vochysiaceae)	*Qualea rosea*	16398	11649	1.41	

注) TW=引張あて材、OW=オポジット材、*=5%有意

表6-2-4 広葉樹引張あて材の気乾状態での曲げヤング率

(上田 1973; Coutand *et al.* 2004 から抜粋)

樹 種	曲げヤング率(MPa) TW	曲げヤング率(MPa) NW	TW/NW	文 献
ポプラ(*Populus* cv. I4551)	10.88	3.64*	2.99	Coutand *et al.*(2004)
ヤマナラシ(*Populus tremula* var. *sieboldii*, syn. *P. sieboldii*)	9.79	6.83	1.43	上田(1973)
ヤチダモ(*Fraxinus mandshurica*, syn. *F. mandshurica* var. *japonica*)	14.62	9.28	1.58	上田(1973)

注) TW=引張あて材、NW=正常材、*=オポジット材を使用したデータ

縦ヤング率の増加に大きな影響を与えていると考えられる。また、Coutand *et al.*(2004)は、1年生のポプラ(*Populus* cv. I4551)を用いた実験において、曲げヤング率および密度はオポジット材よりも引張あて材において大きい値を示したことから、引張あて材においては曲げヤング率は密度の影響を大きく受けていることを指摘している。また、曲げヤング率を密度で除した比ヤング率においても、オポジット材と比較すると引張あて材において大きい値を示すことから、密度以外にもミクロフィブリル傾角が曲げヤング率の違いに影響を与えていることが指摘されている(**4.3**参照)。このように、G層を形成する樹種においては、縦ヤング率はG層の形成による材密度の増加とG層の著しく小さいミクロフィブリル傾角に大きく影響を受けていると考えられる。一方、Ruelle *et al.*(2011)は、あて材形成にともなって、G層を形成しない樹種である、ニガキ

表6-2-5 G層を持たない引張あて材を形成するニガキ科(Simaroubaceae)のSimarouba amaraにおける気乾状態の縦ヤング率(Ruelle *et al*. 2007 から抜粋)

個体番号	曲げヤング率			有意差
	TW(GPa)	OW(GPa)	TW/OW	
1	10.54 ± 1.02	7.01 ± 2.10	1.5	＊
2	11.45 ± 0.73	8.94 ± 1.62	1.3	＊
3	10.59 ± 0.08	8.67 ± 0.70	1.2	＊

注）TW＝引張あて材、OW＝オポジット材、＊＝5％有意

科(Simaroubaceae)の*Simarouba amara*の縦ヤング率および縦圧縮強さを調査した(**表6-2-5**)。その結果、G層を形成しない樹種においても、G層を形成する樹種と同様に、縦ヤング率および比ヤング率は、引張あて材の方がオポジット材よりも大きいことを明らかにした。ユリノキ(*Liriodendron tulipifera*)、ホオノキ(*Magnolia obovata*)およびキンモクセイ(*Osmanthus fragrans* var. *aurantiacus*)などにおいては、あて材形成にともなって木繊維二次壁のリグニン濃度を減少させることにより相対的にセルロースの濃度を増加させ、さらにS_2層のミクロフィブリル傾角を減少させることが確認されている(Okuyama *et al*. 1994; Yoshizawa *et al*. 2000; Yoshida *et al*. 2002; Hiraiwa *et al*. 2007、**1.2.2**参照)。このように、G層を形成しない樹種においても、木繊維二次壁の一部を"G層"に類似した層へと変化させている(Okuyama *et al*. 1994; Yoshizawa *et al*. 2000)。これらの変化により、G層を形成しない樹種においても、G層を形成する樹種と同様に、あて材形成にともなう力学的性質の変化が生じていると考えられる(**4章**参照)。

引張あて材の縦圧縮強さは、正常材と比較した場合、小さくなる傾向が認められている。前述したように、圧縮あて材においては、縦圧縮強さはミクロフィブリル傾角の変動よりもリグニン濃度に大きく影響を受け、リグニン濃度が増加すると縦圧縮強さが増加することが明らかにされている(Gindl 2002)。広葉樹においては、引張あて材のリグニン濃度は、正常材と比較して、減少することが知られている(Côté & Day 1965; Panshin & de Zeeuw 1980)。このため、引張あて材形成による縦圧縮強さの減少は、リグニン濃度の減少に起因していると推測される。

6.3 あて材の加工上の問題点

　樹木は、長期間に亘って成育するために、通常とは異なる特殊な組織・構造や化学成分組成を持つ「あて材」を形成することがある。樹木の成育にとって、あて材の形成は、生理学的に必要不可欠であると言っても過言ではない。一方、我々が樹木を伐採し、得られた木材を利用する場合、樹木の成育にとって必要不可欠であったあて材の存在は、加工利用上の大きな欠点となる。あて材が原因となる加工上の問題点の多くは、成長応力の増大（**4章**参照）と収縮率（**6.1.1.2**および**6.1.2.2**参照）の変化に起因している。

図6-3-1　インドネシアカリマンタン島に植林された7年生アカシア（*Acacia mangium*）における心割れ

　4章ですでに述べたように、あて材の形成に伴って、樹幹表面には、針葉樹では圧縮応力が、反対に広葉樹では引張応力が著しく増加する。この発生した応力は、樹体の維持にとって必要不可欠であるが、心割れ（heart shake）（**図6-3-1**）、脆心(ぜいしん)（brittle heart）、製材時の挽き曲がりなどの原因となる。心割れは、樹木を伐倒した際に、横断面において髄から樹皮側に向かって放射方向に生じる割れのことである（浦上 1994）。また、脆心は、樹幹の中央付近が強い圧縮応力に曝され、結果として、樹幹中央付近の木部の強度が低くなる現象のことである（原田ら 1976; 浦上 1994）。さらに、成長時に生じて丸太内に蓄積された残留応力は、製材において、材の挽き曲がりを生じさせる（**図6-3-2**）。

　いずれも、成長応力が大きければ大きいほど、割れや変形は大きくなると考えられ、あて材の存在によってこれらの問題がより深刻化する（**4章**参照）。そのため、成長応力に起因すると考えられる製材時の挽き曲がりを抑制するために、製材前の丸太を材温80～100℃で40時間程度、直接加熱する方法が考案されている（**図6-3-2**）（奥山ら 1988, 1990; Tejada *et al*. 1997; 石栗ら 2000）。

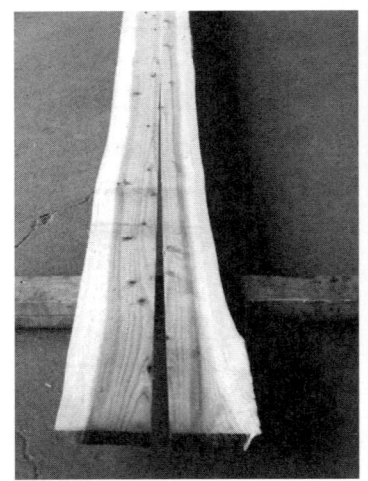

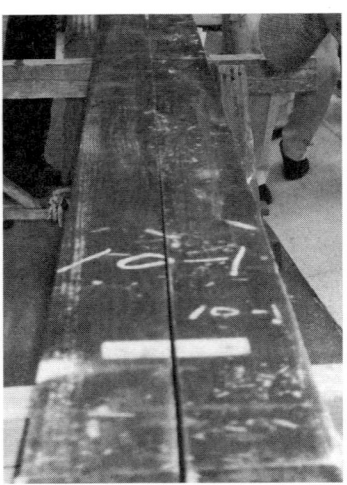

図6-3-2　製材直後のスギ(*Cryptomeria japonica*)板材の曲がり
板材の幅方向の中央を鋸挽し、再びそれらを並べた。左の写真は、無処理材であり、右の写真は加熱処理(材温80℃、35時間以上)した材である。左の写真では、残留応力に起因して、製材直後にもかかわらず板材に曲がりが生じた。一方、右の写真では、加熱処理により残留応力が低減したため、挽き曲がりはそれほど大きくない。このように、残留応力は、製材時の挽き曲がりに大きく影響し、このことは結果として製品の歩留りを大きく低下させることとなり、加工上の問題となる。(安藤ら 2003)

　この直接加熱による丸太内の残留応力の低減は、リグニンの湿熱軟化や少量のヘミセルロースの熱分解により生じると考えられている。
　木材の物理的性質(physical property)や力学的性質(strength property)の多くは、繊維飽和点(fiber saturation point)以下の含水率において、含水率の増減とともにその性質が大きく変化する(**0.3**参照)。木材の使用にあたっては、実際にそれが使用される環境に対応した含水率であることが重要である。そのため、通常、木材は天然乾燥(natural drying)もしくは人工乾燥(kiln drying)の工程を経て、含水率を低下させてから使用される。一方、木材の収縮(shrinkage)や膨潤(swelling)現象は異方性を示す(髙橋・中山 1995)。従って、乾燥中の寸法変化は、繊維方向・半径方向・接線方向で異なる(**0.3**参照)。このことが結果として、乾燥中の割れ(checking)や反り(crook)・曲がり(bow)などを引き起こす。あて材においては、前節(**6.1**)においてすでに述べたように、圧縮あて材および引張あて材ともに、正常材と比較して収縮率が異常な値

を示す(Côté & Day 1965; 吉澤 1994)。従って、正常材と比較して、あて材が存在することにより、乾燥中の割れや反り・曲がりなどの欠点を生じやすくなる。

その他のあて材の存在が引き起こす加工上の問題として、引張あて材における、切削表面の毛羽立ちが挙げられる(Côté & Day 1965)。平刃などで材表面を加工した際に、材面が均一にならず、引張あて材が存在する部位に毛羽立ちが生じることがある。

6.4 化学的利用上の問題点

6.4.1 木材の化学的利用

序章で述べたように、木材の主成分は、セルロース・ヘミセルロース・リグニンであり、このほか副成分として、抽出成分・無機物質などが含まれている。木材は、様々な化学処理を施すことによって、含有しているこれらの成分のうち特定の成分を取り除いたり、ある特定の成分のみを単離・精製することが可能である。このように、木材を化学的に処理して、得られた材料や成分を利用する事を木材の化学的利用と定義している。

木材の主成分のうち、セルロースおよびリグニンは、工業的な化学的利用が行われている。木材中の含有率が最も高いセルロースに関しては、リグニンを取り除くことによって得られたセルロースを主成分とした繊維を、パルプおよび紙あるいは繊維として利用している。また、セルロースエステル(酢酸セルロース、硝酸セルロースなど)やセルロースエーテル(メチルセルロース、カルボキシメチルセルロースなど)のセルロース誘導体に変換して高機能材料としても利用されている。一方、リグニンは、化学的利用の主目的として工業的に製造してはいないが、セルロースを主成分とした木材由来の繊維を利用する過程で副産物として派生するため、この派生した工業リグニンを利用する技術が確立されてきている。

木材の化学的利用として最も生産量が多いのはパルプおよび紙である。パルプは、木材や他の天然植物材料を機械的または化学的処理し、分離・単繊維化したセルロースを主成分とした繊維であり、工業的には紙・板紙やセルロース

表6-4-1 我が国におけるパルプ生産量およびパルプ種類別生産割合の推移
(経済産業省経済産業局調査統計部 2002; 日本製紙連合会 2011)

年	総生産量(万t)	DP	総パルプ生産量に占めるパルプ種類の割合(%)						
			製紙パルプ						その他
			SP	KP	GP	RGP	TMP	SCPまたはCGP	
1960	353	10.7	14.5	38.8	25.5		—	9.0	1.5
1975	863	3.2	3.7	60.7	7.6	7.7		16.9	0.2
1990	1133	1.7	0.3	77.0	6.1	3.6	8.4	2.9	0.2
2010	948	0.9	0.0	90.9	1.5	1.3	5.0	0.3	0.2

注) DP=溶解パルプ、SP=亜硫酸パルプ、KP=クラフトパルプ、GP=砕木パルプ、RGP=リファイナー砕木パルプ、TMP=サーモメカニカルパルプ、SCPまたはCGP=半化学パルプ

誘導体などの製造の中間資材として利用されている。**表6-4-1**に、我が国におけるパルプの品種別生産量およびその割合の推移を示す(経済産業省経済産業局調査統計部 2002; 日本製紙連合会 2011)。パルプ生産量は、1960年には約353万tであったが、1990年には1,100万tを超えた。その後、紙・板紙生産量の増加が落ち着き、古紙パルプの利用拡大が進んだことも影響して、2010年は約948万tになっている。

　パルプの種類の中で、主に化学的処理によって製造されるのは、ソーダパルプ(soda pulp: AP)、クラフトパルプ(kraft pulp: KP)および亜硫酸パルプ(sulfite pulp: SP)の化学パルプ3種である。化学パルプは、木材チップに化学的処理を施して、木材組織の木繊維細胞相互間を結合している細胞間層に存在するリグニンを選択的に化学的に分解して溶出させ、繊維細胞を単離することによって得られる。化学パルプのうち、ソーダパルプは水酸化ナトリウム(NaOH)を主成分とする薬品で蒸解釜(digester)の中で蒸煮して得られるパルプで、通常、わら・竹・靭皮繊維など非木材のパルプ製造に用いられる。

　クラフトパルプは、木材チップを水酸化ナトリウムおよび硫化ナトリウム(Na_2S)を主成分とする薬液を用いて蒸解釜の中で蒸煮して得られるパルプである。クラフトパルプは、樹脂や抽出成分の影響を受けにくく、針葉樹・広葉樹、温帯材・熱帯材を問わず全ての樹種に適用でき、得られるパルプの強度が高いためこれを原料として製造された紙の強度が高くなるなどの特徴がある。その他にも、蒸解時間が比較的短く、連続大量生産可能な蒸解装置があること、

蒸解によって生じる廃液からの薬品回収および熱回収の技術が確立されていることなどから、現在の製紙パルプ生産量の約90％はクラフトパルプが占めている。

クラフトパルプは、1884年に開発された当時、漂白性が欠点とされた。しかしながら、漂白性は、二酸化塩素(ClO_2)漂白技術の開発と多段漂白システムの導入によって大きく改善され、1950年代にクラフトパルプ化法の実用化が進んだ。一方、近年、セルロースの損傷を抑え、かつリグニンの分解性に優れる塩素および次亜塩素酸塩漂白剤の使用によって、排水中の有機塩素化合物（吸着性有機ハロゲン、adsorbable organic halides：AOX）におけるごく微量のダイオキシン類の生成や、クロロホルムの発生が明らかとなった。その結果、漂白剤として分子状塩素(Cl_2)を使用しない無塩素漂白技術が開発され、実用化が進んでいる。無塩素漂白技術には、塩素系漂白剤を一切使用しないTCF(total chlorine free)漂白法と、分子状塩素を使用しないものの二酸化塩素など塩素原子を含む漂白剤は使用するECF(elementary chlorine free)漂白法がある。TCF漂白では、酸素(O_2)・過酸化水素(H_2O_2)・オゾン(O_3)を用いて漂白処理を行い、ECF漂白では、それらの薬剤のほかに二酸化塩素を用いて漂白処理を行う。ECF漂白は、従来の塩素漂白に匹敵するパルプ品質を維持することができ、ダイオキシン類の生成も検出限界以下で確認できないことから、最近、急速に普及している。

しかし、クラフトパルプが完璧なパルプ化法というわけではなく、パルプ収率が低いことや、硫化水素(H_2S)・硫化メチル($(CH_3)_2S$)・メチルメルカプタン(CH_3SH)などの臭気成分が発生することなどの課題もある。特に、パルプ収率の向上に関しては、リグニンの選択的除去技術が課題であり、アントラキノン(anthraquinone)やポリサルファイド(polysulfide)などの蒸解助剤の添加などの新しい技術が提案され、一部実用化されている。

クラフト蒸解は、原料木材や製造する紙製品の種類によって蒸解条件が異なるが、バッチ式の場合、硫化度($NaOH/(NaOH+Na_2S)$; %(Na_2O換算))約25％の薬液を活性アルカリ($NaOH+Na_2S$; %(Na_2O換算))で木材当たり14〜20％添加し、液比(木材に対する薬液の比率)3〜4、最高温度160〜180℃で1〜3時間保持する。蒸解後、セルロースが主成分となった繊維は、セルロース

繊維はリグニンなどの成分が溶出した黒液(black liquor)と呼ばれる廃液と分離される。黒液は多重効用真空蒸発缶(multi-effect vacuum evaporator)によって70％程度の固形分濃度まで濃縮され、、次いで、ナトリウム分と硫黄分の損失を補充するために硫酸ナトリウム(Na_2SO_4)を添加される。黒液は回収ボイラで噴射されて、還元状態でリグニンが燃焼され、燃焼熱が回収される。回収エネルギーはパルプおよび紙の製造工程で必要な蒸気・電力の一部として使用される。蒸解薬品は、添加された硫酸ナトリウムが回収ボイラ内で硫化ナトリウムに還元され、さらに、蒸解後に生じる炭酸ナトリウム(Na_2CO_3)は生石灰(CaO)によって水酸化ナトリウムに還元されることによって再生・回収される。また、消費された石灰は消石灰($Ca(OH)_2$)の形で取り出され、高温の回転式キルン(rotary kiln)内で生石灰に還元されて再使用される。

クラフト蒸解過程において、木材の構成成分のうち、ヘミセルロースなどの低分子量の炭水化物は蒸解液中の無機化合物と反応し、溶解する。一方、リグニンのような高分子量の成分は、蒸解液によって低分子のものに分解されてから溶解する。たとえば、収率50％のクラフト蒸解では、木材中に20〜30％含有するヘミセルロースはほとんど溶解して黒液として流出する(岩崎ら 1996)。セルロースは他の木材成分に比べて比較的反応しにくいが、ピーリング反応(peeling reaction)によってアルカリ溶液中で分解が起こり、還元性末端から糖単位が段階的に除去される。一方では、ピーリング反応に対して安定化させるような還元性末端の分子内転位(化学的停止)または還元性末端が物理的にアルカリと接触できないこと(物理的停止)によって、停止反応が起こる。ピーリング反応が停止するまでには、還元性末端から65〜70単位のグルコースが脱離するとされ、蒸解中にセルロースの重合度が低下し、木材中の約5％のセルロースが分解し、結果としてパルプ収率が低下する(岩崎ら 1996)。

亜硫酸パルプは、亜硫酸ガス(H_2SO_3)および亜硫酸塩を蒸解薬品として蒸解されるパルプで、1950年代以前は化学パルプの主流であった。当初は、安価な塩基としてカルシウム塩(炭酸カルシウム、$CaCO_3$)を用いて、硫黄を燃焼して得られる亜硫酸ガスを散水しながら反応させる方法で蒸解液が調製されたが、蒸解できる樹種が針葉樹に限られ、廃液処理や漂白工程でスケールやピッチトラブル(pitch trouble)を起こすことなどから、カルシウムベースよ

りも溶解度が高く回収が容易なマグネシウムベースの酸性亜硫酸蒸解が用いられるようになった。マグネシウムベースでは、酸化マグネシウム（MgO）および亜硫酸ガスを反応させて亜硫酸水素マグネシウム（$Mg(HSO_4)_2$）を生成させて蒸解液としていた。1960年以降、印刷用紙を中心に輸入広葉樹材の利用が進み、製紙パルプのほとんどがクラフトパルプに置き換わっていった。また、亜硫酸蒸解では、リグニンはスルホン化してリグニンスルホン酸となった後、蒸解の進行とともに酸加水分解されて低分子化し、塩基と反応して可溶性のリグニンスルホン酸塩を生成して溶解するとされている（上埜 1996）。亜硫酸パルプは、パルプ中に残存するリグニンスルホン酸の色が薄く、縮合の程度が低く、漂白が比較的容易であることから、レーヨンやアセテートに代表される化学繊維や、化学的に高度に精製してセロファン、カルボキシメチルセルロース（CMC）などのセルロース誘導体の原料として使用される溶解パルプ（dissolving pulp：DP）に用いられていた。亜硫酸法溶解パルプは、前加水分解クラフト法（prehydrolysis kraft process）による溶解パルプとともに製造されている。

このほか、半化学パルプとしてセミメカニカルパルプ（semi-chemical pulp：SCP）およびケミメカニカルグランドパルプ（chemi-groundwood pulp：CGP）があり、いずれも化学処理と機械処理を組み合わせたパルプ化法である。これらは、化学的に木材を軟化させるか、リグニンを一部溶解させるかした後、リファイナーという機械的処理によってパルプ化を行うもので、化学パルプに比べてパルプ収率が向上する。最近、機械パルプであるサーモメカニカルパルプ（thermomechanical pulp：TMP）のリファイニング時に亜硫酸ナトリウムのような薬品を添加して軽度の化学処理を行うことによって、高白色度の機械パルプを達成したケミサーモメカニカルパルプ（chemi-thermomechanical pulp：CTMP）も普及してきている。

世界のリグニン製品消費量は約93万t/年に達し、このうち日本における消費量は約10万t/年である。工業的に確立されているリグニンの化学的利用製品は、欧米では飼料添加剤（約30万t/年）、コンクリート減水剤（約20万t/年）、道路防じん剤（約11万t/年）などがあり、一方、日本ではコンクリート減水剤（約6.6万t/年）、染料分散剤（約0.9万t/年）などがある（舩岡 2010; 森林総合研

表6-4-2 シトカトウヒ(*Picea sitchensis*)の圧縮あて材の未叩解パルプの性質

(Parham *et al.* 1977を改変)

パルプの種類	材の種類	セルロースの極限粘度数 (ml/g)	単繊維引張強さ (kg/mm^2)	比引裂強さ (mN·m^2/g)	比引張強さ (N·m/g)
二段蒸解亜硫酸パルプ	圧縮あて材	820	8.2	4.5	32
	正常材	1,320	28.8	7.8	66
クラフトパルプ	圧縮あて材	570	12.2	10.7	41
	正常材	1,040	46.7	24.5	60
中性亜硫酸セミケミカルパルプ	圧縮あて材	1,060	19.3	10.1	57
	正常材	1,280	32.7	14.0	56

究所 2010)。生産されるリグニン製品は、そのほとんどがリグニンスルホン酸を対象としており、分子内に存在するスルホン基による機能を活用するもので、亜硫酸パルプ製造時に排出されるサルファイトリグニンを利用する。サルファイトリグニンはスルホン基に由来する分散性や粘結性を有するとされている。

クラフトパルプ製造時に排出されるクラフトリグニンは、2010年におけるクラフトパルプ生産量が約860万t/年である点から推測して莫大な量が利用の対象となるが、現在、そのほとんどが燃焼により、パルプ化および抄紙工程内でのエネルギー源として利用されている。

6.4.2 圧縮あて材

針葉樹の圧縮あて材は、化学的には正常材に比べてリグニン含有率がかなり高く、セルロース含有率が少ない(**2章**参照)。この結果、クラフトパルプをはじめとする化学パルプ蒸解では、正常材よりもパルプ収率が低くなるが、早材に対する晩材の比率が低い場合には、圧縮あて材であってもパルプ収率に大きな影響を及ぼさない(岩崎ら 1996)。また、圧縮あて材は、リグニンが多いなど化学組成が複雑であるため、化学パルプ化中の薬品消費量が多く、パルプ白色度が低く、漂白がしにくいことも指摘されている(Einspahr 1976a, b)。

一般に、圧縮あて材から得られた化学パルプの仮道管由来の繊維はその長さが短く、脆弱であるため、パルプ化や抄紙工程で破壊されやすく、結果として強度の弱い紙が製造されることがある。特に、酸性亜硫酸パルプの場合、圧縮あて材の割合が高いと、髄側に位置する正常な繊維およびあて材の対向部

の繊維の細胞壁中にミクロコンプレッション(microcompression)の破壊、すなわち座屈が生じることがある。また、パルプの仮道管繊維の細胞壁が厚いため、パルプの叩解によるフィブリル化はしにくい(Parham 1983)。**表6-4-2**に示されるように、紙の力学的性質、特に引裂強さ(tearing strength)などが低下することも指摘されている(Dinwoodie 1965; Young et al. 1970)。これを裏付けるように、圧縮あて材から調製されたパルプは、銅エチレンジアミン溶液の希薄溶液中で測定される極限粘度数(limiting viscosity number)が低く(Dinwoodie 1965; Young et al. 1970)、X線回折法によって測定したセルロースの結晶化度が小さい値を示す(Tanaka et al. 1981)。また、圧縮あて材のパルプ繊維は単繊維引張強さがかなり低い値を示す(Dinwoodie 1965; Young et al. 1970)。

6.4.3 引張あて材

広葉樹の引張あて材は、正常材に比べてセルロース含有率が高く、リグニン含有率がやや低いことから(**2章**参照)、化学パルプの製造においてパルプ収率が高くなり、パルプ白色度を向上させる効果を示す。この傾向は溶解パルプを製造する場合に顕著となる(Parham 1983)。しかしながら、引張あて材を原料とした紙の強度が正常材に比べて強くなるということはない。したがって、引張あて材を原料として化学パルプを製造する場合には、紙の強度を高めるために蒸解条件を緩和することが考えられる。

早生樹であるポプラ(*Populus* "Tristis No. 1")から得られた材の引張あて材を原料としてクラフトパルプを製造した実験では、叩解後調製した紙の密度が正常材の場合に比べて低くなり、同時に紙の強度が低くなることが明らかとなっている(Parham et al. 1977)。引張あて材のパルプ繊維またはその中に存在するG繊維はフレキシビリティーに乏しく、紙層が形成されるときにパルプ繊維が潰れることを抑制する働きを示す。したがって、紙層内に空隙が多く、繊維間結合(fiber bonding)の強さの乏しい紙が作られるものと推測される。また、引張あて材のヘミセルロース含有率、特にペントサン含有率が正常材に比べて低いことも繊維間結合の形成を妨げている要因とされている。また、G層を有する引張あて材繊維が正常材と異なる細胞壁構造をもっていることから、酸性

亜硫酸蒸解では反応しやすいとも言われている(Parham 1983)。

　一般的には、引張あて材繊維は、短伐期の早生樹に多く存在するとされ(**4章**参照)、通直な幹の中で正常材繊維と混在して存在すると推測される。しかしながら、パルプおよび紙をはじめとする木材の化学的利用にとって深刻な影響まで及ぼすものではない。

● 文　献

安藤　實・石栗　太・横田信三・吉澤伸夫 (2003):「燻煙熱処理スギ材を用いた重ね梁の試作と曲げ性能」、宇都宮大学農学部演習林報告 39、85-92 頁。

石栗　太・安藤　實・横田信三・吉澤伸夫 (2000):「燻煙熱処理カラマツ材の材質特性(I) 含水率・表面解放ひずみ・製材時の挽き曲がり・壁孔壁の破壊について」、木材工業 55、306-310 頁。

岩崎　誠・内田洋介・浜口佳織 (1996):「クラフト蒸解の機構」、紙パルプ技術協会 (編)、『紙パルプ製造技術シリーズ①クラフトパルプ』所収、12-28 頁、紙パルプ技術協会。

上田恒司 (1973):「あて材の力学的性質に関する研究 (第 2 報) イチョウ、ヤマナラシおよびヤチダモ材の弾性定数」、北海道大学農学部演習林研究報告 30、379-388 頁。

上田恒司・飯島泰男・横山　隆 (1972):「あて材の力学的性質に関する研究 (第 1 報) トドマツ材の弾性定数」、北海道大学農学部演習林研究報告 29、327-334 頁。

上埜武夫 (1996):「化学パルプ」、日本木材学会 (編)、『パルプおよび紙 (第 2 版)』所収、32-57 頁、文永堂出版。

浦上弘幸 (1994):「幹内の割れ，もめ，ぜい心材」、古野　毅・澤辺　攻 (編)、『木材科学講座 2 組織と材質』所収、147-149 頁、海青社。

大迫靖雄 (1975):「新生圧縮あて材の物性に関する研究」、材料 24、849-854 頁。

奥山　剛・山本浩之・小林　功 (1990):「直接熱処理によるスギ間伐材の材質変化 (2)」、木材工業 45、63-67 頁。

奥山　剛・山本浩之・村瀬　豊 (1988):「直接熱処理によるスギ間伐材の材質変化」、木材工業 43、359-363 頁。

経済産業省経済産業局調査統計部 (2002):『平成 13 年紙・パルプ統計年報』、30 頁。

原田　浩 (代表)・島地　謙・須藤彰司 (1976):「欠点」、『木材の組織』所収、224-232 頁、森北出版。

森林総合研究所 (2004):『木材工業ハンドブック 第 4 版』、576 頁、丸善。

森林総合研究所 (2010):「森林資源の利用 Q17」、https://www.ffpri.affrc.go.jp/qa/resources/qa-resource17.html

髙橋　徹・中山義雄 (1995):「膨潤および収縮特性」、『木材科学講座 3 物理 (第 2 版)』所収、38-44 頁、海青社。

文　献

堤　壽一（1985）:「木材の強さに影響する因子」、伏谷賢美・岡野　健（編）、『木材の物理』所収、151-165頁、文永堂出版。

日本製紙連合会（2011）:『平成22年パルプ統計』、30-31頁。

馬場啓一（2003）:「あて材の構造と形成」、福島和彦・船田　良・杉山淳司・高部圭司・梅澤俊明・山本浩之（編）、『木質の形成（初版）』所収、76-80頁、海青社。

平川泰彦（2001）:「あて材」、日本林業技術協会（編）、『森林・林業百科事典』所収、14頁、丸善。

舩岡正光（2010）:「リグニンの利用」、日本木材学会（編）、『木質の化学』所収、227-239頁、文永堂出版。

松村順司・堤　壽一・小田一幸（1995）:「針葉樹材の気体透過性におけるエタノール置換乾燥と自然乾燥後のエタノール処理の影響」、木材学会誌41、863-869頁。

松村順司・堤　壽一・小田一幸（1996）:「カラマツ心材部の気体透過性への水中貯蔵とメタノール抽出の影響」、木材学会誌42、115-121頁。

吉澤伸夫（1994）:「あて材」、古野　毅・澤辺　攻（編）、『木材科学講座2 組織と材質』、139-142頁、海青社。

渡辺治人（1978）:『木材理学総論』、640頁、農林出版。

Barber, N. F. and Meylan, B. A. (1964): "The anisotropic shrinkage of wood: a theoretical model", *Holzforschung* 18, 146-156.

Cave, I. D. (1969): "The longitudinal Young's modulus of *Pinus radiata*", *Wood Sci. Technol.* 3, 40-48.

Côté, W. A. Jr. and Day, A. C. (1965): "Anatomy and ultrastructure of reaction wood", in *Cellular Ultrastructure of Woody Plants*, Côté, Jr. W. A.(ed.), pp. 391-418, Syracuse University Press, New York.

Coutand, C., Jeronimidis, G., Chanson, B. and Loup, C. (2004): "Comparison of mechanical properties of tension and opposite wood in *Populus*", *Wood Sci. Technol.* 38, 11-24.

Dinwoodie, J. M. (1965): "Tensile strength of individual compression wood fibres and its influence on properties of paper", *Nature* 205, 763-764.

Einspahr, D. W. (1976a): "The influence of short-rotation forestry on pulp and paper quality 1. Short-rotation conifers", *Tappi* 59, 53-56.

Einspahr, D. W. (1976b): "The influence of short-rotation forestry on pulp and paper quality 2. Short-rotation", *Tappi* 59, 63-66.

Fujii, T., Lee, S. J., Kuroda, N. and Suzuki, Y. (2001): "Conductive function of intervessel pits through a growth ring boundary of *Machilus thunbergii*", *IAWA J.* 22, 1-14.

Fujii, T., Suzuki, Y. and Kuroda, N. (1997): "Bordered pit aspiration in the wood of *Cryptomeria japonica* in relation to air permeability", *IAWA J.* 18, 69-76.

Gindl, W. (2002): "Comparing mechanical properties of normal and compression wood in Norway spruce: The role of lignin in compression parallel to the grain", *Holzforschung* 56, 395-401.

Hiraiwa, T., Yamamoto, Y., Ishiguri, F., Iizuka, K., Yokota, S. and Yoshizawa, N. (2007): "Cell wall structure and lignin distribution in the reaction wood fiber of *Osmanthus fragrans* var. *aurantiacus* Makino", *Cellulose Chem. Technol.* 41, 537-543.

Ishiguri, F., Toyoizumi, T., Tanabe, J., Makino, K., Soekmana, W., Hiraiwa, T., Iizuka, K., Yokota, S. and Yoshizawa, N. (2012): "Physical and mechanical properties of tension wood in five Japanese hardwood species", *Bull. Utsunomiya Univ. For.* 48, 111-115.

Jourez, B., Riboux, A. and Leclercq, A. (2001): "Comparison of basic density and longitudinal shrinkage in tension wood and opposite wood in young stems of *Populus euramericana* cv. Ghoy when subjected to a gravitational stimulus", *Can. J. For. Res.* 31, 1676-1683.

Manwiller, F. G. (1967): "Tension wood anatomy of silver maple", *For. Prod. J.* 17(1), 43-48.

Meylan, B. A. (1968): "Cause of high longitudinal shrinkage in wood", *For. Prod. J.* 18(4), 75-78.

Okuyama, T., Yamamoto, H., Yoshida, M., Hattori, Y. and Archer, R. R. (1994): "Growth stress in tension wood: Role of microfibrils and lignification", *Ann. For. Sci.* 51, 291-300.

Panshin, A. J. and de Zeeuw, C. (1980): *Textbook of Wood Technology*, pp. 1-722, McGraw-Hill Book Company, New York.

Parham, R. A., Robinson, K. W. and Isebrands, J. G. (1977): "Effects of tension wood on kraft paper from a short-rotation hardwood (*Populus* "Tristis No.1")", *Wood Sci. Technol.* 11, 291-303.

Parham, R. A. (1983): "Structure, chemistry and physical properties of woody raw materials", in *Pulp and Paper Manufacture, Third Edition, Vol. 1: Properties of Fibrous Raw Materials and Their Preparation for Pulping*, Kocurek, M. J. and Stevens, C. E. F.(eds.), pp. 55-65, The Joint Textbook Commission of the Paper Industry, Macdonald.

Ruelle, J., Beauchene, J., Thibaut, A. and Thibaut, B. (2007): "Comparison of physical and mechanical properties of tension and opposite wood from ten tropical rainforest trees from different species", *Ann. For. Sci.* 64, 503-510.

Ruelle, J., Beauchêne, J., Yamamoto, H. and Thibaut, B. (2011): "Variations in physical and mechanical properties between tension and opposite wood from three tropical rainforest species", *Wood Sci. Technol.* 45, 339-357.

Tanaka, F., Koshijima, T. and Okamura, K. (1981): "Characterization of cellulose in compression and opposite woods of a *Pinus densiflora* tree grown under the influence of strong wind", *Wood Sci. Technol.* 15, 265-273.

Tarmian, A. and Perré, P. (2009): "Air permeability in longitudinal and radial directions of compression wood of *Picea abies* L. and tension wood of *Fagus sylvatica* L.", *Holzforschung* 63, 352-356.

Tarmian, A., Remond, R., Faezipour, M., Karimi, A. and Perré, P. (2009): "Reaction wood drying kinetics: tension wood in *Fagus sylvatica* and compression wood in *Picea abies*", *Wood Sci. Technol.* 43, 113-130.

Tejada, A., Okuyama, T., Yamamoto, H. and Yoshida, M. (1997): "Reduction of growth stress in logs by direct heat treatment: assessment of a commercial-scale operation", *For. Prod. J.* 47(9), 86-93.

Timell, T. E. (1986): "Physical properties of compression wood", in *Compression Wood in Gymnosperms 1*, pp. 469-596, Springer-Verlag, Berlin.

Watanabe, U. and Norimoto, M. (1996): "Shrinkage and elasticity of normal and compression woods in conifers", *Mokuzai Gakkaishi* 42, 651-658.

Yoshida, M., Ohta, H., Yamamoto, H. and Okuyama, T. (2002): "Tensile growth stress and lignin distribution in the cell walls of yellow popular, *Liriodendron tulipifera* Linn.", *Trees* 16, 457-464.

Yoshizawa, N., Inami, A., Miyake, S., Ishiguri, F. and Yokota, S. (2000): "Anatomy and lignin distribution of reaction wood in two *Magnolia* species", *Wood Sci. Technol.* 34, 183-196.

Young, W. D., Laidlaw, R. A. and Packman, D. F. (1970): "Pulping of British-grown softwood Pt. Ⅵ. The pulping properties of sitka spruce compression wood", *Holzforschung* 24, 86-98.

> コラム

あて材形成による材密度の変化

(石栗 太・相蘇春菜)

　あて材が形成されると、多くの樹種で材密度が変化する。針葉樹種のほとんどでは、材密度は正常材と比較すると圧縮あて材において増加する。これは、あて材の仮道管において壁厚が増加するからである。一方、広葉樹では、あて材形成に伴う材密度の変化は針葉樹材でのように一様ではないが、G層を持つような典型的な引張あて材を形成する樹種では、材密度が増加することが知られている。どのような仕組みで材密度が増加するのだろうか？

　Aiso et al. (2016) は、G層を形成する熱帯早生樹種である、モルッカネム (Falcataria moluccana) とアカシア (Acacia auriculiformis) の苗木を50°に傾斜させて生育させてあて材形成を促し、材密度(容積密度)およびリグニン含有量を調査した。両樹種ともに、傾斜上側のゼラチン層面積率は、40％前後の値であった。モルッカネムでは、あて材部において、材密度が著しく増加したが、アカシアでは、わずかに増加しただけであった(表)。この材密度増加率の違いの理由を明らかにするために、材密度およびリグニン含有量などから、あて材部でのリグニンおよび多糖類合成量を推定し、リグニン量を1とした場合の多糖類量の比率を求めた(表)。その結果、モルッカネムでは、あて材部における推定多糖類合成量が著しく大きい値であった。従って、モルッカネムにおけるあて材形成に伴う材密度の著しい増加は、多糖類合成量の増加に起因するのだろう。一方、アカシアにおいても、多糖類合成量の増加が認められたが、リグニンと多糖類の比率は、モルッカネムのあて材部で認められた比率と比較して小さい値であった。このように、あて材形成時の多糖類合成量は、樹種によって異なり、このことが、G層を形成する典型的な引張あて材における材密度の増加の程度に関与しているのだろう。

表　材密度と化学成分量の関係(Aiso et al. 2016 より抜粋)

樹　　種	位　置	G層面積率(%)	容積密度(g/cm³)	リグニン含有量(%)	リグニン(L)	多糖類(P)	比率 L:P
モルッカネム (F. moluccana)	正常材	—	0.30	24.1	0.07	0.23	1 : 3.29
	あて材	39.4	0.52 (+73.3%)	10.9 (-54.8%)	0.06	0.46	1 : 7.67
アカシア (A. auriculiformis)	正常材	—	0.58	20.8	0.12	0.45	1 : 3.75
	あて材	46.0	0.62 (+6.9%)	15.9 (-23.6%)	0.10	0.52	1 : 5.20

化学成分の推定合成量(g/cm³)

文　献

Aiso, H., Ishiguri, F., Toyoizumi, T., Ohshima, J., Iizuka, K., Priadi, D. and Yokota, S. (2016): "Anatomical, chemical, and physical characteristics of tension wood in two tropical fast-growing species, Falcataria moluccana and Acacia auriculiformis", Tropics 25, (In press).

索　引

科　名

Adoxaceae(レンプクソウ科)／70
Amborellaceae(アンボレラ科)／74
Anacardiaceae(ウルシ科)／87
Araucariaceae(ナンヨウスギ科)／54
Buxaceae(ツゲ科)／71
Chloranthaceae(センリョウ科)／74
Cupressaceae(ヒノキ科)／21
Fabaceae(マメ科)／78, 87
Magnoliaceae(モクレン科)／44, 68, 236, 240
Malvaceae(アオイ科)／70
Meliaceae(センダン科)／87
Oleaceae(モクセイ科)／69
Pinaceae(マツ科)／54
Plantaginaceae(オオバコ科)／73
Rubiaceae(アカネ科)／73
Scrophulariaceae(ゴマノハグサ科)／70
Taxaceae(イチイ科)／54
Tetracentraceae(スイセイシジュ科)／74
Trochodendraceae(ヤマグルマ科)／74
Winteraceae(シキミモドキ科)／74

樹　種　名

Abies(マツ科／モミ属)／21, 28, 35, 37, 38, 40, 62, 126, 131, 146, 150, 152, 156, 162, 249, 250, 268, 273, 288, 291, 310, 316, 317
　A. alba(ヨーロッパモミ)／126
　A. balsamea(バルサムモミ)／62, 131, 288, 291, 310
　A. concolor(コロラドモミ)／316
　A. firma(モミ)／28, 35, 37, 38, 40
　A. sachalinensis(トドマツ)／146, 150, 152, 156, 162, 249, 250, 268, 273, 317
Acacia(マメ科／アカシア属)／79, 84, 146, 253, 255, 258, 259, 284, 336

　A. acuminata／84
　A. auriculiformis／255, 258, 336
　A. mangium／79, 253, 255, 258, 259, 284
　A. mangium × *A. auriculiformis*／258
Acer(ムクロジ科／カエデ属)／28, 37, 38, 40, 88, 136, 177, 237, 281, 295, 297, 311, 314, 315, 316, 319
　A. crataegifolium(ウリカエデ)／311, 314, 319
　A. mono → *A. pictum*
　A. pensylvanicum／136
　A. pictum(イタヤカエデ)／28, 37, 38, 40
　A. platanoides(ノルウェーカエデ)／295, 297
　A. rubrum(アメリカハナノキ)／136, 237, 281
　A. rufinerve(ウリハダカエデ)／88
　A. saccharinum(ギンヨウカエデ)／311, 315
　A. saccharum(サトウカエデ)／136, 316
Aesculus(トチノキ科／トチノキ属)／66, 268, 281, 287, 295, 296
　A. hippocastanum(マロニエ)／268, 281
　A. turbinata(トチノキ)／66, 287, 295, 296
Agathis(ナンヨウスギ科／ナンヨウスギ属)／59, 60, 61, 254, 256, 311
　A. bornensis／311
　A. dammara(ダンマルジュ)／59, 60, 256
　A. robusta／61
Albizia(マメ科／ネムノキ属)／86
Alnus pendula(カバノキ科／ハンノキ属／ヒメヤシャブシ)／66, 112, 114, 115, 116
Amygdalus persica(バラ科／モモ属／モモ)／295
Aphananthe aspera(アサ科／ムクノキ属／ムクノキ)／66
Araucaria(ナンヨウスギ科／ナンヨウスギ属)／54, 56, 58, 59, 103
　A. angustifolia(パラナマツ)／54, 56
　A. araucana(チリマツ)／54, 56

索 引

A. cunninghamii(ナンヨウスギ)／59
Betula(カバノキ科／カバノキ属)／22, 23, 28, 33, 35, 37, 38, 40, 135, 136, 295
　B. alleghaniensis(キハダカンバ)／136
　B. maximowicziana(ウダイカンバ)／28, 37, 38, 40
　B. papyrifera(アメリカシラカンバ)／33, 136
　B. pendula(オウシュウシラカンバ)／295
　B. platyphylla var. *japonica*(シラカンバ)／22, 23, 35
　B. pubescens／135, 295
　B. verrucosa／135
Broussonetia × *kazinoki*(クワ科／コウゾ属／コウゾ)／26
Buxus(ツゲ科／ツゲ属)／44, 55, 71, 72, 73, 125, 143, 144, 242
　B. microphylla var. *insularis*(チョウセンヒメツゲ)／44, 71, 72, 73, 125, 143, 144
　B. sempervirens(セイヨウツゲ)／144
Carpinus tschonoskii(カバノキ科／シデ属／イヌシデ)／256
Carya sp.(クルミ科／ペカン属)／86
Casearia javitensis(ヤナギ科／イヌカンコ属)／79, 176
Castanea crenata(ブナ科／クリ属／クリ)／66, 311, 314, 319, 320
Casuarina(モクマオウ科／モクマオウ属)／78
Cedrus(マツ科／ヒマラヤスギ属)／21
Celtis(アサ科／エノキ属)／66, 86, 110, 111, 116, 168, 171, 174
　C. occidentalis(アメリカエノキ)／168, 171, 174
　C. sinensis(エノキ)／66, 110, 111, 116
Cephalotaxus(イチイ科／イヌガヤ属)／20, 54
Cerasus(バラ科／サクラ属)／88, 232, 256, 282, 285, 311, 314, 320
　C. jamasakura(ヤマザクラ)／88, 256, 311, 314, 320
　C. spachiana(エドヒガン)／232, 247, 282, 285, 286
Cercidiphyllum japonicum(カツラ科／カツラ属／カツラ)／28, 35, 37, 38, 40, 66, 88, 112, 113, 115
Chamaecyparis obtusa(ヒノキ科／ヒノキ属／ヒノキ)／28, 35, 37, 38, 40, 62, 154, 228, 233, 234, 235, 253, 311
Choerospondias axillaris(ウルシ科／チャンチンモドキ属／チャンチンモドキ)／25
Clerodendrum trichotomum(シソ科／クサギ属／クサギ)／66, 70
Corchorus capsularis(アオイ科／ツナソ属／ツナソ)／84
Cornus controversa(ミズキ科／サンシュユ属(ミズキ属)／ミズキ)／66, 112, 114, 116, 311, 319, 320
Cryptomeria japonica(ヒノキ科／スギ属／スギ)／28, 32, 35, 37, 38, 40, 62, 89, 131, 153, 154, 155, 159, 161, 163, 229, 230, 231, 253, 256, 273, 274, 278, 279, 311, 324
Cupressus arizonica(ヒノキ科／イトスギ属)／287
Cyclobalanopsis acuta → *Quercus acuta*
Daphne odora(ジンチョウゲ科／ジンチョウゲ属／ジンチョウゲ)／66, 70
Dendropanax trifidus(ウコギ科／カクレミノ属／カクレミノ)／25
Dryobalanops aromatica(フタバガキ科／リュウノウジュ属／リュウノウジュ)／79, 251
Edgeworthia chrysantha(ジンチョウゲ科／ミツマタ属／ミツマタ)／26
Enkianthus subsessilis(ツツジ科／ドウダンツツジ属／アブラツツジ)／25, 66, 70
Eucalyptus(フトモモ科／ユーカリノキ属)／84, 87, 126, 134, 135, 137, 167, 178, 180, 205, 255, 258, 260, 295
　E. camaldulensis／135, 167
　E. dunnii／260
　E. globulus／137, 178, 255, 258
　E. gomphocephala／295
　E. goniocalyx／126, 134, 135
　E. grandis／205, 255, 258, 259
　E. gunnii／87
　E. nitens／180
Euonymus alatus(ニシキギ科／ニシキギ属／ニシキギ)／66, 70
Euscaphis japonica(ミツバウツギ科／ゴンズイ属／ゴンズイ)／66, 70
Fagus(ブナ科／ブナ属)／28, 35, 37, 38, 40, 66, 126, 135, 136, 167, 177, 315

索　引

F. crenata(ブナ)／28, 35, 37, 38, 40, 66, 136
F. grandifolia(アメリカブナ)／135, 136, 167
F. sylvatica(ヨーロッパブナ)／126, 135, 177, 315
Falcataria moluccana(マメ科／モルッカネム属／モルッカネム)／255, 259, 336
Ficus(クワ科／イチジク属)／78
Fraxinus(モクセイ科／トネリコ属)／28, 35, 37, 38, 40, 66, 167, 176, 268, 283, 286, 311, 314, 319, 320, 321
F. excelsior(セイヨウトネリコ)／268
F. japonica(トネリコ)／66
F. mandshurica(ヤチダモ)／28, 35, 37, 38, 40, 167, 176, 283, 286, 314, 320, 321
F. mandshurica var. *japonica* → *F. mandshurica*
F. sieboldiana(マルバアオダモ)／311, 319, 320
Gardenia jasminoides(アカネ科／クチナシ属／クチナシ)／34, 44, 56, 74, 124, 126, 145
Ginkgo(イチョウ科／イチョウ属)／13, 53, 54, 55, 103, 140, 277
G. biloba(イチョウ)／13, 53, 54, 55, 140, 277
Gmelina arborea(シソ科／キバナヨウラク属／キダチヨウラク)／255, 259
Gnetum gnemon(グネツム科／グネツム属／グネモンノキ)／265
Guaiacum spp.(ハマビシ科／ユソウボク)／36
Hebe salicifolia(オオバコ科)／56, 73, 74
Hevea brasiliensis(トウダイグサ科／パラゴムノキ属／パラゴムノキ)／80, 81, 82
Homalium foetidum(ヤナギ科／タカサゴノキ属)／177
Hopea odorata(フタバガキ科)／78, 79, 80
Ilex(モチノキ科／モチノキ属)／66, 70, 256
I. crenata(イヌツゲ)／70
I. crenata var. *crenata*(イヌツゲ)／66
I. macropoda(アオハダ)／66, 70
I. pedunculosa(ソヨゴ)／256
Juglans(クルミ科／クルミ属)／86
Juniperus chinensis(ヒノキ科／ネズミサシ属／カイヅカイブキ)／249, 250

Kalopanax(ウコギ科／ハリギリ属)／286
K. pictus → *K. septemlobus*
K. septemlobus(ハリギリ)／286
Keteleeria(マツ科／アブラスギ属)／21
Laetia procera(ヤナギ科)／177
Lagunaria patersonii(アオイ科／ラグナリア)／84
Larix(マツ科／カラマツ属)／17, 18, 21, 28, 35, 37, 38, 40, 62, 89, 126, 131, 133, 145, 279
L. decidua(オウシュウカラマツ)／126, 131
L. kaempferi(カラマツ)／17, 18, 28, 35, 37, 38, 40, 145, 279
L. laricina(アメリカカラマツ)／62, 89, 133
L. leptolepis → *L. kaempferi*
Leucaena leucocephala(マメ科／ギンゴウカン属／ギンゴウカン)／137
Liquidambar styraciflua(フウ科／フウ属／モミジバフウ)／128, 168, 171, 174
Liriodendron tulipifera(モクレン科／ユリノキ属／ユリノキ)／44, 66, 68, 125, 142, 180, 232, 240, 241, 282, 322
Maackia(マメ科／イヌエンジュ属)／297
M. amurensis(イヌエンジュ)／297
M. floribunda → *M. amurensis*
Magnolia(モクレン科／モクレン属)／28, 35, 37, 38, 40, 44, 66, 68, 125, 180, 240, 248, 249, 256, 322
M. kobus(コブシ)／66, 68, 180, 248, 249, 256
M. obovata(ホオノキ)／28, 35, 37, 38, 40, 44, 66, 68, 125, 180, 240, 256, 322
Mallotus japonicus(トウダイグサ科／アカメガシワ属／アカメガシワ)／87, 88
Malus domestica(バラ科／リンゴ属／セイヨウリンゴ)／295
Melaleuca spp.(フトモモ科／コバノブラシノキ属)／253
Melia azedarach(センダン科／センダン属／センダン)／87, 88
Metasequoia glyptostroboides(ヒノキ科／メタセコイア属／メタセコイア)／280, 292, 293, 295
Morus(クワ科／クワ属)／86
Ochroma lagopus(アオイ科／バルサ属／バル

サ)／36
Ocotea rubra(クスノキ科)／175
Osmanthus fragrans var. *aurantiacus*(モクセイ科／モクセイ属／キンモクセイ)／66, 69, 125, 180, 322
Paraserianthes falcataria → *Falcataria moluccana*
Paulownia tomentosa(ゴマノハグサ科／キリ属／キリ)／70
Picea(マツ科／トウヒ属)／19, 20, 21, 28, 35, 37, 38, 40, 50, 62, 63, 89, 126, 131, 203, 232, 278, 311, 313, 316, 318, 319, 330
 P. abies(ドイツトウヒ)／50, 63, 89, 126, 131, 278, 313, 318, 319
 P. excelsa／278
 P. glauca／232, 316
 P. jezoensis(エゾマツ)／19, 20, 28, 35, 37, 38, 40
 P. mariana／62
 P. rubens／62
 P. sitchensis(シトカトウヒ)／203, 311, 330
Pinus(マツ科／マツ属)／19, 21, 28, 35, 37, 38, 40, 50, 59, 62, 89, 126, 131, 139, 141, 151, 163, 203, 243, 253, 256, 277, 278, 280, 291, 293, 294, 295, 296, 310, 311, 312, 316, 317
 P. banksiana(バンクスマツ)／89
 P. caribaea／59, 253
 P. contorta(コントルタマツ)／291, 294
 P. densiflora(アカマツ)／19, 28, 35, 37, 38, 40, 126, 256, 277, 295, 311
 P. elliottii／253
 P. halepensis／277, 291
 P. jefferyi／312
 P. longaeva／243
 P. merkusii／253
 P. nigra／126
 P. pinaster(カイガンショウ)／139, 203, 291
 P. ponderosa(ポンデローサマツ)／311, 316, 317
 P. radiata(ラジアータマツ)／253
 P. resinosa／89, 277, 316
 P. strobus／131
 P. sylvestris(ヨーロッパアカマツ)／50,
62, 131, 151, 278, 279, 280, 293, 296, 310
 P. taeda(テーダマツ)／126, 253
 P. thunbergii(クロマツ)／62, 89, 139, 141, 163, 277, 317
 P. orientalis(コノテガシワ)／59
Podocarpus(マキ科／イヌマキ属)／59, 311
 P. fasciculatus(リュウキュウイヌマキ)／59
 P. imbricatus／311
 P. macrophyllus(カクバマキ)／59
Populus(ヤナギ科／ヤマナラシ属)／35, 64, 85, 107, 126, 129, 130, 134, 135, 136, 137, 143, 164, 168, 169, 170, 171, 172, 174, 177, 178, 179, 206, 208, 253, 268, 269, 270, 273, 274, 275, 281, 282, 284, 286, 288, 295, 314, 316, 320, 321, 331
 P. "Tristis No.1"／331
 P. alba／64, 130, 208
 P. canadensis／134
 P. charkowiensis×*P. caudina*／143
 P. cv. I4551／320
 P. deltoides／169, 316
 P. deltoides×*P. nigra*／179
 P. deltoides×*P. trichocarpa*／169, 177, 178
 P. euramericana／84, 85, 106, 109, 110, 128, 139, 169, 170, 179, 253, 314
 P. kitakamiensis／164
 P. maximowiczii → *P. suaveolens*
 P. monilifera／281
 P. nigra／177, 253
 P. nigra×*P. deltoides*／177
 P. regenerata／316
 P. sieboldii → *P. tremula* var. *sieboldii*
 P. sieboldii×*P. grandidentata*／268, 273, 274
 P. suaveolens(ドロノキ)／35, 129, 169
 P. tremula／168, 169, 281, 295
 P. tremula var. *sieboldii*(ヤマナラシ)／286, 314, 320, 321
 P. tremula×*P. alba*／137, 168, 169, 170, 171
 P. tremula×*P. tremuloides*／85, 171, 172, 206, 269, 270, 275, 282, 284, 288
 P. tremuloides／126, 135, 136, 178
 P. trichocarpa×*P. koreana*／174

索 引

Prosopis juliflora（マメ科）／86
Prunus（バラ科／スモモ属）／88, 136, 232, 247, 248, 249, 282, 285, 295
　P. jamasakura → *Cerasus jamasakura*
　P. pensylvanica／136
　P. persica → *Amygdalus persica*
　P. spachiana f. *ascendens* → *Cerasus spachiana*
Pseudotsuga（マツ科／トガサワラ属）／20, 21, 28, 37, 38, 54, 57, 100, 102, 103, 280, 310, 316
　P. japonica（トガサワラ）／28, 37, 38, 57, 100, 102, 103
　P. menziesii（ベイマツ）／280, 310, 316
Pseudowintera colorata（シキミモドキ科）／55, 74, 76
Pterocarya（クルミ科／サワグルミ属）／86
Pyrus malus（バラ科／ナシ属）／295
Quercus（ブナ科／コナラ属）／24, 28, 35, 37, 38, 40, 66, 86, 175, 237, 239, 256, 273, 286
　Q. acuta（アカガシ）／28, 37, 38, 40
　Q. acutissima（クヌギ）／239
　Q. alba（ホワイトオーク）／86
　Q. crispula（ミズナラ）／35, 256, 286
　Q. falcata var. *falcata*／86
　Q. mongolica var. *grosseserrata* → *Q. crispula*
　Q. myrsinifolia（シラカシ）／24
　Q. robur（オウシュウナラ）／177
　Q. rubra／175, 237
　Q. serrata（コナラ）／66, 256, 273
Rhododendron wadanum（ツツジ科／ツツジ属／トウゴクミツバツツジ）／66, 70
Rhus typhina（ウルシ科／ヌルデ属）／87
Ricinus communis（トウダイグサ科／トウゴマ属／トウゴマ）／84
Robinia pseudoacacia（マメ科／ハリエンジュ属／ハリエンジュ）／66, 67, 106, 107, 108, 116, 136, 168, 176, 236, 237, 240
Salix（ヤナギ科／ヤナギ属）／85, 167
　S. gordejecii／167
　S. koriyanagi（コリヤナギ）／85
Sarcandra glabra（センリョウ科／センリョウ属／センリョウ）／44, 74, 75
Schefflera heptaphylla（ウコギ科／フカノキ属／フカノキ）／25

Sequoia（ヒノキ科／セコイア属）／50, 311, 316
　Sequoia gigantea／316
　Sequoia sempervirens（セコイア）／311, 316
Sequoiadendron（ヒノキ科）／243
　S. giganteum（セコイアオスギ）／243
　S. sempervirens／243
Shorea leprosula（フタバガキ科／サラソウジュ属）／80, 81
Simarouba amara（ニガキ科／シマルバ属）／322
Swietenia spp.（センダン科／マホガニー属／マホガニー）／254
Taxus（イチイ科／イチイ属）／20, 49, 54, 57, 89, 90, 96, 99, 100, 101, 103
　T. cuspidata（イチイ）／49, 57, 89, 90, 96, 99, 100, 101, 103
Tectona grandis（シソ科／チークノキ属／チーク）／79, 254, 256, 258, 260
Tetracentron sinense（スイセイジュ科／スイセイジュ属／スイセイジュ）／75, 76, 77
Thuja occidentalis（ヒノキ科／クロベ属／ニオイヒバ）／278, 310
Tilia（アオイ科／シナノキ属）／35, 70, 84
　T. cordata（フユボダイジュ）／84
　T. japonica（シナノキ）／35, 70
Torreya（イチイ科／カヤ属）／20, 53, 54, 57, 103
　T. nucifera（カヤ）／53, 57, 103
Tristania conferta（フトモモ科）／175
Trochodendron aralioides（ヤマグルマ科／ヤマグルマ属／ヤマグルマ）／25, 44, 75, 76, 78, 243
Tsuga（マツ科／ツガ属）／21, 37, 38, 40, 310
　T. canadensis（カナダツガ）／310
　T. sieboldii（ツガ）／28, 37, 38, 40
Ulmus（ニレ科／ニレ属）／66, 86, 126, 135, 136, 281, 297
　U. alata／86
　U. americana（アメリカニレ）／86, 126, 135, 136, 281, 297
　U. parvifolia（アキニレ）／66
Viburnum（レンプクソウ科／ガマズミ属）／66, 70, 124, 144
　V. dilatatum（ガマズミ）／66, 70
　V. odoratissimum var. *awabuki*（サンゴ

ジュ)／70, 124, 144
Wisteria(マメ科／フジ属)／86
Zelkova serrata(ニレ科／ケヤキ属／ケヤキ)
　／28, 35, 37, 38, 40, 66, 86, 256

一般項目

アルファベット

13C NMR法／129
DNA／233
ECF漂白／327
GHファミリー／196, 197
GTファミリー／193, 197
reaction phloem／62, 84, 87
RNA／233
S₃層の消失／99, 101
TCF漂白／327
unusual tracheid／76

あ　行

あて材／41
　──の定義／42
　──の化学成分／125
　──の抽出成分／145
圧縮あて材／43, 50, 98, 99, 138, 145,
　146, 148, 157, 163, 165, 218, 227, 291,
　309, 310, 317
　──仮道管／89, 91, 138, 154, 232,
　　294, 295
　──から正常材への移行／104
　──の衝撃強さ／318
　──の成長応力／227
　──のせん断強さ／318
　──の縦圧縮強さ／317
　──の縦引張強さ／317
　──の曲げ物性／315
　──のリグニン／138
引張(ひっぱり)あて材／44, 67, 81, 105,
　140, 145, 146, 166, 167, 218, 235, 295,
　313, 319, 321, 322, 331
　──の成長応力／237
　──の縦圧縮強さ／319, 322
　──の縦引張強さ／319
　──の透過性／315
　──の曲げ物性／315
　──の密度／313

　──のリグニン／140
S-アデノシルメニオニン(SAM)／290
アブシシン酸／269, 276
亜麻／170, 174
アミノシクロプロパンカルボン酸(ACC)／
　290, 295
アラビドプシス変異体(korrigan)／208
アラビナン／170, 173
アラビノース／170, 209
アラビノガラクタナーゼ(AG)／210
アラビノガラクタン／209
アラビノガラクタンプロテイン(AGP)／
　168, 170, 209, 210
アラビノキシラン／168
アラビノ-4-O-メチルグルクロノキシラン
　／132, 160, 161

維管束形成層／15, 62
維管束植物／198
異形細胞／20, 22, 25
板の反り／254, 324
板の曲がり／254, 324
一次壁／16, 65, 96, 97, 112, 149, 153, 159,
　160, 162, 171, 172, 205, 211
イチョウ類／13
遺伝子／233
遺伝子発現量／233
イヌカタヒバ／199
イネ(Oryza sativa)／197, 285
イネ馬鹿苗病／284
異方性／38, 311, 324
いぼ状層／152, 156
インドール酢酸(IAA)／18, 269, 291
　──運搬体／270
　──極性移動阻害剤／269
　──転流抑制／294

ウニコナゾール-P／283, 287

APG植物分類体系／235
エキソサイトーシス／151, 159
S/G比／142, 180, 288
エスレル／294, 295, 296
エセフォン／294, 296
枝／247
　──の形状パターン／248
　──の平衡位置／252

#　索　引

エチレン／269, 276, 282, 287, 288, 289, 293, 294, 295, 296, 297
　──の生合成経路／289
X線回折法／169
エピセリウム細胞／20, 21
エレメンタリーフィブリル／127
塩化亜鉛ヨウ素染色／65, 78, 81, 82
エンドウ(*Pisum sativum*)／294

横断面／18
応力／219
　圧縮応力／220, 222, 323
　引張応力／220, 222, 323
応力-ひずみ曲線／40, 221
オーキシン／83, 244, 269, 274, 276, 281, 282, 288, 291
　──移動阻害剤／278
　──排出運搬体／272
オポジット材／60, 86, 146, 163, 229, 318, 319, 321, 322

か　行

開芽／274
解放ひずみ／222, 223, 227, 228, 230, 237, 256, 258, 259
解放ひずみの測定手順／224
開葉／274
加温処理／273, 274
仮道管／15, 19, 22, 50, 52, 59, 149, 227, 232, 313
　──のうね／94, 101, 149, 155
　──の裂け目／97, 149
　──の壁孔／52
カフェー酸 O-メチルトランスフェラーゼ (CAOMT)／164
下偏成長／250
過マンガン酸カリウム($KMnO_4$)染色／106, 110, 112, 175, 177, 178
紙の引裂強さ／331
紙の強度／331
ガラクタン／65, 132, 160, 161, 167, 170, 173
ガラクツロン酸／170
ガラクトース／170, 173, 206, 209
ガラクトグルコマンナン／132, 160, 161
ガラクトシルトランスフェラーゼ／206
カルコフルオール／149

環状剥皮／278
気根／58, 78
キシラナーゼ(Xyl)／210
キシラン／66, 161, 167, 168, 208
　──の生合成／208
キシロース／169, 170, 206, 209
キシログルカナーゼ／172
キシログルカン／130, 170, 171, 195, 206, 209, 211, 212
　──の生合成／206
キシログルカンエンドグリコシラーゼ (XEG)／210
キシログルカンエンドトランスグルコシラーゼ(XET)／172, 195, 207
キシログルカンエンドヒドロラーゼ(XEH)／195
キシログルカングルコシルトランスフェラーゼ(XGT)／206
キシロシルトランスフェラーゼ／206
逆転写PCR／234
吸光度／230
急速凍結・凍結置換法／154
吸着性有機ハロゲン(AOX)／327
キュウリ(*Cucumis sativus*)／199
極限粘度数／331
鋸歯状突起／21

グアイアシルリグニン／31, 72, 126, 142, 164, 199, 242
屈性／244
XEG組換え体ポプラ／210
クラーソンリグニン／69, 229, 234, 241
クラフト蒸解／327, 328
グリカナーゼ／209
グルカン鎖／206
UDP-グルコース／203
グルコース／169, 170, 203, 206, 209
グルコマンナン／30, 167

形質転換ポプラ／172, 173
傾斜回復モーメント／245, 247
傾斜屈性／244
傾斜刺激／96, 104, 232, 244
形成層／15, 80, 88, 89, 91, 93, 98, 140, 148, 222, 225, 267, 268, 269, 270, 271, 272, 273, 274, 275, 287, 289, 291, 317

形成層活動／267, 269, 273, 274, 289, 294
形成層活動の周期性／267
形成層始原細胞／15
形成層分化帯／232
ケイヒ酸4-ヒドロキシラーゼ(C4H)／164
ケイヒ酸モノリグノール経路／148
結合水／36, 310
原形質／21
顕微分光測光法／168, 177, 180

光屈性／244
光顕オートラジオグラフィー／32
光合成／14
紅藻／200
高分解能走査電子顕微鏡(FE-SEM)／154
広葉樹／22
広葉樹材／13, 15, 22
  環孔材／23, 106
  散孔材／23, 107, 113
  半環孔材／23
  放射孔材／23, 24
  無孔材／25
  無道管材／25
  紋様孔材／23, 24
広葉樹材の管孔性／22
  散孔性／22
  半環孔性／22
広葉樹材の構成細胞／21
黒液／328
コニフェリン／140

さ　行

サイトカイニン／269, 274, 275
材の狂い／309
材の反り／309
材の曲がり／52
材の割れ／53, 309, 324
細胞間隙／227
細胞間層／16, 31
細胞間道／21, 25
細胞コーナー部／138, 148, 149, 151, 160, 161, 162, 168, 178, 180
細胞の位置情報シグナル／271
細胞壁の肥厚／16, 96
さや細胞／22
サフラニン-ファストグリーン染色／78, 81, 82

3線式結線法／224
残留応力／217, 222, 323
残留応力解放ひずみ／222

シアノバクテリア／193
GA20-酸化酵素／275, 288
G繊維(ゼラチン繊維)／83, 174, 236, 237, 297, 315
G層(ゼラチン層)／44, 67, 78, 166, 209, 286, 315, 320
  ――の成分分布／169
  ――のセルロース／127
  ――のセルロースミクロフィブリル／128, 169
  ――の堆積／65
  ――の揉め／64
G'層(遷移型G層)／114
紫外線吸収スペクトル／166
紫外線顕微分光法／138, 162, 168, 229, 241
師管要素／83
軸方向仮道管／98
軸方向柔細胞／15, 20, 22, 25
師細胞／62
姿勢制御／211, 232
自発休眠／272
師部／14, 26, 62, 83, 85, 86, 208, 267, 268, 270, 288
  一次師部／26
  師管要素／26
  師細胞／26
  師部柔細胞／26, 62, 83, 274
  師部繊維／26
  師部放射柔細胞／26, 62, 83
  スクレレイド／27
  二次師部／26
  伴細胞／26, 83
ジベレリン／247, 269, 274, 275, 276, 282, 283, 284, 288
ジベレリン生合成阻害剤／283, 287
ジベレリン投与／248
ジャスモン酸／269, 276
シャドウイング／128
周囲仮道管／21
収縮異方性／311
自由水／36
シュート／62, 269
重力屈性／244, 289

索　引

重力刺激／245
重力ストレス／289
樹冠／14, 252
樹幹／81, 210, 217, 268, 269, 271, 272, 273, 274, 276, 287
　　――内残留応力／217, 218, 219
　　――の人為的傾斜／79
樹形／243, 246, 250
樹脂細胞／20
樹脂道／21
　軸方向樹脂道／21
　垂直樹脂道／20, 21
　水平樹脂道／21
　放射樹脂道／21
樹体／267
樹皮／62
樹木／14
　温帯樹木／58, 253, 256
　熱帯樹木／58, 78, 79, 176, 253, 256
樹齢／259
蒸解釜／326
傷害樹脂道／21
上偏成長／250
植物ホルモン／18, 83, 247, 268, 274
シリンギルリグニン／31, 88, 126, 142, 177, 181, 199
シロイヌナズナ(*Arabidopsis thaliana*)／164, 197, 205, 208
人工乾燥／324
心材／14, 313
心材成分の沈着／313
心裂け(丸太の)／217
真正双子葉類／235
真正木繊維／22
新生木部／89, 217, 222
伸長成長(一次成長)／243, 246, 267
伸長成長帯／244
心割れ(丸太の)／217, 254, 323

垂層分裂／267
スクレレイド／62, 83, 84, 88
スクロース合成酵素(SuSy)／204, 205
ストランド仮道管／20
スプリングバック／225

赤外分光分析法／169
成熟材／318

正常材仮道管／94
正常材からあて材への移行／103, 105, 107, 175
脆心／323
成長応力／217, 218, 222, 323
　　――解放ひずみ／223, 228, 230, 255, 259
　　――による加工障害／217
成長ひずみ／223
成長輪／18
静的平衡／219
接線断面／19
セルラーゼ／208, 210
セルロース／27, 28, 69, 149, 158, 169, 193, 206
　　――含有率／125, 167, 241, 330
　　――の結晶化度／331
　　――の結晶構造／29
　　――の重合度／28
　　――の生合成／203
セルロースI$_\alpha$／29, 128
セルロースI$_\beta$／29, 128, 169
セルロース合成酵素(CesA)／193, 205, 206
セルロースミクロフィブリル／29, 127, 149, 178, 206, 207, 241, 310
繊維間結合／331
繊維状仮道管／22
繊維飽和点／36, 310, 324

早材／17, 50, 89, 175, 330
早材仮道管／88, 93
走査電子顕微鏡(SEM)／60, 233
双子葉類／235
早生樹／253, 255
　　――の成長応力／255
　　――植林／253
草本植物／15

た　　行

タイル細胞／22
縦弾性係数／221
縦ヤング率／318, 321, 322
タバコ(*Nicotiana tabacum*)／288
他発休眠／272
弾性／220
　　――定数／221
　　――法則(フックの法則)／221
　　――率／39

タンニン／63
単壁孔／20

チオアシドリシス分析／138
チトクロームP450／199, 201
抽出成分／27, 31, 145
直立細胞／22
直径成長／246

つる植物／174

低温環境／272
電界放出型走査電子顕微鏡(FE-SEM)／169
電気抵抗線式ひずみゲージ／223
天然乾燥／324
デンプン量／274

透過電子顕微鏡／149, 177, 178
道管／22, 108
——径／70
——要素／15, 21

な　行

内皮デンプン鞘細胞／289
N-1-ナフチルフタラミン酸(NPA)／269, 291

二次師部／15, 267
二次成長／217
二次壁／16, 32, 50, 96, 159, 205
　S_1+G型／65, 105, 112, 166, 175
　S_1+G'型／114, 116
　S_1+S_2+$(G+G_L)_n$型／85, 88
　S_1+S_2+G型／65, 85, 86, 88, 105, 106, 108, 112, 116, 166
　S_1+S_2+S_3+G型／65, 105, 110, 116, 166
　S_1+S_2+S_3型／112
　S_1+S_2型／84, 86, 88
　$SS_2(L)$層／52, 53, 92, 97, 99, 104, 125, 138, 151, 230
　SG型／65
二次壁堆積／89, 99
二次木部／15, 146, 210, 217, 243, 244, 245

根／14

ネオリグナン／146, 148
ねじれ／53
粘液細胞／25
年輪／18

は　行

PATAg法／151, 158, 160
p-クマリルアルコール／165
p-ヒドロキシフェニルリグニン／31, 138, 163, 165, 181, 199
パルプ／325-332
　——収率／330, 331
　——白色度／330, 331
　亜硫酸パルプ／326, 328
　化学パルプ／326
　クラフトパルプ／326, 327
　ソーダパルプ／326
　半化学パルプ／329
板根／58, 78
晩材／17, 50, 89, 175, 330
晩材仮道管／89

ピーリング反応／328
ヒカゲノカズラ(*Lycopodium clavatum*)／197
挽き曲がり／323
比強度／317
被子植物／140
ひずみ／219, 220
ひずみゲージ法／223, 224, 226
肥大成長／15, 19, 217, 243, 258, 267, 273
肥大成長速度／258
ピッチトラブル／328
引張応力／314
ヒマワリ(*Helianthus annuus*)／294
表面成長応力／218, 222, 226

ファイバースクレレイド／88
ファシクリン様アラビノガラクタンプロテイン(FLA)／180
フェニルアラニンアンモニアリアーゼ(PAL)／164, 201
付加成長／16
複合細胞間層／138, 168
フコシルトランスフェラーゼ／206
フックの法則／39, 221
負の重力屈性／244, 247

索　引

ブラシノステロイド／269, 276
フラボノイド／146, 148
プロテオミクス／202
フロログルシン・塩酸反応／33, 48, 74, 76, 145, 175, 181

平衡位置／247, 248
並層分裂／267
平伏細胞／22
β1,3-グルカン／133
β-O-4型構造／142
ペクチナーゼ処理／170
ペクチン／158, 170, 173
ペクチンエステラーゼ／180
ヘミセルロース／27, 29, 130, 158, 160, 193
　　──含有率／331
ペルオキシダーゼ／165, 175, 234
変形／219
辺材／14
ペントザン／134
　　──含有率／331

ポアソン効果／221
ポアソン比／221
ホイートストンブリッジ回路／223
方形細胞／22
放射組織／20
　放射仮道管／20, 21
　放射柔細胞／15, 20, 22, 25
放射組織始原細胞／15
放射断面／18
放射列／91, 105
紡錘形始原細胞／15
ホモガラクツロナン／174
ホヤ(Ciona intestinalis)／130
ポリフェノール／148

ま　行

マイクロアレイ／202
マイクロ・ストレイン／220
マイクロマニュピレータ／157
膜結合型セルラーゼ(KOR)／208
膜タンパク質遺伝子／165
曲げ強さ／317
曲げモーメント／245, 247
曲げヤング率と密度の関係／320
マンナン／195

マンナン合成酵素／195
マンノース／170, 209

幹／14
ミクロオートラジオグラフィー法／138
ミクロコンプレッション／331
ミクロフィブリル傾角／54, 84, 91, 94, 97, 99, 114, 165, 180, 227, 229, 240, 310, 312, 315, 318, 320, 322
ミクロフィブリル配向／152, 154, 171, 179
未成熟材／318

無機成分／31

メタボロミクス(網羅解析)／148
免疫組織化学的手法／177
免疫標識／160, 161, 168, 172, 173, 174, 177

モイレ反応／33, 48, 144, 145, 181
木材／15
　　──の化学成分／27
　　──の化学的利用／325
　　──の加工障害／217, 219, 254, 323
　　──の含水率／35, 36, 310, 324
　　気乾含水率／36
　　生材含水率／35
　　平衡含水率／36
　　──の収縮／35, 36, 311, 324
　　──の収縮率／310, 311, 315
　　──の水分特性／35
　　──の透過性／313, 315
　　──の膨潤／35, 36, 324
　　──の密度／35, 36, 309, 310, 313, 320
木部／14, 18, 26, 31, 35, 41, 62
木部細胞／16
木部繊維／15, 21, 22, 222
木本植物／15
木化／16, 62, 83, 89, 96, 103, 138, 153, 162, 164, 178, 199, 200
　　──の進化／200
　　──のメカニズム／164
モノリグノール／164, 165

や　行

ヤング率／39, 221, 310, 317

有縁壁孔／20, 313

有縁壁孔対／313
　——の孔口／313
　——の壁孔膜／313
油細胞／25

ら 行

裸子植物／53
らせん状のうね／91, 98, 151, 153
らせん状の裂け目／52, 53, 60, 91, 94, 98, 100, 103, 140, 151, 155, 165, 227
らせん肥厚／20, 21, 54, 91, 98, 99, 101, 103, 104
　Sらせん／54, 99
　Zらせん／54, 99
ラッカーゼ／165, 234
ラテラル材／60
ラマン分光法／177
ラムノガラクツロナンI (RG-I)／173
ラムノガラクツロナンII (RG-II)／209
ラメラ構造／66, 128, 152
ラリシレジノール／146

リグナン／146, 148
リグニン／16, 27, 30, 48, 69, 72, 88, 104, 126, 138, 142, 149, 162, 163, 165, 170, 177, 181, 198, 199, 208, 242
　——含有率／125, 126, 140, 142, 145, 165, 167, 227, 229, 232, 330
　——製品／329
　——前駆物質／97, 104, 115, 140, 163, 175
　——呈色反応／34, 48
　——の生合成／208
　——の沈着／162, 178
　——分布／88, 92, 144, 164, 165, 167, 180
利用歩留まり／219
緑藻／196, 200

わ 行

ワタ (*Gossypium arboreum* var. *obtusifolium*)／130

あ と が き

　監修者である、宇都宮大学名誉教授 吉澤伸夫先生は、1970年代初頭から2013年までに、あて材の形成と組織構造に関する研究をライフワークとして精力的に進められ、数多くの論文を発表されてきました。1990年頃までは、針葉樹の圧縮あて材に関する研究を進められ、1986年3月には、"Cambial responses to the stimulus of inclination and structural variations of compression wood tracheids in gymnosperms（針葉樹における傾斜刺激に対する形成層の応答と圧縮あて材仮道管の構造変化）"により京都大学より農学博士を授与されました。1980年代後半以降では、広葉樹のあて材、特にゼラチン層を形成しないあて材にも興味をもたれ、これについても研究を進められてきました。他にも木質科学に関する様々な研究をされておられましたが、およそ40年にわたり行ってこられたあて材研究は、とりわけ思い入れが強く、そのため、2013年3月の定年に際して、これまでの研究成果をとりまとめ「あて材」に関する書籍を執筆したいという希望を持たれていました。

　そのような中、2009年3月に長野県松本市で開催された日本木材学会大会の組織と材質研究会の会合において、「あて材」に関する書籍の出版に関する話題が持ち上がりました。この後、吉澤伸夫先生を中心として、内容の検討が重ねられ、2010年3月、監修者を吉澤伸夫先生とし、「あて材」を研究される多くの先生方に編集、執筆をお願いすることとなりました。2011年には、ほとんどの原稿が集まり、5月には、編集会議を兼ねて宇都宮大学において、あて材に関するシンポジウムを開催し、いよいよ出版となるかと思われました。その矢先、吉澤伸夫先生が病に冒され、長期の入院を余儀なくされました。先生は、病床にあっても、本の出版のことを常に気にかけられ、教え子の一人でもあり、研究室の同僚でもあった私に、事務的なとりまとめの作業を代わって行うように指示されました。しかし誠に残念ながら、吉澤伸夫先生は、2013年5月にこの本を手にすることなく、不帰の人となられました。

　吉澤伸夫先生が亡くなられてから、この本を誰がどのようにまとめていくの

かが曖昧なままに、1年があっという間に過ぎてしまいました。この間、作業としては、出来上った初校を編者の先生方と読み進めました。その結果、木質科学を専攻する人以外が読むには、基礎的な木材の性質を解説する章が必要であること、内容の過不足で加筆、修正が必要なことなど、問題が山積みであることが明らかになりました。編者の先生方から、「一度集まって内容を調整してはどうか」というご意見があり、そんな中、2014年5月、初校の修正点を反映した二校が出来あがりました。これを機に、宇都宮で編者の先生方と編集会議をしてはどうかと海青社の宮内　久社長の勧めもあり、2014年6月に編集会議を行う事ができました。この会議の中で、吉澤伸夫先生の遺志を継いでこの本をまとめるのは、私の仕事であるとのお言葉を編者の先生方から頂き、その後、私が中心となって全体のとりまとめを進めることとなりました。

　このような長い経緯で、多くの皆様方の御協力によりこの本は完成しました。

　完成したこの本を改めて読んでみて、吉澤伸夫先生が、思い描いていた「あて材」を網羅的に解説した書籍が出来上がったのではないかと感じました。また、木質科学の研究者のみでなく、植物学などの他の分野の研究者にも読んで頂けるようになったのではないかと感じました。同時に、吉澤伸夫先生がお元気であった頃、「この本をこれから勉強する若い人たちにどんどん読んでほしい」と言われていたことを思い出しました。吉澤伸夫先生のそんな思いが、読者の皆様に伝われば幸いです。

　私の浅学非才のため、藤井智之先生を始めとする編者の先生方ならびに著者の先生方には、多大なご心配とご迷惑をおかけしたことをこの場を借りてお詫び申し上げるとともに、これまでのご協力に心より感謝申し上げます。また、序章の作成にご協力頂いた、高島有哉氏、日下田　覚氏に、校正に多大なご協力頂いた相蘇春菜氏に感謝致します。最後に、本書の出版に、多大なるご協力を頂いた、海青社の宮内　久社長に感謝致します。

編者を代表して　石栗　太

執筆者紹介

（＊編集代表者、丸数字：編集担当箇所、数字：執筆担当箇所）

《監修者》

* 吉澤 伸夫（YOSHIZAWA, Nobuo） ①, 1.1.2, 1.2.2, 1.3.1
  宇都宮大学名誉教授（故人）

《編集者・執筆者》

　相蘇 春菜（AISO, Haruna） 序, 1.2.2
　　宇都宮大学農学部森林科学科 日本学術振興会特別研究員
　飯塚 和也（IIZUKA, Kazuya） 6.3
　　宇都宮大学農学部附属演習林 教授
* 石栗 太（ISHIGURI, Futoshi） 序⑥, 序, 1.1.2, 1.2.2, 2.1.1, 6.2, 6.3
　　宇都宮大学農学部森林科学科 准教授
　梅澤 俊明（UMEZAWA, Toshiaki） 2.1.5
　　京都大学生存圏研究所森林代謝機能化学分野 教授
　岡山 隆之（OKAYAMA, Takayuki） 6.4
　　東京農工大学大学院農学研究院 教授
　児嶋 美穂（KOJIMA, Miho） 4.5
　　京都大学大学院農学研究科 研究員
　佐藤 彩織（SATO, Saori） 4.2
　　名古屋大学大学院生命農学研究科 研究員
　杉山 淳司（SUGIYAMA, Junji） 2.1.2
　　京都大学生存圏研究所 教授
* 髙部 圭司（TAKABE, Keiji） ②, 2.1.3, 2.2
　　京都大学大学院農学研究科森林科学専攻 教授
　野渕 正（NOBUCHI, Tadashi） 1.1.3, 1.2.3
　　京都大学名誉教授
　馬場 啓一（BABA, Kei'ichi） 3.2.2, 5.3
　　京都大学生存圏研究所バイオマス形態情報分野 助教
　林 隆久（HAYASHI, Takahisa） 3.2.1
　　東京農業大学バイオサイエンス学科 教授
　林 徳子（HAYASHI, Noriko） 1.1.1, 1.2.1, 1.3.1, 1.3.2
　　（研）森林総合研究所きのこ・微生物研究領域 主任研究員
　平岩 季子（HIRAIWA, Tokiko） 1.1.2, 1.2.2, 1.3.1
　　宇都宮大学農学部森林科学科 研究員
　福島 和彦（FUKUSHIMA, Kazuhiko） 2.1.4
　　名古屋大学大学院生命農学研究科 教授
* 藤井 智之（FUJII, Tomoyuki） 編集
　　八ヶ岳中央農業実践大学校 校長、森林総合研究所フェロー
* 船田 良（FUNADA, Ryo） ⑤, 1.3.1, 5.1, 5.2
　　東京農工大学大学院農学研究院 教授
　松村 順司（MATSUMURA, Junji） 6.1
　　九州大学大学院農学研究院 教授
* 山本 浩之（YAMAMOTO, Hiroyuki） ④, 4.1, 4.3, 4.5
　　名古屋大学大学院生命農学研究科 教授
　山本 福壽（YAMAMOTO, Fukuju） 5.2, 5.4
　　鳥取大学農学部生物資源環境学科 教授
* 横田 信三（YOKOTA, Shinso） ③, 2.1.1, 3.1
　　宇都宮大学農学部森林科学科 教授
　吉田 正人（YOSHIDA, Masato） 4.2, 4.4
　　名古屋大学大学院生命農学研究科 准教授
　吉永 新（YOSHINAGA, Arata） 1.1.4, 1.2.4, 2.1.3, 2.1.4, 2.3
　　京都大学大学院農学研究科森林科学専攻 准教授

● 監修者紹介

吉澤　伸夫（Nobuo YOSHIZAWA）

略歴

1948年生まれ、2013年没。1972年宇都宮大学大学院農学研究科修了後、1986年農学博士を取得。助手、講師、助教授を経て1996年に宇都宮大学農学部教授ならびに東京農工大学大学院連合農学研究科（博士課程）教授（併任）となる。2013年に退職し宇都宮大学名誉教授となる。専門は、木材組織学、森林資源利用学。

代表的な論文・著作

（単著）"Cambial responses to the stimulus of inclination and structural variations of compression wood tracheids in gymnosperms", *Bull. Utsunomiya Univ. For.* 23, 23-141, 1987.

（共著）"Formation and structure of reaction wood in *Buxus macrophylla* var. *insularis* Nakai", *Wood Sci. Technol.* 27, 1-10, 1993.

（共著）『木材科学講座2　組織と材質（第2版）』、海青社、2011年。

Reaction Wood
Response to Gravity and Survival Strategy of Trees

あて材の科学
樹木の重力応答と生存戦略

発行日	2016年3月27日　初版第1刷
定　価	カバーに表示してあります
監修者	吉澤　伸夫
編集者	日本木材学会　組織と材質研究会
発行者	宮内　久

海青社　Kaiseisha Press
〒520-0112　大津市日吉台2丁目16-4
Tel. (077) 577-2677　Fax (077) 577-2688
http://www.kaiseisha-press.ne.jp
郵便振替　01090-1-17991

● Copyright © 2016　● ISBN978-4-86099-261-3 C3061　● Printed in JAPAN
● 乱丁落丁はお取り替えいたします

本書のコピー、スキャン、デジタル化等の無断複製は著作権法上での例外を除き禁じられています。本書を代行業者等の第三者に依頼してスキャンやデジタル化することはたとえ個人や家庭内の利用でも著作権法違反です。